高等学校土木工程专业核心课程教材

土木工程材料

（第 5 版）

苏达根　主编

中国教育出版传媒集团

高等教育出版社·北京

内容简介

本书按照《高等学校课程思政建设指导纲要》和高等学校土木工程专业人才培养要求,参照我国最新颁行的相关专业规范、标准,在上一版的基础上修订而成。

全书共11个部分,包括:绪论,土木工程材料的基本性质,建筑金属材料,无机胶凝材料,混凝土与砂浆,砌筑材料,沥青和沥青混合料,合成高分子材料,木材,建筑功能材料,土木工程材料试验。本书除绪论外,其余各章设有教学建议、爱我中华、史海拾贝、警钟长鸣、建材与生态环境、创新能力培养、练习思考与调研、工程实例分析等专栏。

本书设置了十类208个动画、视频、图片、文档形式的数字资源,部分具有交互功能,具体包括:教学交流,科魂匠心,建材趣话,疑难释义,观察讨论,一事一议,案例分析,标准规范,自检测,试验(含参与式试验)。

本书以三个"相结合"的理念全面融入课程思政教育内容:把社会主义核心价值观与中华优秀传统文化相结合;把马克思主义立场观点方法与专业知识论述相结合;将数字资源与纸质教材相结合。从而将价值塑造、知识传授和能力培养三者融为一体,特色鲜明且适用性强。

本书可用作为高等学校土木工程及相关专业本科生教材,还可作为土木工程设计、施工、科研、管理和监理人员继续教育学习的参考书。

图书在版编目(C I P)数据

土木工程材料 / 苏达根主编. --5 版. --北京:
高等教育出版社,2024.6

ISBN 978 - 7 - 04 - 061864 - 8

Ⅰ.①土… Ⅱ.①苏… Ⅲ.①土木工程-建筑材料-
高等学校-教材 Ⅳ.①TU5

中国国家版本馆 CIP 数据核字(2024)第 046888 号

Tumu Gongcheng Cailiao

| 策划编辑 | 单 蕾 | 责任编辑 | 单 蕾 | 封面设计 | 李小璐 | 版式设计 | 杜微言 |
| 责任绘图 | 邓 超 | 责任校对 | 高 歌 | 责任印制 | 朱 琦 | | |

出版发行	高等教育出版社		网 址	http://www.hep.edu.cn
社 址	北京市西城区德外大街4号			http://www.hep.com.cn
邮政编码	100120		网上订购	http://www.hepmall.com.cn
印 刷	湖南天闻新华印务有限公司			http://www.hepmall.com
开 本	787mm×1092mm 1/16			http://www.hepmall.cn
印 张	17.25		版 次	2003 年 8 月第 1 版
字 数	430 千字			2024 年 6 月第 5 版
购书热线	010-58581118		印 次	2024 年 6 月第 1 次印刷
咨询电话	400-810-0598		定 价	37.50 元

土木工程材料

第5版

苏达根　主编

1　计算机访问https://abooks.hep.com.cn/61864或手机微信扫描下方二维码进入新形态教材网。

2　注册并登录后，计算机端进入"个人中心"，点击"绑定防伪码"，输入图书封底防伪码（20位密码，刮开涂层可见），完成课程绑定；或手机端点击"扫码"按钮，使用"扫码绑图书"功能，完成课程绑定。

3　在"个人中心"→"我的学习"或"我的图书"中选择本书，开始学习。

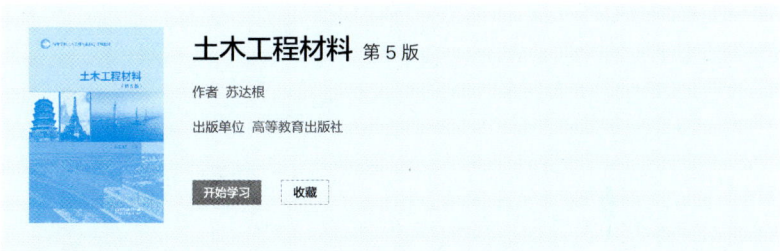

土木工程材料 第5版

作者　苏达根

出版单位　高等教育出版社

开始学习　收藏

　　绑定成功后，课程使用有效期为一年。受硬件限制，部分内容可能无法在手机端显示，请按照提示通过计算机访问学习。

　　如有使用问题，请直接在页面点击答疑图标进行咨询。

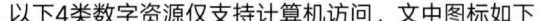

以下4类数字资源仅支持计算机访问，文中图标如下：

电子教案　

试验/参与式试验　

自检测　

标准规范　

https://abooks.hep.com.cn/61864

第 5 版前言

本教材按照"土木工程材料"教学大纲和《高等学校课程思政建设指导纲要》的要求，结合编者三十多年的教学科研经验进行修订。本教材从三个方面体现课程思政教育与专业教学的融合，把价值塑造、知识传授和能力培养三者融为一体，特色鲜明且适用面广。

1. 社会主义核心价值观与中华优秀传统文化相结合

每章的"爱我中华""科魂匠心""建材趣话"专栏谈古论今，既展示了赵州桥、万里长城、悬空寺和应县木塔等古代劳动人民的智慧结晶，又歌颂了港珠澳大桥、北京国家体育场和广州海心桥等新时代的伟大成就，还借助国家级非物质文化遗产——灰塑等讨论了土木工程材料的科技传承与创新，以此增强文化自信，厚植爱国主义情怀；"警钟长鸣"专栏以海砂屋的启示、韩国首尔大桥倒塌的启示等案例教育学生作为未来的工程师要敬业、诚信，要注重工程质量和强化守法意识。结合专业知识特点把社会主义核心价值观与中华优秀传统文化相结合，激发学生科技报国的家国情怀，培养心有大我、至诚报国的理想信念。

2. 马克思主义立场观点方法与专业知识教学相结合

"创新能力培养"专栏提出了海港码头防腐等问题，以创造性思维启发思考；"史海拾贝"等专栏以水泥的发明、钢筋混凝土的诞生漫谈等启迪学生的创新思维；"观察讨论"专栏通过观察某试验或现象引导思考讨论；"建材与生态环境"专栏聚焦国家生态文明建设，以建筑固体废物资源化利用等把生态文明理念融入专业教学，并引导学生关注交叉学科发展；"一事一议"专栏以3D打印与混凝土发展等新技术鼓励学生自主探究。参与式及研究型等多种形式的试验与理论教学深度融合，把马克思主义立场观点方法与专业知识教学相结合，培养学生的工匠精神和改革创新的时代精神，提高其分析解决问题的能力和动手能力。

3. 数字资源与纸质教材相结合

本教材有十类共 208 个各具特色的数字资源，可扫描书中二维码或登录网站自主学习。其中"自检测"专栏和"试验"专栏为视频或 H5 页面。具交互功能的"自检测"专栏由试题库自动成卷，解题后自动评分，并解析其错误、提示需巩固内容。纸质教材的"练习思考与调研"专栏，除传统的填空、问答和计算题等外，还设置了斜拉桥断索事故分析等综合讨论和固体废物在新型建材中的应用等调查研究。它们与数字资源的"自检测"专栏组成了以学生为中心的立体式复习提高体系，以培养学生敬业创新的工匠精神。"试验"专栏的参与式试验亦具交互功能，有助于学生更深刻地理解试验操作要点、原理和参数间的关联。纸质教材的"教学建议"专栏与数字资源的"教学交流"专栏相配合，结合各章特点，启智润心，教书育人。如第 1 章教学交流栏谈启发建立思维导图，用以启迪后续章节的学习；而"教学建议"专栏既指出该章的重点和难点，又提出了把中华优秀传统文化和新时代的伟大成就融入思政教育的建议。"标准规范"专栏创新设置了标准更新修订栏，既解决了纸质教材使用中标准滞后问题，又培养了学生终身学习意识。

本书由华南理工大学苏达根主编，王端宜教授主审。绪论及第 1 章至第 6 章由华南理工大学苏达根、钟明峰和孙涛修订编写；第 7、8、9 章由华南理工大学张志杰、王达修订编写；试验由中交集团建筑材料重点实验室范志宏、韩山师范学院张晨阳和广州大学程从密修订编写；练习题由苏达根和广州大学何娟修订编写。香港科技大学（广州）苏权科、广州市技师学院苏倩、中交集团建筑材料重点实验室董桂洪、韩山师范学院林少敏、大连海洋大学高少霞、广东工业大学张慧珍、深圳大学刘伟、长江大学柯昌君、华南理工大学丘建发等也提供了相关资料或宝贵意见。本书在编写过程中得到高等教育出版社、华南理工大学、中交集团建筑材料重点实验室、湛江市工程质量检测站等的大力帮助。全国各地老师就"土木工程材料"课程的教学和教材编写也提出了宝贵意见，在此表示感谢。

　　虽然编者尽力编写本教材，但难免存在疏漏或错误，尚祈广大师生、读者提出宝贵意见。编者电子邮箱：dgsu@ scut. edu. cn。

编　者

2023 年 12 月

第4版前言

本教材第1版于2003年出版。第2版于2008年出版，是普通高等教育"十一五"国家级规划教材，并被评为2008年度普通高等教育国家级精品教材。第3版于2015年修订出版。本次修订在保持原有特色的基础上，听取众多师生的意见，结合三十多年的教学科研经验，在形式和内容上做了进一步改进。

一、纸质教材与数字资源一体化的内容创新

纸质教材与数字资源一体化不仅是形式改革，更重要的是内容改革创新。本教材设置了180多项视频、动画和图文等数字资源，其中部分还具有交互功能，以利于学生自主学习。这些数字资源在纸质教材相应的内容中以标识呈现，可扫描相应的二维码或按使用说明登录网站后学习。在原9个数字资源专栏的基础上新增3个专栏，共计12个专栏。

1. 观察与讨论专栏：每章均设置观察与讨论专栏，通过观察某种现象、某试验或其结果，启发展开讨论。

2. 试验专栏：以视频或动画展示土木工程材料试验，让学生更清晰地了解试验的操作要点和原理；另外还设置了具有交互功能的参与式试验，通过互动使学生更深刻理解一些关键参数之间的关联。

3. 自检测专栏：每章均设置自检测专栏，总复习设置综合性自检测。自检测由试题库自动成卷，具有互动功能，解题后不仅可自动评分，还可指出其错误及需重新复习的内容。

4. 标准专栏：包括两部分。一是常用土木工程材料标准规范汇总表，其土木工程材料均予以英文标注，以便于学生熟悉专业词汇和查阅资料；二是近年常用土木工程材料标准更新专栏，设置了2017年以来所涉及常用土木工程材料新标准的修改要点，并每隔一段时间予以更新。这样，可解决土木工程材料所涉及的标准多，更新速度快，而纸质教材往往滞后的问题，并引导学生关注标准更新，与时俱进。

5. 疑难释义专栏：每章均设置疑难释义专栏，启发思考讨论常见疑难问题。

6. 建材趣话专栏：每章均设置图文并茂的建材趣话专栏，用以激发学生的学习兴趣。

7. 一事一议专栏：新增的专栏，通过讨论如装配式建筑与土木工程材料融合发展等前沿性和综合性的问题，拓展学生的视野。

8. 思考分析专栏：新增的专栏，在掌握基本知识的基础上，引导学生思考如为何不同类型油井水泥 C_3A 含量会有差别、废旧木材的综合利用等更深层次的问题。

9. 配方设计专栏：新增的专栏，是在纸质教材阐述基本工艺配方设计的基础上，拓展至不同工程要求的配方设计，培养学生举一反三的设计能力。

10. 工程实例拓展专栏：本教材原每节均有工程实例分析专栏，在此基础上，以数字资源增设工程实例拓展专栏，图文并茂地展示如港珠澳大桥等工程实例，进一步开阔学生视野。

11. 教学建议专栏：对本课程的教学目标、教学理念、教学设计思路、教学方法及课时分配等方面提出教学建议。

12. 电子教案：电子教案(简版)中各个知识点由基本知识、观察与讨论、工程实例分析三部分组成，方便教师逐层深入地以发起讨论方式开展教学。

二、注重育人和创新能力培养

1. 本教材在传授知识的同时注重育人。每章设置了工程素质培养专栏，把传授知识与育人有机结合。通过工程实例，警示注重工程质量，告诫未来的工程师遵纪守法、恪守职业道德。

2. 每章设置了创新能力培养专栏及讨论思考题，把培养创新能力贯穿于土木工程材料的学习中。

三、以学为中心的课程教材体系设计

1. 每章之首设置史海拾贝专栏导学，引导学生带着问题自主学习。另外，数字资源的观察与讨论专栏发起讨论；疑难释义专栏引导学生思考。

2. 以材料的组成、结构、性能与应用为主线，重点以性能与应用组织各章内容，以利于把握主线开展学习。

3. 每节均有工程实例分析，引导学生理论联系实际，培养分析解决实际问题的能力。每章的工程综合实例分析专栏涉及了该章及前面一些章节的内容，可加强学生理论联系实际和综合分析解决问题能力的培养。数字资源的工程实例拓展专栏也是在此基础上的锦上添花。

4. 以练习题、自检测题和思考讨论题三个层次组成利于学生自主学习的复习提高体系。

5. 及时反映本学科国内外的新成就、发展新动向及新标准、新规范，并引导关注标准更新。每章新增的土木工程材料与生态环境专栏利于增强学生的环保意识。

本书由华南理工大学苏达根主编，王端宜教授主审。绪论、第 1 章由华南理工大学钟明峰、苏达根、王达修订；第 2 章至第 6 章由苏达根、广州市海珠区建设市政设施维护管理中心李萃斌、中交集团建筑材料重点实验室范志宏修订编写；第 7 章由华南理工大学张志杰修订；第 8 章由韩山师范学院林少敏、长江大学柯昌君修订；第 9 章由钟明峰、广州大学何娟修订；试验及视频动画部分由中交集团建筑材料重点实验室董桂洪、广州技师学院苏倩、广州大学程从密、华南理工大学张晨阳、大连海洋大学高少霞、广州市衡建工程检测有限公司唐伟富、湛江市工程质量检测站黎文雄、国家石材检测中心（广东）袁娟娟、佛山市顺德区建设工程质量安全监督检测中心崔世文、王达编写与制作。广东工业大学张慧珍、中交集团建筑材料重点实验室熊建波、深圳大学刘伟、华南农业大学陆金驰、嘉应学院张灵辉、广西大学曹德光和华南理工大学施永、邓依依等也参与了部分工作或提供了宝贵的参考意见。

本书在编写过程中得到高等教育出版社、教育部全国高校教师网络培训中心、华南理工大学、中交集团建筑材料重点实验室、国家石材检测中心（广东）、湛江市工程质量检测站、广州市衡建工程检测有限公司等的大力帮助。全国多所高校的老师就土木工程材料课程的教学和教材编写也提出了宝贵意见，在此一并表示感谢。

虽然编者尽最大努力编写本教材，但仍会有疏漏，尚祈广大师生、读者提出宝贵意见。编者电子邮箱：dgsu@ scut. edu. cn。

编 者

2018 年 8 月

第 3 版前言

本教材第 2 版出版后已十几次重印，被全国 100 多所高校选作教材，并被评为 2008 年度普通高等教育国家级精品教材。这次修订在保持原有特色的基础上，根据众多师生的意见，并结合 30 多年的教学科研经验，在形式和内容上均做了进一步改进，现说明如下。

一、纸质教材与数字资源一体化的内容创新

纸质教材与数字资源一体化不仅是形式改革，更重要的是内容改革创新。本版设置了 140 多项视频、动画和图文等的数字资源，其中部分还具有交互功能，以利于学生自主学习和课程建设资源共享。这些数字资源在纸质教材相应内容中呈现标识，可扫描相应的二维码或按使用说明登录网站后学习。这些数字资源包括 9 个专栏：

1. 观察与讨论专栏：每章均设置观察与讨论专栏，通过观察某种现象、某试验或其结果，启发展开讨论。

2. 试验专栏：以视频或动画展示土木工程材料试验，让学生更清晰地了解试验的操作要点和原理；另外还设置了具有交互功能的参与式试验，通过互动使学生更深刻理解一些关键参数之间的关联。

3. 自检测专栏：每章均设置自检测专栏，总复习设置综合性自检测。自检测由试题库自动成卷，具有互动功能，解题后不仅可自动评分，而且指出其错误及需重新复习的内容。

4. 标准专栏：包括两部分。一是常用土木工程材料标准规范汇总表，其土木工程材料均予以英文标注，以便于学生熟悉专业词汇和查阅资料；二是近年常用土木工程材料标准更新专栏，设置了 2014 年以来所涉及常用土木工程材料新标准的修改要点，并每隔一段时间予以更新。这样，可解决土木工程材料所涉及的标准多、更新速度快，而纸质教材往往滞后的问题，并引导学生关注标准更新，与时俱进。

5. 疑难释义专栏：每章均设置疑难释义专栏，启发思考讨论常见疑难问题。

6. 建材趣话专栏：每章均设置图文并茂的建材趣话专栏，用以激发学生的学习兴趣。

7. 工程实例拓展专栏：本教材原每节均有工程实例分析专栏，在此基础上，以数字资源增设工程实例拓展专栏，图文并茂地展示如港珠澳大桥等工程实例，进一步开阔学生视野。

8. 教学建议专栏：对本课程的教学目标、教学理念、教学设计思路、教学方法及课时分配等方面提出教学建议。

9. 电子教案：电子教案(简版)中各个知识点由基本知识、观察与讨论、工程实例分析三部分组成，逐层深入地以发起讨论方式开展教学。此外，使用本教材的教师还可获得与之配套的电子教案，以利于教学。

二、注重育人，培养创新能力和工程素质

1. 本教材在传授知识的同时注重育人。每章设置了工程素质培养专栏，把传授知识与育人有机结合。通过工程实例，警示注重工程质量，告诫未来的工程师遵纪守法、恪守职业道德，并引导学生结合工程实际动手动脑，理论联系实际。

2. 每章设置了创新能力培养专栏及讨论思考题，把培养创新能力贯穿于土木工程材料的学习中。

3. 每节均有工程实例分析，引导学生理论联系实际，培养分析解决实际问题的能力。每章还增设了工程综合实例分析专栏，其内容涉及该章及前面一些章节的内容，这样可以加强理论联系实际和综合分析解决问题能力的培养。数字资源的工程实例拓展专栏也是此部分的锦上添花。

三、以学为中心的课程教材体系设计

1. 每章之首设置史海拾贝专栏和数字资源的建材趣话专栏以趣谈的形式引导学生带着问题和兴趣自主学习。另外，数字资源的观察与讨论专栏启发讨论；疑难释义专栏引导学生思考。

2. 以材料的组成、结构、性能与应用为主线，重点为性能与应用组织各章内容。如第 5 章砌筑材料不按传统的以其形状砖、砌块编写各节，而以类同组成的烧结制品砌筑材料、蒸压制品砌筑材料、混凝土砌筑材料和砌筑石材分别组成各节，以利于把握主线开展学习。

3. 以练习题、自检测题和思考讨论题三个层次组成利于自主学习的复习提高体系。

4. 及时反映本学科国内外的新成就、发展新动向及新标准、新规范，并引导关注标准更新。注重土木工程材料的环保问题，增强学生的生态环保意识。

本书由华南理工大学苏达根主编，王端宜教授主审。绪论、第 1 章由华南理工大学钟明峰、苏达根修订；第 2 章至第 6 章由苏达根、广州市海珠区建设市政设施维护管理中心李萃斌、中交集团建筑材料重点实验室范志宏修订编写；第 7 章由华南理工大学张志杰修订；第 8 章由韩山师范学院林少敏、长江大学柯昌君修订；第 9 章由钟明峰、广州大学何娟修订；试验部分由华南理工大学苏达根、广州大学程从密、大连海洋大学高少霞修订编写；数字资源部分由中交集团建筑材料重点实验室董桂洪，广州技师学院苏倩，华南理工大学苏达根、张晨阳、张灵辉，广州市衡建工程检测有限公司唐伟富，湛江市工程质量检测站黎文雄，国家石材检测中心(广东)袁娟娟，佛山市顺德区建设工程质量安全监督检测中心崔世文制作。广东工业大学张慧珍，华南理工大学施永、邓依依、王达，中交集团建筑材料重点实验室黎鹏平、熊建波、邓春林，中国建筑陶瓷博物馆朱红宇，国家石材检测中心(广东)杨武，华南农业大学陆金驰，广西大学曹德光等也参与了部分工作或提供参考意见。

本书在编写过程中得到高等教育出版社、教育部全国高校教师网络培训中心、华南理工大学、中交集团建筑材料重点实验室、国家石材检测中心(广东)、湛江市工程质量检测站、广东唯美陶瓷有限公司、广州市衡建工程检测有限公司、中材罗定水泥有限公司等的大力帮助。特别是 2014 年在教育部全国高校教师网络培训主讲土木工程材料课程与教学过程中，与全国各地老师就土木工程材料课程的教学和教材编写进行了广泛交流，许多老师提出了宝贵意见，在此一并表示感谢。

虽然编者尽最大努力编写本教材，但仍会有疏漏或错误，尚祈广大师生、读者提出宝贵意见。编者电子邮箱：dgsu@ scut. edu. cn。

编　者

2014 年 12 月

第 2 版前言

本书第 1 版出版后已多次重印，被全国几十所高校选作教材，受到广大读者的欢迎。本书在保持原有特色的基础上加以修改，以更好地适应拓宽后的土木工程专业"大土木"的需要，实现"知识、能力、素质"的有机统一。为了加强创新能力、分析解决问题能力的培养，本书做了如下改进：

1. 每章之首增设了"历史回顾"专栏。该专栏是介绍历史上一些与该章学习内容相关的实例，引导学生思考，以利于自主学习。

2. 每章原"创新漫谈"专栏改为"创新能力培养"专栏，把培养创新能力贯穿于土木工程材料的学习中。

3. 按我国有关的新标准、新规范对内容更新，并注意反映本学科国内外的新成就。

4. 本书对第 1 版的原有特色也予以强化：

（1）每章均有学习指导，指出教学大纲所要求的教学目标，并提出学习建议；

（2）每节均有工程实例分析，以引导学生理论联系实际，培养分析解决实际问题的能力；

（3）试验部分提出了几项综合设计试验，并设置问题与讨论；

（4）突出了土木工程材料的环保问题，以增强学生的环保意识；

（5）每章设置练习题并在书后附参考答案，以方便学生学习。

本书由苏达根主编。绪论、第 1 章至第 5 章由苏达根（华南理工大学）修订；第 6 章由邹桂莲、苏达根（华南理工大学）修订；第 7 章由张志杰、黄承亚（华南理工大学）修订；第 8 章由林少敏（韩山师范学院）、柯昌君（长江大学）修订；第 9 章由钟明峰（华南理工大学）、何娟（广州大学）修订；试验部分由苏达根（华南理工大学）、程从密（广州大学）、张慧珍（广东工业大学）、苏倩（广州市市政工程维修处）修订。华南理工大学黎鹏平、区翠花、赵一翔、钟小敏、董桂洪、鲁建军、王功勋、袁秀霞、王小波、赵勇、许红金、唐正宇等也参与了部分工作或提出宝贵意见。

华南理工大学王端宜教授审阅了本书，并提出了宝贵意见；本书在编写过程中得到高等教育出版社、华南理工大学等的大力帮助，在此一并表示感谢。

由于土木工程材料的品种繁多，新材料发展快，且各行业技术标准不完全一致，限于编者水平，书中如有不妥之处，尚祈广大师生、读者提出宝贵意见。

编　者

（E-mail：dgsu@scut.edu.cn）

2007 年 10 月

第 1 版前言

本书是以高等学校土木工程专业委员会 2001 年 11 月制定的《土木工程材料教学大纲》为基本依据，适应原来建筑工程和交通土建工程等八个专业拓宽为土木工程专业的需求，参考国家现行的标准、规范和规程编著而成。与本书配套的教学资源有新世纪网络课程、CAI 课件、学习辅导书等。

编写本教材的指导思想不仅是在内容上尽可能反映本学科国内外的新成就和我国有关的新标准、新规范，更重要的是紧密结合人才培养模式的改革，不仅培养学生掌握有关的专业知识和基本技能，而且培养其分析、解决问题的能力，培养创新精神，提高综合素质，实现"知识、能力、素质"的有机统一，科技与人文教育结合。本书具有如下特点：

（1）每节均有工程实例分析，以引导学生理论联系实际，培养分析解决实际问题的能力。

（2）每章设有创新漫谈专栏，提出挑战性的问题，漫谈土木工程材料的发展应用，让学生思考讨论，以激发培养创新意识。

（3）本书将学生的课程小论文引入教材，以激发学生的学习积极性。

（4）本书将试验作为重要的组成部分。其中提出了几项综合设计试验，并设置问题与讨论，学生可根据需要选择。其目的不仅是培养学生掌握基本的试验技能，更重要的是培养其综合素质和能力。

（5）全书突出了土木工程材料的环保问题，讨论了 2002 年实施的"室内装饰装修材料有害物质限量"10 项国家标准等，以增强学生的环保意识。

（6）每章均有学习指导栏，指出了教学大纲所要求的教学目标，并提出学习建议；每章设置习题并附参考答案，以方便学生学习。

（7）本书的内容适应拓宽后的土木工程专业的需要，并尽可能反映本学科国内外的新成就和有关的新标准、新规范。

本书由苏达根主编。清华大学朱金铨教授审阅了本教材，并提出了宝贵意见。绪论、第 2章至第 6 章由苏达根（华南理工大学）编写；第 1 章由张志杰（华南理工大学）编写；第 7 章由张志杰、黄承亚（华南理工大学）编写；第 8 章由柯昌君（长江大学）、曹德光（广西大学）编写；第 9 章由林少敏（华南理工大学）、程从密（广州大学）、曹德光编写；试验部分由程从密、张慧珍（广东工业大学）、柯昌君（长江大学）编写。华南理工大学范志宏、刘艳红、陈中华、朱锦辉、陈懿懿、孙涛、蔡宪功、宁丁力、丁焕朗和广西大学杨占印也参与了部分工作或提出宝贵意见。本书在编写过程中得到高等教育出版社、华南理工大学等的大力帮助，在此一并表示感谢。

由于土木工程材料的品种繁多，新材料发展快，且各行业技术标准不完全一致，又由于限于编者水平有限，故书中如有不妥之处，尚祈广大师生、读者提出宝贵意见。

编　者
2003 年 6 月

第3章　无机胶凝材料 ·········· 47

国家级非物质文化遗产——广州灰塑

三峡大坝

深中通道的超大钢壳混凝土沉管

某海港码头钢筋混凝土梁开裂

目　　录

数字资源目录

巧妙用材的福建土楼　　　　　　　　　　　　福建下梅古民居的雕刻

广州海心桥　　　　　　　　　　　　　　南越国宫署遗址出土的瓦当

第 2 章　建筑金属材料 ·· 24

法国埃菲尔铁塔　　　　　　　　　　港珠澳大桥钢筋的防腐

第5章　砌筑材料 …………………………………………………………………… 137

上海世博会中国馆　　　　　　　　　　　意大利比萨斜塔

港珠澳大桥　　　　　　　　　珠江畔的彩色沥青便道

改性树脂彩色防滑路面　　　　　　　"水立方"的 ETFE 膜结构

千年悬空寺　　　　　　　　　　大同华严宝塔

第9章　建筑功能材料 ……………………………………………………… 188

大同九龙壁　　　　　　　　　　　　港珠澳大桥隧道沉管生产线

注：加 * 的资源请按提示通过计算机访问学习。

绪　　论

0.1　土木工程材料的范畴和分类

1. 土木工程材料的范畴

土木工程材料可分为狭义土木工程材料和广义土木工程材料。狭义土木工程材料是指构成建（构）筑物的实体材料，如石灰、水泥、混凝土、钢材、防水材料、墙体与屋面材料、装饰材料等。广义土木工程材料则涵盖了用于建筑工程的所有材料，除狭义土木工程材料外，还包括施工过程中所需要的辅助材料，如脚手架、模板等，以及各种建筑器材，如消防设备、给水排水设备、网络通信设备等。本书所介绍的土木工程材料是指狭义土木工程材料。

2. 土木工程材料的分类

土木工程材料种类繁多，分类方法多样。最基本的分类方法是按化学组成分类；此外，还可按建筑功能进行分类。

（1）按化学组成分类

土木工程材料按其化学组成可分为无机材料、有机材料和复合材料三大类。各大类又可细分为许多小类，具体分类见表 0-1。

表 0-1　土木工程材料按化学组成的分类

无机材料	金属材料	黑色金属：铁、碳素钢、合金钢等
		有色金属：铝、铜及其合金等
	非金属材料	天然石材及砂：石板、碎石、砂等
		烧结制品：陶瓷、砖、瓦等
		玻璃及熔融制品：玻璃、玻璃棉、矿棉等
		无机胶凝材料：石灰、石膏、水泥等
有机材料	植物质材料	木材、竹材、植物纤维及其制品
	高分子材料	有机涂料、橡胶、胶黏剂、塑料等
	沥青材料	石油沥青、煤沥青、沥青制品
复合材料	金属-非金属材料	钢纤维混凝土、钢筋混凝土等
	无机非金属-有机材料	玻纤增强塑料、聚合物混凝土、沥青混凝土等
	金属-有机材料	金属夹芯板等

（2）按建筑功能分类

土木工程材料按其使用功能通常可分为承重结构材料、非承重结构材料及功能材料三大类。承重结构材料主要指梁、板、基础、墙体和其他受力构件所用的建筑材料，最常用的有钢材、混凝土、砖、砌块等。非承重结构材料主要包括框架结构的填充墙、内隔墙和其他围护材料等。建筑功能材料主要有防水材料、绝热材料、吸声隔声材料和装饰材料等。

0.2　土木工程材料的发展历程及方向

1. 土木工程材料的发展历程

土木工程材料的发展与人类文明和社会的发展息息相关。土木工程材料的发展历程大致可分为石器时代、青铜时代、铁器时代、工业时代和科技革命时代几个阶段。

在石器时代，人类已懂得使用木材、土、秸秆、稻草等天然材料修筑住宅。如在陕西西安半坡遗址发现的圆形房子就以木材作为基础、柱、梁，用黏土和草砌筑墙体。又如长江边河姆渡遗址发现的用竹子、木材和干草建造的"干栏式建筑"，上层住人，下层圈养家畜。

在青铜时代，人类不局限于直接利用天然材料，开始使用金属工具加工石材，制造石灰、石膏等。如大约在公元前 2667 年至公元前 2648 年间以方石建造的埃及左塞尔金字塔，就是这一时期代表性的大型建筑。

人类文明进入铁器时代后，土木工程材料得到了进一步发展。秦代不仅用砖砌筑长城，在阿房宫的建造中还使用了瓦。我国古代劳动人民还巧妙地利用各种土木工程材料建成了赵州桥、福建土楼等世界闻名的建筑。图 0-1 为巧妙用材的福建土楼，图 0-2 展示了福建下梅古民居精美实用的建筑雕刻。

0.1【教学交流 0-1】思政教育有机融入教学的思考

图 0-1　巧妙用材的福建土楼

到了工业时代，土木工程材料在世界范围内迅猛发展。钢材大规模应用于建筑，法国于 1889 年建成埃菲尔铁塔。19 世纪，英国人和法国人先后发明了波特兰水泥和钢筋混凝土。

进入 21 世纪，随着新一轮科技革命的迅猛发展和国家"双碳"战略的实施，土木工程材料的发展也进入了一个全新的时期。科技革命时代的土木工程材料不仅强调功能性和经济性，还注重低碳化、绿色化、高性能、复合化、智能化，并与装配式建筑协同发展。

0.2【科魂匠心 0-1】巧妙用材的福建土楼

2. 土木工程材料的发展方向

社会的发展进步，特别是环境保护和节能降耗的迫切需要，对土木工程材料提出了更高的要求，也促进了土木工程材料从以下几个方向健康可持续发展。

图 0-2　福建下梅古民居精美实用的建筑雕刻

（1）低碳化

低碳是时代提出的迫切要求，土木工程材料的低碳包括生产和使用两方面的低碳。即以低的能耗和物耗生产优质的土木工程材料，而且在材料使用过程中，具有更好的使用性能及耐久性，并利于节能。

（2）绿色化

绿色化的土木工程材料需符合 3R 原则，即减量化（reducing）、再利用（reusing）和再循环（recycling）。具体来说就是采用清洁生产技术，少用天然资源和能源；建筑材料尽可能重复利用，可方便拆卸易地再装配使用；达生命周期后可回收再利用。

（3）高性能、多功能化与智能化

土木工程材料的高性能是指需满足其一些主要性能，如结构材料的轻质高强。多功能化是指在满足某一主要功能的基础上，附加了其他使用功能，使之具有更高的价值。土木工程材料的智能化包括多方面，重点强调材料本身的自我诊断、自我修复功能。

（4）与装配式建筑协同发展

装配式建筑是指把传统建造方式中的大量现场作业转移到工厂进行，在工厂加工制作建筑构件和配件（如楼板、墙板、楼梯、阳台等），运输到建筑施工现场，通过可靠的连接方式在现场装配安装而成的建筑。此种建造方式类似于"搭积木"，有利于降低施工过程的物耗、改善施工环境、缩短工期和提高工程质量。土木工程材料与装配式建筑的协同发展，必将促进其向标准化、绿色低碳和部品化的方向发展。

0.3　土木工程材料的标准化

在土木工程建设过程中，工程的设计方法、施工工艺都与材料密切相关。材料对工程质量及成本影响很大。从根本上说，材料是基础。在土木工程中，从材料的生产、选择、使用、检验评定，到材料的贮存、保管，任何环节的失误都可能造成工程的质量缺陷，甚至导致重大质量事故。为了确保土木工程的质量，必须实行土木工程材料的标准化。

世界上通用的标准是 ISO 国际标准。我国的土木工程材料常用标准有四大类：一是国家标准，包括强制性标准（代号 GB）和推荐性标准（代号 GB/T）；二是行业标准，如建工行业标准（代号 JG）、建材行业标准（代号 JC）、交通行业标准（代号 JT）等；三是地方标准（代号 DB）；四是企业标准（代号 QB）。此外，有的标准经过一段时间后会发出修改单，对标准的部分内容予以修改，需予以关注。对强制性国家标准，任何技术（或产品）不得低于其规定的要求；对推荐性国家标准，实际操作中也可执行其他标准的要求；地方标准或企业标准所制定的技术要求应高于国家标准。国家标准的表达方式示例如图 0-3。

本教材所引用有关标准虽然是至出版时的现行标准，但还会有一些土木工程材料标准持续更新。为此，本教材于数字资源的标准规范专栏中，设置了及时更新的土木工程材料标准修订要点栏目，请读者予以关注，以解决纸质教材使用中标准滞后的问题。

0.6*【标准规范 0-1】常用土木工程材料标准

0.7*【标准规范 0-2】常用土木工程材料标准近年修订要点

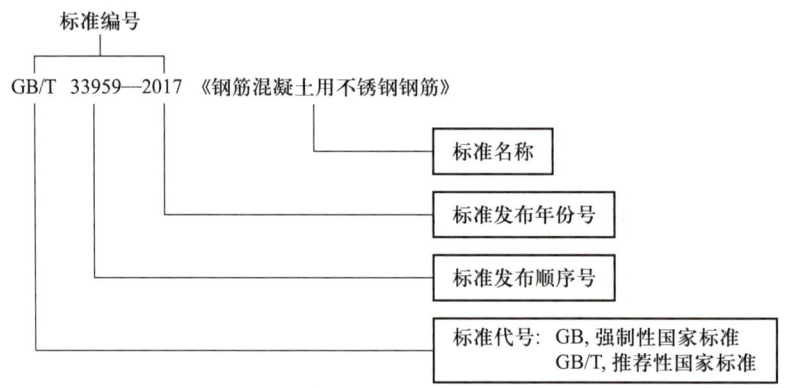

图 0-3 国家标准的表达方式示例

0.4 土木工程材料的教学目标与学习建议

1. 教学目标

合格的土木工程技术人员必须准确熟练地掌握土木工程材料的相关知识。本课程是土木工程各专业方向的基础课，其教学目标不仅有知识目标，还包括思政和素质能力目标。

① 结合课程特点，把爱国、敬业、诚信等公民基本道德规范、公民个人层面的价值准则和中华优秀传统文化融合于专业知识，落实立德树人根本任务。

② 把科学精神、改革创新的时代精神和工匠精神融合于知识传授和创新能力、分析解决问题能力的培养中。

③ 熟悉常用土木工程材料的基本组成、技术性能、质量要求及检验方法，了解土木工程材料的发展方向。能与后续课程紧密配合，理解材料与土木工程设计、施工之间的相互关系。

④ 在了解主要土木工程材料的制备、结构与性能关系的基础上，掌握其特性及应用，初步具备根据工程条件对其正确选择、合理使用及解决在实际工作中出现问题的能力。

⑤ 掌握主要土木工程材料试验的基本技能，具备一定的对有关材料进行测试和技术评定的能力。

0.8【教学交流 0-2】关于教学课件的几点建议

2. 学习建议

（1）在学习中树立社会主义核心价值观

本教材的不少内容展示了我国古代和现代制造和使用土木工程材料的成果。我国劳动人民的这些智慧结晶不仅有利于更深刻地理解、掌握土木工程材料的知识，还有助于增强文化自信、培养爱国主义精神和创新思维。通过学习警钟长鸣专栏的工程案例，增强诚信守法意识，并培养敬业精神和工匠精神。

0.9【教学交流0-3】关于学时的几点建议

（2）在学习中培养能力

"土木工程材料"是一门实用性较强的课程，学习中需以材料组成、结构、构造、性能与应用为主线，重点是掌握材料的性能与应用。不可满足于知道该材料具有哪些性质，有哪些表象，重要的是理解形成这些性质的内在原因、外部原因和这些性能之间的相互关系。土木工程材料种类繁多，需要学习和研究的内容范围很广。本教材在内容安排上已作了详略处理，可点面结合进行学习。本教材每章均指出了教学大纲所要求的学习目标和学习难点，并提出了教学建议。学习中不仅要掌握有关的专业知识和基本技能，还要培养分析、解决问题的能力和创新能力。本教材每章设有创新能力培养专栏，提出挑战性的问题，漫谈土木工程材料的发展应用，在思考讨论中培养创新思维。每节均有工程实例分析，以培养分析解决实际问题的能力。建议多观察身边的工程实际问题，理论联系实际，学以致用，弘扬工匠精神。实验宜与课程教学有机结合，其目的是不仅掌握基本的实验技能，更重要的是培养综合素质，为日后的科技工作打下基础。

0.10*【教学交流0-4】"土木工程材料"课件

（3）纸质教材与数字资源相结合、灵活主动地学习

本教材的数字资源包括了十个形式多样的专栏。这些专栏一般是针对某个专题的内容，有动画、视频、图片等多种形式，有的还具有交互等功能。在学习纸质教材的基础上，扫描书中数字资源二维码或登录网站，联系自身实际，把纸质教材与数字资源相结合，进行自主学习。学习过程中还需及时关注数字资源中标准规范的更新，不断提升自身的知识素养。

0.11*【自检测】《土木工程材料》各章及综合自检测

第1章 土木工程材料的基本性质

【爱我中华】 万里长城所用的建筑材料

万里长城(图1-1)飞越崇山峻岭，是我国古代劳动人民的杰作，也是建筑史上的丰碑。万里长城的选材用材因地制宜，堪称典范。

如八达岭一带采用砖石结构。墙身用条石砌筑，中间填充碎石黄土，顶部再用三四层砖铺砌，以石灰作黏结材料，坚固耐用。在缺乏石料的地区，则利用黄土垒筑长城，将黄土夯打结实，并以锥刺夯打的方式检查是否坚固。在西北玉门关一带，既无石料又无黄土，则以当地盛产的芦苇或柳条与砂石间隔铺筑，共铺20层。

万里长城因地制宜使用各类建筑材料，展现了我国劳动人民的智慧和创造力。

【史海拾贝】 南越国宫署遗址出土的瓦当

瓦当俗称筒瓦头，是古代建筑檐头筒瓦前端的遮挡，既保护檐椽不受风雨侵袭，又美化建筑外观，是被誉为"屋檐上的艺术"的中国古代建筑的特有构件。南越国宫署遗址出土了秦汉至清代的瓦当。其丰富多彩的图案、文字不仅反映了一定时期的社会政治、经济、文化、宗教信仰和人们的审美需求，还展现了源远流长、丰富多彩的华夏文化。秦汉时期流行云纹瓦当(图1-2)，汉代则是文字瓦当发展的顶峰，晋南朝到宋代的莲花纹瓦当成为流行时间最长的瓦当，五代南汉国时期常见动物纹瓦当和兽面纹瓦当，宋代开始出现的花叶纹瓦当逐渐取代了莲花纹瓦当，并一直延续至清代。广州南越国宫署遗址出土的瓦当整体与北方同时期瓦当类似，但又有自己的地方特色。如南越国时期的"万岁"文字瓦当，明显不同于北方地区的文字瓦当，这是南越国既臣服于汉王朝，又保持相对独立的具体反映。

图 1-1 万里长城

图 1-2 南越国宫署遗址出土的秦汉云纹瓦当

1.1【教学交流 1-1】谈启发建立思维导图

1.1 材料的基本物理性质

1.1.1 密度、表观密度、体积密度和堆积密度

1. 密度

密度是指材料在绝对密实状态下单位体积的质量。按下式计算：

$$\rho = \frac{m}{V}$$

(1-1)

1.2【科魂匠心 1-1】广州海心桥

式中：ρ——材料的密度，g/cm^3；

　　　m——材料的质量（干燥至恒重），g；

　　　V——材料在绝对密实状态下的体积，cm^3。

除了钢材、玻璃等少数材料外，绝大多数材料内部都有一些孔隙。在测定有孔隙材料（如砖、石等）的密度时，应把材料磨成细粉干燥后，用李氏瓶测定其绝对密实体积。材料磨得越细，测得的密实体积数值就越精确。另外，工程上还经常用到相对密度，是指材料的密度与 4 ℃纯水密度之比。

1.3【建材趣话 1-1】南越国宫署遗址出土的瓦当

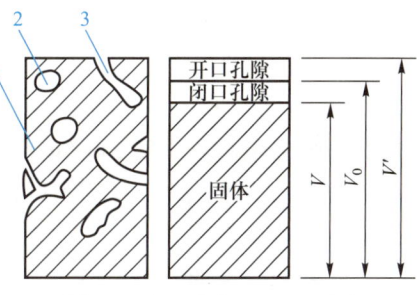

1—固体；2—闭口孔隙；3—开口孔隙

图 1-3 材料体积示意图

1.4【一事一议 1-1】在月亮上能建造房屋吗

2. 表观密度①

表观密度是指单位表观体积材料于干燥状态下的质量。表观体积包括材料实体及闭口孔隙体积两部分。表观密度按下式计算：

$$\rho_0 = \frac{m}{V_0}$$

(1-2)

式中：ρ_0——材料的表观密度，kg/m^3 或 g/cm^3；

　　　V_0——材料在包含闭口孔隙条件下的体积（只含内部闭口孔隙，不含开口孔隙），m^3 或 cm^3，如图 1-3 所示。

---

① 石的表观密度试验请参见数字资源 10.1。

通常，对于一些散状材料如砂、石子等材料，可直接采用排液置换法或水中称重法测其体积，该体积含材料实体和内部的闭口孔隙。见 GB/T 14685—2022《建设用卵石、碎石》中表观密度的试验方法。

1.5【疑难释义 1-1】为何表观密度不同于体积密度

3. 体积密度

体积密度是指干燥材料单位体积（包括材料实体及其开口孔隙、闭口孔隙）的质量。体积密度可按下式计算：

$$\rho_b = \frac{m}{V'} \tag{1-3}$$

式中：ρ_b——材料的体积密度，kg/m^3 或 g/cm^3；

V'——材料的体积，包括材料实体及内部孔隙（开口孔隙和闭口孔隙），m^3 或 cm^3。

对于不规则形状材料的体积，则可用排液法测得（见 GB/T 9966.3—2020《天然石材试验方法 第 3 部分：吸水率、体积密度、真密度、真气孔率试验》中体积密度的试验方法）。而对于规则形状材料的体积，可用量具测得。需指出的是，表观密度与体积密度是两个容易混淆的概念，可对照国家标准中两种试验方法的差异予以思考分析。

4. 堆积密度

堆积密度是指散粒状材料单位堆积体积（含物质颗粒固体及其闭口、开口孔隙体积及颗粒间空隙体积）物质颗粒的质量，反映散粒结构材料堆积的紧密程度及材料可能的堆放空间。按自然堆积体积计算的密度称为松散堆积密度（ρ_L）；以振实体积计算则称紧密堆积密度（ρ_C）。分别按下式计算：

$$\rho_L = \frac{m_{i1} - m_{i0}}{V_i} \tag{1-4}$$

$$\rho_C = \frac{m_{i2} - m_{i0}}{V_i} \tag{1-5}$$

式中：ρ_L——松散堆积密度，kg/m^3；

m_{i1}——松散堆积时容量筒和试样总质量，g；

m_{i0}——容量筒的质量，g；

V_i——容量筒的容积，L；

ρ_C——紧密堆积密度，kg/m^3；

m_{i2}——紧密堆积时容量筒和试样总质量，g。

需说明的是，GB/T 14684—2022《建设用砂》及《建设用卵石、碎石》中，表观密度以 ρ_0 表示。但在交通行业标准 JTG E42—2005《公路工程集料试验规程》中，集（骨）料表观密度以 ρ_a 表示。尽管表示符号有差异，但其定义与本教材是一致的。常用建筑材料的密度、表观密度和堆积密度如表 1-1 所示。

表 1-1   常用建筑材料的密度、表观密度与堆积密度

材料	密度/(g/cm^3)	表观密度/(kg/m^3)	堆积密度/(kg/m^3)
碎石	2.65~2.90	—	1 400~1 700
砂	约 2.60	—	1 450~1 650

材料	密度/(g/cm^3)	表观密度/(kg/m^3)	堆积密度/(kg/m^3)
烧结空心砖	2.50~2.60	800~1 400	—
水 泥	2.80~3.20	—	1 110~1 300
普通混凝土	—	2 000~2 600	—
钢 材	约7.85	7 850	—
木 材	约1.50	400~800	—

1.1.2 材料的孔隙率和空隙率

1. 孔隙率与密实度[①]

材料的孔隙率是指材料中的孔隙体积占材料自然状态下总体积的百分率,包括开口孔和闭口孔的为总孔隙率,简称孔隙率,以 P 表示。另外,开口孔隙率和闭口孔隙率表示各自的孔隙占材料总体积的百分率。孔隙率按下式计算:

$$P = \frac{V'-V}{V'} \times 100\% = \left(1 - \frac{\rho'}{\rho}\right) \times 100\% \qquad (1-6)$$

密实度是与孔隙率相对应的概念,指材料体积内被固体物质充实的程度,用符号 D 表示,按下式计算:

$$D = \frac{V}{V'} \times 100\% = \frac{\rho'}{\rho} \times 100\% \qquad (1-7)$$

$$D + P = 1$$

即孔隙率与密实度之和为 100%。

孔隙率的大小直接反映了材料的致密程度。材料的许多性质如强度、吸水性、抗渗性、抗冻性、热工性质和声学性质等都与材料的孔隙有关。这些性质不仅取决于孔隙率的大小,还与孔的大小、形貌、分布、连通与否等构造特征密切相关。一般来说,同一种材料其孔隙率越高,密实度越低,则材料的表观密度、体积密度、堆积密度越小,强度越低。与外界相连的孔称为开口孔,反之为闭口孔。开口孔隙率越高,其耐水性、抗渗性、耐腐蚀性等性能越差。而闭口孔隙率越高,其保温性能越好。

2. 材料的空隙率与填充率

材料空隙率是指散粒状材料在堆积体积状态下颗粒固体物质间空隙体积(开口孔隙与间隙之和)占堆积体积的百分率。松散堆积空隙率(P_L)与紧密堆积空隙率(P_C)分别按下式计算:

$$P_L = \left(1 - \frac{\rho_L}{\rho_0}\right) \qquad (1-8)$$

$$P_C = \left(1 - \frac{\rho_C}{\rho_0}\right) \qquad (1-9)$$

空隙率的大小反映了散粒材料的颗粒互相填充的致密程度。当计算混凝土中粗骨料的空隙

---

① 石的堆积密度和空隙率试验方法请参见数字资源10.2。

率时，由于混凝土拌合物中的水泥浆能进入石子的开口孔内，开口孔体积也算空隙体积的一部分，因此这时应按石子颗粒的表观密度 ρ_0 来计算。在配制混凝土、砂浆等材料时，宜选用空隙率小的砂、石。

填充率是指散粒状材料在自然堆积状态下，其中的颗粒体积占自然堆积状态下体积的百分率。填充率与空隙率之和为1。

1.1.3 材料与水有关的性质

1. 亲水性与憎水性

水分与不同固体材料表面之间相互作用的情况是不同的。当水与材料接触时，在材料、水和空气三相交点处，沿水表面的切线与水和固体接触面所成的夹角 θ 称为润湿角（图1-4）。θ 越小，浸润性越好。当润湿角 $\theta \leqslant 90°$ 时，水分子之间的内聚力小于水分子与材料分子间的相互吸引力，这种性质称为材料的亲水性。具有这种性质的材料称为亲水性材料（图1-4a）。当润湿角 $>90°$ 时，水分子之间的内聚力大于水分子与材料分子间的吸引力，则材料表面不会被水浸润，这种性质称为材料的憎水性。具有这种性质的材料称为憎水性材料（图1-4b）。建筑材料中水泥制品、玻璃、陶瓷、金属材料、石材等无机材料和部分木材等为亲水性材料；含毛细孔的亲水材料可自动将水吸入孔隙内；憎水性材料常用作防水或防潮材料，如沥青、油漆、塑料、防水油膏等。

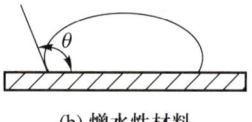

(a) 亲水性材料　　　　　　　(b) 憎水性材料

图1-4　材料的润湿角

2. 材料的吸水性与吸湿性

（1）吸水性

材料的吸水性是指材料在水中吸收水分的性质。材料吸水饱和时的含水率称为材料的吸水率，吸水率有质量吸水率和体积吸水率两种表示方法。

① 质量吸水率是指材料吸水饱和时，所吸收水分的质量占干燥材料质量的百分数，用下式表示：

$$W_{\mathrm{m}} = \frac{m_{\mathrm{b}} - m}{m} \times 100\% \qquad (1-10)$$

式中：W_{m}——质量吸水率，%；

m——材料在干燥状态下的质量，g；

m_{b}——材料在吸水饱和状态下的质量，g。

② 对于轻质、吸水性强的材料，采用质量吸水率表示时，其值很大，甚至超过100%，这类材料宜用体积吸水率来表示。体积吸水率是指材料吸水饱和时，所吸水分的体积占干燥材料体积的百分数。

材料吸水率的大小主要取决于材料的孔隙率及孔隙特征。具有细微而连通孔隙且孔隙率大的材料吸水率较大；具有粗大孔隙的材料，虽然水分容易渗入，但仅能润湿孔壁表面而不易在孔内存留，因而其吸水率不高；密实材料以及仅有封闭孔隙的材料是不吸水的。

1.6【疑难释义1-2】开口孔隙率和闭口孔隙率如何计算

1.7【疑难释义1-3】孔隙率增加其表观密度是否必改变

1.8【疑难释义1-4】材料孔隙率与空隙率的区别

1.9【疑难释义1-5】如何计算体积吸水率

1.10【疑难释义1-6】吸水率与含水率的区别

各种材料的吸水率相差很大，如花岗岩等致密岩石的吸水率仅为 0.5%~0.7%，普通混凝土为 2%~3%，黏土砖为 8%~20%，而木材或其他轻质材料吸水率可大于 100%。

材料含水后，自重增加，强度降低，保温性能下降，抗冻性能变差，有时还会发生明显的体积膨胀。

（2）吸湿性

吸湿性指材料在潮湿空气中吸收水分的性质，以含水率表示。吸湿作用一般是可逆的，也就是说材料既可吸收空气中的水分，又可向空气中释放水分。

含水率是指材料中所含水的质量与干燥状态下材料的质量之比。按下式计算：

$$W = \frac{m_1 - m}{m} \times 100\% \tag{1-11}$$

式中：W——材料的含水率，%；

     m——材料在干燥状态下的质量，g；

     m_1——材料含水状态下的质量，g。

材料的含水率受环境影响，随空气的温度和湿度的变化而变化。当材料中的湿度与空气湿度达到平衡时的含水率称为平衡含水率。

影响材料吸湿性的因素较多。除了上面提到的环境温度和湿度外，材料的亲水性、孔隙率与孔隙特征等对吸湿性都有影响。亲水性材料比憎水性材料有更强的吸湿性，材料中孔对吸湿性的影响与其对吸水性的影响相似。

材料吸水或吸湿后，材料的许多性能变差。可削弱内部质点间的结合力，引起强度下降。同时也使材料的体积密度、导热性增加，几何尺寸略有增加，材料的保温性、吸声性下降，并使材料冻害、腐蚀等加剧。

3. 耐水性

材料的耐水性是指材料长期在水的作用下不破坏，而且强度也不显著降低的性质。水对材料的破坏是多方面的，如对材料的力学性质、光学性质、装饰性等都会产生破坏作用。材料耐水性用软化系数 K_R 表示，按下式计算：

$$K_R = \frac{f_b}{f_g} \tag{1-12}$$

式中：f_b——材料在吸水饱和状态下的抗压强度，MPa；

     f_g——材料在干燥状态下的抗压强度，MPa。

一般材料随着含水量的增加，会减弱其内部结合力，从而导致强度下降。如花岗岩长期浸泡在水中，强度将下降3%以上。普通黏土砖和木材受影响更为显著。材料的耐水性主要与其组成成分在水中的溶解度和材料的孔隙率有关。溶解度很小或不溶的材料，则软化系数（K_R）一般较大。若材料可微溶于水且含有较大的孔隙率，则其软化系数（K_R）较小。

软化系数的范围在 0~1 之间。通常将软化系数大于 0.85 的材料看作是耐水材料。软化系数的大小，有时成为选择材料的重要依据。受水浸泡或长期处于潮湿环境的重要建筑物或构筑物所用材料的软化系数不应低于 0.85；用于受潮较轻或次要结构物的材料，其软化系数应大于 0.75。当岩石软化系数等于或小于 0.75 时，定为软化岩石。

4. 抗渗性

抗渗性指材料抵抗压力水渗透的性质。材料的抗渗性常用渗透系数或抗渗等级来表示。渗透系数按下式计算：

$$K_s = \frac{Qd}{AtH} \qquad (1-13)$$

式中：K_s——渗透系数，cm/h；

      Q——透水量，cm^3；

      d——试件厚度，cm；

      A——透水面积，cm^2；

      t——时间，h；

      H——水头高度（水压），cm。

渗透系数 K_s 的物理意义是：一定时间内，在一定的水压作用下，单位厚度的材料，单位截面积上的透水量。渗透系数越小的材料表示其抗渗性越好。

抗渗等级常用于混凝土和砂浆等材料，是指在规定试验条件下，材料所能承受的最大水压力。

材料抗渗性的好坏，与材料的孔隙率和孔隙特征有密切关系。材料越密实、闭口孔越多、孔径越小，越难渗水；具有较大孔隙率，且孔连通、孔径较大的材料抗渗性较差。

对于地下建筑、屋面、外墙及水工构筑物等，因常受到水的作用，所以要求材料具有一定的抗渗性。对于专门用于防水的材料，则要求具有较高的抗渗性。

5. 抗冻性

材料在吸水后，如果在负温下受冻，水在材料毛细孔内结冰，体积膨胀约9%，冰的冻胀压力将造成材料的内应力增大，使材料遭到局部破坏，随着冻结和融化的循环进行，冰冻对材料的破坏作用逐步加剧，这种破坏称为冻融破坏。

抗冻性是指材料在吸水饱和状态下，能经受多次冻结和融化作用（冻融循环）而不破坏、强度又不显著降低的性质。

材料在冻融循环过程中，表面将出现裂纹、剥落等现象，造成质量损失、强度降低。这是由于材料内部孔隙中的水分结冰时体积增大对孔壁产生很大的压力，冰融化时压力又骤然消失所致。无论是冻结还是融化过程都会在材料冻融交界层间产生明显的压力差，并作用于孔壁使之损坏。

材料的抗冻性常用抗冻等级来表示。抗冻等级表示吸水饱和后的材料经过规定的冻融循环次数，其试件的质量损失或相对弹性模量下降符合有关规定值，采用快冻法检测。混凝土的抗冻等级以符号 F 表示，后面带表示可经受冻融循环次数的数字，记为 F50、F100、F200、F500 等。如 F100 表示所能承受的最大冻融循环次数不少于 100 次，试件的抗压强度下降不超过 25% 或质量损失不超过 5%。另外，还可用单面冻融法（或称盐冻法）测定水泥混凝土成型面与盐接触的条件下，以能够经受的冻融循环次数和表面剥落质量来表示的混凝土抗冻性能。

材料的抗冻性与其强度、孔隙率大小及特征、含水率等因素有关。材料强度越高，抗冻性越好；减少开口孔隙，增大总的孔隙率，可提高材料的抗冻性。在生产材料时常有意引入部分封闭的孔隙，如在混凝土中掺入引气剂。这些闭口孔隙可切断材料内部的毛细孔隙，使开口孔隙减少，当开口的毛细孔隙中的水结冰时，所产生的压力可将开口孔隙中尚未结冰的水挤入到无水的闭口孔隙中，即这些封闭孔隙可起到卸压的作用，大大提高了混凝土的抗冻性能。但引入气泡后，混凝土的孔隙率增大，强度会降低。

1.1.4　材料的热工性质

1. 热容量和比热容

材料的热容量是指材料在温度变化时吸收或放出热量的能力，可用下式表示：

$$Q = m \cdot c \cdot (t_1 - t_2) \tag{1-14}$$

式中：Q——材料的热容量，kJ；

m——材料的质量，kg；

$(t_1 - t_2)$——材料受热或冷却前后的温度差，K；

c——材料的比热，kJ/（kg·K）。

材料比热容的物理意义是指质量为 1 kg 的材料，在温度每改变 1K 时所吸收或放出的热量。可用下式表示：

$$c = \frac{Q}{m(t_1 - t_2)} \tag{1-15}$$

式中：c、Q、m、$(t_1 - t_2)$意义同前。

材料的导热系数和热容量是设计建筑物围护结构(墙体、屋盖)进行热工计算时的重要参数，设计时应选用导热系数较小而热容量较大的建筑材料，以使建筑物保持室内温度的稳定性。同时，导热系数也是工业窑炉热工计算和确定冷藏库绝热层厚度时的重要数据。水的比热容约为 4.2 kJ/（kg·K），冰的比热容约为水的一半；水泥混凝土的比热容约为 0.97 kJ/（kg·K）。

2. 导热性

当材料两侧存在温度差时，热量将由温度高的一侧通过材料传递到温度低的一侧，材料的这种传导热量的能力，称为导热性。导热系数的物理意义是指在稳定传热条件下，1m 厚的材料，两侧表面的温差为 1 度（K，℃），在 1 s 内通过 1 m^2 面积传递的热量，单位为 W/（m·K），此处 K 可用℃代替。可用下式表示：

$$\lambda = \frac{Qa}{(t_1 - t_2)AZ} \tag{1-16}$$

式中：λ——材料的导热系数，W/（m·K）；

Q——传导的热量，J；

a——材料的厚度，m；

A——材料传热的面积，m^2；

Z——传热时间，s；

$(t_1 - t_2)$——材料两侧温度差，K。

材料的导热系数越小，表示其绝热性能越好。各种材料的导热系数差别很大，工程中通常把 $\lambda < 0.23$ W/（m·K）的材料称为绝热材料，如泡沫塑料。金属材料的导热系数一般较大。

影响材料的导热系数的因素有：

① 材料的组成与结构。一般地说导热系数，金属材料>非金属材料、无机材料>有机材料、晶体材料>非晶体材料。

② 同种材料孔隙率越大，导热系数越小。细小孔隙、闭口孔隙比粗大孔隙、开口孔隙对

降低导热系数更为有利，因为避免了对流导热。

③ 含水或含冰时，会使导热系数急剧增加。因为水的导热系数是空气的 25 倍，而冰的导热系数又是水的 4 倍。所以，对于多孔结构的保温隔热材料，要注意防潮、防冻。

3. 燃烧性能

GB 8624—2012《建筑材料及制品燃烧性能分级》规定，将建筑材料及建筑用制品划分为四个等级：A 级、B1 级、B2 级和 B3 级。A 级为不燃材料（制品），B1 级为难燃材料（制品），B2 级为可燃材料（制品），B3 级为易燃材料（制品）。在燃烧性能等级判断中对建筑材料及建筑用制品进行了分类。建筑材料分为三大类：平板建筑材料、铺地材料和管状绝热材料。建筑用制品分为四大类：窗帘幕布、家具制品装饰用织物，电线电缆套管、电器设备外壳及附件，电器、家具制品用泡沫塑料，软质家具和硬质家具。在使用过程中需注意材料的燃烧性能等级。

【工程实例分析 1-1】　加气混凝土砌块吸水分析

概况：某施工队原使用普通烧结黏土砖，后改用表观密度为 700 kg/m³ 的加气混凝土砌块。在抹灰前采用同样的方式往墙上浇水，发现原使用的普通烧结黏土砖易吸足水量，但加气混凝土砌块表面看来浇水不少，但实则吸水不多，请分析原因。

原因分析：加气混凝土砌块虽多孔，但其气孔大多数为"墨水瓶"结构，肚大口小，毛细管作用差，只有少数孔是水分蒸发形成的毛细孔。因此，吸水及导湿均缓慢，材料的吸水性不仅要看孔数量多少，还需看孔的结构。

1.11【教学交流 1-2】在试验中提高综合素质

【工程实例分析 1-2】　新建房屋的墙体保温性能相对较差

概况：新建房屋的墙体保温性能差于使用一段时间较干燥的墙体，尤其是在冬季，其差异更为明显。

原因分析：干燥墙体由于其孔隙被空气所填充，而空气的导热系数很小，只有 0.023 W/(m·K)，因而干燥墙体具有良好的保暖性能。而新建房屋的墙体由于未完全干燥，其内部孔隙中含有较多的水分，而水的导热系数为 0.58 W/(m·K)，约是空气导热系数的 25 倍，因而传热速度较快，保温性较差。尤其在冬季，一旦湿墙中孔隙水结冰后，导热能力进一步提高，冰的导热系数为 2.3 W/(m·K)，是空气导热系数的 100 倍，保温性能更差。

1.12【观察讨论 1-1】火灾中混凝土的破坏

1.2　材料的基本力学性质

1.2.1　强度

强度指材料抵抗外力破坏的能力。当材料承受外力作用时，内部就产生应力。外力逐渐增加，应力也相应加大。直到质点间作用力不再能够承受时，材料即发生破坏。此时极限应力值就是材料的强度。

根据外力作用方式的不同，材料强度有抗压强度、抗拉强度、抗弯强度及抗剪强度等（图 1-5）。材料的抗压强度按下式计算：

$$f = \frac{F}{A} \tag{1-17}$$

式中：f——材料强度，MPa；

　　　F——破坏时最大荷载，N；

　　　A——受力截面面积，mm^2。

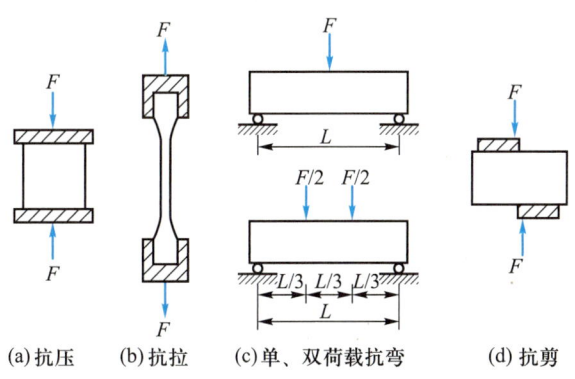

(a)抗压　　(b)抗拉　　(c)单、双荷载抗弯　　(d)抗剪

图 1-5　材料受力示意图

材料的抗弯强度与受力情况有关，当外力是作用于构件中央一点的集中荷载，且构件有两个支点(图 1-5c)，材料截面为矩形时，抗弯强度按下式计算：

$$f_m = \frac{3FL}{2bh^2} \tag{1-18}$$

式中：f_m——材料抗弯强度，MPa；

　　　F——材料所受的荷载，N；

　　　L——两支点间距离，mm；

　　　b——试件截面的宽度，mm；

　　　h——试件截面高度，mm。

有时抗弯强度试验的方法是在跨度的三分之一点上作用两个相等的集中荷载(图 1-5c)，这时材料的抗弯强度按下式计算：

$$f_m = \frac{FL}{bh^2} \tag{1-19}$$

材料的强度与其组成和构造有关。不同种类的材料具有不同的抵抗外力作用的能力，即使是相同种类的材料，由于其内部构造不同，其强度也有很大差异。孔隙率越大、材料强度越低。

同种材料抵抗不同类型外力作用的能力也不同，如砖、石材、混凝土和铸铁等材料的抗压强度较高，而其抗拉及抗弯强度很低；钢材的抗拉、抗压强度都很高等。另外，试验条件等因素的不同会对材料强度值的测试结果产生较大影响。常用材料的强度值见表 1-2。

大部分建筑材料是根据其强度的大小，将材料划分为若干等级，即材料的强度等级。将建筑材料划分为若干强度等级，对掌握材料性质、合理选用材料、正确进行设计和控制工程质量都是非常重要的。对于混凝土、砌筑砂浆、普通砖、石材等脆性材料，由于主要用于抗压，因此以其抗压强度来划分等级，而建筑钢材主要用于抗拉，如低合金高强度合金钢，以其屈服点作为划分等级的依据。

表 1-2 常用材料的强度 MPa

材　　料	抗　　压	抗　　拉	抗　　弯
花岗岩	80～150	—	10～16
普通黏土砖	10～30	—	2～5
普通混凝土	15～80	2～10	—
松木（顺纹）	30～50	80～120	—
建筑钢材	240～1 000	240～1 500	—

还有一个重要的相关概念是比强度，指材料强度与其表观密度之比。它是评价材料是否轻质高强的指标。材料比强度越大，越轻质高强。

1.2.2　弹性和塑性

1.13【案例分析 1-1】未烧透红砖浸水后强度下降

弹性是指材料在外力作用下产生变形，当外力取消后，能够完全恢复原来形状的性质。这种可完全恢复的变形称为弹性变形。弹性变形属于可逆变形，其应力（σ）与应变（ε）之比称为弹性模量。弹性模量用符号"E"来表示，是一个不变的常数。弹性模量是衡量材料抵抗变形能力的指标之一，弹性模量越大，在一定应力作用下，材料发生弹性变形越小，即材料的刚度越大。

塑性指在外力作用下材料产生变形，外力取消后，仍保持变形后的形状和尺寸，这种不能恢复的变形称为塑性变形。

完全的弹性材料是没有的，有的材料在受力不大的情况下，表现为弹性变形，但受力超过一定限度后，则表现为塑性变形，如钢材；有的材料在受力后，弹性变形及塑性变形同时产生，如果取消外力，则弹性变形部分可以恢复，而塑性变形部分则不能恢复，如混凝土。

1.2.3　脆性和韧性

1.14【观察讨论 1-2】脆性材料与韧性材料

脆性指材料在外力作用下，无明显塑性变形而突然破坏的性质。具有这种性质的材料称为脆性材料。

脆性材料的抗压强度比其抗拉强度往往要高很多倍。它对承受震动作用和抵抗冲击荷载是不利的。砖、石材、陶瓷、玻璃、混凝土、铸铁等都属于脆性材料。

韧性指在冲击或震动荷载作用下，材料能够吸收较多的能量，同时也能产生一定的变形而不破坏的性质。材料的韧性是用冲击试验来检验的，因而又称为冲击韧性，它用材料受荷载达到破坏时所吸收的能量来表示。低碳钢、木材等属于韧性材料。用作路面、桥梁、吊车梁以及有抗震要求的结构都要考虑到材料的韧性。

1.2.4 硬度和耐磨性

硬度是指材料表面抵抗其他物体压入或刻画的能力。金属材料等的硬度常用压入法测定，如布氏硬度法，以单位压痕面积上所受的压力来表示。陶瓷等材料常用刻画法测定。一般情况下，硬度大的材料强度高、耐磨性较强，但不易加工。工程中有时用硬度来间接推算材料的强度，如回弹法用于测定混凝土表面硬度，间接推算混凝土强度。

耐磨性是材料表面抵抗磨损的能力。材料的耐磨性与材料的组成结构及强度、硬度有关。在土木工程中，道路路面、工业地面等受磨损的部位，选择材料需考虑其耐磨性。

【工程实例分析 1-3】 测试强度与加荷速度

概况：人们在测试混凝土等材料的强度时可观察到，对于同一试件，加荷速度过快，所测值偏高。

原因分析：材料的强度除与其组成结构有关外，还与其测试条件有关，包括加荷速度、温度、试件大小和形状等。当加荷速度过快时，荷载的增长速度大于材料裂缝扩展速度，测出的数值就会偏高。为此，在材料的强度测试中，一般都规定其加荷速度范围。

1.3 材料的耐久性、安全性与环境协调性

土木工程材料的发展方向要求除具有良好的使用性能外，还须具有良好的环境协调性能，即具有好的耐久性、低的环境负荷值和高的可再生循环利用率。

1.3.1 材料的耐久性

材料在长期使用过程中，在环境因素作用下，能保持其原有性能而不变质、不破坏的性质，统称之为耐久性，它是一种复杂的、综合的性质。材料在使用过程中，除受到各种外力作用外，还要受到环境中各种自然因素的破坏作用，这些破坏作用可分为物理作用、化学作用、电化学作用、机械作用和生物作用。

物理作用主要有干湿交替、温度变化、冻融循环等，这些变化会使材料体积产生膨胀或收缩，或导致内部裂缝的扩展，长久作用后会使材料产生破坏。

化学作用主要是指材料受到酸、碱、盐等物质的水溶液或有害气体的侵蚀作用，使材料的组成成分发生质的变化，而引起材料的破坏。如钢材的锈蚀等。

电化学作用是指不纯的金属跟电解质溶液接触时，会发生原电池反应，比较活泼的金属失去电子而被氧化，产生电化学腐蚀。金属材料常由化学和电化学作用引起腐蚀和破坏。

机械作用包括使用荷载的持续作用，交变荷载引起材料疲劳，以及冲击、磨损、磨耗等。

生物作用主要是菌类、白蚁、昆虫等的作用使材料腐朽、蛀蚀而破坏。如木材这类材料常会受到这种破坏作用的影响。

材料在长期使用过程中的破坏是多方面因素共同作用的结果，即耐久性是一种综合性质。它包括抗渗性、抗冻性、耐蚀性、抗老化性、耐热性、耐磨性等。耐久性和破坏因素的关系见表 1-3。

当然，不同材料有不同的耐久性特点，如无机矿物材料（混凝土、石材等）要考虑抗冻、

有害气体等作用；金属材料主要考虑其化学腐蚀作用；木材主要考虑生物作用带来的损坏。另外，不同工程环境对材料的耐久性也有不同的要求，如寒冷地区室外工程的混凝土应考虑其抗冻性；处于有压力水作用下的水工工程及地下工程所用的混凝土应有抗渗性要求；对于装饰材料则还要求颜色、光泽等不发生显著变化等。要根据材料所处的结构部位和使用环境等因素，综合考虑其耐久性，并根据各种材料的耐久性特点，合理地选用。

表 1-3 耐久性和破坏因素的关系

名　称	破坏作用	因　素	评定指标
抗渗性	物理	压力水	渗透系数、抗渗等级
抗冻性	物理	水、冻融作用	抗冻系数、抗冻等级
耐磨性	物理	机械力	磨损率
耐热耐火	物理、化学	高温、火焰	*
化学侵蚀	化学	酸、碱、盐	*
老化	化学	阳光、空气	*
腐朽	生物	菌类	*
虫蛀	生物	昆虫	*

注：*表示参考强度变化率、开裂情况、变形情况等进行评定。

1.3.2 材料的安全性与环境协调性

土木工程材料是应用最广，用量最大的材料。有些土木工程材料片面追求材料的力学性能与各种功能，如结构材料主要追求高强度，而装饰材料则追求其功能性和设计图案的美观等方面的舒适性，却忽视了其安全性及环境协调性。土木工程材料的安全性包括灾害安全性和卫生环境安全性。灾害安全性指发生灾害时所造成危害的性能，如防火性、抗爆性等。卫生环境安全性指其生产、使用过程中对人的健康和生态环境造成危害的性能，如放射性、有害物质的污染等。土木工程材料的安全性与环境协调性是紧密联系的。

传统土木工程材料在生产过程中不仅消耗大量的天然资源和能源，还向大气中排放大量的二氧化碳、二氧化硫和氮氧化物等有害气体。某些装饰装修材料在使用过程中释放对人体有害的挥发物。这些问题如不加以解决，它造成的环境负荷问题将是灾难性的。因此，必须重视土木工程材料的环境协调问题。所谓环境协调性是指对资源和能源消耗少、对环境污染小和循环再生利用率高。具有优良环境协调性的材料对资源和能源消耗少、对生态和环境污染小、再生利用率高或可降解化和可循环利用，而且要求从材料制造、使用、废弃直至再生利用的整个寿命周期中，都必须具有与环境的协调共存性。

1994 年设立中国环境标志产品认证委员会，土木工程材料中首先对水性涂料实行环境标志，制定环境标志的评定标准。为了保障人民群众的身体健康和人身安全，国家制订了 GB 6566—2010《建筑材料放射性核素限量》以及关于室内装饰装修材料有害物质限量等 10 项国家标准。

【工程实例分析1-4】 水池壁崩塌

概况：某市自来水公司一号水池建于山上，1980 年 1 月交付使用，1989 年 6 月 20 日池壁突然崩塌，造成 39 人遇难、6 人受伤的特大事故。该水池使用的是冷却水，输入池内的水温达 41 ℃。该水池为预应力装配式钢筋混凝土圆形结构，池壁由 132 块预制钢筋混凝土板拼装，接口处部分有泥土。板块间接缝处用细石混凝土二次浇筑，外绕钢丝，再喷射砂浆保温层，池内壁设计未做防渗层，只要求在接缝处向两侧各延伸 5 cm 的范围内刷两道素水泥浆。

原因分析：

① 池内水温高，增强了对池壁的腐蚀能力，导致池壁结构过早破损。

② 预制板接缝面未打毛，清洗不彻底，故部分留有泥土；且接缝混凝土振捣不实，部分有蜂窝麻面，其抗渗能力大大降低，使水分浸入池壁，并对钢丝产生电化学反应。检测中发现所有钢丝已严重锈蚀，有效截面减少，抗拉强度下降，钢丝断裂，使池壁倒塌。

③ 设计方面考虑不周，且未能及时发现钢丝严重锈蚀。

【工程实例分析 1-5】　装修材料的选用与环境污染

家居装修过程中，往往会使用油漆、涂料等材料。如以香蕉水作溶剂的涂料所含的苯、甲苯和二甲苯逸放就会污染环境，其中以苯的毒性最强。医学研究证明，妇女对苯的吸入格外敏感，妊娠期妇女长期吸入苯会导致胎儿发育畸形和流产。家居装修应尽量选用环保型的水性涂料，减少环境污染。

装修材料的选用不仅需考虑美观，更应该考虑环保。如不选用甲醛含量超标的复合木地板等。

1.4　材料的组成、结构、构造及其对性能的影响

1.4.1　材料的组成及其对性能的影响

材料的组成是指材料的化学成分或矿物成分。它不仅影响着材料的化学性质，而且也是决定材料物理力学性能的重要因素。

1. 化学组成

化学组成是指构成材料的化学元素及化合物的种类与数量。当材料处于某一环境中，材料与环境中的物质之间必然要按化学变化规律发生作用。如混凝土受到酸、盐类物质的侵蚀作用；木材遇到火焰时的耐燃、耐火性能；钢材和其他金属材料的锈蚀等都属于化学作用。材料在各种化学作用下表现出的性质都是由其化学组成所决定的。如碳素钢随含碳量增加，强度、硬度增大，而塑性和韧性降低。

2. 矿物组成

这里的矿物是指无机非金属材料中具有特定的晶体结构、特定的物理力学性能的组织结构。材料中的元素或化合物是以特定矿物结合形式存在着，并影响着材料的许多重要性能。矿物组成是指构成材料的矿物的种类和数量。某些材料如天然石材、无机胶凝材料，其矿物组成是决定其性质的主要因素。例如硅酸盐水泥中，熟料矿物硅酸三钙含量高，则其硬化速度较快，强度较高。

1.4.2　材料的结构、构造及其对性能的影响

材料的结构和构造对其性质有着重要影响。材料的结构侧重于细节，包括宏观结构、亚微观结构和微观结构三个层次。材料的构造则着眼于整体，是指具有特定性质的材料结构单元的相互组合搭配。

1. 材料的结构

（1）宏观结构

材料的宏观结构是指可用肉眼或放大镜能观察到的结构，一般指毫米级别的结构。土木工程材料常见的结构形式有如下几种。

① 密实结构是指材料内部基本上无孔隙，结构致密。这类材料的特点是强度和硬度较高，吸水性小，抗渗和抗冻性较好，耐磨性较好，绝热性差。如钢材、致密的天然石材、玻璃等。

② 多孔结构是指材料内部存在大体上呈均匀分布的、独立的或部分相通的孔隙，孔隙率较高，孔隙又有大孔和微孔之分。具有多孔结构的材料，其性质决定于孔隙的特征、多少、大小及分布情况，一般来说，这类材料的强度较低，抗渗性和抗冻性较差，绝热性较好。如加气混凝土、石膏制品、烧结普通砖等。

③ 纤维结构是指材料内部组成有方向性，纵向较紧密而横向疏松，组织中存在相当多的孔隙，这类材料的性质具有明显的方向性，一般平行纤维方向的强度较高，导热性较好。如木材、竹、玻璃纤维、石棉等。

④ 层状结构是指材料具有叠合结构，它是用胶结料将不同的片材或具有各向异性的片材胶合而成整体，其每一层的材料性质不同，但叠合成层状结构的材料后，可获得平面各向同性，更重要的是可以显著提高材料的强度、硬度、绝热或装饰等性质，扩大其使用范围。如胶合板、纸面石膏板、塑料贴面板等。

⑤ 散粒结构是指呈松散颗粒状的材料，有密实颗粒与轻质多孔颗粒之分。前者如砂子、石子等，因其致密、强度高，适合做混凝土骨料。后者如陶粒、膨胀珍珠岩等，因具多孔结构，适合做绝热材料。粒状结构的材料颗粒间存在大量的空隙，其空隙率主要取决于颗粒大小的搭配。用作混凝土骨料时，要求紧密堆积，轻质多孔粒状材料用作保温填充时，则希望空隙率大一些好。

⑥ 聚集结构是指由骨料与胶凝材料结合而成的材料，如水泥混凝土、沥青混凝土和砂浆等。

（2）亚微观结构

亚微观结构是指在普通光学显微镜下可观察到的结构，其尺度范围一般在 $10^{-6} \sim 10^{-3}$ m。亚字为次一等的含义，如地球的热带与温带之间称之为亚热带。亚微观结构是介于宏观与微观之间的结构。对于水泥混凝土，通常是研究水泥石的孔隙结构及界面特性等结构；对于金属材料，通常是研究其金相组织，即晶界及晶粒尺寸等。对于木材，通常是研究木纤维、管胞、髓线等组织的结构。材料在显微结构层次上的差异对材料的性能有着显著的影响。如混凝土中毛细孔的数量减少、孔径减小，将使混凝土的强度和抗渗性等提高。

（3）微观结构

材料的微观结构是指通过电子显微镜或 X 射线衍射仪等能观测到的结构。其分辨率可达纳米级别。材料的微观结构与其强度、硬度、弹塑性、熔点、导电性、导热性等重要性质有着

密切的关系。材料的微观结构基本上可分为晶体与非晶体，而非晶体包括玻璃体和胶体。不同结构的材料，各具不同特性。

① 晶体。构成晶体的质点（原子、离子、分子）是按一定的规则在空间呈有规律地排列。因此晶体具有一定的几何外形，显示各向异性。但实际应用的晶体材料，通常是由许多细小的晶粒杂乱排列组成，故晶体材料在宏观上显示为各向同性。

晶体内质点的相对密集程度和质点间的结合力，对晶体材料的性质有着重要的影响。如在硅酸盐矿物材料（如陶瓷）的复杂晶体结构（基本单元为硅氧四面体）中，质点的相对密集程度不高，且质点间大多是以共价键联结，变形能力小，呈现脆性。

② 非晶体。非晶体又称无定形物质，是相对晶体而言的。在非晶体中，组成物质的原子和分子之间的空间排列不呈现周期性和平移对称性，其结构完全不具有长程有序，只存在着短程有序。非晶体包括玻璃体和凝胶等。

将具有一定成分的熔融物质进行迅速冷却（急冷），使其内部质点来不及作有规则的排列就凝固了，这时形成的物质结构即为玻璃体，又称无定形体。玻璃体无固定的几何外形，具有各向同性，破坏时也无清楚的解理面，加热时无固定的熔点，只出现软化现象。同时，因玻璃体是在快速急冷下形成的，故内应力较大，具有明显的脆性，如玻璃。

由于玻璃体在凝固时质点来不及做定向排列，质点间的能量只能以内能形式储存起来，因此玻璃体具有化学不稳定性，亦即存在化学潜能，在一定的条件下，易与其他物质发生化学反应。如粉煤灰、水淬粒化高炉矿渣、火山灰等均属玻璃体，常被大量用作硅酸盐水泥的掺合料，以改善水泥性质。

1.15【案例分析 1-2】硅灰与磨细石英粉

胶体是一些细小的固体颗粒分散于介质中，形成高度分散的多相不均匀体系。胶体的质点微小，表面积很大，故表面能很大，吸附能力很强，具有较强的黏结力。胶体由于脱水或质点的凝聚而逐步形成凝胶体。凝胶体既具有固体性质，在长期应力作用下又具有黏性液体的流动性质，如硅酸盐水泥水化产物中的凝胶体。水泥混凝土的变形与其水泥水化形成的凝胶体密切相关。

1.16【观察讨论 1-3】两种石材性能对比

2. 材料的构造

材料的构造与结构相比更强调了其具有特定性质的材料结构单元之间的搭配组合关系。如岩石的结构是指岩石中的矿物的结晶程度，颗粒大小和形状等；而岩石的构造则着眼于整体，指岩石中矿物集合体之间或集合体与其他组成部分之间的组合，包括其排列方式及填充方式等。材料的结构和构造均是影响其性能的重要因素。

【警钟长鸣】 不合格混凝土的教训

2019 年 5 月，长沙市望城区住建局在现场检查过程中对新城国际花都五期三标 C10 栋部分混凝土构件质量存疑。通过专业检测单位的多轮检测，鉴定该项目 C10 栋 12 层以上部分混凝土构件强度未达设计要求。根据检测报告、鉴定报告和专家评审意见，于同年 10 月份要求参建单位对 C10 栋 12—27 层进行拆除重建。该混凝土供应商为湖南拓宇混凝土有限公司，该公司此后全面关停。

混凝土的质量管理包括原材料检测、配比、运输、施工养护，直至检测，每个环节都必须重视。出现质量不合格的混凝土，固然与混凝土供应商直接相关，建设施工、监理等方面也必须承担相应的责任。

【建材与生态环境】 建筑材料与放射性

某新婚夫妇高高兴兴地住上了装修一新的房屋，但两年过后，却迟迟没有怀孕。此后经检测才发现所使用的花岗岩石板放射性超标。放射性元素在衰变中产生的放射性物质，主要为氡气，其污染无色无味，不同于甲醛、氨等化学刺激性气体，往往不为人们所察觉，可谓"无形杀手"。室内放射性污染不仅仅会导致不孕不育，还会诱发癌变、白血病，损伤人体的神经和消化系统，使人出现乏力、困倦、失眠、食欲不振和记忆力下降等症状。

《建筑材料放射性核素限量》对建筑主体材料和装修材料提出了相关要求。

建筑主体材料中天然放射性核素镭-226、钍-232、钾-40的放射性比活度应同时满足 $I_{Ra} \leqslant 1.0$ 和 $I_\gamma \leqslant 1.0$。对于空心率大于 25% 的建筑主体材料，其天然放射性核素镭-226、钍-232、钾-40的放射性比活度应同时满足 $I_{Ra} \leqslant 1.0$ 和 $I_\gamma \leqslant 1.3$。

上述标准根据装修材料放射性水平大小将其划分为以下三类：

A 类装修材料：装修材料中天然放射性核素镭-226、钍-232、钾-40的放射性比活度同时满足 $I_{Ra} \leqslant 1.0$ 和 $I_\gamma \leqslant 1.3$ 要求的为 A 类装修材料。A 类装修材料产销与使用范围不受限制。I_{Ra} 为内照射指数，I_γ 为外照射指数，均反映了建筑材料放射性水平高低。

B 类装修材料：不满足 A 类装修材料要求，但同时满足 $I_{Ra} \leqslant 1.3$ 和 $I_\gamma \leqslant 1.9$ 要求的为 B 类装修材料。B 类装修材料不可用于 I 类民用建筑的内饰面，但可用于 II 类民用建筑物、工业建筑的内饰面及其他一切建筑的外饰面。

C 类装修材料：不满足 A、B 类装修材料要求，但满足 $I_\gamma \leqslant 2.8$ 要求的为 C 类装修材料。C 类装修材料只可用于建筑物的外饰面及室外其他用途。

为此，须根据使用的场合及条件正确选用土木工程材料。

练习思考与调研 1

1-1 选择题

(1) 孔隙率增大，材料的_____降低。

A. 密度　　　　　B. 表观密度　　　　　C. 憎水性　　　　　D. 抗冻性

(2) 材料在水中吸收水分的性质称为_____。

A. 吸水性　　　　　B. 吸湿性　　　　　C. 耐水性　　　　　D. 渗透性

1-2 是非判断题

(1) 某些材料虽然在受力初期表现为弹性，但达到一定程度后表现出塑性特征，这类材料称为塑性材料。（　　）

(2) 材料吸水饱和状态时水占的体积可视为开口孔隙体积。（　　）

(3) 在空气中吸收水分的性质称为材料的吸水性。（　　）

(4) 材料的导热系数越大，其保温性能越好。（　　）

(5) 材料比强度越大，越轻质高强。（　　）

1-3 问答题

(1) 生产材料时，在组成一定的情况下，可采取什么措施来提高材料的强度和耐久性？

(2) 决定材料耐腐蚀性的内在因素是什么？

1-4 计算题

(1) 某岩石在气干状态、干燥状态、水饱和状态下测得的抗压强度分别为 172 MPa、178 MPa、168 MPa。

该岩石能否用于水下工程?

（2）一块利用生活污泥等废物生产的普通烧结砖尺寸为 240 mm×115 mm×53 mm，在吸水饱和状态下质量为 2 900 g，干燥至恒重质量为 2 550 g；取其干粉 50 g，用排水法测得其绝对密实状态下的体积为 18.62 cm³。请计算该砖的密度、表观密度、吸水率和孔隙率。

1-5　思考题

（1）为何初学或资深的土木工程技术人员都需不断学习土木工程材料?

（2）请思考表观密度与体积密度的检测及其结果计算有何差别。

（3）是否利用废弃物生产的建材都属于绿色建材?

第2章 建筑金属材料

【爱我中华】 南沙大桥缆索的"中国芯" 钢丝

南沙大桥起于广州市南沙区东涌镇，止于东莞沙田镇，全长 12.89 km，于 2019 年建成通车。其中，坭洲水道桥为 658 m+1 688 m 的双塔双跨钢箱梁悬索桥。其主缆是悬索桥的主要承力构件，需确保使用 100 年无须更换，是悬索桥的"生命线"。

超大跨度悬索桥主缆结构需使用强度更高、自重更轻的新型主缆材料。提高悬索桥主缆钢丝强度，不仅可减少钢丝用量，减轻主缆质量和截面积，减少主缆耗材和风阻，还可节省主塔及锚碇结构、索鞍、索夹的体积和质量，从而利于土建架设施工，缩短工期，有明显的经济效益。

此前我国生产的抗拉强度为 1 770 MPa 钢丝无法满足性能要求，只能依赖进口。此次，我国有关单位经过多方研究与试验，终于成功研制出性能优越的直径为 5 mm、抗拉强度为 1 960 MPa 的锌铝合金镀层高强度钢丝。钢丝采用国产高强钢丝线材制作。这标志着我国在钢丝研发工作上取得了突破性进展，并大规模成功应用于南沙大桥（图 2-1）。我国从进口桥梁钢丝，到向美国等国出口悬索桥主缆预制索股，标志着缆索行业的跨越式发展。给中国桥梁安上"中国芯"，让中国桥梁进一步从"建造"走向"智造"。

图 2-1 南沙大桥缆索

【史海拾贝】 建桥用金属材料漫谈

人类最早用来建桥的金属材料是铁，早在汉代（公元 65 年），我国曾在四川泸州用铁链建造了规模不大的吊桥。1779 年，英国用了 379 吨铸铁于科布鲁克代尔的塞文河（Severn River）上建成了世界第一座拱形铁桥。该桥于 1986 年被联合国教科文组织列入世界文化遗产名录。1878 年英国人曾用铸铁在北海的泰伊湾（Tay 湾）上建造全长 3 160 m、单跨 73.5 m 的跨海大桥，采用梁式桁架结构，在石材和砖砌筑的基础上以铸铁管做桥墩，建成不到两年，一次台风夜袭，加之火车冲击荷载的作用，铸铁桥墩脆断，桥梁倒塌，车毁人亡，教训惨痛。此后人们研究和比较了钢材与铸铁，发现钢材不仅具有高的抗压强度，还具有高的抗拉强度和抗冲击韧性，更适于建桥。1791 年，人类首次使用钢材建造人行桥。经总结了几百年使用钢材建桥的经验后，现在悬索桥已成为特大跨径桥梁的主要形式。

2.1【教学交流 2-1】从不锈钢的发明与应用谈创新

2.2【科魂匠心 2-1】自主创新的"鸟巢钢"

2.3【建材趣话 2-1】广州市海珠桥的钢材

图 2-2 北京国家体育场

2.1 钢材的定义与分类

2.1.1 钢的定义

GB/T 13304.1—2008《钢分类 第 1 部分：按化学成分分类》对钢定义为：以铁为主要元素，含碳量一般在 2% 以下，并含有其他元素的合金材料。其中，在铬钢中含碳量可能大于 2%，但 2% 通常是钢和铸铁的分界线。

2.1.2 钢材的分类

1. 按化学成分分类

《钢分类 第 1 部分：按化学成分分类》规定了钢材按化学成分分为非合金钢、低合金钢和合金钢三类。

2. 按主要质量等级和主要性能或使用特性分类

GB/T 13304.2—2008《钢分类 第 2 部分：按主要质量等级和主要性能或使用特性的分类》规定，按主要质量等级，非合金钢分为普通质量非合金钢、优质非合金钢和特殊质量非合金钢三类；低合金钢分为普通质量低合金钢、优质低合金钢和特殊质量低合金钢三类；合金钢分为优质合金钢和特殊质量合金钢两类。

非合金钢、低合金钢和合金钢还可按主要性能或使用特性进行分类。如低合金钢分为：可焊接的低合金高强度结构钢；低合金耐候钢；低合金钢混凝土用钢及预应力用钢；铁道用低合金钢；矿用低合金钢和其他低合金钢，如焊接用钢。

还需说明的是，具体钢种的牌号还会以质量等级、脱氧方法等予以划分。如 GB/T 700—2006《碳素结构钢》中规定，其牌号由代表屈服点的字母、屈服点数值、质量等级符号、脱氧方法等四部分按顺序组成。其中脱氧方法以 F 表示沸腾钢，Z、TZ 表示镇静钢和特殊镇静钢。另外，国家标准中虽然没有低碳钢、中碳钢和高碳钢的划分，但在一些生产中还有此提法。其大致划分是：低碳钢含碳量一般低于 0.25%；中碳钢含碳量一般为 0.25% ~ 0.6%；高碳钢含碳量一般高于 0.6%。

2.2　建筑钢材的主要技术性能

钢材的主要性能包括力学性能和工艺性能。其中力学性能是钢材最重要的使用性能，包括抗拉性能、抗冲击性能、耐疲劳性能及硬度等。工艺性能表示钢材在各种加工过程的行为，包括冷弯性能和可焊性等。

2.2.1　抗拉性能

抗拉性能是建筑钢材最重要的力学性能。钢材受拉时，在产生应力的同时，相应地产生应变。[①] 应力和应变的关系反映出钢材的主要力学特征。从图 2-3 低碳钢（软钢）的应力-应变关系中可看出，低碳钢从受拉到拉断，经历了四个阶段：弹性阶段(OA)、屈服阶段(AB)、强化阶段(BC)和颈缩阶段(CD)。GB/T 228.1—2021《金属材料 拉伸试验 第 1 部分：室温试验方法》规定了原始标距、断后标距、屈服强度、抗拉强度、伸长率、断后伸长率和断面收缩率等的定义。

1. 弹性阶段

在图中 OA 段，应力较低，应力与应变成正比例关系，卸去外力，试样恢复原状，无残余变形，这一阶段称为弹性阶段。弹性阶段的最高点（A 点）所对应的应力称为弹性极限，用 R_p 表示，在弹性范围内应力变化和延伸率变化的比值称为弹性模量，为常数，用 E 表示。弹性模量反映钢材的刚度，是计算结构受力变形的重要指标。土木工程中常用钢材的弹性模量为 $(2.0 ~ 2.1) \times 10^5$ MPa。

2. 屈服阶段

当应力超过弹性极限后，应变的增长比应力快，此

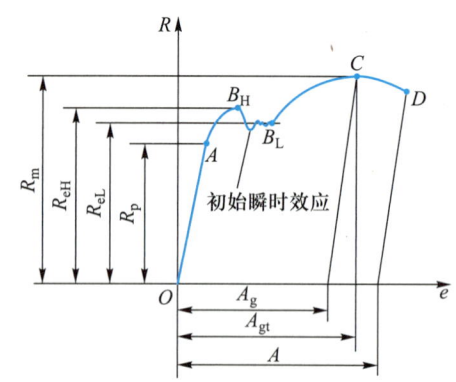

图 2-3　低碳钢拉伸时的应力-应变图

---

① 钢筋拉伸试验请参见数字资源 10.3。

时，除产生弹性变形外，还产生塑性变形。当应力达到 B_H 后塑性变形急剧增加，应力-应变曲线出现一个小平台，这种现象称为屈服，这一阶段称为屈服阶段。屈服强度指当金属材料呈现屈服现象时，在试验期间达到塑性变形发生而力不增加的应力点。如果应力在屈服阶段出现波动，则应区分为上屈服点 B_H 和下屈服点 B_L。上屈服强度是指试样发生屈服而应力首次下降前的最大应力（R_{eH}）。下屈服强度是指不计初始瞬时效应时的最小应力（R_{eL}）。由于下屈服点比较稳定且容易测定，因此，采用下屈服点作为钢材的屈服强度（R_{eL}）。钢材受力达到屈服强度后，变形迅速增长，尽管尚未断裂，已不能满足使用要求，故结构设计中以屈服强度作为取值的依据。

3. 强化阶段

在钢材屈服到一定程度后，由于内部晶格扭曲、晶粒破碎等原因，阻止了塑性变形的进一步发展，钢材抵抗外力的能力重新提高，在应力-应变图上，曲线从 B_L 点开始上升直至最高点 C，这一过程称为强化阶段；对应于最高点 C 的应力称为抗拉强度（R_m）。它是钢材所承受的最大应力。图 2-3 中 A_g 表示最大应力下材料的最大塑性延伸率；A_{gt} 表示最大应力下材料的最大总延伸率（弹性延伸加塑性延伸）。

抗拉强度在设计中虽然不能利用，但是抗拉强度与屈服强度之比（强屈比）R_m/R_{eL}，却是评价钢材使用可靠性的一个参数。强屈比越大，钢材受力超过屈服点工作时的可靠性越大，安全性越高，但是，强屈比太大，钢材强度的利用率偏低，浪费材料。钢材的强屈比一般不低于1.2，用于抗震结构的普通钢筋实测的强屈比应不低于1.25。

4. 颈缩阶段

在钢材达到 C 点后，试样薄弱处的断面将显著减小，塑性变形急剧增加，产生"颈缩"现象而断裂。图 2-3 中 A 表示断后伸长率，可从引伸计的信号测得或者直接从试样上测得这一性能（图 2-4）。

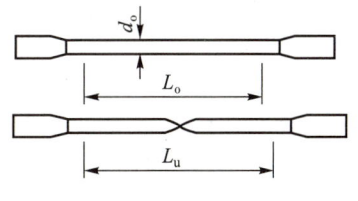

图 2-4 试样拉伸前和断裂后标距的长度

塑性是钢材的一个重要性能指标。钢材的塑性通常用拉伸试验时的断后伸长率或断面收缩率来表示。断后伸长率是断后标距的残余伸长（L_u-L_o）与原始标距（L_o）之比，以%表示。断后伸长率 A 按下式计算：

$$A = \frac{L_u - L_o}{L_o} \times 100\% \tag{2-1}$$

式中：A——断后伸长率；

L_o——试样原始标距，即室温下施力前的试样长度，mm；

L_u——试样断后标距，即在室温下将断后的两部分紧密对接在一起，保证两部分的轴线位于同一条直线上，测量试样断裂后的长度，mm。

需说明的是，标距指在测试的任何时刻，用于测量试样伸长的平行部分长度。断后伸长率 A 表示满足 $L_o = 5.65\sqrt{S_o}$ 的试样断后伸长率，S_o 为平行长度的原始横截面。对于不满足原始标距 $L_o = 5.65\sqrt{S_o}$ 的试样，符号 A 应附以下脚注说明所使用的比例系数，例如，若 $L_o = 11.3\sqrt{S_o}$，断后伸长率用 $A_{11.3}$ 表示。对于非比例试样，符号 A 应附以下脚注说明所使用的原始标距，以毫米（mm）表示，例如，$A_{80\,mm}$ 表示原始标距为 80 mm 的断后伸长率。在试样标距内，试样的塑性变形分布是不均匀的，颈缩处变形最大。故原始标距越小时，计算所得的断后伸长率越大。故同一种钢材，A 大于 $A_{11.3}$。

伸长率是衡量钢材塑性的指标，它的数值越大，表示钢材塑性越好。良好的塑性，可将结构上的应力（超过屈服点的应力）重新分布，从而避免结构过早破坏。

断面收缩率指断裂后试样横截面积的最大缩减量（$S_o - S_u$）与原始横截面积（S_o）之比：

$$Z = \frac{S_o - S_u}{S_o} \times 100\% \qquad (2-2)$$

式中：Z——断面收缩率；

　　　　S_o——试样原始截面面积；

　　　　S_u——试样拉断后颈缩处的截面面积。

伸长率和断面收缩率表示钢材断裂前经受塑性变形的能力。伸长率越大或断面收缩率越高，说明钢材塑性越大。钢材塑性大，不仅便于进行各种加工，而且能保证钢材在建筑上的安全使用。因为钢材的塑性变形能调整局部高峰应力，使之趋于平缓，以免引起建筑结构的局部破坏及其所导致的整个结构破坏；钢材在塑性破坏前，有很明显的变形和较长的变形持续时间，便于人们发现和补救。

某些合金钢或含碳量高的钢材，如预应力混凝土用高强度钢筋和钢丝具有硬钢的特点，无明显屈服阶段。由于在外力作用下屈服现象不明显，不便测出屈服点，故采用规定塑性延伸强度。规定塑性延伸强度指塑性延伸率等于规定的引伸计标距百分率时对应的应力，见图 2-5。使用符号应附下脚标说明所规定的塑性延伸率，如 $R_{p0.2}$ 表示塑性延伸率为 0.2% 时的应力。

由拉伸试验测定的屈服强度（R_{eL}）、抗拉强度（R_m）和伸长率（A）是钢材重要的技术指标。

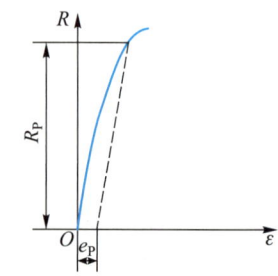

图 2-5　规定塑性延伸强度

2.4【观察讨论 2-1】两种钢材的选用

2.2.2　冲击韧性

钢材的冲击韧性是处在简支梁状态的金属试样在冲击负荷作用下折断时的冲击吸收功。钢材的冲击韧性试验是将标准弯曲试样置于冲击机的支架上，并使切槽位于受拉的一侧，见图 2-6。当试验机的重摆从一定高度自由落下时，在试样中间开 V 形缺口，试样吸收的能量等于重摆所做的功 W。若试样在缺口处的最小横截面积为 A，冲击韧性 α_k 按下式计算，其单位为 J/cm^2。

$$\alpha_k = \frac{W}{A} \qquad (2-3)$$

GB/T 229—2020《金属材料 夏比摆锤冲击试验方法》规定了相应的检验方法。

钢材的冲击韧性与钢材的化学成分、组织状态，以及冶炼、加工都有关系。例如，钢材中磷、硫含量较高，存在偏析、非金属夹杂物和焊接中形成的微裂纹等都会使冲击韧性显著降低。

冲击韧性随温度的降低而下降，其规律是：开始下降缓和，当达到一定温度范围时，突然下降很多而呈脆性，这种性质称为钢材的冷脆性；这时的温度称为脆性临界温度。脆性临界温度的数值越低，钢材的抗低温冲击性能越好。在负温下使用的结构，应当选用脆性临界温度低于使用温度的钢材。

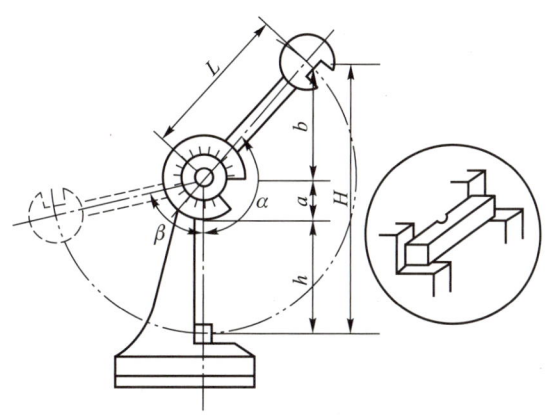

2.5【观察讨论 2 – 2】两种钢材低温冲击韧性的比较

图 2-6　冲击韧性试验原理图

钢材的冲击韧性越大，钢材抵抗冲击荷载的能力越强。α_k 值与试验温度有关。有些材料在常温时冲击韧性并不低，但低温破坏时呈现脆性破坏特征。

2.2.3　耐疲劳性

受交变荷载反复作用时，钢材在应力低于其屈服强度的情况下突然发生脆性断裂破坏的现象，称为疲劳破坏。钢材的疲劳破坏一般是由拉应力引起的，受交变荷载反复作用时，钢材首先在局部开始形成细小裂纹，随后由于微裂纹尖端的应力集中而使其逐渐扩大，直至突然发生瞬时疲劳断裂。疲劳破坏是在低应力状态下突然发生的，所以危害极大，往往造成灾难性的事故。

在一定条件下，钢材疲劳破坏的应力值随应力循环次数的增加而降低。钢材在无穷次交变荷载作用下而不至引起断裂的最大循环应力值，称为疲劳强度极限，实际测量时常以 2×10^6 次应力循环为基准。钢材的疲劳强度与很多因素有关，如组织结构、表面状态、合金成分、夹杂物和应力集中等几种情况。一般来说，钢材的抗拉强度高，其疲劳极限也较高。

2.2.4　冷弯性能

冷弯性能是指钢材在常温下承受弯曲变形的能力，以试验时的弯曲角度 α 和弯心直径 d 为指标表示。钢材的冷弯试验[①]是通过直径（或厚度）为 a 的试样，采用标准规定的弯心直径 d（$d = na$，n 为整数），弯曲到规定的角度时（180° 或 90°），检查弯曲处有无裂纹、断裂及起层等现象。若没有这些现象则认为冷弯性能合格。钢材冷弯时的弯曲角度 α 越大，d/a 越小，则表示冷弯性能越好，见图 2-7。

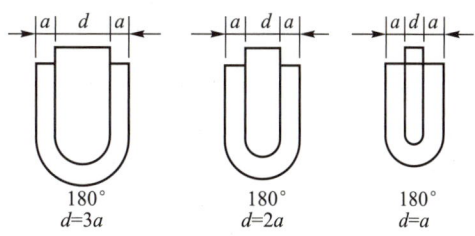

图 2-7　钢材冷弯试验

---

① 建筑钢材弯曲试验请参见数字资源 10.4。

应该指出的是，伸长率反映的是钢材在均匀变形下的塑性，而冷弯性能是钢材处于不利变形条件下的塑性，可揭示钢材内部组织是否均匀、存在内应力和夹杂物等缺陷。而这些缺陷在拉伸试验中常因塑性变形导致应力重分布而得不到反映。

2.6【观察讨论 2－3】钢材的冷弯性能与其内部组织的关系

【工程实例分析 2-1】 北海油田平台倾覆

概况：1980 年 3 月 27 日，北海爱科菲斯科油田的 A. L. 基尔兰德号平台突然从水下深部传来一次震动，紧接着一声巨响，平台立即倾斜，短时间内翻入海中，致使 123 人遇难，同时造成巨大的经济损失。

分析讨论：现代海洋钢结构如移动式钻井平台，特别是固定式桩基平台，在恶劣的海洋环境中受风浪和海流的长期反复作用和冲击振动，在严寒海域长期受流冰等随海潮对平台的冲击碰撞，另外低温作用及海水腐蚀介质的作用等都给钢结构平台带来极为不利的影响。突出表现为海洋钢结构的脆性断裂和疲劳破坏。

上述事故的调查分析显示，事故原因是撑杆支座疲劳裂纹萌生、扩展，导致撑杆迅速断裂。由于撑杆断裂，使相邻 5 个支杆过载而破坏，接着所支撑的承重脚柱破坏，导致平台在 20 分钟内全部倾覆。

2.3 钢材的组成、结构及其对性能的影响

2.3.1 钢材的晶体结构

钢材和其他金属材料一样，也为晶体结构，它是铁-碳合金晶体。其晶体结构中，各个原子以金属键相互结合在一起，这种结合方式就决定了钢材具有很高的强度和良好的塑性。

碳素钢从液态变为固态时，随着温度的降低，其晶格要发生两次转变，即在 1 394 ℃ 以上的高温时，形成体心立方晶格，称 $\delta-Fe$；温度由 1 394 ℃ 降至 912 ℃ 时，则转变为面心立方晶格，称 $\gamma-Fe$；继续降至 912 ℃ 以下的低温时，又转变成体心立方晶格，称 $\alpha-Fe$。

钢材的晶格并不都是完好无缺的规则排列，而是存在许多缺陷，它们将显著地影响钢材的性能，这是钢材的实际强度远比理论强度小的根本原因。其主要的缺陷有三种：点缺陷、线缺陷和面缺陷。

2.3.2 钢材的基本晶体组织

钢是以铁（Fe）为主的 Fe-C 合金。Fe-C 合金于一定条件下能形成具有一定形态的聚合体，称为钢的组织，在显微镜下能观察到它们的微观形貌图像，故也称显微组织。其组织主要有铁素体、珠光体和渗碳体三种，见表 2-1。

碳素钢的含碳量不大于 0.8% 时，其基本组织为铁素体和珠光体。随着含碳量增大，珠光体的含量增多，铁素体相应减少，因而强度、硬度随之提高，但塑性和冲击韧性则相应下降。当碳素钢的含碳量等于 0.8% 时，钢的基本组织为珠光体。当碳素钢的含碳量大于 0.8% 时，钢的基本组织为珠光体和渗碳体，随着含碳量增大，钢材的硬度增大，塑性、韧性减少，强度也下降。建筑钢材的含碳量一般不超过 0.8%，钢的基本组织为珠光体和铁素体。此外，奥氏

体型不锈钢、奥氏体-铁素体（双相）型不锈钢其晶体组织还含有奥氏体。

表 2-1　钢材的基本晶体组织

名称	含碳量/%	结构特征	性能
铁素体	≤0.02	碳在 α-Fe 中的固溶体	塑性、韧性好，但强度、硬度低
渗碳体	6.67	铁和碳的化合物 Fe_3C	抗拉强度低，塑性差，性硬脆，耐磨
珠光体	≤0.8	铁素体和渗碳体的机械混合物	塑性较好，强度和硬度较高

2.7【观察讨论 2-4】钢材的晶体结构与性能

2.3.3　钢材的成分对性能的影响

除铁、碳外，钢材在冶炼过程中会从原料、燃料中引入一些其他元素，这些元素存在于钢材的组织结构中，对钢材的结构和性能有重要的影响，可分为两类：一类能改善优化钢材的性能称为合金元素，主要有硅、锰、钛、钒、铌等；另一类能劣化钢材的性能，属钢材的杂质，主要有氧、硫、氮、磷等。几种化学元素对钢材性能的影响见表 2-2。

2.8【观察讨论 2-5】钢材的冶炼脱氧程度与性能

表 2-2　化学元素对钢材性能的影响

化学元素	强度	硬度	塑性	韧性	可焊性	其他
碳（C）<0.8% ↑	↑	↑	↓	↓	↓	冷脆性↑
硅（Si）>1% ↑	↑		↓	↓↓	↓	冷脆性↑
锰（Mn） ↑	↑	↑		↑		脱氧、脱硫剂
钛（Ti） ↑	↑↑		↓	↑		强脱氧剂
钒（V） ↑	↑					时效↓
铌（Nb） ↑	↑		↑	↑		
磷（P） ↑	↑		↓	↓	↓	偏析、冷脆↑↑
氮（N） ↑	↑		↓	↓↓	↓	冷脆性↑
硫（S） ↑	↓				↓	
氧（O） ↑	↓				↓	

【工程实例分析 2-2】　钢结构运输廊道倒塌

概况：某钢铁厂仓库运输廊道为钢结构，于某日倒塌。经检查可知：杆件发生断裂的位置在应力集中处的节点附近的整块母材上，桁架腹板和弦杆所有安装焊接接头均未破坏；全部断口和拉断处都很新鲜，未发黑，无锈迹。

讨论分析：切取部分母材做化学成分分析，其碳、硫含量均超过相关标准中的含量规定，经研究也证实了材料含碳过高的分析判断。碳含量增加，钢强度、硬度增高，而塑性和韧性降低，且增大钢的冷脆性，降低可焊性。而硫多数以 FeS 形态存在，降低了钢的强度及耐疲劳性能，且不利于焊接。这是导致工程质量事故的主要原因。

2.4　钢材的加工处理

2.4.1　冷加工强化

1. 冷加工强化的机理

将钢材于常温下进行冷拉、冷拔或冷轧使其产生塑性变形，从而提高屈服强度，降低塑性韧性，这个过程称为冷加工强化处理。冷加工强化的机理描述如下：金属的塑性变形是通过位错运动来实现的。位错是指原子行列间相互滑移形成的线缺陷。如果位错运动受阻，则塑性变形困难，即变形抗力增大，因而强度提高。在塑性变形过程中，位错运动的阻力主要来自位错本身。因为随着塑性变形的进行，位错在晶体中运动时可通过各种机制发生增殖，使位错密度不断增加，位错之间的距离越来越小并发生交叉，使位错运动的阻力增大，导致塑性变形抗力提高。另一方面，由于变形抗力的提高，位错运动阻力的增大，位错更容易在晶体中发生塞积，反过来使位错的密度加速增长。这相当于汽车通过一个十分拥挤，又没有交通指挥的十字路口。由于相互争抢，汽车行进十分困难，甚至完全堵塞。所以，在冷加工时，依靠塑性变形时位错密度提高和变形抗力增大这两方面的相互促进，很快使金属强度和硬度提高，但也会导致其塑性降低。

2. 冷加工强化方法

（1）冷拉

冷拉是将钢筋拉至其应力-应变曲线的强化阶段内任一点 K 处，然后缓慢卸去荷载，当再度加载时，其屈服极限将有所提高，其塑性变形能力将有所降低。钢筋冷拉的控制有两类方法：一是应力法，即冷拉时要根据拉力与钢筋的截面面积的比值予以控制；二是冷拉率法，即冷拉时根据钢筋冷拉伸长值与钢筋冷拉前长度比值进行控制。既可采用其中一种方法控制，亦可为确保冷拉质量而予以双控。钢筋经冷拉后，一般屈服强度可提高 20%~25%。

（2）冷拔

冷拔是将光圆钢筋通过硬质合金拔丝模孔强行拉拔。冷拔作用比纯拉伸的作用强烈，钢筋不仅受拉，而且同时受到挤压作用。经过一次或多次的冷拔后得到的冷拔低碳钢丝，其屈服强度可提高 40%~60%，但使钢的塑性和韧性下降，而具有硬钢的特点。

建筑工程中大量使用的钢筋采用冷加工强化具有明显的经济效益。经过冷加工的钢材，可适当减小钢筋混凝土结构设计截面，或减小混凝土中配筋数量，从而达到节约钢材的目的。钢筋冷拉还有利于简化施工工序。冷拉线材钢筋可省去开盘和调直工序；冷拉直条钢筋则可与矫直、除锈等工序一并完成。但冷拔钢丝的屈强比较大，相应的安全储备较小。

（3）冷轧

冷轧是将圆钢在冷轧机上轧成断面形状规则的钢筋，可提高其强度及与混凝土的黏结力。

2.9【疑难析疑 2-1】冷拉与冷拔对钢材性能影响的异同

钢筋在冷轧时，纵向与横向同时产生变形，因而能较好地保持其塑性和内部结构均匀性。

2.4.2 时效处理

将冷加工处理后的钢筋，在常温下存放 15~20 d，或加热至 100~200 ℃后保持一定时间（2~3 h），其屈服强度进一步提高，且抗拉强度也提高，同时塑性和韧性也进一步降低，弹性模量则基本恢复。这个过程称为时效处理。

时效处理方法有两种：在常温下存放 15~20 d，称为自然时效，适用于低强度钢筋；加热至 100~200 ℃后保持一定时间（2~3 h），称为人工时效，适用于高强钢筋。

钢材经冷加工和时效处理后，其性能变化的规律明显地在应力-应变图上得到反映，如图 2-8 所示。

图 2-8 中 OBCD 为未经冷拉和时效处理试样的应力-应变曲线。当试样冷拉至超过屈服强度的任意一个 K 点时卸荷载，此时由于试样已产生塑性变形，曲线沿 KO' 下降，KO' 大致与 BO 平行。如果立即重新拉伸，则新的屈服点将提高至 K 点，以后的应力-应变曲线将与原来曲线 KCD 相似。如果在 K 点卸荷载后不立即重新拉伸，而将试样进行自然时效或人工时效处理，然后再拉伸，则其屈服点又进一步提高至 K_1 点，继续拉伸时曲线沿 $K_1C_1D_1$ 发展。钢筋经冷拉时效处理后，屈服强度和极限抗拉强度提高，塑性和韧性则相应降低，且屈服强度和极限抗拉强度提高的幅度较冷拉时略大。时效处理对去除冷拉件的残余应力有积极作用。

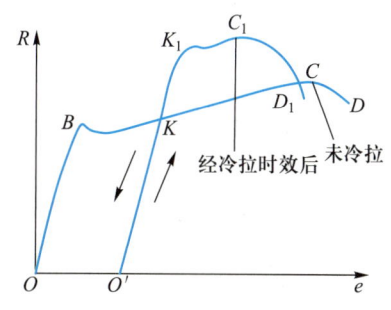

图 2-8 钢筋冷拉时效后应力-应变曲线

2.4.3 热处理

热处理是将钢材按规定的温度进行加热、保温和冷却处理，以改变其组织，得到所需要的性能的一种工艺。热处理包括淬火、回火、退火和正火。

1. 淬火

淬火是将钢材加热至基本组织改变温度以上，保温使基本组织转变为奥氏体，然后投入水或矿物油中急冷，使晶粒细化，碳的固溶量增加，强度和硬度增加，塑性和韧性明显下降。

2. 回火

回火是将经过淬火的工件重新加热到低于下临界温度的适当温度，保温一段时间后在空气或水、油等介质中冷却的金属热处理工艺。其作用在于一方面提高组织稳定性和消除内应力，使工件几何尺寸和性能保持稳定；另一方面在于调整钢铁的力学性能以满足使用要求。

3. 退火

退火是将钢材加热至基本组织转变温度以下（低温退火）或以上（完全退火），适当保温后缓慢冷却，以消除内应力，减少缺陷和晶格畸变，使钢的塑性和韧性得到改善。

4. 正火

正火是指将钢材加热至基本组织改变温度以上，然后在空气中冷却，使晶格细化，钢的强度提高而塑性有所降低。

2.4.4   钢材的连接

钢材的连接分为钢结构连接与钢筋混凝土中钢筋连接两大类。

1. 钢结构连接

钢结构连接包括铆接、栓接与焊接。铆接是用铆钉连接钢材，因技术成本高，安装效率低，目前已很少采用。采用螺栓连接的栓接因施工简单、易于拆换，在一些场合仍有使用。焊接是现代钢结构主要连接方式，主要有手弧焊、埋弧焊、气体保护焊等。

焊件的质量取决于钢材本身的可焊性、合适的焊接工艺及其焊接材料。钢材的可焊性主要取决于其组成，而影响重大的是碳元素。随钢材的含碳量、合金元素及杂质元素含量的提高，钢材的可焊性降低。钢材的含碳量超过 0.25% 时，可焊性明显降低。如高碳钢、高合金钢的焊接性能就差一些；而低碳钢就具有好的可焊性。锰、硅、硫、钒等的含量也影响可焊性，如硫含量较多时，会使焊口处产生热裂纹，也降低焊接质量。采用焊前预热和焊后热处理的方法，可使可焊性较差的钢材的焊接质量得以提高。

2. 钢筋连接

钢筋混凝土工程中钢筋需要接长或固定相互交叉，就需要对钢筋连接。其施工工艺分为绑扎连接、焊接连接和机械连接。在钢筋混凝土工程中，焊接大量应用于钢筋接头、钢筋网、钢筋骨架和预埋件之间的连接，以及装配式构件的安装。

钢筋的机械连接是通过钢筋与连接件的机械咬合作用或钢筋端面的承压作用，将一根钢筋中的力传递至另一根钢筋的连接方法。常用的机械连接方式有套筒冷挤压连接、锥螺纹套筒连接和直螺纹钢筋套筒连接。

【工程实例分析 2-3】   钢贮罐断裂

概况：1989 年 1 月 22 日，内蒙古某糖厂一个直径为 20 m，高为 15.76 m 的刚交工验收不久的废糖蜜钢贮罐发生断裂。破坏过程呈突发性，没有任何先兆，非常迅速。破坏时罐内糖蜜贮量为 4 027 t，不仅未达到设计贮量，且低于试用期间曾达到的 4 559 t 水平，罐体内应力并不太高，距钢材屈服强度相差较远，地震和人为破坏及废糖蜜自燃爆炸的因素可排除，请分析钢贮罐发生断裂的原因。

分析讨论：塑性断裂在发生前有明显预兆，而脆性断裂是突发性的。经调查表明，其裂口特征：罐体下部第一、二层母材撕裂，断口呈颗粒状，人字形纹尖端朝上，呈脆性断裂。对钢材材质进行复验，发现部分钢板含碳量和含硫量较高，降低了钢材的塑性和可焊性，其常温冲击韧性比规定值偏低，故该钢材易出现脆性断裂，且焊接质量差。根据综合分析可知，罐体破坏的根源是焊接质量低而导致的低温脆性断裂。对接焊缝中大量未焊透部位如同张开型的焊接裂纹，在罐壁环向拉力的作用下，引起严重的应力集中，成为罐体断裂的引发点，且在荷载变化、应力集中、残余应力和温差应力的作用下，会缓慢扩展。而钢材的韧性较差，不能阻止裂纹的扩展，最后达到临界值而突然断裂。

2.10【案例分析 2-1】高强螺栓拉断

2.5   土木工程常用的金属材料

土木工程常用的金属材料主要是建筑钢材和铝合金。建筑钢材分为钢结构用钢和钢筋混凝土结构用钢。前者主要是型钢和钢板，后者主要是钢筋、钢丝、钢绞线等。建筑钢材的原料钢多为碳素钢和低合金钢。

2.5.1　土木工程常用钢种

1. 碳素结构钢（carbon structural steels）

（1）牌号及其表示方法

GB/T 700—2006《碳素结构钢》中规定，其牌号由代表屈服点的字母、屈服点数值、质量等级符号、脱氧方法四部分按顺序组成。其中以 Q 代表屈服点；屈服点数值共分195 MPa、215 MPa、235 MPa 和 275 MPa 四种；质量等级以硫、磷等杂质含量由多到少，分别用 A、B、C、D 符号表示；脱氧方法以 F 表示沸腾钢，Z、TZ 表示镇静钢和特殊镇静钢，Z 和 TZ 在钢的牌号中予以省略。例如：Q235AF 表示屈服点为 235 MPa 的 A 级沸腾钢。

当炼钢时脱氧不充分，钢液中还有较多金属氧化物，浇铸钢锭后钢液冷却到一定的温度，其中的碳会与金属氧化物发生反应，生成大量一氧化碳气体外逸，引起钢液激烈沸腾，因而这种钢材称为沸腾钢。沸腾钢中碳和有害杂质磷、硫等在钢中分布不均，富集于某些区间的现象较严重，钢的致密程度较差。故沸腾钢的冲击韧性和可焊性较差，特别是低温冲击韧性的降低更显著。当炼钢时脱氧充分，钢液中金属氧化物很少，在浇铸钢锭时钢液会平静地冷却凝固，这种钢称为镇静钢。镇静钢组织致密，气泡少，偏析程度小，各种力学性能比沸腾钢优越。可用于受冲击荷载的结构或其他重要结构。比镇静钢脱氧程度更充分彻底的钢称为特殊镇静钢。

钢材随着牌号的增大，其含碳量增加，强度提高，塑性和韧性降低，冷弯性能逐渐变差。同一钢号，质量等级越高，钢材的质量越好，如 Q235C 级优于 Q235A、Q235B 级。

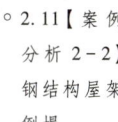

2.11【案例分析 2-2】钢结构屋架倒塌

（2）碳素结构钢技术性能与应用

碳素结构钢的化学成分、冷弯性能、力学性能应符合表 2-3、表 2-4 和表 2-5 的规定。

表 2-3　碳素结构钢的化学成分

牌号	统一数字代号*	等级	厚度（或直径）/mm	脱氧方法	化学成分（质量分数）/%，不大于				
					C	Si	Mn	P	S
Q195	U11952	—	—	F、Z	0.12	0.30	0.50	0.035	0.040
Q215	U12152	A	—	F、Z	0.15	0.35	1.20	0.045	0.050
	U12155	B							0.045
Q235	U12352	A	—	F、Z	0.22	0.35	1.40	0.045	0.050
	U12355	B		F、Z	0.20[②]				0.045
	U12358	C		Z	0.17			0.040	0.040
	U12359	D		TZ				0.035	0.035

续表

牌号	统一数字代号*	等级	厚度(或直径)/mm	脱氧方法	化学成分(质量分数)/%，不大于				
					C	Si	Mn	P	S
Q275	U12752	A	—	F、Z	0.24	0.35	1.50	0.045	0.050
	U12755	B	≤40	Z	0.21			0.045	0.045
			>40	Z	0.22				
	U12758	C	—	Z	0.20			0.040	0.040
	U12759	D		TZ				0.035	0.035

注：① *表示本列为镇静钢、特殊镇静钢牌号的统一数字，沸腾钢牌号的统一数字代号如下：Q195F——U11950；Q215AF——U12150；Q215BF——U12153；Q235AF——U12350；Q235BF——U12353；Q275AF——U12750。

　　② 经需方同意，Q235B 的含碳量可不大于 0.22%。

表 2-4　碳素结构钢的冷弯性能

牌号	试样方向	冷弯试验 $B = 2a$，180°	
		钢材厚度(直径)/mm	
		≤60	>60 ~ 100
		弯心直径 d	
Q195	纵	0	—
	横	0.5a	
Q215	纵	0.5a	1.5a
	横	a	2a
Q235	纵	a	2a
	横	1.5a	2.5a
Q275	纵	1.5a	2.5a
	横	2a	3a

注：① B 为试样宽度；a 为钢材厚度(直径)。

　　② 钢材厚度(或直径)大于 100 mm 时，弯曲试验由双方协商确定。

不同牌号的碳素钢在土木工程中有不同的应用。

Q235 碳素结构钢是建筑工程中最常用的钢材。它既具有较高强度，又具有较好的塑性、韧性，同时还具有较好的可焊性；既适用于钢结构用钢，也常用于钢筋混凝土，大量制作成钢筋、型钢和钢板用于建造房屋和桥梁等。Q235A 一般用于只承受静荷载作用的钢结构，Q235B 适合用于承受动荷载焊接的普通钢结构，Q235C 适合用于承受动荷载焊接的重要钢结构，Q235D 适合用于低温环境使用的承受动荷载焊接的重要钢结构。

Q195 碳素结构钢强度不高，塑性、韧性、加工性能与焊接性能较好，主要用于轧制薄板和线材等。Q215 钢与 Q195 钢基本相同，其强度稍高，大量用于做管坯、钢钉等。Q275 碳素结构钢的强度高，但塑性、韧性、加工性能与焊接性能较差，可用于螺栓和工具等。

表 2-5　碳素结构钢的力学性能

牌号	等级	拉伸试验，不小于												冲击试验	
		屈服强度 R_{seH}/(N/mm²)						抗拉强度 R_m/(N/mm²)	断后伸长率 A/%					V形缺口冲击吸收功(纵向)/J	
		厚度(或直径)/mm							钢材厚度(直径)/mm					温度/℃	
		≤16	16~40	40~60	60~100	100~150	150~200		≤40	>40~60	>60~100	>100~150	>150~200		
		不小于							不小于						不小于
Q195	—	195	185	—	—	—	—	315~430	33	—	—	—	—	—	—
Q215	A	215	205	195	185	175	165	335~450	31	30	29	27	26	—	—
	B													20	27
Q235	A	235	225	215	205	195	185	370~500	26	25	24	22	21	—	—
	B													20	27
	C													0	
	D													−20	
Q275	A	275	265	255	245	225	215	410~540	22	21	20	18	17	—	—
	B													20	27
	C													0	
	D													−20	

注：① Q195 的屈服强度值仅供参考，不作交货条件。

　② 厚度大于 100 mm 的钢材，抗拉强度下限允许降低 20 N/mm²。宽带钢(包括剪切钢板)抗拉强度上限不作交货条件。

　③ 厚度小于 25 mm 的 Q235B 级钢板，如供方能保证冲击吸收功值合格，经需方同意，可不作检验。

需指出的是，沸腾钢不得用于直接承受重级动荷载的焊接结构，不得用于温度等于和低于 −20 ℃ 的承受中级或轻级动荷载的焊接结构和承受重级动荷载的非焊接结构，也不得用于温度等于和低于 −30 ℃ 的承受静荷载或间接承受动荷载的焊接结构。

2. 优质碳素结构钢(quality carbon structure steels)

GB/T 699—2015《优质碳素结构钢》中规定，优质碳素结构钢共有 28 个牌号，表示方法与其平均含碳量(以 0.01% 为单位)及含锰量相对应。如序号 6 的优质碳素结构钢统一数字代号为 U20302，牌号 30，其碳含量为 0.27%~0.34%，Mn 含量为 0.50%~0.80%。又如序号 14 的优质碳素结构钢统一数字代号为 U20702，牌号 70，其碳含量为 0.67%~0.75%，Mn 含量为 0.50%~0.80%。序号 18~28 的优质碳素结构钢 Mn 含量比序号 1~17 的优质碳素结构钢高，牌号还注明 Mn。如序号 21 的优质碳素结构钢统一数字代号为 U21302，其碳含量与统一数字代号 U20302 的优质碳素结构钢碳含量相同，为 0.27%~0.34%，但 Mn 含量为 0.70%~1.00%，其牌号为 30Mn。

在建筑工程中，牌号 30~45 的优质碳素结构钢主要用于重要结构的钢铸件和高强度螺栓等，牌号 65~80 的优质碳素结构钢用于生产预应力混凝土用钢丝和钢绞线。

3. 低合金高强度结构钢 (high strength low alloy structural steels)

（1）组成与牌号

低合金高强度钢是一种在碳素钢的基础上添加总量小于 5% 的一种或多种合金元素的钢材。合金元素有：硅（Si）、锰（Mn）、钒（V）、铌（Nb）、铬（Cr）、镍（Ni）及稀土元素等。

GB/T 1591—2018《低合金高强度结构钢》规定，低合金高强度结构钢分为 Q355、Q390、Q420、Q460、Q500、Q550、Q620 和 Q690 共 8 个牌号。钢的牌号由代表钢材屈服强度的字母"Q"、规定的最小上屈服强度数值、交货状态代号、质量等级符号（B、C、D、E、F）四个部分组成。如 Q355 ND 表示屈服强度不小于 355 MPa，N 表示交货状态为正火或正火轧制，质量等级为 D 级的低合金高强度结构钢。当需方要求钢板具有厚度方向性能时，则在上述规定的牌号后加上代表厚度方向（Z 向）性能级别的符号，如 Q355 NDZ25。正火轧制是指最终变形是在一定温度范围内的轧制过程中进行，使钢材达到一种正火后的状态，以便即使正火后也可达到规定的力学性能数值的轧制工艺。

（2）性能与应用

低合金高强度结构钢与碳素结构钢相比，具有较高的强度，综合性能好。其强度的提高主要是靠加入的合金元素细晶强化和固溶强化来达到。在相同的使用条件下，可比碳素结构钢节省用钢 20%～30%，对减轻结构自重有利。同时还具有良好的塑性、韧性、可焊性、耐磨性、耐蚀性、耐低温性等性能。

低合金高强度结构钢主要用于轧制各种型钢、钢板、钢管及钢筋，广泛用于钢结构和钢筋混凝土结构中，特别适用于各种重型结构、高层结构、大跨度结构及桥梁工程等。

4. 不锈钢

GB/T 20878—2007《不锈钢和耐热钢 牌号及化学成分》规定，不锈钢（stainless steels）是以不锈、耐腐蚀性为主要特征，且铬含量至少为 10.5%，碳含量最大不超过 1.2% 的钢。有奥氏体型不锈钢、奥氏体-铁素体（双相）型不锈钢、铁素体型不锈钢、马氏体型不锈钢和沉淀硬化型不锈钢。不锈钢既可用于钢筋混凝土用不锈钢钢筋、钢筋混凝土用热轧碳素钢-不锈钢复合钢筋，还可制造建筑结构用高强不锈钢。

5. 耐候结构钢

GB/T 4171—2008《耐候结构钢》规定，耐候结构钢（atmospheric corrosion resisting structural steels）是通过添加少量合金元素如 Cu、P、Cr、Ni 等，使其在金属基体表面形成保护层，以提高耐大气腐蚀性能的钢。其有高耐候钢与焊接耐候钢两个类别，主要用于桥梁、建筑、塔架等长期暴露在大气中使用的钢结构。高耐候钢与焊接耐候钢相比，具有较好的耐大气腐蚀性能，但焊接性能差于后者。

2.5.2 钢筋混凝土用钢材

1. 钢筋

（1）热轧光圆钢筋

热轧光圆钢筋的牌号是由 HPB 与屈服强度特征值构成。HPB 为热轧光圆钢筋的英文（hot rolled plain bars）缩写。热轧光圆钢筋需符合 GB/T 1499.1—2017《钢筋混凝土用钢 第 1 部分：热轧光圆钢筋》规定，其屈服强度 R_{eL}、抗拉强度 R_m、断后伸长率 A、最大总伸长率 A_{gt} 及冷弯试验的力学性能特征值应符合表 2-6 的规定。

表 2-6　热轧光圆钢筋的力学性能

牌号	R_{eL}/MPa	R_m/MPa	A/%	A_{gt}/%	冷弯试验 180°
	不小于				
HPB300	300	420	25	10.0	$d=a$

注：d 为弯芯直径；a 为钢筋公称直径。

热轧光圆钢筋的强度虽然不高，但具有塑性好，伸长率高，便于弯折成型，容易焊接等特点。它的使用范围很广，可用作中、小型钢筋混凝土结构的主要受力钢筋，构件的箍筋，钢、木结构的拉杆等。还可作为冷轧带肋钢筋的原材料，线材还可作为冷拔低碳钢丝的原材料。

（2）带肋钢筋

带肋钢筋是指横截面通常为圆形，且表面带肋的混凝土结构用钢材。带肋钢筋包括热轧带肋钢筋和冷轧带肋钢筋。带肋钢筋表面轧有纵肋和横肋，纵肋即平行于钢筋轴线的均匀连续肋；横肋是与钢筋轴线肋不平行的其他肋。月牙肋钢筋是横肋的纵截面呈月牙形，且与纵肋不相交的钢筋。带肋钢筋加强了钢筋与混凝土之间的黏结力，可有效防止混凝土与配筋之间发生相对位移。

① 热轧带肋钢筋。GB/T 1499.2—2018《钢筋混凝土用钢　第 2 部分：热轧带肋钢筋》规定，普通热轧钢筋是按热轧状态交货的钢筋。热轧带肋钢筋（hot rolled ribbed steel bars）按屈服强度特征值分为 400、500、600 级。普通热轧带肋钢筋的牌号由 HRB 和牌号的屈服强度特征值构成。包括 HRB400、HRB500、HRB600，以及 HRB400E、HRB500E。HRB 为热轧带肋钢筋的英文缩写；E 为"地震"的英文首位字母。细晶粒热轧带肋钢筋的牌号由 HRBF 和牌号的屈服强度特征值构成，HRBF 是在热轧带肋钢筋的英文缩写后加"细"的英文（fine）的首位字母。包括 HRBF400、HRBF500，以及 HRBF400E、HRBF500E。

热轧带肋钢筋可用于纵向受力普通钢筋混凝土，梁、柱纵向受力普通钢筋混凝土和箍筋等。牌号后加 E 的钢筋表示其达到国家颁布的"抗震"标准。

② 冷轧带肋钢筋。冷轧带肋钢筋（cold rolled ribbed steel bars）是由热轧圆线材经冷轧后，在其表面带有沿长度方向均匀分布的横肋的钢筋。其横肋呈月牙形。GB/T 13788—2017《冷轧带肋钢筋》规定，冷轧带肋钢筋按延性高低分为两类：冷轧带肋钢筋，代号 CRB；高延性冷轧带肋钢筋，代号由 CRB、抗拉强度特征值及 H 构成。C、R、B、H 分别为冷轧（cold rolled）、带肋（ribbed）、钢筋（bar）、高延性（high elongation）四个词的英文首位字母。钢筋分为 CRB550、CRB650、CRB800、CRB600H、CRB680H、CRB800H 六个牌号。CRB550、CRB600H 为普通钢筋混凝土用钢筋，CRB650、CRB800、CRB800H 为预应力混凝土用钢筋，CRB680H 既可作为普通钢筋混凝土用钢筋，也可作为预应力混凝土用钢筋。

冷轧带肋钢筋提高了钢筋的强度，特别是锚固强度较高，而塑性下降，但伸长率一般仍较同类冷加工钢材大。

（3）不锈钢钢筋

GB/T 33959—2017《钢筋混凝土用不锈钢钢筋》规定，钢筋按屈服强度特征值分为 300、400、500 级。热轧光圆不锈钢钢筋的牌号为 HPB300S，由 HPB、屈服强度特征值、S 构成。热轧带肋不锈钢钢筋的牌号由 HRB、屈服强度特征值、S 构成，包括 HRB400S 和 HRB500S。

2.12【疑难释义 2-1】如何鉴别钢筋的质量

钢筋的力学性能其屈服强度 $R_{p0.2}$、拉伸强度 R_m、断后伸长率 A、最大力下总伸长率 A_{gt} 等力学性能特征值应符合表 2-7 的规定。

表 2-7   不锈钢钢筋的力学性能

类别	牌号	$R_{p0.2}/\mathrm{MPa}$	R_m/MPa	$A/\%$	$A_{gt}/\%$
热轧光圆不锈钢钢筋	HPB300S	≥300	≥420	≥25	≥10.0
热轧带肋不锈钢钢筋	HRB400S	≥400	≥540	≥16	≥7.5
热轧带肋不锈钢钢筋	HRB500S	≥500	≥630	≥15	≥7.5

钢筋伸长率类型可从 A 或 A_{gt} 中选定,但仲裁检验时采用 A_{gt}。弯曲 180°后,钢筋受弯部位表面不得产生裂纹。

不锈钢钢筋主要用于腐蚀条件恶劣的海岛礁及跨海大桥等。如建于 20 世纪 40 年代的墨西哥普罗格雷索大桥(Progreso Pier 大桥)使用了 200 t AISI304 级不锈钢,不锈钢钢筋表现出了良好的耐腐蚀性和耐久性,在其服役期间,几乎不需要投入维护费用。我国港珠澳大桥也使用了不锈钢钢筋。

2. 预应力混凝土用钢丝和钢绞线

(1)预应力混凝土用钢丝(steel wire for prestressed concrete)

GB/T 5223—2014《预应力混凝土用钢丝》规定,钢丝按加工状态分为冷拉钢丝和消除应力钢丝两类。冷拉钢丝应用于压力管道。冷拉钢丝代号为 WCD;低松弛钢丝代号为 WLR。钢丝按外形分为光圆、螺旋肋、刻痕三种。光圆钢丝代号为 P;螺旋肋钢丝代号为 H;刻痕钢丝代号为 I。

钢丝的抗拉强度比钢筋混凝土用热轧光圆钢筋、热轧带肋钢筋高许多,在构件中采用预应力钢丝可收到节省钢材、减少构件截面和节省混凝土的效果,主要用作桥梁、吊车梁、大跨度屋架、管桩等预应力钢筋混凝土构件中。

(2)预应力混凝土用钢绞线(steel strands for prestressed concrete)

预应力混凝土用钢绞线是由冷拉光圆钢丝及刻痕钢丝捻制而成。由冷拉光圆钢丝捻制成的钢绞线称为标准型钢绞线;由刻痕钢丝捻制成的钢绞线称为刻痕钢绞线;捻制后再经冷拔成的钢绞线称为模拔型钢绞线。

GB/T 5224—2023《预应力混凝土用钢绞线》规定其按结构分为 9 类。如用两根钢丝捻制的钢绞线,代号 1×2;用三根钢丝捻制的钢绞线,代号 1×3;用三根刻痕钢丝捻制的钢绞线,代号 1×3 I;用七根钢丝捻制的钢绞线,代号 1×7;用七根钢丝捻制再经模拔的钢绞线,代号(1×7)C 等。

预应力钢绞线主要用于预应力混凝土配筋。与钢筋混凝土中的其他配筋相比,预应力钢绞线具有强度高、柔性好、质量稳定、成盘供应无需接头等优点。适用于大型屋架、薄腹梁、大跨度桥梁等负荷大、跨度大的预应力结构。

2.5.3   钢结构用钢材

1. 型钢

型钢所用的母材主要是普通碳素结构钢及低合金高强度结构钢。型钢由于截面形式合理,材料在截面上分布对受力最为有利，且构件间连接方便，所以它是钢结构中采用的主要钢材。

（1）热轧型钢

钢结构常用的热轧型钢有工字钢、H型钢、剖分T型钢、槽钢、等边角钢、不等边角钢等。

① 工字钢是截面为工字形长条钢材。其翼缘内表面有倾斜度，翼缘外薄而内厚。工字钢因宽度方向的惯性矩和回转半径比高度方向小得多，一般宜用于单向受弯构件。

② 热轧H型钢和剖分T型钢。H型钢由工字钢发展而来，优化了截面的分布。剖分T型钢则是由H型钢剖分而成。GB/T 11263—2017《热轧H型钢和剖分T型钢》规定，H型钢分为四类：宽翼缘H型钢；中翼缘H型钢；窄翼缘H型钢和薄壁H型钢。剖分T型钢分为三类：宽翼缘剖分T型钢；中翼缘剖分T型钢和窄翼缘剖分T型钢。H型钢与工字钢相比，翼缘两表面相互平行、连接构件方便、省劳力，还有重量轻、节省钢材等优点，常用于要求承载力大、截面稳定性好的大型建筑。

③ 角钢是两边互相垂直成直角的长条钢材，有等边角钢与不等边角钢之分。角钢既可按结构的不同需要组成各种不同的受力构件，也可用于构件之间的连接，广泛应用于各种土木工程。

（2）冷弯薄壁型钢

土木工程使用的冷弯薄壁型钢常以1.5~6 mm薄钢板或钢带经冷轧（弯）或压模而成。冷弯薄壁型钢由于其壁薄，能高效挥发钢材的作用，单位质量的截面系数高于热轧型钢，故可节省钢材，且减轻建筑结构的重量。结构用冷弯空心型钢按形状可分为方形空心型钢（代号为F）和矩形空心型钢（代号为J）。

2. 建筑结构用钢板

GB/T 19879—2023《建筑结构用钢板》规定，其牌号由代表屈服强度的汉语拼音字母（Q）、规定最小屈服强度数值、代表高性能建筑结构用钢的汉语拼音字母（GJ）、质量等级符号（B、C、D、E）组成，如Q355GJC。对于厚度方向性能钢板，在质量等级后加上厚度方向性能级别（Z15、Z25、Z35），如Q355GJCZ25。

建筑结构用钢板是一种综合性能良好的结构钢板，适用于承受动力荷载、地震荷载。同时要求较高强度与延性的重要承重构件，特别是采用厚板密实性截面的构件。如超高层框架柱，转换层大梁，大吨位、大跨度重级吊车梁等。近几年来，大批量建筑结构用钢板的厚板已成功地用于国家体育场（鸟巢）、首都新机场、国家大剧院、中央电视台总部大楼等多项标志性工程，效果良好。还需说明的是，因厚度方向性能钢板需加价，故应合理地提出此项要求。

3. 棒材和钢管

常用的棒材有六角钢、八角钢、扁钢、圆钢和方钢。其中扁钢常在建筑上用作屋架构件、扶梯、桥梁和栅栏等。

钢结构中常用热轧无缝钢管和焊接钢管。相比棒材，钢管在相同截面积下，刚度较大，因而是中心受压杆的理想截面；流线型的表面使其承受风压小，用于高耸结构十分有利。在建筑结构上钢管多用于制作桁架、塔桅等构件，也可用于制作钢管混凝土。钢管混凝土是指在钢管内浇筑混凝土而形成的构件，可使构件承载力大大提高，且具有良好的塑性和韧性，经济效果显著，且施工简单、工期短。钢管混凝土可用于厂房柱、构架柱、地铁站台柱、塔柱和高层建筑等。

2.5.4 其他金属材料

1. 建筑铝合金制品

铝合金通过热挤压、轧制、铸造等工艺，可加工成各种铝合金门窗、龙骨、压型板、花纹板、管材、型材、棒材等。压型板和花纹板可直接用于墙面、屋面、顶棚等的装饰，也可与泡沫塑料或其他隔热保温材料复合为轻质、隔热保温的复合板材。某些铝合金可替代部分钢材用于建筑结构，使建筑结构的自重大大降低。如墨尔本大学艺术廊的金属材料遮阳颇具特色，既美观耐用，又有遮阳的效果(图 2-9)。

2. 铸铁

含碳量大于 2.06% 的铁碳合金称为生铁，也称铸铁。断口呈灰色的生铁称之为灰铸铁或铸铁。铸铁冶炼容易，成本低，性硬脆，可用于土木工程中下水道排水管、栅栏等。

图 2-9 建筑外遮阳金属材料

【工程实例分析 2-4】 央视主楼钢结构工程中用 Q345-GJ 钢板替代 Q390-D 钢材

央视主楼钢结构工程中，原大量选用了 Q390 钢材，最大厚度达 130 mm，同时对钢材的强度、延性、抗震性能、焊接性能等综合性能均有很高的要求。后来，经专家论证会讨论以 Q345-GJ 钢板替代 Q390-D 钢材。

经专家论证会讨论提出，该工程选用的 Q390 钢材其性能和技术指标虽然符合设计规范，但大批量厚板的 Q390 钢在国内大型、重要建筑工程中是首次采用，经验不足。同时 Q390 钢为通用型低合金钢，按该工程使用要求尚需附加屈强比、屈服强度上限与碳当量等多项补充技术要求。且 Q390 钢板的焊接要求高，与施工进度要求不相适应。而由《建筑结构用钢板》可知，高层建筑用 Q345-GJ 厚板比 Q390 钢有更好的延性、冲击韧性和焊接性能，已在国内成功应用于国家体育场、五棵松文化体育中心等多项大型重点工程。经分析比较，Q345-GJ 厚板(50～100 mm)钢的强度级别相当于 Q390 钢，综合性能优于 Q390 钢，因此该工程可用 Q345-GJ 替代 Q390-D，并要求钢厂保证较为稳定的屈服强度区间，适当加密检验批次，以确保质量。

【工程实例分析 2-5】 质量差的铝合金窗

概况：某住宅铝合金窗使用两年后变形，隔声效果及气密性差。经检测，其铝含量高达 99.5%，请分析原因。

分析讨论：纯铝虽轻，但强度、硬度都较低，需加入锰、镁等合金元素后，合成铝合金，才能获得较高的强度和硬度。此铝合金窗使用两年后就变形，一方面是其材质较差，另一方面是型材的厚度不足。

2.6 钢材的腐蚀与防护

2.6.1 钢材的腐蚀

钢材表面与周围介质发生作用而引起破坏的现象称作腐蚀（锈蚀）。钢材腐蚀的现象普遍存在，如在大气中生锈，特别是当环境中有各种侵蚀性介质或湿度较大时，情况就更为严重。腐蚀不仅使钢材有效截面积均匀减小，还会产生局部锈坑，引起应力集中；腐蚀会显著降低钢的强度、塑性、韧性等力学性能。根据钢材与环境介质的作用原理，腐蚀可分为化学腐蚀和电化学腐蚀。

1. 化学腐蚀

化学腐蚀指钢材与周围的介质（如氧气、二氧化碳、二氧化硫和水等）直接发生化学作用，生成疏松的氧化物而引起的腐蚀。在干燥环境中化学腐蚀的速度缓慢，但在温度高和湿度较大时腐蚀速度大大加快。

2. 电化学腐蚀

钢材由不同的晶体组织构成，并含有杂质，由于这些成分的电极电位不同，当有电解质溶液（如水）存在时，就会在钢材表面形成许多微小的局部原电池。整个电化学腐蚀过程如下。

阳极区：$Fe \longrightarrow Fe^{2+} + 2e$

阴极区：$H_2O + 2e^- + 1/2O_2 \longrightarrow 2OH^-$

溶液区：$Fe^{2+} + 2OH^- \longrightarrow Fe(OH)_2$

$$4Fe(OH)_2 + O_2 + 2H_2O \longrightarrow 4Fe(OH)_3$$

水是弱电解质溶液，而溶有 CO_2 的水则成为有效的电解质溶液，能够加速电化学腐蚀的过程。钢材在大气中的腐蚀是化学腐蚀和电化学腐蚀共同作用所致，但以电化学腐蚀为主。

2.6.2 钢材的防护

GB/T 50046—2018《工业建筑防腐蚀设计标准》根据在腐蚀性介质长期作用下建筑材料劣化的程度，即外观变化、质量变化、强度损失及腐蚀速度等因素，综合评定腐蚀性等级，划分为强腐蚀、中腐蚀、弱腐蚀、微腐蚀四个等级。需根据其腐蚀等级及建筑年限等合理选用钢种并采用相应的防腐措施。

1. 建筑钢结构防腐

钢材的腐蚀既有环境介质作用的外因，又有其材质的内因。因此要防止或减少钢材的腐蚀可采用耐候结构钢和建筑结构用高强不锈钢。而钢材的防腐处理可采用钢材表面镀锌层、金属热喷涂和其他防腐涂层等方法。

涂层保护要求其防腐蚀涂料涂层按涂层配套原则进行设计。应满足腐蚀环境、工况条件和防腐蚀年限要求，并综合考虑底涂层与基材的适应性，涂料各层之间的相容性和适应性，涂料品种与施工方法的适应性。选用的底漆、中间漆和面漆因使用功能不同，对主要性能的要求也有所差异。一般宜选用同一厂家的涂料产品，且涂层与钢结构基层的附着力不宜低于 5 MPa。

金属热喷涂是用高压空气、惰性气体或电弧等将熔融的耐腐蚀金属喷射到被保护结构物表面，从而形成保护性涂层的工艺过程。热喷涂金属材料宜选用铝、铝镁合金或锌铝合金。其工艺灵活，可现场施工，如在汉口铁路新客站等重要的不易维修的钢结构工程采用。也可同时采用两种防腐蚀技术措施。如迪拜阿拉伯大酒店地处中东炎热地区，又在海洋性腐蚀环境下，为防止钢结构的腐蚀，延长其使用寿命，保持其华丽的外观，采用金属热喷涂与重防腐材料双重保护。

2. 混凝土用钢筋的防锈

在正常的混凝土中 pH 约为 12，这时在钢材表面能形成碱性氧化膜（钝化膜），对钢筋起保护作用。若混凝土碳化后，由于碱度降低（中性化）会失去对钢筋的保护作用。此外，混凝土中氯离子达到一定浓度，也会严重破坏钢筋表面的钝化膜。

为防止钢筋锈蚀，应保证混凝土的密实度以及钢筋外侧混凝土保护层的厚度，在二氧化碳浓度高的工业区采用硅酸盐水泥或普通硅酸盐水泥，限制含氯盐外加剂掺量并使用混凝土用钢筋防锈剂。预应力混凝土应禁止使用含氯盐的集料和外加剂。钢筋涂覆环氧树脂或镀锌也是一种有效的防腐措施。

此外，还可使用钢筋混凝土用不锈钢钢筋。如 1937—1941 年建设的墨西哥尤卡坦海港（Yucatan 海港）工程其不锈钢钢筋混凝土桩可抵抗海水腐蚀，该工程已服役多年，未进行过较大的维修。港珠澳大桥的一些钢筋也采用了不锈钢钢筋。

3. 钢材的防火

钢是不燃性材料，但这并不表明钢材能够抵抗火灾。耐火试验与火灾案例表明：以失去支持能力为标准，无保护层时钢柱和钢屋架的耐火极限只有 0.25 h，而裸露钢梁的耐火极限为 0.15 h。温度在 200 ℃ 以内，可以认为钢材的性能基本不变；超过 300 ℃ 以后，弹性模量、屈服点和极限强度均开始显著下降，应变急剧增大；达到 600 ℃ 时已经失去承载能力。所以，没有防火保护层的钢结构是不耐火的。

钢结构防火保护的基本原理是采用绝热或吸热材料，阻隔火焰和热量，推迟钢结构的升温速率。防火方法以包覆法为主，即以防火涂料、不燃性板材或混凝土和砂浆将钢构件包裹起来。

【工程实例分析 2-6】 咸淡水钢闸门的腐蚀

概况：某临海闸钢门一侧是咸水，另一侧是淡水。防腐施工是喷砂除锈后进行喷锌，还涂两道氯化橡胶铝粉漆。但闸门浸水一个半月后，发现闸门在浸水部位漆膜出现大面积起泡、龟裂或脱落，并出现锈蚀。

原因分析：首先，金属热喷涂保护所选用的材料不合适。《水工金属结构防腐蚀规范》指出："淡水环境中的水工金属结构，金属热喷涂材料宜选用锌、铝、锌铝合金或铝镁合金；用于海水及工业大气环境中则宜选用铝、铝镁合金或锌铝合金。"另外，涂料也选用不当。氯化橡胶漆可以涂在钢铁表面但不宜涂在铝、锌等有色金属上，这是因为氯化橡胶漆与锌层不仅结合力差，还会与锌层发生化学反应，腐蚀锌层。

【警钟长鸣】 韩国圣水大桥倒塌的启示

1994 年 10 月 21 日，韩国首尔汉江圣水大桥中段 50 m 长的桥体像刀切一样坠入江中，造成多人遇难。该桥由韩国东亚建设产业公司于 1979 年建成。事故原因调查团经五个多月的各

2.13【案例分析 2-3】建筑外遮阳金属材料

2.14【案例分析 2-4】桥梁缆索的防护

2.15【案例分析 2-5】港珠澳大桥钢筋防腐

2.16【案例分析 2-6】法国埃菲尔铁塔

种试验和研究，于次年 4 月 2 日提出了事故报告。事故原因主要有以下两方面：一是东亚建筑公司没有按图纸施工，在施工中偷工减料，使用耐疲劳性很差的劣质钢材，这是事故的直接原因。二是当时工期紧张，且首尔行政部门在交通管理上存在疏漏。设计负载限值为32 t，建成后交通流量逐年增加，超常负荷，倒塌时负载为 43.2 t。

【建材与生态环境】 港珠澳大桥钢结构的环保防腐涂层

港珠澳大桥位于珠江口外的伶仃洋海域，高温、高湿、高盐度以及汽车尾气均会对大桥的钢结构造成严重腐蚀。以往的跨海桥梁工程一般采用热喷金属涂层为底层，但热喷金属涂层施工过程中会产生大量的锌、铝、氧化锌、氧化铝蒸汽，危害工人健康。为此，港珠澳大桥采用了"环氧富锌底漆"取代"热喷锌铝"涂层。

由于港珠澳大桥所处的地理位置正好位于中华白海豚保护区，为了防止最后一道面漆在涂覆过程中污染相关海域，影响白海豚生存环境。为此，改革传统涂装工艺，底、中、面三道涂层均在工厂一次完成，钢梁吊装到桥址现场后，仅对涂层损伤处与焊缝处补涂，以最大程度减少施工过程中涂料对海洋的污染，图 2-10 为港珠澳大桥钢筋的防腐。

图 2-10　港珠澳大桥钢筋的防腐

2.17【一事一议 2-1】从材料的角度看钢结构的隐患

2.18【建材趣话 2-2】木棉花开鸿翔海丝

【创新能力培养】 钢结构建筑的防火防袭击

钢结构建筑有许多优点，与钢筋混凝土相比，有更好的抗震、防腐、耐久、环保和节能效果，可实现构架的轻量化和构件的大型化，施工亦较为简便。但同时也存在不少缺点，其中较突出的一点是防火问题。美国纽约的世贸大厦为钢结构，2001 年 9 月 11 日被恐怖主义者袭击而倒塌，这给人们提出了钢结构防火、防袭击破坏的新课题。一些钢结构建筑原已考虑到防火问题，为此在钢材表面涂防火涂料层，以延缓钢结构构件温度升高至临界屈服或破坏温度的时间，提高结构的耐火极限和建筑物的防火等级，同时兼备减少热损失、节能的作用。但已涂覆防火涂料的世贸大厦遇袭后短时间即坍塌。

所以，解决钢结构建筑的防火及防袭击不应仅仅着眼于防火涂料的改进，还可从发散思维的角度考虑钢材本身的性能改进。如可通过与无机非金属材料的复合，提高钢结构材料本身的防火等方面的能力；还可研究材料或结构本身的自灭火性能，或考虑如何综合多因素选用土木工程材料，以增强重要建筑的防火、防袭击的能力等。

练习思考与调研 2

2-1　填空题

(1) 低碳钢受拉直至破坏，经历了_____、_____、_____和_____四个阶段。

(2) 碳素结构钢 Q215AF 表示_____为 215 MPa 的_____级_____。

2-2　选择题

(1) 钢材抵抗冲击荷载的能力称为_____。

A. 塑性　　　　　　B. 冲击韧性　　　　　C. 弹性　　　　　　D. 硬度

(2) 钢的含碳量一般为_____。

A. 2%以下　　　　　B. >3.0%　　　　　C. 2%以上

2-3　是非判断题

(1) 强屈比愈大，钢材受力超过屈服点工作时的可靠性愈大，结构的安全性愈高。　　　　　　(　　)

(2) 钢材经淬火后，强度和硬度提高，塑性和韧性下降。　　　　　　　　　　　　　　　　　(　　)

(3) 所有钢材都会出现屈服现象。　　　　　　　　　　　　　　　　　　　　　　　　　　　(　　)

(4) 自然时效和人工时效都适合于高强钢筋。　　　　　　　　　　　　　　　　　　　　　　(　　)

2-4　问答题

(1) 某厂钢结构屋架使用中碳钢，用一般焊条直接焊接。使用一段时间后屋架坍落，请分析可能的原因。

(2) 为何说屈服强度(R_{eL})、抗拉强度(R_m)和伸长率(A)是建筑用钢材的重要技术性能指标？

2-5　计算题

从一批新进货的钢筋中抽样，截取两根钢筋做拉伸试验，测得如下结果：屈服下限荷载分别为 42.4 kN、41.5 kN；抗拉极限荷载分别为 62.0 kN、61.6 kN，钢筋实测直径为 12 mm，原始标距为 100 mm，拉断时长度分别为 128 mm、126 mm。计算该钢筋的屈服强度，抗拉强度及断后伸长率。

2-6　思考讨论题

(1) 请选择在低温环境下需承受动荷载焊接钢结构用的钢材。

(2) 在配制大跨度或重荷载的预应力钢筋混凝土结构时，预应力筋宜选用何种建筑钢材？请简述理由。

(3) 同一种钢材的断后伸长率，$A_{80\,mm}$ 与 $A_{200\,mm}$ 哪一个大？为什么？

2-7　调查研究：工地现场钢材使用情况调研

深入相关工程施工现场，调研钢材使用的情况，包括工程所在地的环境、工程条件，分析所选用钢材牌号的技术经济合理性，并提出优化改进的设想。

第3章　无机胶凝材料

教 学 建 议

1. 本章涉及的标准较多，教学中可注重在准确理解相关标准过程中培养严谨的科学精神。

2. 本章的重点是几种通用硅酸盐水泥的性能特点和选用原则，难点是硅酸盐水泥熟料的矿物组成及其性能。水泥品种繁多，建议学习中采用点面结合、比较异同的方法，以硅酸盐水泥为点，结合所掺入混合材的特性，再拓展至其他通用硅酸盐水泥和特种水泥。

3. 熟悉石膏、石灰及水玻璃等气硬性胶凝材料的硬化机理、性质及使用要点，掌握其主要用途。石膏是一种绿色环保的胶凝材料，也是一种低碳建材产品，具有广阔的发展前景。

4. 在理解硅酸盐水泥熟料的矿物组成、水化硬化及其性能特点的基础上，熟练掌握几种通用硅酸盐水泥的组成与性能特点、技术要求、检测方法及选用原则。了解特种水泥的主要性能及使用特点。

【爱我中华】　从买"洋灰"的弱国到水泥强国

1824 年英国阿斯谱丁发明了波特兰水泥，但此时的中国正值清政府的衰败时期，内乱外患，经济发展已远远落后于西方国家。我国最先从英国进口水泥，故当时称其为"英泥"或"英坭"，后来翻译成"细绵土"或"士敏土"。由于是从外国传入，故被更多人称为"洋灰"。

中国独立制造水泥的历史始于 1886 年以立窑生产水泥的澳门青州英坭厂。1889 年，中国第二家水泥厂唐山细绵土厂开办，当时只有 4 座土窑，年产量不到 1 万吨，后改名为"启新洋灰股份有限公司"。从 1900 年到 1949 年，我国水泥的年生产能力从 1 万吨发展到 315 万吨，仍远远落后于西方国家。

新中国成立后，水泥工业经过三年恢复，于 1953 年开始陆续从东欧等地引进设备。水泥工业迅速发展，1960 年水泥生产能力达到 1 100 万吨，但水泥仍然短缺。改革开放给水泥工业发展带来了活力，技术装备水平大大提高。从立窑、干法中空窑、干法余热发电窑、立波尔窑、湿法窑、预热器窑发展到窑外分解窑。我国水泥产量和消费量连续多年位居世界第一，且工艺技术也取得明显进步。一方面加强了环保治理，并协同处理城市污泥等废物，使之健康可持续发展。另一方面我国水泥品种开发和研制也跨入世界先进行列，我国新型干法生产线的技术装备也不断进步并出口，由承担设计及部分装备出口转为工程总承包和交钥匙工程，还承担了欧洲国家的项目。昔日购买"洋灰"的弱国已变为生产水泥和制造水泥设备的强国。

【史海拾贝】　水泥的发明

水泥的发明并非一蹴而就，而是一个渐进的过程。

1756 年，英国英吉利海峡的一座灯塔毁坏重修。用于烧制石灰的石灰石混有许多的土质，而使用这些石灰石烧制的石灰后，竟更能耐海水冲刷。1796 年，英国人帕克(J. Parker)将黏土质石灰岩磨细后制成料球，在高于烧石灰的温度下煅烧，然后磨细制成"罗马水泥"(roman cement)，并取得了该水泥的专利权，在英国曾得到广泛应用。而在"罗马水泥"生产的同时，法国人及美国人也采用接近现代水泥成分的泥灰岩制造出水泥，称之为天然水泥。

1824 年 10 月 21 日，英国的泥水匠阿斯普丁(J. Aspdin)获得英国的"波特兰水泥"专利证书，从而成为波特兰水泥发明人。该水泥水化硬化后的颜色类似英国波特兰地区建筑用石料的颜色，所以被称为"波特兰水泥"。

1845 年，英国的约翰逊(I. C. Johnson)在实验中偶然发现，以类似生产"波特兰水泥"的原料煅烧到含有一定数量玻璃体，经磨细后具有好的水硬性，且其烧成物中若含有石灰，则会使水泥硬化后开裂。约翰逊据此确定了水泥制造的两个基本条件：一是烧窑的温度必须高至烧块含一定量玻璃体并呈黑绿色；二是原料比例必须正确而固定，烧成物内不能含过量石灰。从此，现代水泥生产的基本参数被发现，解决了阿斯普丁未解决的水泥质量不稳定的问题。

胶凝材料是指经过一系列物理作用、化学作用，能将散粒状或块状材料黏结成整体的并具有一定机械强度的材料。根据胶凝材料的化学组成，可将其分为无机胶凝材料(inorganic cementitious materials)和有机胶凝材料(organic cementitious materials)两大类，分类示意见图 3-1。

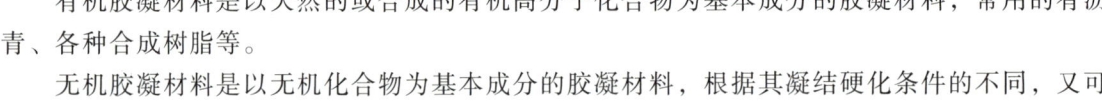

$$胶凝材料\begin{cases}有机胶凝材料：沥青、各种树脂\\无机胶凝材料\begin{cases}气硬性：石灰，石膏，水玻璃\\水硬性：各种水泥\end{cases}\end{cases}$$

图 3-1 胶凝材料分类示意图

有机胶凝材料是以天然的或合成的有机高分子化合物为基本成分的胶凝材料，常用的有沥青、各种合成树脂等。

无机胶凝材料是以无机化合物为基本成分的胶凝材料，根据其凝结硬化条件的不同，又可分为气硬性和水硬性两类。气硬性胶凝材料只能在空气中硬化，也只能在空气中保持和发展其强度。常用的气硬性胶凝材料有石膏、石灰和水玻璃等。气硬性胶凝材料一般只适用于干燥环境中，而不宜用于潮湿环境，更不可用于水中。水硬性胶凝材料与水混合形成塑性浆体后，能在空气中水化硬化，并能在水中继续硬化保持强度和体积稳定性。各种水泥就是水硬性胶凝材料。水硬性胶凝材料既适用于干燥环境，又适用于潮湿环境或水下工程。

图 3-2 为新型干法水泥生产线，图 3-3 为灰塑。

图 3-2 新型干法水泥生产线

图 3-3 灰塑

3.1【教学交流 3-1】通过学习标准培养科学精神

3.2【科魂匠心 3-1】我国水泥工业的创新发展之路

3.3【建材趣话 3-1】国家级非物质文化遗产——灰塑

3.1 石灰

3.1.1 石灰的生产及技术要求

1. 石灰的生产

石灰（lime）的主要成分是氧化钙，是人类最早使用的胶凝材料之一。气硬性生石灰由石灰石，包括钙质石灰石和镁质石灰石焙烧而成，呈块状、粒状或粉状，化学成分主要为氧化钙，可和水发生放热反应生成消石灰。

石灰石的分解温度约900 ℃，但为了加速分解过程，煅烧温度常提高至1 000～1 100 ℃。在煅烧过程中，若温度过低或煅烧时间不足，使得$CaCO_3$不能完全分解，将生成欠火石灰。如果煅烧时间过长或温度过高，将生成颜色较深，块体致密的过火石灰。

工地上使用生石灰前要进行熟化。熟化是指生石灰（氧化钙）与水作用生成氢氧化钙（熟石灰，又称消石灰）的过程，又称石灰的消解或消化。生石灰的熟化反应如下：

$$CaO+H_2O \Longrightarrow Ca(OH)_2$$

石灰的熟化过程会放出大量的热，熟化时体积增大1～2.5倍。煅烧良好、氧化钙含量高的石灰熟化较快，放热量和体积增大也较多。

过火石灰与水反应速度慢，若尚未消解就应用，则在正火石灰水化硬化后才吸收水分发生水化反应，体积膨胀会引起局部鼓泡或脱落，影响工程质量。为了消除过火石灰的危害，石灰膏在使用之前应进行陈伏。陈伏是指石灰膏（或石灰乳）在储灰坑中放置14 d以上的过程。过火石灰在这一期间将慢慢熟化。陈伏期间，石灰膏表面应保有一层水分，使其与空气隔绝，以免与空气中二氧化碳发生碳化反应。

2. 石灰的分类与技术要求

（1）建筑生石灰（building quicklime）

JC/T 479—2013《建筑生石灰》对生石灰按加工情况和化学成分来分类。

按生石灰的加工情况分为建筑生石灰和建筑生石灰粉。

按生石灰的化学成分分为钙质石灰和镁质石灰两类。钙质石灰主要由氧化钙或氢氧化钙组成，而不添加任何水硬性的或火山灰质的材料。镁质石灰主要由氧化钙和氧化镁（MgO>5%）或氢氧化钙和氢氧化镁组成，而不添加任何水硬性的或火山灰质的材料。建筑生石灰的名称、代号与化学成分见表3-1。

表 3-1　建筑生石灰的名称、代号与化学成分

类别	名称	代号	化学成分/%			
			CaO+MgO	MgO	CO_2	SO_3
钙质石灰	钙质石灰 90	CL90	≥90	≤5	≤4	≤2
	钙质石灰 85	CL85	≥85	≤5	≤7	≤2
	钙质石灰 75	CL75	≥75	≤5	≤12	≤2
镁质石灰	镁质石灰 85	ML85	≥85	>5	≤7	≤2
	镁质石灰 80	ML80	≥80	>5	≤7	≤2

（2）建筑消石灰（building hydrated lime）

消石灰是以生石灰为原料经消化所得的产物。但一般情况下还难以完全消化。JC/T 481—2013《建筑消石灰》按扣除游离水和结合水后 CaO+MgO 的百分含量加以分类，同样分为钙质消石灰和镁质消石灰。与建筑生石灰对应分为：钙质消石灰 90（代号 HCL90）、钙质消石灰 85（代号 HCL85）、钙质消石灰 75（代号 HCL75）；镁质消石灰 85（代号 HML85）、镁质消石灰 80（代号 HML80）。消石灰粉是消石灰经风选、筛选或研磨所得的产物。

3.1.2　石灰的硬化与特性

1. 石灰的硬化

石灰水化后逐渐凝结硬化，主要包括下面两个过程。

（1）干燥结晶硬化过程

石灰浆体在干燥过程中，游离水分蒸发，形成网状孔隙，这些滞留于孔隙中的自由水由于表面张力的作用而产生毛细管压力，使石灰粒子更紧密。且由于水分蒸发，使 $Ca(OH)_2$ 从饱和溶液中逐渐结晶析出。

（2）碳化过程

$Ca(OH)_2$ 与空气中的 CO_2 和水反应，形成不溶于水的碳酸钙晶体，析出的水分则逐渐被蒸发。由于碳化作用主要发生在与空气接触的表层，且生成的 $CaCO_3$ 膜层较致密，阻碍了空气中 CO_2 的渗入，也阻碍了内部水分向外蒸发，因此碳化过程缓慢。

2. 石灰的特性

（1）可塑性好

生石灰熟化为石灰浆时，能自动形成颗粒极细（直径约为 1 μm）的呈胶体分散状态的氢氧化钙，表面吸附一层厚的水膜。因此，用石灰调成的石灰砂浆其突出的优点是具有良好的可塑性。在水泥砂浆中掺入石灰膏，更有利于提高砂浆的可塑性。相对而言，消石灰粉的颗粒较粗，其流动性、可塑性不如石灰浆。

（2）硬化较慢、强度低

从石灰浆体的硬化过程可以看出，其表面碳化后，形成紧密外壳，不利于碳化作用的深入，也不利于内部水分的蒸发，因此石灰是硬化缓慢的材料。且石灰的硬化只能在空气中进行。硬化后的强度也不高，1∶3 的石灰砂浆 28 d 抗压强度通常只有 0.2~0.5 MPa。若直接使用消石灰粉，强度更低。石灰不仅硬化缓慢，碳化也缓慢。

（3）硬化时体积收缩大

石灰在硬化过程中，由于大量的游离水蒸发，从而引起显著的体积收缩，所以除调成石灰乳作薄层涂刷外，不宜单独使用。工程上常在其中掺入砂、各种纤维材料等减少收缩。

（4）耐水性差

硬化后的石灰受潮后，其中的氢氧化钙和氧化钙会溶解，强度更低，在水中还会溃散。所以，石灰不宜在潮湿的环境中使用，也不宜单独用于建筑物基础。

（5）石灰吸湿性强

块状生石灰在放置过程中，会缓慢吸收空气中的水分而自动熟化成消石灰粉，再与空气中的二氧化碳作用生成碳酸钙，失去胶结能力。

储存生石灰，不但要防止受潮，而且不宜储存过久。最好运到工地（或熟化工厂）后立即熟化成石灰膏，将储存期变为陈伏期。由于生石灰受潮熟化时放出大量的热，而且体积膨胀，所以，储存和运输生石灰时，还要注意安全。

3.1.3　石灰的应用[①]

3.4【观察讨论 3-1】石灰砂浆的裂纹分析

不同石灰产品的主要用途有所差异，其中建筑生石灰用于生产其他石灰产品；建筑生石灰粉主要用于生产石灰膏或硅酸盐制品；石灰膏主要用于制作石灰砂浆和刷浆；建筑消石灰粉主要用于制作砂浆、石灰土、三合土或硅酸盐制品。

石灰与黏土拌和后称为灰土或石灰土，再加砂或炉渣、石屑等即成为三合土。石灰可改善黏土的和易性，在强力夯打之下，大大提高紧密度。而且，黏土颗粒表面的少量活性氧化硅、氧化铝与氢氧化钙起化学反应，生成不溶性水化硅酸钙和水化铝酸钙，因而提高了黏土的强度和耐水性。一些古代建筑还加入了糯米汁，可使之更为致密，有利于提高强度。

石灰是制作硅酸盐制品的主要原料之一。硅酸盐制品是以磨细的石灰与硅质材料为胶凝材料，必要时加入少量石膏，经养护（蒸汽养护或蒸压养护）生成以水化硅酸钙为主要产物的建筑材料。硅酸盐制品中常用的硅质材料有粉煤灰，磨细的煤矸石、页岩、浮石和砂等。常见的硅酸盐制品有蒸压灰砂砖、蒸压加气混凝土砌块或板材等。

【工程实例分析 3-1】　石灰砂浆层拱起开裂

概况：某住宅使用石灰厂处理的下脚石灰作粉刷。数月后粉刷层多处向外拱起，还看见一些裂缝，请分析原因。

分析讨论：石灰厂处理的下脚石灰往往含有过烧的 CaO 或较高的 MgO，其水化速度慢于正常的石灰。这些过烧的氧化钙或氧化镁在已经水化硬化的石灰砂浆中缓慢水化，体积膨胀，就会导致砂浆层拱起和开裂。

【工程实例分析 3-2】　石灰的选用

概况：某工地急需配制石灰砂浆。当时有消石灰粉、生石灰粉及生石灰材料可供选用。因生石灰价格相对较便宜，便选用，并马上加水配制石灰膏，再配制石灰砂浆。使用数日后，石灰砂浆出现众多凸出的膨胀性裂缝，请分析原因。

分析讨论：该石灰的陈伏时间不够。使用数日后部分过火石灰在已硬化的石灰砂浆中熟化，体积膨胀，以致产生膨胀性裂纹。因工期紧，若无现成合格的石灰膏，可选用消石灰粉。消石灰粉在磨细过程中，把过火石灰磨成细粉，易于克服过火石灰在熟化时造成的体积安定性不良的危害。

3.2　建筑石膏

建筑石膏（calcined gypsum）是天然石膏或工业副产品石膏经一定温度煅烧脱水处理制得的，以 β 半水石膏（β-CaSO$_4$·0.5H$_2$O）为主要成分，不预加任何外加剂或添加物，用于建筑材料的粉状胶凝材料。二水石膏在温度为 65~75 ℃时脱水，至 107~170 ℃时生成 β 半水石膏

---

①　石灰的消解参与式试验请参见数字资源 10.23。

（β-$CaSO_4 \cdot 0.5H_2O$）。

GB/T 9776—2022《建筑石膏》规定了建筑石膏的分类与标记、原材料、技术要求、试验方法、检验规则及包装、标志、运输和贮存。

3.2.1 建筑石膏的分类与标记

1. 分类

建筑石膏按原材料种类分为三类：天然建筑石膏（代号 N）、脱硫建筑石膏（代号 S）和磷建筑石膏（代号 P）。天然建筑石膏（calcined natural gypsum）是以天然石膏为原料制成的建筑石膏。脱硫建筑石膏（calcined gypsum from flue gas desulfurization）是以石灰、氢氧化钙或石灰石湿法脱除烟气中二氧化硫时产生的以二水石膏（$CaSO_4 \cdot 2H_2O$）为主要成分的副产品为原料制成的建筑石膏。磷建筑石膏（calcined gypsum from phosphogypsum）是以磷矿石湿法制取磷酸时产生的以二水硫酸钙（$CaSO_4 \cdot 2H_2O$）为主要成分的副产品为原料制成的建筑石膏。

2. 标记

建筑石膏按产品名称、分类代号、等级及标准编号的顺序标记。如等级为 2.0 的天然建筑石膏标记如下：建筑石膏 N 2.0 GB/T 9776—2022。

3.2.2 建筑石膏的水化硬化

建筑石膏与适量的水混合，最初成为可塑的浆体，但很快就失去塑性并产生强度，并发展成为坚硬的固体。这一过程可从水化和硬化两方面分别说明。

1. 建筑石膏的水化

建筑石膏加水拌和，与水发生水化反应：

$$CaSO_4 \cdot \frac{1}{2}H_2O + \frac{3}{2}H_2O \longrightarrow CaSO_4 \cdot 2H_2O$$

建筑石膏加水后，首先溶解于水，因二水石膏在水中的溶解度比半水石膏小得多（仅为半水石膏溶解度的 1/5），半水石膏的饱和溶液对于二水石膏就成了过饱和溶液。所以二水石膏以胶体大小微粒自水中析出，直到半水石膏全部耗尽。

2. 建筑石膏的凝结硬化

石膏浆体中的自由水分因其蒸发和水化而逐渐减少，粒子总表面积增加，因而浆体可塑性逐渐减小，浆体渐渐变稠，这一过程称为凝结。其后，浆体继续变稠，逐渐凝聚成为晶体。晶体逐渐长大，共生和相互交错，浆体逐渐产生强度，并不断增长，直到完全干燥。晶体之间的摩擦力和黏结力不再增加，强度才停止发展。这一过程称为建筑石膏的硬化。

石膏浆体的凝结和硬化是一个连续的过程。凝结可以分为初凝和终凝两个阶段：将浆体开始失去可塑性的状态称为浆体初凝，从加水至初凝的这段时间称为初凝时间；浆体完全失去可塑性，并开始产生强度称为浆体终凝，从加水至终凝的时间称为终凝时间。

3.2.3 建筑石膏的性能与技术要求

1. 建筑石膏的性能

（1）凝结硬化快

建筑石膏一般加水后 3～5 min 内便开始失去可塑性，30 min 内完全失去可塑性而产生强度。为便于使用，满足施工操作的要求，往往需掺加适量的缓凝剂，其作用在于降低半水石膏的溶解速度和溶解度。常用石膏缓凝剂有：经石灰处理过的动物胶、亚硫酸酒精废液，以及硼砂、酒石酸钾钠、柠檬酸、聚乙烯醇等。

（2）硬化后体积微膨胀

建筑石膏硬化后一般会产生体积膨胀，膨胀率达 0.05% ~ 0.15%。这一特性使石膏可浇注出形体饱满、纹理细致的浮雕花饰。同时石膏制品质地洁白细腻，特别适合制作建筑装饰制品。

（3）质量轻、强度低

建筑石膏水化的理论需水量为石膏质量的 18.6%，但为了满足施工要求的可塑性，实际加水量可达 60% ~ 80%，石膏凝结后多余水分蒸发，在内部形成大量的孔隙，导致石膏制品质量轻、强度较低，抗压强度一般仅为 3~6 MPa。

（4）硬化后孔隙率高

石膏硬化后由于多余水分的蒸发，在内部形成大量毛细孔，石膏制品孔隙率可达 50% ~ 60%，表观密度为 800~1 000 kg/m³。由于石膏制品的孔隙率大，因而强度较低，导热系数小，吸声性强，吸湿性大，可调节室内的温度和湿度。

（5）防火性能好

① 在火灾时，二水石膏中的结晶水蒸发成水蒸气，吸收大量热；

② 石膏中结晶水蒸发后产生的水蒸气形成蒸汽幕，能阻碍火势蔓延；

③ 脱水后的石膏制品隔热性能更好，形成隔热层，并且无有害气体产生。

建筑石膏制品在防火的同时自身将被损坏，而且石膏制品不宜长期用于靠近 65 ℃以上高温的部位，以免二水石膏在此温度作用下失去结晶水，从而失去强度。

（6）耐水性和抗冻性差

建筑石膏硬化后有很强的吸湿性，在潮湿条件下，石膏晶粒间的结合力减弱，导致强度下降。若长期浸泡在水中，二水石膏晶体将逐渐溶解，从而导致破坏。石膏制品吸水后受冻，会因孔隙中水分结冰膨胀而破坏。所以，石膏制品的耐水性和抗冻性较差，不宜用于潮湿部位。提高其耐水性有多种方法，既可涂覆或浸渍憎水性物质，阻隔外界水渗入，或加入有机防水剂等，以改善石膏制品的孔隙状态或使孔壁具有憎水性，也可加入适量的矿渣粉等，从材料本身改善其耐水性。建筑石膏在运输及储存时应注意防潮，储存期为 3 个月。此后，强度将降低。故储存期超过 3 个月的建筑石膏应重新进行质量检验，以确定其等级。

3.5【观察讨论 3-2】硬化石膏的结构与性能

2. 建筑石膏的技术要求

《建筑石膏》对建筑石膏组成、物理力学性能、放射性核素限量、限制成分及 pH 提出了要求。

建筑石膏产品中有效胶凝材料 β 半水石膏（β-$CaSO_4 \cdot 0.5H_2O$）与可溶性无水硫酸钙（AⅢ-$CaSO_4$）含量之和应不小于 60.0%，且二水硫酸钙（$CaSO_4 \cdot 2H_2O$）含量应不大于 4.0%；可溶性无水硫酸钙（AⅢ-$CaSO_4$）含量由供需双方商定。

建筑石膏产品的物理力学性能应符合表 3-2 的要求，产品的 pH 应不小于 5.0。

表 3-2 建筑石膏的物理力学性能

等级	凝结时间/min		强度/MPa			
			2 h 湿强度		干强度	
	初凝	终凝	抗折	抗压	抗折	抗压
4.0			≥4.0	≥8.0	≥7.0	≥15.0
3.0	≥3	≤30	≥3.0	≥6.0	≥5.0	≥12.0
2.0			≥2.0	≥4.0	≥4.0	≥8.0

3.2.4 石膏在土木工程中的应用

1. 抹灰石膏

GB/T 28627—2023《抹灰石膏》规定,抹灰石膏(gypsum plaster)是以半水石膏($CaSO_4 \cdot 0.5H_2O$)、Ⅱ型无水石膏(AⅡ-$CaSO_4$)单独或两者混合后作为主要胶凝材料,掺入集料和外加剂制成的用于建筑物室内墙面和顶棚基底抹灰找平用的石膏砂浆。其产品按集料的种类及主要胶凝材料品种分类。以轻集料为集料的品种为轻质抹灰石膏;以砂等为集料的品种为重质抹灰石膏。

2. 建筑石膏板及装饰件

石膏板具有轻质、保温隔热、吸声、防火、尺寸稳定及施工方便等性能,广泛应用于高层建筑及大跨度建筑的隔墙。常用石膏板有:纸面石膏板、纤维石膏板、空心石膏板、吸声用穿孔石膏板和布面石膏板等。此外,还广泛用于石膏角线等装饰件。

3. 石膏腻子与粉刷石膏

石膏腻子(gypsum wallskim)是以半水石膏($CaSO_4 \cdot 0.5H_2O$)为主要胶凝材料,掺加适量的辅料及外加剂配制而成,用于表面批刮找平或装饰的材料,代号为 GW。JC/T 2514—2019《石膏腻子》规定了石膏腻子的术语和定义、分类和标记、技术要求、试验方法、检验规则及包装、标志、运输和贮存。

由于建筑石膏的优良特性,常被用于室内粉刷。石膏粉刷层表面坚硬、光滑细腻,不起灰,便于进行再装饰,如粘墙纸、刷涂料等。由于石膏的"呼吸"作用,还有调节室内空气湿度,提高舒适度的功能。建筑石膏加水拌和成石膏浆体,可作为室内粉刷涂料,还可加缓凝剂,以保证有足够的施工时间。

4. 石膏基自流平砂浆

石膏基自流平砂浆(gypsum based self-leveling compound floor)是由以半水石膏为主要胶凝材料,与集料、填料及外加剂通过精心配制、混合均匀而制得的,与水搅拌后具有一定流动性的室内地面用自流平材料。我国已制定了相应的行业标准 JC/T 1023—2021《石膏基自流平砂浆》,其可用作节能效果好的地热辐射采暖找平覆盖层。其不但可采用泵送施工,作业方便、效率高,而且施工的地面尺寸准确、水平度高、不空鼓、不开裂,可避免因热胀冷缩产生的开裂或起鼓,有着广泛的应用前景。

3.6【一事一议 3-1】石膏板发展漫谈

【工程实例分析 3-3】 石膏饰条粘贴失效

概况:石膏粉拌水为一桶石膏浆,用以在光滑的天花板上直接粘贴,石膏饰条前后半小时完工。几天后最后粘贴的两条石膏饰条突然坠落。请分析原因。

分析讨论：其原因有两个方面，可有针对性地解决。建筑石膏拌水后一般于数分钟至半小时凝结，后来粘贴石膏饰条的石膏浆已初凝，黏结性能差。可掺入缓凝剂，延长凝结时间；或者分多次配制石膏浆，即配即用。在光滑的天花板上直接贴石膏条，粘贴难以牢固，宜对表面予以打刮，以利粘贴。或者在黏结的石膏浆中掺入部分黏结性强的黏结剂。

3.3 其他气硬性胶凝材料

3.3.1 水玻璃

1. 水玻璃的组成

建筑工程中最常用的水玻璃为工业硅酸钠（sodium silicate for industrial use）$Na_2O \cdot nSiO_2$（$n>1.0$）。GB/T 4209—2022《工业硅酸钠》规定，工业硅酸钠分为两类：液体硅酸钠和固体硅酸钠。其外观：液体硅酸钠为无色、略带色的透明或半透明黏稠状液体。固体硅酸钠为无色、略带色的透明或半透明玻璃块状体。其模数指硅酸钠中氧化硅和氧化钠的分子数之比n值，一般在 2.0~3.5。水玻璃的模数越大，氧化硅含量越多，密度和黏度增大，硬化速度越快，硬化后的黏结力与强度越高，耐热性与耐酸性越好，但水中溶解能力下降。土木工程中常用水玻璃的模数n为 2.6~2.8，既易溶于水便于施工，又具有较高的强度。

2. 水玻璃的硬化

液体水玻璃会吸收空气中二氧化碳，发生如下反应：

$$Na_2O \cdot nSiO_2 + CO_2 + mH_2O \longrightarrow nSiO_2 \cdot mH_2O + Na_2CO_3$$

上述反应析出无定形二氧化硅凝胶，并逐渐干燥而硬化。这个过程进行很慢，为了加速硬化，常加入氟硅酸钠（Na_2SiF_6）作为促硬剂，促使硅酸凝胶加速析出，其反应如下：

$$2(Na_2O \cdot nSiO_2) + Na_2SiF_6 + mH_2O \longrightarrow (2n+1)SiO_2 \cdot mH_2O + 6NaF$$

氟硅酸钠的适宜用量为水玻璃质量的 12%~15%，如果用量太少，不但硬化速度缓慢，强度降低，而且未经反应的水玻璃易溶于水，因而耐水性差。但如用量过多，又会引起凝结过速，使施工困难，而且硬化渗水性大，强度也低。加入适量氟硅酸钠的水玻璃 7 d 基本上可达到最高强度。

3. 水玻璃的特性与应用

（1）水玻璃的特性

凝结硬化后的水玻璃，具有以下特性。

① 黏结能力强。水玻璃有良好的黏结能力，硬化时析出的硅酸凝胶可堵塞毛细孔隙，从而防止水渗透。用水玻璃配制的混凝土抗压强度可达 15~40 MPa。

② 不燃烧、耐高温。水玻璃不燃烧，在高温下硅酸凝胶干燥得更快，强度并不降低。

③ 耐酸能力强。水玻璃具有很强的耐酸能力，能抵抗大多数无机酸和有机酸的作用。

④ 不耐水。水玻璃在加入氟硅酸钠后仍不能完全硬化，仍然有一定量的 $Na_2O \cdot nSiO_2$。由于 $Na_2O \cdot nSiO_2$ 可溶于水，所以水玻璃硬化后不耐水。

⑤ 不耐碱。硬化后水玻璃中 $Na_2O \cdot nSiO_2$ 和 SiO_2 均可溶于碱，因而水玻璃不耐碱。

（2）水玻璃的应用

① 配制建筑涂料。水玻璃涂刷材料表面可提高材料抗风化能力。以水玻璃浸渍或涂刷砖、

水泥混凝土、硅酸盐混凝土、石材等多孔材料，可提高材料的密实度、强度、抗渗性、抗冻性及耐水性等。这是因为水玻璃与空气中的二氧化碳反应生成硅酸凝胶，同时水玻璃也与材料中的氢氧化钙反应生成硅酸钙凝胶，两者填充于材料的孔隙，使材料致密。水玻璃还可用于配制内、外墙涂料。水玻璃不能用于涂刷或浸渍石膏制品，因为硅酸钠会与硫酸钙反应生成硫酸钠，在制品孔隙中结晶，体积显著膨胀，从而导致制品开裂。

② 配制防水剂。以水玻璃为基料，加入两种、三种或四种矾溶液搅拌，可配制成二矾、三矾或四矾防水剂。此类防水剂与水泥水化过程析出的氢氧化钙反应生成不溶性硅酸盐，堵塞毛细孔和孔隙，提高防水性。

③ 用于土壤加固。将模数为2.5~3.0的液体水玻璃和氯化钙溶液通过金属管轮流向地层压入，两种溶液发生化学反应，析出硅酸胶体，将土壤颗粒包裹并填实其空隙。硅酸胶体是一种吸水膨胀的果冻状凝胶，因吸收地下水而经常处于膨胀状态，阻止水分的渗透和使土壤固结，由这种方法加固的砂土，抗压强度可达3~6 MPa。

④ 其他。水玻璃还可用于配制耐酸、耐热混凝土和砂浆等。

3.3.2 镁质胶凝材料

镁质胶凝材料(magnesia cement)又称菱苦土或氯氧镁水泥，是由菱镁矿经轻烧、粉磨而制成的轻烧氧化镁与一定浓度的氯化镁溶液调和而制成。硬化后的镁质胶凝材料主要产物为 $x\mathrm{Mg(OH)_2} \cdot y\mathrm{MgCl_2} \cdot z\mathrm{H_2O}$，其吸湿性大，耐水性差。遇水或吸湿后易产生翘曲变形，表面泛霜，且强度大大降低。因此镁质胶凝材料制品一般不宜用于潮湿环境。目前也有不少增强其耐水性的研究，如加入磷酸盐等。

使用玻璃纤维增强的氯氧镁水泥制品具有很高的抗折强度和抗冲击能力，其主要产品为玻璃纤维增强氯氧镁水泥板和波瓦。

【工程实例分析3-4】 水玻璃与铝合金窗表面的斑迹

概况：在某些建筑物的室内墙面装修过程中我们可以观察到，使用以水玻璃为成膜物质的腻子作为底层涂料，施工过程若散落到铝合金窗上，会导致铝合金窗外表形成有损美观的斑迹。试分析原因。

分析讨论：铝合金制品不耐酸碱，而水玻璃呈强碱性。当含碱涂料与铝合金接触时，引起铝合金窗表面发生腐蚀反应，从而使铝合金表面锈蚀而形成斑迹。

$$\mathrm{Al_2O_3 + 2NaOH \longrightarrow 2NaAlO_2 + H_2O}$$
$$\mathrm{2Al + 2H_2O + 2NaOH \longrightarrow 2NaAlO_2 + 3H_2\uparrow}$$

3.4 通用硅酸盐水泥

水泥品种非常多，根据GB/T 4131—2014《水泥的命名原则和术语》其分类为两种形式。水泥按其性能及用途可分为通用水泥与特种水泥。通用水泥指一般土木建筑工程通常采用的水泥；特种水泥指具有特殊性能或用途的水泥。水泥按其水硬性矿物名称主要分为：硅酸盐水泥，主要水硬性矿物为硅酸三钙、硅酸二钙、铝酸三钙和铁铝酸四钙；铝酸盐类水泥，主要水硬性矿物为铝酸钙；硫铝酸盐水泥，主要水硬性矿物为无水硫铝酸钙和硅酸二钙；铁铝酸盐水泥，主要水硬性矿物为无水硫铝酸钙、铁铝酸钙和硅酸二钙；氟铝酸盐水泥，主要水硬性矿物为氟铝酸钙和硅酸二钙。

3.4.1 通用硅酸盐水泥的定义及生产概况

1. 定义与分类

通用硅酸盐水泥（common portland cement）是以硅酸盐水泥熟料和适量的石膏及规定的混合材料制成的水硬性胶凝材料。其中，适量的石膏主要作用是调节凝结时间，而混合材料主要起改善水泥性能，调节水泥强度等级等作用。

GB 175—2023《通用硅酸盐水泥》规定，通用硅酸盐水泥按混合材料的品种和掺量分为：硅酸盐水泥（portland cement）、普通硅酸盐水泥（ordinary portland cement）、矿渣硅酸盐水泥（portland blastfurnace-slag cement）、粉煤灰硅酸盐水泥（portland fly-ash cement）、火山灰质硅酸盐水泥（portland pozzolana cement）和复合硅酸盐水泥（composite portland cement）。各品种的组分和代号应符合表3-3、表3-4和表3-5的规定。

表 3-3 硅酸盐水泥的组分要求

品种	代号	组分（质量分数）/%		
		熟料+石膏	混合材料	
			粒化高炉矿渣/矿渣粉	石灰石
硅酸盐水泥	P·I	100	—	—
	P·II	95~100	0~5	—
			—	0~5

表 3-4 普通硅酸盐水泥、矿渣硅酸盐水泥、粉煤灰硅酸盐水泥和火山灰质硅酸盐水泥的组分要求

品种	代号	组分（质量分数）/%				
		熟料+石膏	主要混合材料			替代混合材料
			粒化高炉矿渣/矿渣粉	粉煤灰	火山灰质混合材料	
普通硅酸盐水泥	P·O	80~94	6~20①			0~5②
矿渣硅酸盐水泥	P·S·A	50~79	21~50	—	—	0~8③
	P·S·B	30~49	51~70	—	—	
粉煤灰硅酸盐水泥	P·F	60~79	—	21~40	—	0~5④
火山灰质硅酸盐水泥	P·P	60~79	—	—	21~40	

注：① 主要混合材料由符合规范规定的粒化高炉矿渣/矿渣粉、粉煤灰、火山灰质混合材料组成。
　　② 替代混合材料为符合规范规定的石灰石。
　　③ 替代混合材料为符合规范规定的粉煤灰或火山灰质混合材料、石灰石中的一种。替代后P·S·A矿渣硅酸盐水泥中粒化高炉矿渣/矿渣粉含量（质量分数）不小于水泥质量的21%，P·S·B矿渣硅酸盐水泥中粒化高炉矿渣/矿渣粉含量（质量分数）不小于水泥质量的51%。
　　④ 替代混合材料为符合规范规定的石灰石。替代后粉煤灰硅酸盐水泥中粉煤灰含量（质量分数）不小于水泥质量的21%，火山灰质硅酸盐水泥中火山灰质混合材料含量（质量分数）不小于水泥质量的21%。

表 3-5 复合硅酸盐水泥的组分要求

品种	代号	组分（质量分数）/%					
		熟料+石膏	混合材料				
			粒化高炉矿渣/矿渣粉	粉煤灰	火山灰质混合材料	石灰石	砂岩
复合硅酸盐水泥	P·C	50~79	21~50①				

注：① 混合材料由符合规范规定的粒化高炉矿渣/矿渣粉、粉煤灰、火山灰质混合材料、石灰石和砂岩中的三种（含）以上材料组成。其中，石灰石含量（质量分数）不大于水泥质量的 15%。

2. 通用硅酸盐水泥的组成

（1）硅酸盐水泥熟料

硅酸盐水泥熟料是一种由主要含 CaO、SiO_2、Al_2O_3、Fe_2O_3 的原料按适当配比，磨成细粉，烧至部分熔融，得到的以硅酸钙为主要矿物成分的水硬性胶凝物质。其中硅酸钙矿物含量（质量分数）不小于 66%，CaO 和 SiO_2 质量比不小于 2.0。硅酸盐水泥熟料矿物组成和含量范围如表 3-6 所示。除了主要熟料矿物外，硅酸盐水泥中还含有少量游离氧化钙和碱等，但其总含量一般不超过水泥质量的 4%。

表 3-6 硅酸盐水泥熟料矿物组成

名称	矿物成分	缩写符号	含量/%	密度/(g/cm^3)
硅酸三钙	$3CaO·SiO_2$	C_3S	45~63	3.25
硅酸二钙	$2CaO·SiO_2$	C_2S	15~27	3.28
铝酸三钙	$3CaO·Al_2O_3$	C_3A	7~13	3.04
铁铝酸四钙	$4CaO·Al_2O_3·Fe_2O_3$	C_4AF	8~15	3.77

（2）石膏

掺入适量石膏主要是为了调节通用硅酸盐水泥的凝结时间。若水泥不掺入石膏或石膏掺量不足，会发生急凝现象。

① 天然石膏：符合 GB/T 5483—2008《天然石膏》中规定的 G 类石膏或 M 类混合石膏，含量（质量分数）≥55%。

② 工业副产石膏：以硫酸钙为主要成分的工业副产物。工业副产石膏应符合 GB/T 21371—2019《用于水泥中工业副产石膏》规定的技术要求。

（3）粒化高炉矿渣/矿渣粉

凡在高炉冶炼生铁时，所得以硅酸盐与硅铝酸盐为主要成分的熔融物，经淬冷成粒后，即为粒化高炉矿渣，简称矿渣。粒化高炉矿渣粉是以粒化高炉矿渣为主要原料，可掺加少量天然石膏，磨细成一定细度的粉末。粒化高炉矿渣/矿渣粉应符合《用于水泥中的粒化高炉矿渣》规定的技术要求。

（4）粉煤灰

粉煤灰是电厂煤粉炉烟道气体中收集的粉末。粉煤灰不包括以下情形：（a）和煤一起煅烧城市垃圾或其他废弃物时；（b）在焚烧炉中煅烧工业或城市垃圾时；（c）循环流化床锅炉燃烧收集的粉末。粉煤灰应符合 GB/T 1596—2017《用于水泥和混凝土中的粉煤灰》规定的技术要求（强度活性指数、碱含量除外）。粉煤灰中铵离子含量不大于 210 mg/kg。

（5）火山灰质混合材料

以氧化硅、氧化铝为主要成分，具有火山灰性的矿物质材料为火山灰质混合材料。火山灰性是指材料磨成细粉，单独不具水硬性，但在常温下与石灰和水一起拌和后能生成具有水硬性水化产物的性能。火山灰质材料按成因分为天然火山灰质混合材料和人工火山灰质混合材料两大类。天然火山灰质混合材料有火山灰、凝灰岩、沸石、浮石、硅藻土或硅藻石。人工火山灰质混合材料有烧煤矸石、烧页岩、烧黏土、煤渣和硅质渣。火山灰质混合材料应符合《用于水泥中的火山灰质混合材料》规定的技术要求（水泥胶砂 28 d 抗压强度比除外）。

需说明的是，为了充分、合理、科学地利用工业废渣，GB/T 175—2023《通用硅酸盐水泥》中不再对粒化高炉矿渣、粉煤灰和火山灰质混合材料的活性高低（如活性指数、28 d 抗压强度比）进行要求。此外，其他技术要求应分别满足相关标准要求。

（6）石灰石和砂岩

石灰石、砂岩的亚甲蓝值不大于 1.4 g/kg。亚甲蓝值按 GB/T 35164—2017《用于水泥、砂浆和混凝土中的石灰石粉》中附录 A 的规定进行检验。

（7）水泥助磨剂

水泥粉磨时允许加入助磨剂，其加入量应不超过水泥质量的 0.5%，助磨剂应符合 GB/T 26748—2011《水泥助磨剂》规定的技术要求。

3. 通用硅酸盐水泥的生产概况

通用硅酸盐水泥的生产可概括为"两磨一烧"：① 以适当比例的石灰质原料、黏土质原料和少量如铁矿粉等校正原料配料，共同磨制成生料；② 将生料送入水泥窑中进行约 1 450 ℃ 高温煅烧至部分熔融，所得以硅酸钙为主要成分的产物称为硅酸盐水泥熟料；③ 把熟料加入石膏粉磨，可制得 I 型硅酸盐水泥；熟料加入石膏和不同种类的混合材料粉磨，可制得不同品种的其他通用硅酸盐水泥。其生产工艺流程如图 3-4 所示。

3.7【案例分析 3-1】水泥窑生产工艺发展的启示

图 3-4 通用硅酸盐水泥的生产工艺流程

3.4.2 硅酸盐水泥的水化硬化

讨论硅酸盐水泥水化硬化，需先讨论水泥熟料单矿物的水化反应。

1. 硅酸盐水泥熟料的水化

硅酸盐水泥加水拌和后，四种主要熟料矿物与水反应，分述如下。

（1）硅酸三钙水化

硅酸三钙在常温下的水化反应如下：

$$3CaO \cdot SiO_2 + nH_2O \Longrightarrow xCaO \cdot SiO_2 \cdot yH_2O + (3-x)Ca(OH)_2$$

硅酸三钙的反应速度较快，生成了水化硅酸钙（C-S-H 凝胶）胶体，并以凝胶的形态析出，构成具有很高强度的空间网状结构，生成的氢氧化钙以晶体的形态析出。

（2）硅酸二钙的水化

β-C_2S 的水化与 C_3S 相似，只不过水化速度慢而已。

$$2CaO \cdot SiO_2 + nH_2O \Longrightarrow xCaO \cdot SiO_2 \cdot yH_2O + (2-x)Ca(OH)_2$$

所形成的水化硅酸钙在 C/S 和形貌方面与 C_3S 水化生成物无大的区别，故也称为 C—S—H 凝胶。但 $Ca(OH)_2$ 生成量比 C_3S 的少，结晶却粗大些。

（3）铝酸三钙的水化

铝酸三钙水化迅速，放热快，其水化产物组成和结构受液相 CaO 浓度和温度的影响很大，先生成介稳状态的水化铝酸钙，最终转化为水石榴石（C_3AH_6）。在有石膏的情况下，C_3A 水化的最终产物与石膏掺入量有关。最初形成的三硫型水化硫铝酸钙，简称钙矾石，常用 AFt 表示。若石膏在 C_3A 完全水化前耗尽，则钙矾石与 C_3A 作用转化为单硫型水化硫铝酸钙（AFm）。水泥中掺入适量石膏，与 C_3A 起反应，调节凝结时间，如不掺入石膏或石膏掺量不足时，水泥会发生瞬凝现象。

（4）铁相固溶体的水化

水泥熟料中铁相固溶体可用 C_4AF 作为代表。它的水化速率比 C_3A 略慢，水化热较低，即使单独水化也不会引起快凝。其水化反应及其产物与 C_3A 很相似。铁相固溶体的水化产物的强度问题比较复杂，组成的变化对其强度的影响较大，纯的 C_4AF 强度较低，但固溶了其他组分后则可以有较大幅度的提高。

各种水泥熟料矿物水化所表现的特性见表 3-7。

表 3-7　硅酸盐水泥熟料矿物的基本特性

名称	水化反应速率	水化放热量	强度	耐化学侵蚀性	干缩
硅酸三钙 C_3S	快	大	高	中	中
硅酸二钙 C_2S	慢	小	早期低后期高	良	中
铝酸三钙 C_3A	最快	最大	早期高后期低	差	大
铁铝酸四钙 C_4AF	快	中	中	优	小

2. 硅酸盐水泥的凝结硬化过程

水泥的凝结是指水泥加水拌和后，成为塑性的水泥浆，其中的水泥颗粒表面的矿物开始在水中溶解并与水发生水化反应，水泥浆逐渐变稠失去塑性，但还不具有强度的过程。硬化是指凝结的水泥浆体随着水化的进一步进行，开始产生明显的强度并逐渐发展而成为坚硬水泥石的过程。凝结和硬化实际上是一个连续复杂的物理化学变化过程，具体如下。

水泥加水拌和后，水泥颗粒分散在水中，成为水泥浆体（图 3-5a）。

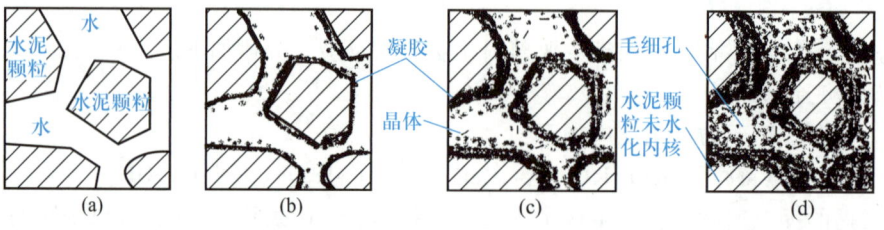

图 3-5　水泥凝结硬化过程示意图

水泥颗粒的水化从其表面开始。水和水泥一接触，水泥颗粒表面的水泥熟料与水反应，形成相应的水化物。一般在几分钟内，先后析出水化硅酸钙凝胶、水化硫铝酸钙、氢氧化钙和水化铝酸钙晶体等水化产物，包裹在水泥颗粒表面。在水化初期，水化物不多，包有水化物膜层的水泥颗粒之间是分离着的，水泥浆还具有可塑性(图3-5b)。

随着时间的推移，水泥颗粒不断水化，新生水化物增多，使包在水泥颗粒表面的水化物膜层增厚，颗粒间的空隙逐渐缩小，而包有凝胶体的水泥颗粒则逐渐接近，以至相互接触，接触点在范德华力作用下，凝结成多孔的空间网络，形成凝聚结构(图3-5c)。这种结构不具有强度，在振动的作用下会破坏。凝聚结构的形成，使水泥浆开始失去可塑性，也就是水泥的初凝。

随着以上过程的不断进行，水化物不断增多，颗粒间的接触点数目增加，结晶体和凝胶体互相贯穿形成的网状结构不断加强。而固相颗粒之间的空隙(毛细孔)不断减少，结构逐渐紧密，直至水泥浆体完全失去可塑性，开始具有能担负一定荷载的强度，这时水泥表现为终凝，并开始进入硬化阶段(图3-5d)。

水泥进入硬化期后，在有水存在的情况下，水化反应仍继续进行，但水化速度逐渐减慢，水化物总量随时间延长而逐渐增加，扩展到毛细孔中，使结构更致密，强度相应提高。硬化后的硅酸盐水泥微观形貌见图3-6。

图3-6 硬化后的硅酸盐水泥扫描电镜图

水泥的水化和凝结硬化是从水泥颗粒表面开始，逐渐往水泥颗粒的内核深入进行的。开始时水化速度快，水泥的强度增长也较快；但由于水化不断进行，堆积在水泥颗粒周围的水化物不断增多，阻碍水和水泥未水化部分的接触，水化减慢，强度增长也逐渐减慢，但无论时间多久，水泥颗粒的内核很难完全水化。因此，在硬化水泥石中，同时包含有水泥熟料的水化产物、未水化的水泥颗粒、水(自由水和吸附水)和孔隙(毛细孔和凝胶孔)，它们在不同时期相对数量的变化，使水泥石的性质随之改变。水泥石中多余的水(自由水和吸附水)蒸发后，会在水泥中留下微孔(裂纹)，从而降低水泥石强度。

3.8【疑难释义 3-1】为何不应把 C-S-H 凝胶写为 CSH 凝胶

影响水泥凝结硬化的因素主要有：熟料矿物成分、水泥的细度、用水量、养护时间、石膏掺量、温度和湿度。

3.4.3 通用硅酸盐水泥的技术要求

1. 化学指标

通用硅酸盐水泥的化学指标应符合表3-8规定。

（1）不溶物

不溶物是指经盐酸处理后的残渣，再以氢氧化钠溶液处理，经盐酸中和过滤后所得的残渣经高温灼烧所剩的物质。不溶物含量高对水泥质量有不良影响。

（2）烧失量

烧失量是用来限制石膏和混合材中的杂质，以保证水泥质量。

（3）三氧化硫

水泥中过量的三氧化硫会与铝酸三钙形成较多的钙矾石，体积膨胀，危害安定性。

表 3-8　通用硅酸盐水泥的化学指标　　　　　　　　　%

品种	代号	不溶物（质量分数）	烧失量（质量分数）	三氧化硫（质量分数）	氧化镁（质量分数）	氯离子（质量分数）
硅酸盐水泥	P·Ⅰ	≤0.75	≤3.0	≤3.5	≤5.0[①]	≤0.06[③]
	P·Ⅱ	≤1.50	≤3.5			
普通硅酸盐水泥	P·O	—	≤5.0			
矿渣硅酸盐水泥	P·S·A	—	—	≤4.0	≤6.0[②]	
	P·S·B	—	—		—	
火山灰质硅酸盐水泥	P·P	—	—	≤3.5	≤6.0[②]	
粉煤灰硅酸盐水泥	P·F	—	—			
复合硅酸盐水泥	P·C	—	—			

注：① 如果水泥压蒸试验合格，则水泥中氧化镁的含量允许放宽至 6.0%。

　　② 如果水泥中氧化镁的含量大于 6.0% 时，需进行水泥压蒸安定性试验并合格。

　　③ 当有特殊要求时，该指标由买卖双方协商确定。

（4）氧化镁

因水泥中氧化镁水化生成氢氧化镁，体积膨胀，而其水化速度慢，须以沸煮法和压蒸法加快其水化，方可判断其安定性。

（5）氯离子

因一定含量的氯离子会腐蚀钢筋，故需加以限制。

2. 水泥中水溶性铬（Ⅵ）

水泥中水溶性铬（Ⅵ）应符合 GB 31893—2015《水泥中水溶性铬（Ⅵ）的限量及测定方法》的要求，水泥中铬（Ⅵ）含量不超过 10 mg/kg。

3. 碱含量（选择性指标）

水泥中碱含量按 $wNa_2O+0.658wK_2O$ 计算值表示。当买方要求提供低碱水泥时，由买卖双方协商确定。

4. 物理指标[①]

（1）凝结时间

硅酸盐水泥初凝不小于 45 min，终凝不大于 390 min。

普通硅酸盐水泥、矿渣硅酸盐水泥、火山灰质硅酸盐水泥、粉煤灰硅酸盐水泥和复合硅酸

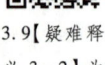

3.9【疑难释义 3-2】为何测凝结时间前需测标准稠度用水量

---

　　① 水泥标准稠度用水量测定、水泥凝结时间试验请参见数字资源 10.5、10.6；水泥安定性试验、水泥胶砂强度试验请参见数字资源 10.7、10.8。

盐水泥初凝不小于 45 min，终凝不大于 600 min。

初凝为水泥加水拌和时起至标准稠度净浆开始失去可塑性所需的时间；终凝为水泥加水拌和时起至标准稠度净浆完全失去可塑性并开始产生强度所需的时间。为使水泥混凝土和砂浆有充分的时间进行搅拌、运输、浇捣和砌筑，水泥初凝时间不能过短。当施工完成，则要求尽快硬化，具有强度，故终凝时间不能太长。

（2）安定性

沸煮法合格。

压蒸法合格。

安定性是指水泥在凝结硬化过程中体积变化的均匀性。当水泥浆体硬化过程发生了不均匀的体积变化，会导致水泥石膨胀开裂、翘曲，即安定性不良。安定性不良的水泥会降低建筑物质量，甚至引起严重事故。引起水泥安定性不良的原因有四个：

① 熟料中游离氧化镁过多。水泥中的氧化镁（MgO）在水泥凝结硬化后，会生成 $Mg(OH)_2$。该反应比过烧的氧化钙与水的反应更缓慢，会在水泥硬化几个月后导致水泥石体积膨胀开裂。

② 石膏掺量过多。当石膏掺量过多时，水泥硬化后，在有水存在的情况下，它还会继续与固态的水化铝酸钙反应生成高硫型水化硫铝酸钙（俗称钙矾石，简写成 AFt），体积约增大 1.5 倍，引起水泥石开裂。故化学指标也限制了水泥中三氧化硫的含量。

③ 水泥中游离氧化钙过多。水泥熟料中含有游离氧化钙，其中部分过烧的氧化钙 CaO 在水泥凝结硬化后，会缓慢与水生成 $Ca(OH)_2$。该反应体积膨胀，使水泥石发生不均匀体积变化。因为氧化镁和三氧化硫已作定量限制，而游离氧化钙对安定性的影响不仅与其含量有关，还与水泥的煅烧温度有关，故难以定量。沸煮可加速氧化钙的熟化，故需用沸煮法检验水泥的体积安定性，测试方法可以用试饼法也可用雷氏法，本书试验部分介绍了这两种方法，有争议时以雷氏法为准。

④ 水泥中氧化镁过多。水泥中的氧化镁水化速度很慢，且其不同形态对水泥安定性的影响也有差异。故如果水泥压蒸安定性试验合格，硅酸盐水泥和普通硅酸盐水泥中氧化镁含量（质量分数）由≤5.0%放宽至≤6.0%；矿渣硅酸盐水泥（P·S·A）中氧化镁含量（质量分数）由≤6.0%放宽至>6.0%。

（3）强度

不同品种不同强度等级的通用硅酸盐水泥，其不同龄期的强度应符合表 3-9 的规定。

表 3-9　通用硅酸盐水泥各龄期的强度要求　　　　　　　　　　　　　　MPa

强度等级	抗压强度/MPa		抗折强度/MPa	
	3d	28d	3d	28d
32.5	≥12.0	≥32.5	≥3.0	≥5.5
32.5R	≥17.0		≥4.0	
42.5	≥17.0	≥42.5	≥4.0	≥6.5
42.5R	≥22.0		≥4.5	
52.5	≥22.0	≥52.5	≥4.5	≥7.0
52.5R	≥27.0		≥5.0	
62.5	≥27.0	≥62.5	≥5.0	≥8.0
62.5R	≥32.0		≥5.5	

（4）细度

硅酸盐水泥细度以比表面积表示，应不低于 300 m^2/kg 且不高于 400 m^2/kg。普通硅酸盐水泥、矿渣硅酸盐水泥、粉煤灰硅酸盐水泥、火山灰质硅酸盐水泥和复合硅酸盐水泥的细度以 45 μm 方孔筛筛余表示，应不低于 5%。

当买方有特殊要求时，由买卖双方协商确定。

5. 放射性核素限量

内照射指数 I_{Ra} 应不大于 1.0，外照射指数 I_r 应不大于 1.0。

3.4.4 通用硅酸盐水泥的性能特点及应用

Ⅰ型硅酸盐水泥不掺混合材，Ⅱ型硅酸盐水泥仅掺少于 5% 的混合材。故硅酸盐水泥的水化硬化主要是硅酸盐水泥熟料及少量石膏与水发生的水化反应。普通硅酸盐水泥的混合材掺量相对较少，影响不大，故总体性能与硅酸盐水泥相近。

矿渣硅酸盐水泥等其他品种通用硅酸盐水泥因混合材掺量较大，硅酸盐水泥熟料先水化，在此过程中，硅酸三钙和硅酸二钙会生成水化硅酸钙凝胶和氢氧化钙，所产生的氢氧化钙再与混合材中活性的 SiO_2 及 Al_2O_3 发生水化反应，称之"二次水化反应"。一般来说，掺入较多的混合材会使水泥的水化速度减慢，故对早期强度有所影响；另一方面，又降低了水泥石中氢氧化钙的含量，对性能有较大的影响。混合材种类不同，其水化反应也有差异。故不同品种的通用硅酸盐水泥性能也有较大的差别。几种通用水泥的性能特点及其适用范围见表 3-10。

表 3-10 几种通用水泥的特性

	硅酸盐水泥	普通水泥	矿渣水泥	火山灰水泥	粉煤灰水泥
特性	早期强度高；水化热较大；抗冻性较好；耐蚀性较差；干缩较小	总体与硅酸盐水泥类同，但略偏向于矿渣水泥	早期强度较低，后期强度增长较快；水化热较低；耐热性好；耐蚀性较强；抗冻性较差；干缩性较大；泌水较多	早期强度较低，后期强度增长较快；水化热较低；耐蚀性较强；抗渗性好；抗冻性较差；干缩性大	早期强度较低，后期强度增长较快；水化热较低；耐蚀性较强；干缩性较小；抗裂性高；抗冻性较差
适用范围	高强混凝土及预应力钢筋混凝土；受反复冰冻作用的结构；早强要求高的工程及冬季施工	与硅酸盐水泥基本相同	高温车间和有耐热耐火要求的混凝土结构；大体积混凝土结构；蒸汽养护的构件；有抗硫酸盐侵蚀要求的工程	地下、水中大体积混凝土结构和有抗渗要求的混凝土结构；蒸汽养护的构件；有抗硫酸盐侵蚀要求的工程	地上、地下及水中大体积混凝土结构；蒸汽养护的构件；抗裂性要求较高的构件；有抗硫酸盐侵蚀要求的工程
不适用范围	大体积混凝土和受侵蚀的工程不宜只作为全部胶凝材料使用		早期强度要求高的工程；有抗冻要求的混凝土工程	处在干燥环境中的混凝土工程；早期强度要求高的工程；有抗冻要求的混凝土工程；道路混凝土	有抗碳化要求的工程；其他同矿渣水泥

需要说明的是，通用硅酸盐水泥的使用范围并非绝对的。如使用硅酸盐水泥的同时掺入一定量的粉煤灰和磨细矿渣粉等掺合料，目前已大量应用于大体积混凝土、受化学及海水侵蚀的工程。还需要说明的是，复合硅酸盐水泥除具有与其他混合材料掺量大于 20% 的通用硅酸盐水泥共同特点外，其他特性取决于主要掺入的混合材料类别。如以粉煤灰为主要混合材料，则性能接近于粉煤灰硅酸盐水泥。

3.4.5 通用硅酸盐水泥石的腐蚀与预防

1. 通用硅酸盐水泥石的腐蚀

通用硅酸盐水泥硬化后形成的水泥石，在通常使用条件下，有较好的耐久性。但在某些液体或气体作用下，会发生腐蚀，导致强度降低，甚至破坏。引起水泥石腐蚀的原因很多，作用机理也很复杂，但主要是下面几种典型的腐蚀。

（1）溶出性侵蚀

水泥石中的绝大部分是不溶于水的，其中的氢氧化钙溶解度也很低，在一般的水中，水泥石表面的氢氧化钙和水中的碳酸氢盐反应，生成碳酸钙，填充在毛细孔中，并覆盖在水泥石的表面，对水泥石起保护作用。但水泥石长期与雨水、雪水、蒸馏水、工厂冷凝水等含碳酸氢盐少的软水相接触，会溶出氢氧化钙。在静水及无水压的情况下，溶出的氢氧化钙在水中很快饱和，溶解作用会中止，溶出将只限于表层，对水泥石影响不大。但在流水及压力水作用下，氢氧化钙不断溶解流失，且由于水泥石中碱度的降低还会引起其他水化物的分解溶蚀，使水泥石进一步破坏。此溶出性侵蚀又称软水侵蚀。

（2）硫酸盐的腐蚀

含硫酸盐的海水、湖水、地下水及某些工业污水，长期与水泥石接触时，其中的硫酸盐会与水泥石中的氢氧化钙发生反应，生成硫酸钙。所生成的高硫型水化硫铝酸钙体积增加 1.5 倍以上，会引起膨胀应力，造成开裂，导致水泥石破坏。

（3）镁盐的腐蚀

在海水及地下水中，常含有大量的镁盐，主要是硫酸镁和氯化镁。它们与水泥石中的氢氧化钙发生反应所生成的氢氧化镁松软而无胶凝能力，氯化钙易溶于水，二水石膏则引起硫酸盐腐蚀作用。因此，硫酸镁对水泥石起镁盐和硫酸盐的双重腐蚀作用。

（4）一般酸的腐蚀

无机酸中的盐酸、氢氟酸、硝酸、硫酸和有机酸中的乙酸等对水泥石都有不同程度的腐蚀作用。它们与水泥石中的氢氧化钙反应生成化合物，或者易溶于水，或者体积膨胀，在水泥石内部造成内应力而导致破坏。例如，盐酸与水泥石中的氢氧化钙作用生成氯化钙，反应产物易溶于水，导致水泥石破坏。

（5）碳酸腐蚀

在工业污水、地下水中常溶解有较多的二氧化碳，开始时，二氧化碳与水泥石中的氢氧化钙作用生成碳酸钙，再与含碳酸的水作用转变成易溶于水的碳酸氢钙。导致水泥石碱度降低，其他水化物也会分解，使腐蚀作用进一步加剧。

（6）强碱的腐蚀

碱类溶液在浓度不大时，一般对水泥石是无害的。但铝酸盐含量较高的硅酸盐水泥遇到强碱（如氢氧化钠）作用后也会发生腐蚀。氢氧化钠与水泥熟料中未水化的铝酸盐反应，会生成易溶的铝酸钠。此外，水泥石被氢氧化钠浸透后又在空气中干燥，氢氧化钠会与空气中的二氧化碳反应生成碳酸钠。碳酸钠在水泥石毛细孔中结晶沉积，会使水泥石胀裂。

除上述腐蚀类型外，对水泥石有腐蚀作用的还有一些其他物质，如糖、氨盐、动物脂肪、含环烷酸的石油产品等。在实际工程中，水泥石的腐蚀是一个极为复杂的物理化学作用过程，它在遭受腐蚀时，很少为单一的腐蚀作用，往往是几种同时存在，互相影响。

2. 腐蚀的预防

根据以上腐蚀原因的分析，可采用下列措施，减少或防止水泥石的腐蚀。

① 根据侵蚀环境特点，合理选用水泥及熟料矿物组成。例如，对于软水的侵蚀，可采用掺入活性混合材的水泥，这些水泥的水化产物中氢氧化钙含量较少，耐软水侵蚀性强。对于抗硫酸盐的腐蚀，则可采用铝酸三钙含量低的水泥。

② 提高水泥石的密实度，改善孔结构。硬化水泥石是多孔体系，腐蚀性介质通常是靠渗透进入水泥石内部，从而使水泥石腐蚀。因此，提高水泥石的密实度，是阻止腐蚀性介质进入水泥石内部，提高水泥耐腐蚀性的有力措施。在减少孔隙率，提高密实度的同时，要尽量减少毛细孔，减少连通孔，以提高抗蚀性。

③ 加做保护层。当腐蚀作用较强时，可用耐酸石料和耐酸陶瓷、玻璃、塑料、沥青等耐腐蚀性好的材料，在混凝土及砂浆表面做不透水的保护层，防止腐蚀性介质与水泥石接触。

3.5　特种水泥

3.5.1　铝酸盐水泥

铝酸盐水泥(calcium aluminate cement)是由铝酸盐水泥熟料磨细制成的水硬性胶凝材料，代号为 CA。铝酸盐水泥熟料是以钙质和铝质为主要原料，按适当比例配制成生料，煅烧至完全或部分熔融，并经冷却所得以铝酸钙为主要矿物组成的产物。

铝酸盐水泥按 Al_2O_3 的含量(质量分数)分为 CA50、CA60、CA70 和 CA80 四个品种。CA50(50% ≤ Al_2O_3 质量分数 <60%)，该品种根据强度分为 CA50-Ⅰ、CA50-Ⅱ、CA50-Ⅲ和 CA50-Ⅳ；CA60(60% ≤ Al_2O_3 质量分数 <68%)，该品种根据矿物组成分为 CA60-Ⅰ(以铝酸一钙为主)和 CA60-Ⅱ(以铝酸二钙为主)；CA70(68% ≤ Al_2O_3 质量分数 <77%)和 CA80(Al_2O_3质量分数 ≥77%)，在磨制时可掺加适量的 α-Al_2O_3 粉。

国家标准 GB/T 201—2015《铝酸盐水泥》规定了其细度、凝结时间及胶砂强度等指标。其中 CA60-Ⅱ铝酸盐水泥的水泥胶砂初凝时间为 60 min，终凝时间为 1 080 min；其余铝酸盐水泥的水泥胶砂初凝时间为 30 min，终凝时间为 360 min。这是因为 CA60-Ⅱ水泥以铝酸二钙为主，水化硬化慢，早期强度较低，但后期强度高，具有较好的耐高温性能。其他铝酸盐水泥以铝酸一钙为主，铝酸一钙具有高的水硬活性，水化硬化迅速。铝酸盐水泥胶砂强度见表 3-11。此外，耐火度作为铝酸盐水泥的选择性指标，当用户有耐火度要求时，水泥的耐火度由买卖双方商定。

铝酸盐水泥的主要用途为：配制不定形耐火材料；配制膨胀水泥、自应力水泥、化学建材的添加剂等；抢建、抢修、抗硫酸盐腐蚀和冬季施工等特殊需要的工程。

表 3-11 铝酸盐水泥胶砂强度

类型		抗压强度 /MPa				抗折强度 /MPa			
		6 h	1 d	3 d	28 d	6 h	1 d	3 d	28 d
CA50	CA50-Ⅰ	≥20[①]	≥40	≥50	—	≥3[a]	≥5.5	≥6.5	—
	CA50-Ⅱ		≥50	≥60	—		≥6.5	≥7.5	—
	CA50-Ⅲ		≥60	≥70	—		≥7.5	≥8.5	—
	CA50-Ⅳ		≥70	≥80	—		≥8.5	≥9.5	—
CA60	CA60-Ⅰ	—	≥65	≥85	—	—	≥7.0	≥10.0	—
	CA60-Ⅱ	—	≥20	≥45	≥85	—	≥2.5	≥5.0	≥10.0
CA70		—	≥30	≥40	—	—	≥5.0	≥6.0	—
CA80		—	≥25	≥30	—	—	≥4.0	≥5.0	—

注：① 用户要求时，生产厂家还应提供试验结果。

CA50 铝酸盐水泥用于土建工程时的注意事项：

① 铝酸盐水泥混凝土后期强度下降较大，应按最低稳定强度设计。CA50 铝酸盐水泥混凝土最低稳定强度值以试体脱模后放入(50±2)℃水中养护，取龄期为 7 d 和 14 d 强度值之低者来确定。

② 在施工过程中，为防止凝结时间失控一般不得与硅酸盐水泥、石灰等能析出氢氧化钙的胶凝材料的胶凝物质混合，使用前拌和设备必须冲洗干净。

③ 不得用于接触碱性溶液的工程。

④ 铝酸盐水泥水化热集中于早期释放，从硬化开始应立即浇水养护。一般不宜浇注大体积混凝土。

⑤ 若用蒸汽养护加速混凝土硬化时，养护温度不得高于 50 ℃。

⑥ 用于钢筋混凝土时，钢筋保护层的厚度不得小于 60 mm。

⑦ 未经试验，不得加入任何外加物。

⑧ 不得与未硬化的硅酸盐水泥混凝土接触使用，可以与具有脱模强度的硅酸盐水泥混凝土接触使用，但接茬处不应长期处于潮湿状态。

3.10【疑难释义 3-3】为何铝酸盐水泥后期强度会下降

3.5.2 硫铝酸盐水泥

硫铝酸盐水泥(sulpho aluminate cement)是以适当的生料，经煅烧所得以无水硫铝酸钙和硅酸二钙为主要矿物成分的熟料，掺加不同量的石灰石、适量石膏磨细制成，具有水硬性的胶凝材料。

硫铝酸盐水泥的主要成分为无水硫铝酸钙和 β 型硅酸二钙。无水硫铝酸钙水化快，水化中能很快地与掺入石膏反应生成钙矾石晶体和大量的铝胶。生成的大量的钙矾石会迅速结晶形成水泥石的骨架，使水泥的凝结时间缩短，随着 C_2S 水化不断进行，其水化产物不断生成，水泥石的孔隙不断地被填充，强度发展很快，早期强度高，且结构致密，孔隙率小，水化产物中 $Ca(OH)_2$ 的含量少。硫铝酸盐水泥的性能与通用硅酸盐水泥有较大差别：凝结硬化快，早期强度高，抗冻性好，可适应负温施工，抗渗性和抗腐蚀性能好，水化放热较集中。GB/T 20472—

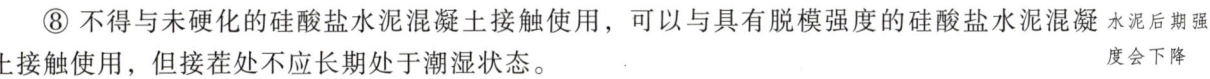

2006《硫铝酸盐水泥》把其分为三类。

（1）快硬硫铝酸盐水泥（rapid hardening sulpho aluminate cement）

快硬硫铝酸盐水泥是由适当成分的硫铝酸盐水泥熟料和石灰石、适量石膏共同磨细制成的，具有早期强度高的水硬性胶凝材料，代号 R·SAC。其石灰石掺量应不大于水泥质量的 15%，以 3 d 抗压强度分为 42.5、52.5、62.5 和 72.5 四个强度等级。快硬硫铝酸盐水泥常用于冬季施工工程、抢修堵漏工程、配制喷射混凝土及抗硫酸盐侵蚀的混凝土工程等。

（2）低碱度硫铝酸盐水泥（low alkalinity sulpho aluminate cement）

由适当成分的硫铝酸盐水泥熟料和较多量石灰石、适量石膏共同磨细制成的，碱度低的水硬性胶凝材料，代号 L·SAC。其石灰石掺加量应不小于水泥质量的 15%，且不大于水泥质量的 35%。以 7 d 抗压强度分为 32.5、42.5 和 52.5 三个强度等级。低碱度硫铝酸盐水泥主要用于生产玻璃纤维增强水泥制品，用于配有钢纤维、钢筋、钢丝网、钢埋件等混凝土制品和结构时，所用钢材应为不锈钢。

（3）自应力硫铝酸盐水泥（self stressing sulpho aluminate cement）

由适当成分的硫铝酸盐水泥熟料加入适量石膏磨细制成的具有膨胀性能的水硬性胶凝材料，代号 S·SAC，以 28 d 自应力分为 3.0、3.5、4.0 和 4.5 四个自应力等级。自应力硫铝酸盐水泥具有自由膨胀较小、自应力较高、高抗渗、耐腐蚀等特点，常用于生产自应力水泥压力管等。

3.5.3　道路硅酸盐水泥

GB/T 13693—2017《道路硅酸盐水泥》对道路硅酸盐水泥的定义、组分材料、分级和技术要求作出了规定。

1. 道路硅酸盐水泥的定义及组分材料

由道路硅酸盐水泥熟料，适量石膏和混合材，磨细制成的水硬性胶凝材料，称为道路硅酸盐水泥（road portland cement）。

道路硅酸盐水泥中熟料和石膏（质量分数）为 90%～100%，活性混合材料为 0%～10%。

道路硅酸盐水泥熟料中铝酸三钙（C_3A）的含量不应大于 5%，铁铝酸四钙（C_4AF）的含量不应小于 15.0%，游离氧化钙的含量不应大于 1.0%。

2. 道路硅酸盐水泥的分级

道路硅酸盐水泥代号 P·R，按照 28 d 抗折强度分为 7.5（代号 P·R7.5）和 8.5（代号 P·R 8.5）两个等级。

3. 道路硅酸盐水泥的技术要求

（1）化学成分

① 氧化镁含量：水泥中氧化镁含量（质量分数）应不大于 5.0%。如果水泥压蒸试验合格，则水泥中氧化镁的含量允许放宽至 6.0%。

② 三氧化硫含量：水泥中三氧化硫含量（质量分数）不大于 3.5%。

③ 烧失量：道路水泥中的烧失量（质量分数）不大于 3.0%。

④ 氯离子的含量（质量分数）不大于 0.06%。

⑤ 碱含量（选择性指标）：水泥中碱含量按 $Na_2O+0.658K_2O$ 计算值表示。若使用活性骨料，用户要求提供低碱水泥时，水泥中碱含量应不超过 0.60% 或由供需双方协商确定。

（2）物理性能

① 比表面积（选择性指标）：比表面积为 300~450 m²/kg。

② 凝结时间：初凝应不小于 90 min，终凝不大于 720 min。

③ 沸煮法安定性：用雷氏法检验合格。

④ 干缩率：28 d 干缩率应不大于 0.10%。

⑤ 耐磨性：28 d 磨耗量应不大于 3.00 kg/m²。

⑥ 强度：各个龄期的强度应符合表 3-12 的规定。

表 3-12 道路硅酸盐水泥的等级与各龄期强度

强度等级	抗折强度/MPa		抗压强度/MPa	
	3 d	28 d	3 d	28 d
7.5	≥4.0	≥7.5	≥21.0	≥42.5
8.5	≥5.0	≥8.5	≥26.0	≥52.5

3.5.4 其他特种水泥

除上述水泥外，还有快硬硅酸盐水泥、抗硫酸盐硅酸盐水泥、膨胀铁铝酸盐水泥、自应力水泥、中热硅酸盐水泥、低热矿渣硅酸盐水泥、油井水泥、砌筑水泥、白色硅酸盐水泥和彩色水泥等。下面仅介绍其中几种。

1. 白色硅酸盐水泥和彩色水泥

白色硅酸盐水泥（white portland cement）是由白色硅酸盐水泥熟料加入适量石膏和混合材料磨细制成的水硬性胶凝材料。白色硅酸盐水泥熟料是指以适当成分的生料烧至部分熔融，所得以硅酸钙为主要成分，氧化钙含量少的熟料。熟料中氧化镁含量不宜超过 5.0%。

GB/T 2015—2017《白色硅酸盐水泥》规定，白色硅酸盐水泥按照强度分为 32.5 级、42.5 级和 52.5 级；白色硅酸盐水泥按照白度分为 1 级和 2 级，代号分别为 P·W-1 和 P·W-2。P·W-1 白度不小于 89；P·W-2 白度不小于 87。为提高熟料白度，在煅烧时宜采用弱还原气氛，另外采用漂白措施，就是将刚出窑的熟料喷水冷却，使熟料急冷，也可以提高熟料的白度。为提高白色硅酸盐水泥白度，在粉磨时应加入白度较高的石膏，同时提高水泥粉磨细度。

用白色硅酸盐水泥熟料与石膏以及颜料共同磨细可制得彩色水泥。所用颜料要求对光和大气能耐久，能耐碱而又不对水泥性能起破坏作用。常用的颜料有氧化铁、二氧化锰、氧化铬、赭石、群青和炭黑等。

在水泥生料中加入少量金属氧化物着色剂直接烧成彩色熟料，也可制得彩色水泥。

2. 抗硫酸盐硅酸盐水泥

抗硫酸盐硅酸盐水泥（sulfate resistance portland cement）按抗硫酸盐侵蚀程度可分为中抗硫酸盐硅酸盐水泥和高抗硫酸盐硅酸盐水泥两类。

GB/T 748—2023《抗硫酸盐硅酸盐水泥》规定：由适当成分的硅酸盐水泥熟料，加入适量石膏，磨细制成的具有抵抗中等质量浓度硫酸根离子（≤2 500 mg/L）侵蚀的水硬性胶凝材料，称为中抗硫酸盐硅酸盐水泥，简称中抗硫水泥，代号 P·MSR。由适当成分的硅酸盐水泥熟料，加入适量石膏，磨细制成的具有抵抗较高质量浓度硫酸根离子（>2 500 mg/L 且≤8 000 mg/L）侵蚀的水硬性胶凝材料,称为高抗硫酸盐硅酸盐水泥,简称高抗硫酸盐水泥,代号 P·HSR。

中抗硫水泥中,$C_3S \leq 55.0\%$,$C_3A \leq 5.0\%$。高抗硫水泥中 $C_3S \leq 50.0\%$,$C_3A \leq 3.0\%$。抗硫酸盐硅酸盐水泥还有相应的技术要求。其中烧失量应不大于 3.0%;水泥中 SO_3 含量应不大于 2.5%;水泥比表面积不得小于 280 m^2/kg;各龄期强度亦符合标准要求等。抗硫酸盐水泥适用于一般受硫酸盐侵蚀的海港、水利、地下、隧涵、道路和桥梁基础等工程设施。

3.11【案例分析 3-2】三峡大坝使用的中热硅酸盐水泥

3.12【案例分析 3-3】膨胀水泥与水泥膨胀剂

3.13【疑难释义 3-4】不同类型油井水泥 C_3A 含量为何有差别

3. 中热硅酸盐水泥、低热硅酸盐水泥

GB/T 200—2017《中热硅酸盐水泥、低热硅酸盐水泥》规定:

中热硅酸盐水泥(moderate-heat potland cement)是以适当成分的硅酸盐水泥熟料加入适量石膏磨细而成的具有中等水化热的水硬性胶凝材料。中热硅酸盐水泥熟料中硅酸三钙的含量应不超过 55.0%,铝酸三钙的含量应不大于 6.0%,游离氧化钙的含量应不超过 1.0%。

低热硅酸盐水泥(low-heat potland cement)是由适当成分的硅酸盐水泥熟料加入适量石膏磨细而成的具有低水化热的水硬性胶凝材料,简称低热水泥。硅酸二钙的含量应不小于 40.0%,铝酸三钙的含量应不大于 6.0%,游离氧化钙的含量不大于 1.0%。

中热硅酸盐水泥和低热硅酸盐水泥的主要特点为水化热低,适用于大坝和大体积混凝土工程,如三峡大坝。

4. 低热微膨胀水泥

低热微膨胀水泥(low heat expansive cement)是以粒化高炉矿渣为主要成分,加入适量硅酸盐水泥熟料和石膏,磨细制成的具有低水化热和微膨胀性能的水硬性胶凝材料,代号 LHEC。GB/T 2938—2008《低热微膨胀水泥》规定,其强度等级为 32.5 级;水化热 3 d 不大于 185 kJ/kg,7 d 不大于 220 kJ/kg;线膨胀率 1 d 不得小于 0.05%,7 d 不得小于 0.10%,28 d 不得大于 0.60%。

低热微膨胀水泥低水化热、微膨胀和抗渗性能好,故可应用于水利大坝工程等。

5. 油井水泥

油井水泥(oil well cement)专用于油井、气井的固井工程。它主要用于将套管与周围的岩层胶结封固,封隔地层内油、气、水层,防止互相串扰,以便在井内形成一条从油层流向地面且隔绝良好的油流通道。油井水泥的主要组分为硅酸盐水泥熟料和适量石膏,有的品种还加入具改善性能的添加剂。

GB/T 10238—2015《油井水泥》规定了油井水泥有 A、B、C、D、G 和 H 六个级别,类型包括普通型(O)、中抗硫酸盐型(MSR)和高抗硫酸盐型(HSR)。普通型(O)油井水泥适合于在无特殊要求时使用。需指出的是,油井水泥的化学要求中对其铝酸三钙(C_3A)最大值均有要求,普通型(O)$C_3A \leq 15\%$;中抗硫酸盐型(MSR)$C_3A \leq 8\%$;高抗硫酸盐型(HSR)$C_3A \leq 3\%$,且铝铁酸四钙(C_4AF)+2 倍铝酸三钙(C_3A)$\leq 24\%$。

6. 海工硅酸盐水泥

海工硅酸盐水泥(portland cement used for ocean project)是以硅酸盐水泥熟料和适量天然石膏、矿渣粉、粉煤灰、硅灰粉磨制成的具有较强抗海水侵蚀性能的水硬性胶凝材料,代号 P·O·P。GB/T 31289—2014《海工硅酸盐水泥》规定,其强度等级分为 32.5L、32.5 和 42.5 三个等级。海工硅酸盐水泥 28 d 水泥氯离子扩散系数不大于 1.5×10^{-12} m^2/s;抗硫酸盐侵蚀性系数 K_c 不低于 0.99。其用于海工混凝土结构。

7. 砌筑水泥

GB/T 3183—2017《砌筑水泥》规定，由硅酸盐水泥熟料加入规定的混合材料和适量石膏，磨细制成的保水性较好的水硬性胶凝材料，称为砌筑水泥（masonry cement），代号M，强度等级分为12.5、22.5和32.5三个强度等级。其保水率不小于80%。

砌筑水泥主要用于砌筑和抹面砂浆，垫层混凝土等，不应用于结构混凝土。

8. 钢渣矿渣硅酸盐水泥

钢渣矿渣硅酸盐水泥（steel slag and granulated furnace slag portland cement）是由硅酸盐水泥熟料和适量石膏及一定比例的钢渣粉、粒化高炉矿渣磨细制成的水硬性胶凝材料。

钢渣矿渣硅酸盐水泥分为32.5级和42.5级两个强度等级。其物理力学性能与矿渣硅酸盐水泥相似，并具有后期强度高、水化热低、耐蚀性好、抗渗和抗冻性好、微膨胀及大气稳定性好等优点。但早期强度较低，且水泥质量常随钢渣质量而波动。适用于一般工业与民用建筑，地下工程和大体积混凝土工程，要求抗渗、抗硫酸盐侵蚀和对耐磨性有一定要求的混凝土工程。不宜用于抢修工程和早期强度要求高的工程。

【工程实例分析 3-5】 挡墙开裂与水泥的选用

概况：某大体积的混凝土工程，浇注两周后拆模，发现挡墙有多道贯穿型的纵向裂缝。该工程使用某水泥厂生产42.5 II 型硅酸盐水泥，其熟料矿物组成为：$C_3S = 61\%$，$C_2S = 14\%$，$C_3A = 14\%$，$C_4AF = 11\%$。

3.14【一事一议 3-2】
土聚水泥

分析讨论：由于该工程所使用的水泥 C_3A 和 C_3S 含量高，导致该水泥的水化热高，且在浇注混凝土过程中，混凝土的整体温度高，后期混凝土温度随环境温度下降，混凝土产生冷缩，造成混凝土贯穿型的纵向裂缝。

【警钟长鸣】 劣质水泥

2019年，河南省鹿邑县某学校宿舍扩建，于3月26日以每吨390元的价格从县城建材经销商处购买了25吨"海固中联"牌水泥，可是使用此水泥所制的地梁居然用手一捏就掉渣。学校负责人通过经销商找到水泥厂家——山东枣庄鹏源建材公司。然而，一听水泥有质量问题，厂家便开始辩解，这些问题水泥并非他们生产的。但最终公司代表在查看工厂录像后，承认这批水泥出自他们的工厂，并专程到现场提取水泥样品。一周后厂家竟答复检测结果合格。

4月28日，鹿邑县市场监督管理局到学校提取水泥样品，检测结果为质量不合格。经了解，同批次水泥200吨，其中50吨销往河南省，剩下的150吨已销往安徽省、江苏省等地区。此后，该公司已停产，库房和生产装置上都贴了封条。水泥作为主要的建筑材料，直接关系建筑物的安全，必须保证质量。

【建材与生态环境】 城市垃圾处理与水泥生产

随着社会的发展，城市生活垃圾处理已成为一大难题。其处理方式主要有焚烧、卫生填埋和堆肥三种。在垃圾分类的基础上堆肥只能处理其中一部分。卫生填埋虽然工艺简单，但既容易造成二次污染，又占用土地。为此，许多城市以焚烧的方式来处理垃圾。20世纪80年代，日本在全国建立了2 000多台垃圾焚烧炉发电，所产生的危险废物垃圾飞灰深度防渗填埋，但十多年后，填埋场发生泄漏事故，对地下水和土壤造成严重污染。经过几年的研究，对垃圾焚烧飞灰残渣采用浸洗、烘干等工序去除绝大部分有毒成分后，再作为原料之一送入水泥窑生产水泥，命名为"生态水泥"。但垃圾焚烧飞灰残渣的浸洗系统工艺复杂，而且浸洗液还必须经过再处置，其基建投资和生产成本为一般水泥厂的 2~3 倍。为此，2006 年后日本已不再新建这类生态水泥工厂，而直接把垃圾送入技术改造后的水泥厂协同处置。德国等发达国家就采用了水泥窑协同处置垃圾和垃圾焚烧发电并举的方法。我国于 2014 年制定了国家标准 GB/T 30760—2014《水泥窑协同处置固体废物技术规范》，利用水泥窑协同处置多种固体废物，取得良好的经济和环境效益。

练习思考与调研 3

3-1　填空题

（1）石灰的特性有：可塑性_____、硬化_____、硬化时体积_____和耐水性_____等。

（2）建筑石膏具有以下特性：凝结硬化_____、孔隙率_____、表观密度_____、强度_____、凝结硬化时体积_____、防火性能_____等。

3-2　选择题

（1）水泥熟料中水化速度最快，28 d 水化热最大的是_____。

A. C_3S　　　　　　　B. C_2S　　　　　　　C. C_3A　　　　　　　D. C_4AF

（2）以下水泥熟料矿物中早期强度及后期强度都比较高的是_____。

A. C_3S　　　　　　　B. C_2S　　　　　　　C. C_3A　　　　　　　D. C_4AF

3-3　是非判断题

（1）石膏浆体的水化、凝结和硬化实际上是碳化作用。　　　　　　　　　　（　　）

（2）水玻璃的模数越高，其密度和黏度越大，硬化速度越快，硬化后的黏结力与强度、耐热性与耐酸性越高。　　　　　　　　　　　　　　　　　　　　　　　　　　　　　　（　　）

（3）在水泥中，石膏加入的量越多越好。　　　　　　　　　　　　　　　　（　　）

（4）建筑石膏为 β 型半水石膏，高强度石膏为 α 型半水石膏。　　　　　　（　　）

（5）相同强度等级的普通水泥与粉煤灰水泥相比：前者早期强度较高，后者的后期强度增长较快；前者的抗冻性较好，后者的水化热较低，耐硫酸盐及软水腐蚀性较好，但抗碳化能力较差。　　　　（　　）

3-4　问答题

（1）某住宅工程工期较短，现有强度等级同为 42.5 的硅酸盐水泥和矿渣水泥可选用。从有利于完成工期的角度来看，选用哪种水泥更为有利？

（2）铝酸盐水泥制品为何不宜蒸养？

3-5　讨论思考题

（1）古代的石灰浆经检测强度甚高。有人说古代的石灰质量优于现在石灰。此说法对否？

（2）某住户均用普通石膏浮雕板作装饰。使用一段时间后，客厅和卧室效果不错，但厨房、厕所、浴室的石膏制品出现发霉变形，请分析原因，并考虑有哪些技术可解决此类问题。

（3）为何大体积混凝土工程不宜只把硅酸盐水泥作为全部胶凝材料使用？对硅酸盐水泥熟料的矿物组成提出哪些要求会更为有利？

（4）某工地需使用微膨胀水泥，但刚好只有普通硅酸盐水泥，请问可以采用哪些方法予以解决？

3-6　综合讨论题

分别有无标签的白水泥、石膏、石灰与白石粉，请通过试验进行区分，写出试验研究报告，并简述理由。

第4章　混凝土与砂浆

教 学 建 议

1. 本章是重点内容，宜利用其工程案例多的特点，把教书育人融合于案例分析中，以增强文化自信，厚植爱国主义情怀，并前后贯通，提高分析解决问题的能力和创新能力。

2. 掌握普通混凝土组成材料的技术要求及对混凝土性能的影响，予以合理选用。

3. 熟练掌握混凝土拌合物的性能及调整方法。

4. 本章的难点是混凝土的耐久性和普通混凝土配合比设计。需熟练掌握硬化混凝土的力学性质、耐久性及影响因素；熟练掌握普通混凝土配合比设计方法。

5. 在理解普通混凝土的基础上，了解其他品种混凝土及其发展趋势。

6. 掌握砂浆的性质、组成、检测方法及配合比设计方法。

【爱我中华】　世界首例最长最宽的钢壳混凝土沉管隧道

深中通道是连接深圳市和中山市的跨海通道，集桥、岛、隧道于一体，全长 24 km，全线采用双向 8 车道高速公路标准建设，其中 6.8 km 的海底钢壳混凝土沉管隧道是世界首例最长最宽的海底沉管隧道，也是世界首次使用双向 8 车道超宽钢壳混凝土沉管隧道（图 4-1）。该项目建设条件复杂、工程规模宏大、综合技术难度高，极具挑战性。不仅其设计、预制及浮运安装的难度大，其相应的技术标准、建造难度前所未有，其中关键之一是制备高质量的钢壳混凝土沉管。该钢壳混凝土沉管采用三明治结构，内部存在纵横隔板和肋板，由自密实混凝土填充空腔形成整体结构。因钢壳内的混凝土无法振捣，填充密实才能保障混凝土与顶部钢壳的紧密接触而不留大面积脱空。这样才能使混凝土与钢壳协同受力，具有足够的结构承载能力。

为此，钢壳自密实混凝土首先要具备良好的工作性能，在钢壳仓隔内依靠自身流动性形成密实填充；另外，混凝土既要具备足够的强度，又要具有良好的体积稳定性，尽量减少混凝土硬化体积收缩。经试验研究，采用了大掺量粉煤灰和小掺量矿粉复掺的混凝土，设置合理的浇筑速度、下料高度、下料孔、排气孔和肋板通气孔等浇筑工艺参数，并采用智能混凝土浇筑机自动寻孔，自动确定所需的速度精准浇筑，实现精准的质量控制，高质量完成了钢壳混凝土沉管的制作。

图 4-1　深中通道钢壳混凝土沉管

4.1【教学交流 4-1】把思政教育融入知识传授和能力培养

4.2【科魂匠心 4-1】深中通道的超大钢壳混凝土沉管

4.3【建材趣话 4-1】玻璃钢废弃物与水泥基材料

【史海拾贝】 钢筋混凝土诞生漫谈

钢筋混凝土是目前应用最为广泛的土木工程材料。关于它的诞生有一个有趣的故事。

水泥刚发明时，人们用水泥、砂子和水配制成砂浆，凝固后成为人造石块。这种石块抗压强度虽然很高，但抗拉强度只有抗压强度的十分之一，所以应用范围有限。

法国有一个叫蒙尼亚的园艺师，他在工作中需要经常搬动花盆，稍不留神就会打破泥瓦花盆。1867 年的一天，蒙尼亚突发奇想，他在花盆外箍上几道铁丝作保护，然后在铁丝外抹上一层水泥砂浆，这样既可掩盖铁丝，又可防止铁丝生锈。蒙尼亚制造的花盆结实耐用，不易破碎，外观也不错，很受人们的欢迎，他为此申报了专利，自己也由一个园艺师变为花盆制造商。

到了 19 世纪末，俄国建筑师别列柳布斯基研究高层建筑时，迫切需要重量小、强度高的新结构材料。他对蒙尼亚的发明作了仔细的考察，发现要应用于建筑领域，有两个问题必须解决，其一是水泥和砂子都太细小，耗材太多；其二是钢丝太细，容易被拉长断裂，受力不能太大。针对这两个问题，别列柳布斯基采取了两个措施，一是在水泥浆料中加入相当数量石块；二是用钢筋代替铁丝。他随即进行了试验，结果相当令人满意。钢筋混凝土正式诞生了。

1904 年，俄国用钢筋混凝土结构代替岩石结构建造了一个高数十米的灯塔。其具有自重轻、建造成本低、抗气候变化能力强的优点，赢得了世界建筑界的广泛赞誉，开启了世界建筑史进入钢筋混凝土的新纪元。

混凝土是由胶凝材料、水和粗、细骨料按适当比例配合，拌制成拌合物，经一定时间硬化而成的人造石材。混凝土种类繁多，按所用胶凝材料种类不同可分为水泥混凝土、石膏混凝土、水玻璃混凝土、沥青混凝土、聚合物混凝土等。混凝土按体积密度的大小可分为三类：

重混凝土：干表观密度 ≥ 2 800 kg/m³ 的混凝土。干表观密度是其试件于温度为 100～110 ℃ 条件下干燥至恒重的测定值。重混凝土是用重晶石、铁矿石和钢屑等作骨料制成的混凝土，对 X 射线和 γ 射线有较高的屏蔽能力。

普通混凝土：干表观密度为 2 000～2 800 kg/m³ 的混凝土。是用普通的砂、石作骨料配制成的混凝土，在土木工程中应用最广，广泛应用于房屋、路桥、大坝等各种工程结构。

轻混凝土：干表观密度小于 1 950 kg/m³ 的混凝土。是采用轻集料或引入气孔制成的混凝土，包括轻骨料混凝土、多孔混凝土和大孔混凝土。强度等级较高的轻混凝土可用于桥梁、房屋等承重结构；强度等级较低的轻混凝土主要作隔热保温用。

4.1 普通混凝土的组成材料

普通混凝土一般是由水泥、砂、石和水所组成，为改善混凝土的某些性能还常加入适量的外加剂和掺合料。

混凝土的砂、石起骨架作用，故称之为骨料或集料，限制了水泥的变形，提高了混凝土强度，增加了抗裂性等。水泥与水形成水泥浆，在硬化前起润滑作用，使拌合物便于施工；而在硬化后，将骨料胶结为一个坚固的整体。其结构见图 4-2。

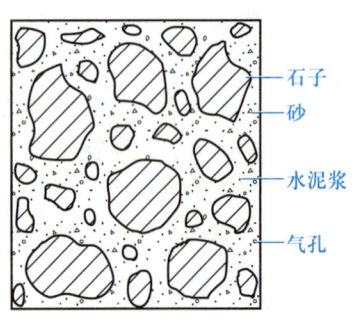

图 4-2 混凝土结构示意图

4.1.1 水泥

1. 水泥的品种选择

配制普通混凝土一般使用通用硅酸盐水泥。水泥品种的选择应根据混凝土工程特点、所处环境条件以及设计施工的要求进行，通用硅酸盐水泥品种的选择可参照表3-8和表3-10。此外，可根据工程特点选用特种水泥，如油井、气井等固井工程采用油井水泥等。

2. 水泥强度等级选择

水泥强度等级的选择应与混凝土的设计强度等级相适应。混凝土用水泥强度等级选择的一般原则是：配制高强度的混凝土，选用强度等级高的水泥；配制低强度的混凝土，选用强度等级低的水泥。如配制混凝土的水泥强度偏低，会使水泥用量过大，不经济，而且会影响混凝土其他技术性质。如配制混凝土的水泥强度偏高，则水泥用量必然偏少，会影响混凝土和易性和密实度，导致该混凝土耐久性差。如必须用强度等级高的水泥配低强度的混凝土时，一般可通过掺入一定数量的粉煤灰等掺合料来解决。

4.4【案例分析4-1】受潮水泥

4.1.2 骨料

骨料（也称集料）总体积占混凝土体积的65%~80%，按粒径大小分为粗骨料和细骨料。粒径小于4.75 mm的骨料称为细骨料，即建设用砂；粒径大于4.75 mm的骨料称为粗骨料即建设用卵石、碎石。二者均需符合《建设用砂》和《建设用卵石、碎石》的相关规定。

1. 骨料的技术性质对混凝土性能的影响

骨料的各项性能指标将直接影响到混凝土的施工性能和使用性能。骨料的主要技术要求包括：颗粒级配及粗细程度、颗粒形态和表面特征、强度、坚固性、含泥量、泥块含量、有害物质及碱骨料反应等。

（1）颗粒级配及粗细程度

颗粒级配表示骨料大小颗粒的搭配情况。在混凝土中骨料间的空隙是由水泥浆所填充，为达到节约水泥和提高强度的目的，应尽量减少骨料的总表面积和骨料间的空隙。骨料的总表面积通过骨料粗细程度控制，骨料间的空隙通过颗粒级配来控制。

从图4-3可以看到：如果骨料粗细相同，则空隙很大（图4-3a）；粗颗粒间填充了中等大小的颗粒，则空隙就减少了（图4-3b）；当用中和小的颗粒填充，其空隙就更小（图4-3c）。由此可见，要想减小颗粒间的空隙，就必须有大小不同的颗粒搭配。

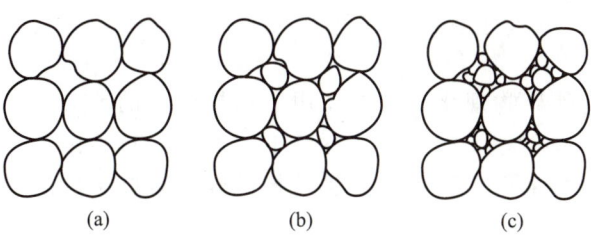

(a)　　　　　　　(b)　　　　　　　(c)

图4-3　骨料颗粒级配

在配制混凝土时，骨料的颗粒级配和粗细程度这两个因素应同时考虑。当骨料的级配良好且颗粒较大，则空隙及总表面积均较小，这样的骨料比较理想，不仅水泥浆用量较少，还可提高混凝土的密实性与强度。砂、卵石和碎石的颗粒级配应符合《建设用砂》及《建设用卵石、碎石》的技术要求。

粗骨料颗粒级配有连续级配与间断级配之分。连续级配是从最大粒径开始，由大到小各级相连，其中每一级石子都占有适当的比例，连续级配在工程中应用较多。间断级配是各级石子不连续，即省去中间的一、二级石子。例如将 5~10 mm 与 20~40 mm 两种粒级的石子配合使用，中间缺少 10~20 mm 的石子，即成为间断级配。间断级配虽也可降低骨料的空隙率，但易使混凝土拌合物产生离析，故工程中应用较少。

细骨料按其细度分为粗砂、中砂、细砂和特细砂，其细度模数分别为：粗砂 3.7~3.1；中砂 3.0~2.3；细砂 2.2~1.6；特细砂 1.5~0.7。细度模数是衡量砂粗细程度的指标。细度模数愈大，表示砂愈粗。其表示式为：

$$M_X = \frac{(A_2+A_3+A_4+A_5+A_6)\ -5A_1}{100-A_1} \tag{4-1}$$

式中： M_X——细度模数；

A_1、A_2、A_3、A_4、A_5、A_6——4.75 mm、2.36 mm、1.18 mm、600 μm、300 μm、150 μm 筛的累积筛余。

（2）颗粒形态和表面特征

骨料特别是粗骨料的颗粒形状和表面特征对水泥混凝土和沥青混合料的性能有显著的影响。通常，骨料颗粒有浑圆状、多棱角状、针状和片状四种类型的形状。其中，较好的是接近立方体的多棱角状颗粒。而呈细长和扁平的针状和片状颗粒对水泥混凝土的和易性、强度和稳定性等性能有不良影响，因此，在骨料中应限制针、片状颗粒的含量。

骨料的表面特征又称表面结构，是指骨料表面的粗糙程度及孔隙特征等。骨料按表面特征分为光滑的、平整的和粗糙的颗粒表面。骨料的表面特征主要影响混凝土的和易性和与胶结料的黏结力，表面粗糙的骨料制作的混凝土和易性较差，但与胶结料的黏结力较强；反之，表面光滑的骨料制作的混凝土和易性较好，但一般与胶结料的黏结力较差。

（3）强度

粗骨料在水泥混凝土中起骨架作用，应具有一定的强度。粗骨料的强度可用抗压强度和压碎指标值两种方法表示。

抗压强度是指骨料制成的边长为 50 mm 的立方体（或直径与高度均为 50 mm 的圆柱体）试件，在饱和水状态下测定的抗压强度值。

压碎指标值是反映粗骨料强度的相对指标，在骨料的抗压强度不便测定时，常用来评价骨料的力学性能。

（4）坚固性

坚固性是指骨料在外界物理化学因素作用下抵抗破裂的能力。骨料在长期受到各种自然因素的综合作用下，其物理力学性能会逐渐下降。这些自然因素包括温度变化、干湿变化和冻融循环等。对骨料采用硫酸钠溶液法进行试验，对机制砂还要采用压碎值指标法进行试验。

（5）含泥量和泥块含量

骨料中含泥量和泥块含量高会妨碍胶凝材料与骨料的黏结，降低混凝土强度，还会增加拌和水量，加大混凝土的干缩，降低抗渗性和抗冻性。泥块对混凝土性质的影响更为严重，因为它在搅拌时不易散开。

（6）有害物质

骨料除不应混有草根、树叶、树枝、塑料、煤块、炉渣等杂物外，应对卵石和碎石中的有机物、硫化物及硫酸盐作出限制，另还应对砂中的云母、轻物质、氯化物作出限制。

硫化物、硫酸盐、有机物及云母等对水泥石有腐蚀作用，会降低混凝土的耐久性。

轻物质指砂中表观密度小于 2 000 kg/m³ 的物质。轻物质及云母本身强度低，与水泥石黏结不牢，因而会降低混凝土强度及耐久性。

氯离子对钢筋有腐蚀作用，海砂必须净化处理。

（7）碱骨料反应

碱骨料反应是指骨料中碱活性矿物与水泥、矿物掺合料、外加剂等混凝土制成物及环境中的碱在潮湿环境下缓慢发生并导致混凝土开裂破坏的膨胀反应。

骨料中若含有无定形二氧化硅等活性骨料，当混凝土中有水分存在时，它能与水泥中的碱（K_2O 及 Na_2O）起作用，产生碱骨料反应，使混凝土发生破坏。对于重要工程混凝土使用的骨料，或者怀疑骨料中含有无定性二氧化硅可能引起碱骨料反应时，应进行专门试验，以确定骨料是否可用。

（8）骨料的含水状态

骨料含水状态可分为干燥状态、气干状态、饱和面干状态和湿润状态四种，如图 4-4 所示。

干燥状态：含水率等于或接近于零（图 4-4a）；

气干状态：含水率与大气湿度相平衡（图 4-4b）；

饱和面干状态：骨料表面干燥而内部孔隙含水达饱和（图 4-4c）；

湿润状态：骨料不仅内部孔隙充满水，而且表面还附有一层表面水（图 4-4d）。

(a) 干燥状态 (b) 气干状态 (c) 饱和面干状态 (d) 湿润状态

图 4-4 骨料的含水状态

在拌制混凝土时，由于骨料含水状态不同，将影响混凝土的用水量和骨料用量。骨料在饱和面干状态时的含水率，称为饱和面干吸水率。在计算混凝土中各项材料的配合比时，如以饱和面干骨料为基准，则不会影响混凝土的用水量和骨料用量，因为饱和面干骨料既不从混凝土中吸取水分，也不向混凝土拌合物中释放水分。因此一些大型水利工程常以饱和面干状态骨料为基准，这样混凝土的用水量和骨料用量的控制就较准确。

在一般工业和民用建筑工程中混凝土配合比设计，常以干燥状态骨料为基准。这是因为坚固的骨料其饱和面干吸水率一般不超过 2%，而且在工程施工中，必须经常测定骨料的含水率，以及时调整混凝土组成材料实际用量的比例，从而保证混凝土的质量。

2. 建设用砂

《建设用砂》适用于建筑工程中水泥混凝土及其制品和普通砂浆用砂。对建设用砂（sand for construction）的分类、类别和技术要求等作出了相关规定。

（1）分类

① 按产源分为天然砂、机制砂和混合砂。

天然砂(natural sand)是自然条件作用下岩石产生破碎、风化、分选、运移、堆/沉积,形成的粒径小于 4.75 mm 的岩石颗粒。天然砂包括河砂、湖砂、山砂和净化处理的海砂,但不包括软质、风化的颗粒。

机制砂(manufactured sand)是以岩石、卵石、矿山废石和尾矿等为原料,经除土处理,由机械破碎、整形、筛分、粉控等工艺制成的,级配、粒形和石粉含量满足要求且粒径小于 4.75 mm 的颗粒。机制砂不包括软质、风化的颗粒。

混合砂(mixed sand)是由机制砂和天然砂按一定比例混合而成的砂。

② 按细度分为粗砂、中砂、细砂和特细砂。其细度模数分别为:粗砂 3.7~3.1;中砂 3.0~2.3;细砂 2.2~1.6;特细砂 1.5~0.7。

(2) 类别

建设用砂按颗粒级配、含泥量(石粉含量)、亚甲蓝值(MB)、泥块含量、有害物质、坚固性、压碎指标、片状颗粒含量技术要求分为 Ⅰ 类、Ⅱ 类和 Ⅲ 类。

(3) 总体要求

用矿山尾矿、工业废渣生产的机制砂有害物质除应符合表 4-5 有害物质含量的规定外,还应符合我国环保和安全相关标准、规范要求。混合砂的技术要求、试验方法、检验规则、标志、储存和运输等应按机制砂执行。

(4) 技术要求

① 颗粒级配[①]。

a. 除特细砂外, Ⅰ 类砂的累计筛余应符合表 4-1 中 2 区的规定,分计筛余应符合表 4-2 的规定; Ⅱ 类和 Ⅲ 类砂的累计筛余应符合表 4-1 的规定。砂的实际颗粒级配除 4.75 mm 和 0.60 mm 筛档外,可以超出,但各级累计筛余超出值总和不应大于 5%。

表 4-1　颗 粒 级 配

砂的分类	天然砂			机制砂、混合砂		
级配区	1 区	2 区	3 区	1 区	2 区	3 区
方筛孔	累计筛余/%					
4.75 mm	10~0	10~0	10~0	5~0	5~0	5~0
2.36 mm	35~5	25~0	15~0	35~5	25~0	15~0
1.18 mm	65~35	50~10	25~0	65~35	50~10	25~0
0.60 mm	85~71	70~41	40~16	85~71	70~41	40~16
0.30 mm	95~80	92~70	85~55	95~80	92~70	85~55
0.15 mm	100~90	100~90	100~90	97~85	94~80	94~75

① 砂的颗粒级配试验请参见数字资源 10.9。

表 4-2 分 计 筛 余

方筛孔尺寸/mm	4.75[①]	2.36	1.18	0.60	0.30	0.15[②]	筛底[③]
分计筛余/%	0~10	10~15	10~25	20~31	20~30	5~15	0~20

注：① 对于机制砂，4.75 mm 筛的分计筛余不应大于 5%。

② 对于亚甲蓝值大于 1.4 的机制砂，0.15 mm 筛和筛底的分计筛余之和不应大于 25%。

③ 对于天然砂，筛底的分计筛余不应大于 10%。

b. Ⅰ类砂的细度模数应为 2.3~3.2。

[例 4-1] 某天然砂样经筛分试验，各筛的筛余量见下表，试评定该砂的粗细程度及颗粒级配情况。

筛孔尺寸/mm	4.75	2.36	1.18	0.60	0.30	0.15	0.15 以下
分计筛余量/g	40	60	80	120	100	90	10
分计筛余率/%	8	12	16	24	20	18	2
累计筛余率/%	8	20	36	60	80	98	100

[解] 分计筛余率和累计筛余率的计算结果见上表。细度模数（M_X）按式（4-1）计算如下：

$$M_X = \frac{(A_2 + A_3 + A_4 + A_5 + A_6) - 5A_1}{100 - A_1}$$

查表 4-1 可知，该砂在各筛的累计筛余率均落在 2 区砂的范围内。

结果评定：该天然砂的细度模数 $M_X = 2.8$，属于中砂；砂的颗粒级配符合表 4-1 中 2 区的规定，级配合格。

② 天然砂的含泥量、机制砂的亚甲蓝值与石粉含量。天然砂的含泥量是指天然砂中粒径小于 75 μm 的颗粒含量。机制砂的亚甲蓝值是指用于判定机制砂吸附性能的指标；机制砂的石粉含量是指机制砂中粒径小于 75 μm 的颗粒含量。泥块含量是指砂中原粒径大于 1.18 mm，经水浸泡、淘洗等处理后小于 0.60 mm 的颗粒含量。

a. 天然砂的含泥量应符合表 4-3 的规定。

表 4-3 天然砂的含泥量

项目	指标		
	Ⅰ类	Ⅱ类	Ⅲ类
含泥量（质量分数）/%	≤1.0	≤3.0	≤5.0

b. 机制砂的石粉含量应符合表 4-4 的规定。亚甲蓝值是指用于判定机制砂吸附性能的指标。亚甲蓝值的测定方法是以亚甲蓝溶液加入 0~2.36 mm 粒级试样中搅拌，用玻璃棒蘸取一滴悬浮液滴于滤纸上，至出现的色晕可持续 5 min 时所加入的亚甲蓝溶液总体积。亚甲蓝快速试验则是一次性加入亚甲蓝溶液，在（400±40）r/min 转速持续搅拌 8 min，然后用玻璃棒蘸取

一滴悬浮液，滴于滤纸上，观察沉淀物周围是否出现明显色晕作为判断。若沉淀物周围出现明显色晕，则判断亚甲蓝试验为合格，反之为不合格。

表 4-4 机制砂的石粉含量

类别	亚甲蓝值(MB)	石粉含量(质量分数)/%
I 类	$MB \leqslant 0.5$	$\leqslant 15.0$
	$0.5 < MB \leqslant 1.0$	$\leqslant 10.0$
	$1.0 < MB \leqslant 1.4$ 或快速试验合格	$\leqslant 5.0$
	$MB > 1.4$ 或快速试验不合格	$\leqslant 1.0^{a}$
II 类	$MB \leqslant 1.0$	$\leqslant 15.0$
	$1.0 < MB \leqslant 1.4$ 或快速试验合格	$\leqslant 10.0$
	$MB > 1.4$ 或快速试验不合格	$\leqslant 3.0^{a}$
III 类	$MB \leqslant 1.4$ 或快速试验合格	$\leqslant 15.0$
	$MB > 1.4$ 或快速试验不合格	$\leqslant 5.0^{a}$

注：① 砂浆用砂的石粉含量不做限制。

② a 根据使用环境和用途，经试验验证，由供需双方协商确定，I 类砂石粉含量可放宽至不大于 3.0%，II 类砂石粉含量可放宽至不大于 5.0%，III 类砂石粉含量可放宽至不大于 7.0%。

③ 砂的泥块含量应符合规定：I 类砂的泥块含量(质量分数)≤0.2%；II 类砂的泥块含量(质量分数)≤1.0%；III 类砂的泥块含量(质量分数)≤2.0%。

④ 有害物质。砂中如含有云母、轻物质、有机物、硫化物及硫酸盐、氯化物、贝壳，其含量应符合表 4-5 的规定。

表 4-5 有害物质含量

项目	指标		
	I 类	II 类	III 类
云母(质量分数)/%	$\leqslant 1.0$	$\leqslant 2.0$	
轻物质(质量分数)①/%	$\leqslant 1.0$		
有机物(比色法)	合格		
硫化物及硫酸盐(按 SO_3 质量计)/%	$\leqslant 0.5$		
氯化物(以氯离子质量计)/%	$\leqslant 0.01$	$\leqslant 0.02$	$\leqslant 0.06^{②}$
贝壳(质量分数)③/%	$\leqslant 3.0$	$\leqslant 5.0$	$\leqslant 8.0$

注：① 天然砂中如含有浮石、火山渣等天然轻骨料时，经试验验证后可不做要求。

② 对于钢筋混凝土用净化处理海砂，其氯化物含量应小于或等于 0.02%。

③ 该指标仅适用于净化处理海砂，其他砂种不做要求。

⑤ 坚固性。采用硫酸盐溶液法试验，Ⅰ类砂和Ⅱ类砂的质量损失率≤8%；Ⅲ类砂的质量损失率≤10%。

⑥ 压碎指标。机制砂单级最大压碎指标为：Ⅰ类砂≤20%；Ⅱ类砂≤25%；Ⅲ类砂≤30%。

⑦ 片状颗粒含量。片状颗粒是指机制砂中粒径1.18 mm以上，最小一维尺寸小于所属粒级的平均粒径0.45倍的颗粒。Ⅰ类机制砂的片状颗粒含量不应大于10%。

⑧ 表观密度、松散堆积密度和空隙率。除特细砂外，砂表观密度、松散堆积密度、空隙率应符合如下规定：表观密度不小于2 500 kg/m³；松散堆积密度不小于1 400 kg/m³；空隙率不大于44%。

⑨ 放射性。砂的放射性应符合《建筑材料放射性核素限量》的规定。

⑩ 碱骨料反应。当需方提出要求时，应出示膨胀率实测值及碱活性评定结果。

⑪ 含水率和饱和面干吸水率。当需方提出要求时，应出示其实测值。

3. 建设用卵石、碎石

《建设用卵石、碎石》对其予以定义，并对其分类、类别及技术要求等作出了相关规定。

卵石(pebble)是在自然条件下岩石产生破碎、风化、分选、运移、堆(沉)积，而成的粒径大于4.75 mm的岩石颗粒。

碎石(crushed stone)是天然岩石、卵石或矿山废石经破碎、筛分等机械加工而成的，粒径大于4.75 mm的岩石颗粒。

（1）分类

建设用石分为卵石、碎石两类。

（2）类别

建设用石按卵石含泥量(碎石泥粉含量)，泥块含量，针、片状颗粒含量，不规则颗粒含量，硫化物及硫酸盐含量，坚固性，压碎指标，连续级配松散堆积空隙率，吸水率技术要求分为Ⅰ类、Ⅱ类和Ⅲ类。

（3）总体要求

用矿山废石生产的碎石除应符合有害物质规定外，还应符合我国环保和安全相关标准、规范的要求。

（4）技术要求

① 颗粒级配①。卵石和碎石的颗粒级配应符合表4-6的规定。

---

① 石的颗粒级配试验请参见数字资源10.10。

表 4-6　颗粒级配累计筛余　　　　　　　　　　　　　　　　　　　　%

公称粒径/mm		方筛孔/mm											
		2.36	4.75	9.50	16.0	19.0	26.5	31.5	37.5	53.0	63.0	75.0	90
连续粒级	5~16	95~100	85~100	30~60	0~10	0							
	5~20	95~100	90~100	40~80	—	0~10	0						
	5~25	95~100	90~100	—	30~70	—	0~5	0					
	5~31.5	95~100	90~100	70~90	—	15~45	—	0~5	0				
	5~40	—	95~100	70~90	—	30~65	—	—	0~5	0			
单粒粒级	5~10	95~100	80~100	0~15	0								
	10~16	—	95~100	80~100	0~15	0							
	10~20	—	95~100	85~100	—	0~15	0						
	16~25	—	—	95~100	55~70	25~40	0~10	0					
	16~31.5	—	95~100	—	85~100	—	—	0~10	0				
	20~40	—	—	95~100	—	80~100	—	—	0~10	0			
	40~80	—	—	—	—	95~100	—	—	70~100	—	30~60	0~10	0

② 卵石含泥量、碎石泥粉含量和泥块含量。卵石含泥量是指卵石中小于 75 μm 的黏土颗粒含量。碎石泥粉含量是指碎石中小于 75 μm 的黏土和石粉颗粒含量。泥块含量是指卵石、碎石中原粒径大于 4.75 mm，经水浸泡、淘洗等处理后小于 2.36 mm 的颗粒含量。卵石含泥量、碎石泥粉含量和泥块含量应符合表 4-7 的规定。

表 4-7　卵石含泥量、碎石泥粉含量和泥块含量

类别	Ⅰ类	Ⅱ类	Ⅲ类
卵石含泥量（质量分数）/%	≤0.5	≤1.0	≤1.5
碎石泥粉含量（质量分数）/%	≤0.5	≤1.5	≤2.0
泥块含量（质量分数）/%	≤0.1	≤0.2	≤0.7

③ 针、片状颗粒含量和不规则颗粒含量。针、片状颗粒(elongated or flaky particle)是指卵石、碎石颗粒的最大一维尺寸大于该颗粒所属相应粒级的平均粒径 2.4 倍者为针状颗粒;最小一维尺寸小于该颗粒所属相应粒级的平均粒径 0.4 倍者为片状颗粒。卵石、碎石中针、片状颗粒含量(质量分数):Ⅰ类≤5%;Ⅱ类≤8%;Ⅲ类≤15%。不规则颗粒是指卵石和碎石颗粒的最小一维尺寸小于该颗粒所属粒级的平均粒径 0.5 倍的颗粒。Ⅰ类卵石、碎石的不规则颗粒含量不应大于 10%。

④ 有害物质。卵石和碎石的有机物应合格;其硫化物及硫酸盐含量(按 SO_3 质量计):Ⅰ类≤0.5%;Ⅱ类≤1.0%;Ⅲ类≤1.0%。

⑤ 坚固性。坚固性是指卵石、碎石在外界物理化学因素作用下抵抗破裂的能力。

采用硫酸钠溶液法进行试验时,其质量损失应符合国家标准规定。Ⅰ类石质量损失≤5%;Ⅱ类石质量损失≤8%;Ⅲ类石质量损失≤12%。

⑥ 强度。

a. 岩石抗压强度。在水饱和状态下,碎石所用母岩的岩石抗压强度应符合规定:火成岩≥80 MPa,变质岩≥60 MPa,沉积岩≥45 MPa。

b. 压碎指标。压碎指标值应小于表 4-8 的规定。

表 4-8 压碎指标

类别	Ⅰ	Ⅱ	Ⅲ
碎石压碎指标/%	≤10	≤20	≤30
卵石压碎指标/%	≤12	≤14	≤16

⑦ 表观密度、连续级配松散堆积空隙率。表观密度不小于 2 600 kg/m³;连续级配松散堆积空隙率:Ⅰ类石≤43%;Ⅱ类石≤45%;Ⅲ类石≤47%。

⑧ 吸水率。卵石、碎石的吸水率:Ⅰ类石≤1.0%;Ⅱ类石≤2.0%;Ⅲ类石≤2.5%。

⑨ 放射性。卵石、碎石的放射性应符合《建筑材料放射性核素限量》的规定。

⑩ 碱骨料反应。当需方提出要求时,应出示膨胀率实测值及碱活性评定结果。

⑪ 含水率和堆积密度。当需方提出要求时,应出示其实测值。

4.5【疑难释义 4-1】为何砂石堆要远离石灰堆

4. 再生骨料

(1) 混凝土用再生粗骨料

GB/T 25177—2010《混凝土用再生粗骨料》规定,混凝土用再生粗骨料(recycled coarse aggregate for concrete)是指由建(构)筑废物中混凝土、砂浆、石或砖瓦等加工而成、用于配制混凝土的、粒径大于 4.74 mm 的颗粒。再生粗骨料按性能要求分为三类。Ⅰ类再生粗骨料可用于配制各种强度等级的混凝土;Ⅱ类再生粗骨料宜用于配制 C40 及以下强度等级的混凝土;Ⅲ类再生粗骨料可用于配制 C25 及以下强度等级的混凝土,不宜用于配制有抗冻要求的混凝土。按粒径尺寸分为连续粒级和单粒级。连续粒级分为 5～16 mm、5～20 mm、5～25 mm 和 5～31.5 mm 四种规格,单粒级分为 5～10 mm、10～20 mm 和 16～31.5 mm 三种规格。

4.6【观察讨论 4-1】石子形状对混凝土性能的影响

（2）混凝土和砂浆用再生细骨料

GB/T 25176—2010《混凝土和砂浆用再生细骨料》规定，混凝土和砂浆用再生细骨料（recycled fine aggregate for concrete and mortar）是指由建（构）筑废物中的混凝土、砂浆、石或砖瓦等加工而成，用于配制混凝土和砂浆的粒径不大于 4.74 mm 的颗粒。再生细骨料按性能要求分为三类。Ⅰ类再生细骨料可用于配制 C40 及以下强度等级的混凝土；Ⅱ类再生细骨料宜用于配制 C25 及以下强度等级的混凝土；Ⅲ类再生细骨料不宜用于配制结构混凝土。按细度模数 M_X 分为粗、中、细三种规格：粗 M_X = 3.7 ~ 3.1；中 M_X = 3.0 ~ 2.3；细 M_X = 2.2 ~ 1.6。

再生骨料不得用于配制预应力混凝土。

4.1.3　混凝土拌合水及养护用水

混凝土用水是混凝土拌合水和混凝土养护用水的总称，包括饮用水、地表水、地下水、再生水、混凝土企业设备洗刷水和海水等。其中，再生水是指污水经适当再生工艺处理后具有使用功能的水。混凝土拌合水及养护用水应符合 JGJ 63—2006《混凝土用水标准》的规定。

1. 混凝土拌合水

① 混凝土拌合水水质应符合表 4-9 的规定。对于设计使用年限为 100 年的结构混凝土，氯离子含量不得超过 500 mg/L；对使用钢丝或经热处理钢筋的预应力混凝土，氯离子含量不得超过 350 mg/L。

表 4-9　混凝土拌合水水质要求

项目	预应力混凝土	钢筋混凝土	素混凝土
pH	≥5.0	≥4.5	≥4.5
不溶物/（mg/L）	≤2 000	≤2 000	≤5 000
可溶物/（mg/L）	≤2 000	≤5 000	≤10 000
氯离子/（mg/L）	≤500	≤1 000	≤3 500
硫酸根离子/（mg/L）	≤600	≤2 000	≤2 700
碱含量/（mg/L）	≤1 500	≤1 500	≤1 500

注：碱含量按 $Na_2O+0.658K_2O$ 计算值来表示。采用非碱活性骨料时，可不检验碱含量。

② 地表水、地下水、再生水的放射性应符合 GB 5749—2022《生活饮用水卫生标准》的规定。

③ 被检验水样应与饮用水样进行水泥凝结时间对比试验。对比试验的水泥初凝时间差及终凝时间差均不应大于 30 min；同时，初凝和终凝时间应符合《通用硅酸盐水泥》的规定。

④ 被检验水样应与饮用水样进行水泥胶砂强度对比试验，被检验水样配制的水泥胶砂 3 d 和 28 d 强度不应低于饮用水配制的水泥胶砂 3 d 和 28 d 强度的 90%。

⑤ 混凝土拌合水不应有漂浮明显的油脂和泡沫，不应有明显的颜色和异味。

⑥ 混凝土企业设备洗刷水不宜用于预应力混凝土、装饰混凝土、加气混凝土和暴露于腐蚀环境的混凝土；不得用于使用碱活性或潜在碱活性骨料的混凝土。

⑦ 未经处理的海水严禁用于钢筋混凝土和预应力混凝土。

⑧ 在无法获得水源的情况下，海水可用于素混凝土，但不宜用于装饰混凝土。

2. 混凝土养护用水

① 混凝土养护用水可不检验不溶物和可溶物，其他检验项目应符合混凝土拌合水的水质技术要求和放射性技术要求的规定。

② 混凝土养护用水可不检验水泥凝结时间和水泥胶砂强度。

4.1.4　混凝土外加剂

1. 混凝土外加剂的分类

混凝土外加剂（concrete admixtures）是混凝土中除胶凝材料、骨料、水和纤维组分以外，在拌制混凝土之前或过程中加入的，用以改善新拌混凝土和（或）硬化混凝土性能，对人、生物及环境安全无有害影响的材料。外加剂的掺量虽小，但其技术经济效果却显著，因此，外加剂已成为混凝土的重要组成部分，被称为混凝土的第五组分，越来越广泛地应用于混凝土中。

根据 GB/T 8075—2017《混凝土外加剂术语》按其主要功能分为四类：

改善混凝土拌合物流变性能的外加剂，包括各种减水剂、引气剂和泵送剂等；

调节混凝土凝结时间、硬化过程的外加剂，包括缓凝剂、早强剂、促凝剂和速凝剂等；

改善混凝土耐久性的外加剂，包括引气剂、防水剂和阻锈剂等；

改善混凝土其他性能的外加剂，如膨胀剂、防冻剂和着色剂等。

2. 常用混凝土外加剂的组成及作用机理

（1）减水剂

减水剂（water-reducing admixture）是指在混凝土坍落度基本相同的条件下，能减少拌和用水量的外加剂。减水剂是当前外加剂中品种最多、应用最广的一种混凝土外加剂。

① 减水剂的分类。混凝土减水剂有普通减水剂、高效减水剂和高性能减水剂三大类。

a. 普通减水剂是指在混凝土坍落度基本相同的条件下，减水率不小于8%的外加剂。包括标准型普通减水剂、缓凝型普通减水剂、早强型普通减水剂和引气型普通减水剂，如木质素系减水剂和糖蜜系减水剂。

b. 高效减水剂是指在混凝土坍落度基本相同的条件下，减水率不小于14%的减水剂。包括标准型高效减水剂、缓凝型高效减水剂、早强型高效减水剂和引气型高效减水剂。

c. 高性能减水剂是指在混凝土坍落度基本相同的条件下，减水率不小于25%，与高效减水剂相比，坍落度保持性能好、干燥收缩小且具有一定引气性能的减水剂。包括标准型高性能减水剂、缓凝型高性能减水剂、早强型高性能减水剂和减缩型高性能减水剂。如聚羧酸系减水剂等。

② 减水剂的作用机理。减水剂尽管种类繁多，但都属于表面活性剂，其减水作用机理相似。

表面活性剂有着特殊的分子结构，它是由亲水基团和憎水基团两个部分组成。表面活性剂加入水中，其亲水基团会电离出离子，使表面活性剂分子带有电荷。电离出离子的亲水基团指向溶剂，憎水基团指向空气(或气泡)、固体(如水泥颗粒)或非极性液体(如油滴)并作定向排列，形成定向吸附膜而降低水的表面张力。这种表面活性作用是减水剂起减水增强作用的主要原因。

图 4-5a 表示水泥加水后，由于水泥颗粒在水中的热运动，使水泥颗粒之间在分子力的作用下形成一些絮凝状结构。这种絮凝结构中包裹着一部分拌合水，使混凝土拌合物的拌合水量相对减少，从而导致流动性下降。当水泥浆中加入减水剂后有三方面的作用：

首先，减水剂在水中电离出离子后，自身带有电荷，在电斥力作用下，使原来水泥的絮凝结构被打开，见图 4-5b，把被束缚在絮凝结构中的游离水释放出来，使拌合物中的水量相对增加，这就是减水剂分子的分散作用。

其次，减水剂分子中的憎水基团定向吸附于水泥颗粒表面，亲水基团指向水溶剂，在水泥颗粒表面形成一层稳定的溶剂化膜，见图 4-5c。这样，阻止了水泥颗粒间的直接接触，并在颗粒间起润滑作用，提高拌合物的流动性。

最后，水泥颗粒在减水剂作用下充分分散，增大了水泥颗粒的水化面积使水化充分，从而也提高混凝土的强度。

使用减水剂在保持混凝土的流动性和强度都不变的情况下，可以减少拌合水量和水泥用量，节省水泥。还可减少混凝土拌合物的泌水、离析现象，密实混凝土结构，从而提高混凝土的抗渗性、抗冻性。

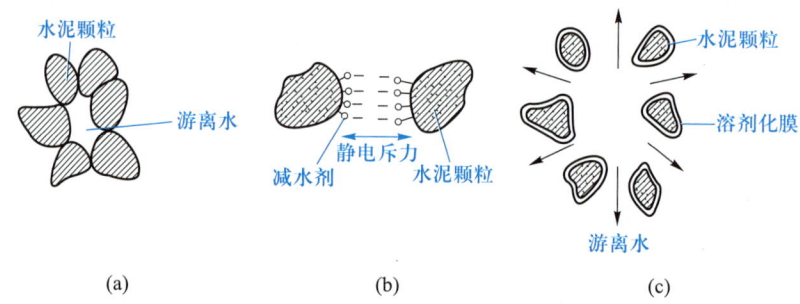

图 4-5   减水剂的作用机理示意图

（2）缓凝剂

缓凝剂(set retarder)是指延长混凝土凝结时间的外加剂。缓凝剂具有如下基本特性：延缓混凝土凝结时间，但掺量不宜过大，否则会引起混凝土强度下降；延缓水泥水化放热速度，有利于大体积混凝土施工；对不同水泥品种适应性较差，不同水泥品种缓凝效果不相同，甚至会出现相反效果。因此，使用前应进行试验。

（3）速凝剂

速凝剂(flash setting admixture)指能使混凝土迅速凝结硬化的外加剂。如用于喷射混凝土中，能使混凝土迅速凝结硬化。

（4）早强剂

早强剂(hardening accelerator admixture)是指能加速混凝土早期强度发展的外加剂。早强剂的常用种类有氯盐类、硫酸盐类、有机物类等。各类早强剂的早强作用机理不尽相同。

　　早强剂可加速混凝土硬化，缩短养护周期，加快施工进度，提高模板周转率。多用于冬季施工或紧急抢修工程。在改善混凝土性能、提高施工效率和节约投资成本方面发挥了重要作用。并且在早强剂的基础上，生产应用多种复合型外加剂，如早强减水剂、早强防冻剂和早强型泵送剂等。

　　(5) 引气剂

　　引气剂(air entraining admixture)是指能通过物理作用引入均匀分布、稳定而封闭的微小气泡，且能将气泡保留在硬化混凝土中的外加剂。其作用机理是：含有引气剂的水溶液拌制混凝土时，由于引气剂能显著降低水的表面张力和界面能，使水溶液在搅拌过程中极易产生许多微小的封闭气泡，气泡直径大多在 200 μm 以下。引气剂分子定向吸附在气泡表面，形成较为牢固的液膜，使气泡稳定而不易破裂。

　　引气剂的主要类型有：松香树脂类(松香热聚物、松香皂)；烷基苯磺酸盐类(烷基苯磺酸钠、烷基磺酸钠)；木质素磺酸盐类(木质素磺酸钙等)；脂肪醇类 (脂肪醇硫酸钠、高级脂肪醇衍生物)；非离子型表面活性剂(烷基酚环氧乙烷缩合物)。

　　引气剂在混凝土中具有以下特性：

　　① 改善混凝土拌合物的和易性。在拌合物中，微小而封闭的气泡可起滚珠作用，减少颗粒间的摩擦阻力，使拌合物的流动性大大提高。若保持流动性不变可减水 10% 左右，由于大量微小气泡的存在，使水分均匀地分布在气泡表面，从而使拌合物具有较好的保水性。

　　② 提高混凝土的抗渗性、抗冻性。引气剂改善了拌合物的保水性，减少拌合物泌水，因此泌水通道的毛细管也相应减少。同时引入大量封闭的微孔，堵塞或割断了混凝土中毛细管渗水通道，改变了混凝土的孔结构，使混凝土抗渗性显著提高。气泡有较大的弹性变形能力，对由水结冰所产生的膨胀应力有一定的缓冲作用，因而混凝土的抗冻性得到提高，耐久性也随之提高。

　　③ 降低混凝土强度。当水胶比固定时，混凝土中空气量每增加 1%(体积)，其抗压强度下降 3%~5%。因此，引气剂的掺量应严格控制，一般引气量应以 3%~6% 为宜。

　　④ 降低混凝土弹性模量。由于大量气泡的存在，使混凝土的弹性变形增大，弹性模量有所降低，这对提高混凝土的抗裂性是有利的。

　　⑤ 不能用于预应力混凝土和蒸养或蒸压混凝土。

　　(6) 泵送剂

　　泵送剂(pumping admixture)是指能改善混凝土拌合物泵送性能的外加剂，分为引气型和非引气型两类。引气型泵送剂主要组分为减水剂和引气剂；非引气型泵送剂主要组分为木质素磺酸盐和高效减水剂。对于大体积混凝土，为防收缩裂缝，还会掺入适量膨胀剂。在工程中使用，一般需经试验确定其品种和掺量。

　　(7) 膨胀剂

　　混凝土膨胀剂(expansive agents for concrete)是指与水泥、水拌和后经水化反应生成钙矾石、氢氧化钙或钙矾石和氢氧化镁，使混凝土产生一定体积膨胀的外加剂。GB/T 23439—2017《混凝土膨胀剂》规定其分为三类：硫铝酸钙类混凝土膨胀剂(代号 A)、氧化钙类混凝土膨胀剂(代号 C)、硫铝酸钙-氧化钙类混凝土膨胀剂(代号 AC)。混凝土膨胀剂按限制膨胀率分为 I 型和 II 型。

膨胀剂的使用应注意以下问题:一是掺硫铝酸钙类膨胀剂的膨胀混凝土(或砂浆),不得用于长期处于温度为 80 ℃以上的工程中;二是掺硫铝酸钙类或氧化钙类膨胀剂的混凝土,不宜同时使用氯盐类外加剂。

(8) 防冻剂

防冻剂(anti-freezing admixture)是指能使混凝土在负温下硬化,并在规定养护条件下达到预期性能的外加剂。防冻剂按其成分可分为强电解质无机盐类(氯盐类、氯盐阻锈剂、无氯盐类)、水溶性有机化合物类、有机化合物与无机盐复合类、复合型防冻剂。

防冻剂的作用机理包括四个方面:一是早强作用,通过加速混凝土水化硬化,使之尽快达到抗冻临界强度,并克服负温、低温对强度增长不利影响;二是引气作用,在混凝土内引入微米级有益的细小气泡,封闭有害的连通孔道,减轻裂纹扩展;三是减水作用,通过减少拌合水,减少游离水,降低膨胀内因,且释放包裹水,消除劣质水泡,减轻冻胀压力;四是降冰点的防冻作用。防冻是通过几个方面的共同作用产生的综合效果。

需要指出的是,一些建筑单位在冬季混凝土施工过程中添加了尿素等氨类物质的防冻剂。这些氨类物质在使用过程中逐渐以氨气形式释放出来。当室内空气中氨浓度达到 0.3 mg/m³ 时就会使人感觉有异味和不适;达到 0.6 mg/m³ 时会引起眼结膜刺激等;浓度更高还会引起头晕、头痛、恶心、胸闷及肝脏等多系统的损害。

我国已制定了国家标准 GB 18588—2001《混凝土外加剂中释放氨的限量》规定,混凝土外加剂中释放的氨量必须小于或等于 0.10%(质量百分数)。该标准适用于各类具有室内使用功能的混凝土外加剂,而不适用于桥梁、公路及其他室外工程用混凝土外加剂。

3. 混凝土外加剂的性能

混凝土外加剂的性能是通过按照规定的试验条件配制不掺外加剂的混凝土,即基准混凝土与掺外加剂的受检混凝土进行对比来反映的。GB 8076—2008《混凝土外加剂》规定了外加剂的类型、代号和技术性能指标。表 4-10 中的指标反映了外加剂的主要性能。

减水率为坍落度基本相同时,基准混凝土和受检混凝土单位用水量之差与基准混凝土单位用水量之比。

泌水率比为受检混凝土泌水率与基准混凝土泌水率之比。

凝结时间之差为受检混凝土的初凝或终凝时间与基准混凝土的初凝或终凝时间之差,单位为分钟(min)。

含气量 1 h 经时变化量为出机时和 1 h 之后的含气量之差值。

抗压强度比为掺外加剂混凝土与基准混凝土同龄期抗压强度之比。

收缩率比为 28 d 龄期时受检混凝土与基准混凝土的收缩率的比值。

相对耐久性指标是以掺外加剂混凝土冻融 200 次后的动弹性模量是否不小于 80% 来评定外加剂的质量。

4. 常用外加剂的应用

混凝土常用外加剂应用的目的要求、使用方法、适宜的混凝土工程和注意事项见表 4-11。

表4-10 受检混凝土性能指标

项目	高性能减水剂 HPWR 早强型 HPWR-A	高性能减水剂 HPWR 标准型 HPWR-S	高性能减水剂 HPWR 缓凝型 HPWR-R	高效减水剂 HWR 标准型 HWR-S	高效减水剂 HWR 缓凝型 HWR-R	普通减水剂 WR 早强型 WR-A	普通减水剂 WR 标准型 WR-S	普通减水剂 WR 缓凝型 WR-R	引气减水剂 AEWR	泵送剂 PA	早强剂 Ac	缓凝剂 Re	引气剂 AE
减水率/%，不小于	25	25	25	14	14	8	8	8	10	12	—	—	6
泌水率比/%，不大于	50	60	70	90	100	95	100	100	70	70	100	100	70
含气率/%	≤6.0	≤6.0	≤6.0	≤3.0	≤4.5	≤4.0	≤4.0	≤5.5	≥3.0	≤5.5	—	—	≥3.0
凝结时间之差/min 初凝	-90~+90	-90~+90	>+90	-90~+90	>+90	-90~+90	-90~+120	>+90	-90~+90	—	-90~+90	>+90	-90~+120
凝结时间之差/min 终凝	—	—	—	—	—	—	—	—	—	—	—	—	—
1h经时变化量 坍落度/mm	—	≤80	≤60	—	—	—	—	—	—	≤80	—	—	—
1h经时变化量 含气量/%	—	—	—	—	—	—	—	—	-1.5~+1.5	—	—	—	-1.5~+1.5
抗压强度比/%，不小于 1d	180	170	—	140	—	135	—	—	—	—	135	—	—
3d	170	160	—	130	—	130	115	—	115	—	130	—	95
7d	145	150	140	125	125	110	115	110	110	115	110	100	95
28d	130	140	130	120	120	100	110	110	100	110	100	100	90
28d收缩率比/%，不大于	110	110	110	135	135	135	135	135	135	135	135	135	135
相对耐久性(200次)/%	—	—	—	—	—	—	—	—	≥80	—	—	—	≥80

注：① 表中抗压强度比、收缩率比、相对耐久性为强制性指标，其余为推荐性指标。
② 除含气量和相对耐久性外，表中所列数据为掺外加剂混凝土与基准混凝土的差值或比值。
③ 凝结时间之差性能指标中的"-"表示提前，"+"表示延缓。
④ 相对耐久性(200次)性能指标中的"≥80"表示将受检混凝土试件快速冻融循环200次后，动弹性模量保留值≥80%。
⑤ 1h经时变化量指标中的"-"表示含气量增加，"+"表示含气量减少。
⑥ 其他品种外加剂是否需要测定相对耐久性指标，由供、需双方协商确定。
⑦ 当用户对泵送剂等有特殊要求时，需进行补充试验项目，试验方法及指标，由供、需双方协商确定。

表 4-11　常用外加剂的应用

外加剂类别		使用目的要求	使用方法	适宜的混凝土工程	注意事项
减水剂	木质素磺酸盐	改变混凝土流变性能	按需要均可使用先掺法、同掺法或后掺法	一般混凝土工程	不宜用于以硬石膏为缓凝剂的水泥；不宜单独用于冬季施工和蒸养混凝土
	萘系和水溶性树脂系	显著改变混凝土流变性能		早强、高强、流态、蒸养混凝土	—
	聚羧酸系	显著改变混凝土流变性能，干燥收缩较少，且具有一定引气性能		早强、高强、蒸养、高性能和自密实混凝土	—
早强剂	氯盐类	提高混凝土早期强度；冬季施工防止混凝土早期受冻破坏	粉剂先加入水泥中，并适当延长搅拌时间	冬季施工、紧急抢修、有早强或防冻要求混凝土	不得超过 GB 50010—2010《混凝土结构设计规范》规定的混凝土中最大氯离子含量。有机胺类过量会明显缓凝及降低强度
	硫酸盐类				
	有机胺类				
引气剂	松香热聚物	改善混凝土拌合物和易性，提高抗冻性、抗渗性	溶解于热氢氧化钠溶液中再加入	抗冻、防渗混凝土，泵送混凝土	不宜用于蒸养混凝土、预应力混凝土
缓凝剂	木质素磺酸盐类和糖蜜类	要求缓凝、降低水化热混凝土	配制成适当浓度溶液加入拌合水中	夏季施工、泵送或滑模施工、远距离运输、大体积混凝土	掺量过大影响混凝土硬化和强度；不宜单独用于蒸养混凝土和低于 5 ℃下施工
速凝剂	无机盐类	要求快凝、快硬及早强混凝土	干湿法均与水泥、砂石同时掺入	井巷、隧道、涵洞喷射混凝土或砂浆；抢修、堵漏工程	常与减水剂复合使用，以防混凝土后期强度降低
泵送剂	引气型	混凝土泵送过程防堵塞，保证其泵送性能	一般与减水剂复合，使用同掺法	泵送混凝土	使用引气型泵送剂的泵送混凝土注意控制含气量
	非引气型				—

减水剂的使用方法主要有三种，如下。

先掺法：先将减水剂与水泥混合，然后再与骨料和水一起搅拌。其优点是使用方便，缺点是减水剂中粗粒子会影响均匀性，一般不常用。

同掺法：将减水剂先溶于水形成溶液后，再与混凝土原材料一起搅拌。优点是计量准确，易于搅拌均匀；缺点是增加了溶解及储存工序。相比之下，利大于弊，更为常用。

后掺法：在混凝土拌合物送到浇筑地点后，才加入减水剂并再次搅拌均匀。其优点是可避免混凝土运输过程中的分层、离析及坍落度损失，提高减水剂使用效果；缺点是需二次搅拌。该方法亦可部分后掺，适用于预拌混凝土。

4.1.5 混凝土矿物掺合料与矿物外加剂

在混凝土拌合物制备时，为了节约水泥、改善混凝土性能、调节混凝土强度等级而加入的天然或人造的矿物材料，通称为混凝土矿物掺合料。常用的混凝土矿物掺合料有粒化高炉矿渣粉、粉煤灰、硅灰、沸石粉和石灰石粉等。

GB/T 18736—2017《高强高性能混凝土用矿物外加剂》规定，高强高性能混凝土用矿物外加剂(mineral admixtures for high strength and high performance concrete)是指在混凝土搅拌过程中加入的、具有一定细度和活性的、用于改善新拌混凝土和硬化混凝土性能(特别是混凝土耐久性)的某些矿物类产品。按照其矿物组成分为五类：磨细矿渣、粉煤灰、磨细天然沸石、硅灰、偏高岭土。复合矿物外加剂依照其主要组分进行分类，参照该类产品指标进行检验。本节结合混凝土矿物掺合料一并介绍。

1. 粉煤灰

粉煤灰(fly ash)是电厂煤粉炉烟道气体中收集的粉末。粉煤灰不包括以下情形：① 和煤一起煅烧城市垃圾或其他废弃物时；② 在焚烧炉中煅烧工业或城市垃圾时；③ 循环流化床锅炉燃烧收集的粉末。粉煤灰颗粒多呈球形，表面光滑。

《用于水泥和混凝土中的粉煤灰》规定，按煤种分为 F 类和 C 类。F 类粉煤灰是由无烟煤或烟煤煅烧收集的粉煤灰；C 类粉煤灰是由褐煤或次烟煤煅烧收集的粉煤灰，氧化钙含量一般大于或等于 10%。根据用途分为拌制砂浆和混凝土用粉煤灰、水泥活性混合材用粉煤灰两类。拌制混凝土和砂浆用粉煤灰分为三个等级，而水泥活性混合材用粉煤灰不分级。对拌制砂浆和混凝土用粉煤灰与水泥活性混合材用粉煤灰分别提出了相关的理化性能要求。其中，拌制砂浆和混凝土用粉煤灰理化性能要求应符合表 4-12 的规定。

表 4-12　拌制砂浆和混凝土用粉煤灰理化性能要求

项目	理化性能要求		
	I	II	III
细度(45 μm 方孔筛的筛余量)/%	≤12.0	≤30.0	≤45.0
需水量比/%	≤95	≤105	≤115
烧失量/%	≤5.0	≤8.0	≤10.0
含水量/%	≤1.0		
三氧化硫/%	≤3.0		

续表

项目	理化性能要求		
	Ⅰ	Ⅱ	Ⅲ
游离氧化钙质量分数/%	F 类粉煤灰≤1.0；C 类粉煤灰≤4.0		
SiO$_2$、Al$_2$O$_3$ 和 Fe$_2$O$_3$ 总质量分数/%	F 类粉煤灰≥70.0；C 类粉煤灰≥50.0		
密度/(g/cm^3)	≤2.6		
安定性(雷氏法)/mm	C 类粉煤灰≤5.0		
强度活性指数/%	≥70.0		

4.7【疑难释义 4-2】粉煤灰的组成形貌对混凝土性能的影响

表 4-12 中强度活性指数是指试验胶砂与对比胶砂在规定龄期的抗压强度之比。

掺入一定量粉煤灰的混凝土可用于配制泵送混凝土、大体积混凝土、抗渗混凝土、抗硫酸盐和抗软水侵蚀混凝土、蒸养混凝土、轻骨料混凝土、地下工程和水下工程混凝土、碾压混凝土等。

2. 硅灰

硅灰(silica fume)是在冶炼硅铁合金或工业硅时，经收集通过烟道排出的硅蒸气得到的以无定型二氧化硅为主要成分的粉体材料。GB/T 27690—2023《砂浆和混凝土用硅灰》规定了砂浆和混凝土用硅灰的分类与标记、要求、试验方法、检验规则、包装、标识、运输和贮存。

硅灰按二氧化硅含量分为 85 级硅灰(代号 SF85)和 90 级硅灰(代号 SF90)。按堆积密度分为原状硅灰(代号 R)和加密硅灰(代号 D)。原状硅灰为直接收集获得、未经增密处理，且堆积密度不超过 350 kg/m^3 的硅灰。将原状硅灰进行增密处理，堆积密度提高至 350 kg/m^3 以上的硅灰为加密硅灰。

硅灰的产品标记由二氧化硅含量分类代号、堆积密度分类代号和标准号组成。如 90 级加密硅灰标记如下：SF90-D GB/T 27690。

GB/T 27690—2023《砂浆和混凝土用硅灰》规定了硅灰的技术要求，其性能指标包括二氧化硅含量、含水率、烧失量、细度、需水量比、活性指数、放射性、抑制碱骨料反应和抗氯离子渗透性。抑制碱骨料反应和抗氯离子渗透性为选择性试验项目，由供需双方协商决定。硅灰具有高的比表面积和火山灰活性。85 级硅灰的比表面积≥15 000 m^2/kg；90 级硅灰的比表面积≥18 000 m^2/kg。硅灰的活性指数≥105%。它可配制高强、超高强混凝土，其掺量一般为水泥用量的 5%~10%，在配制超高强混凝土时，掺量更高。由于硅灰具有高比表面积，因而其需水量很大，将其作为混凝土掺合料须配以减水剂才能保证混凝土的和易性。硅灰用作混凝土掺合料有以下几方面作用：配制高强、超高强混凝土；改善混凝土的孔结构，提高混凝土抗渗性和抗冻性；其抑制碱骨料反应性(14 d 膨胀率降低值)/%≥35%。

3. 沸石粉

天然沸石粉(natural zeolite powder)是天然的沸石岩磨细而成的一种火山灰质铝硅酸矿物掺合料。含有一定量活性二氧化硅和三氧化铝，能与水泥生成的氢氧化钙反应，生成胶凝物质。沸石粉用作混凝土掺合料可改善混凝土和易性，提高混凝土强度、抗渗性和抗冻性，抑制碱骨料反应。主要用于配制高强混凝土、流态混凝土及泵送混凝土。

沸石粉具有很大的内表面积和开放性孔结构，还可用于配制调湿混凝土等功能混凝土。

4. 粒化高炉矿渣粉

粒化高炉矿渣粉(ground granulated blast furnace slag)是以粒化高炉矿渣为主要原料,可掺加少量天然石膏,磨制成一定细度的粉体。GB/T 18046—2017《用于水泥、砂浆和混凝土中的粒化高炉矿渣粉》规定的技术要求见表4-13。

表 4-13　用于水泥和混凝土中的粒化高炉矿渣粉技术要求

项目		级别		
		S105	S95	S75
密度/g/cm³		≥2.8		
比表面积/m²/kg		≥500	≥400	≥300
活性指数/%	7 d	≥95	≥75	≥55
	28 d	≥105	≥95	≥75
流动度比/%		≥95		
初凝时间比/%		≤200		
含水量(质量分数)/%		≤1.0		
三氧化硫(质量分数)/%		≤4.0		
氯离子(质量分数)/%		≤0.06		
烧失量(质量分数)/%		≤1.0		
不溶物(质量分数)/%		≤3.0		
玻璃体含量(质量分数)/%		≥85		
放射性		$I_{Ra} \leq 1.0$ 且 $I_r \leq 1.0$		

粒化高炉矿渣粉活性指数是指试验样品与同龄期对比样品的抗压强度之比。

粒化高炉矿渣粉可以等量取代水泥,并降低水化热、提高抗渗性和耐蚀性、抑制碱骨料反应和提高长期强度等,可用于钢筋混凝土和预应力钢筋混凝土工程。大掺量粒化高炉矿渣粉混凝土特别适用于大体积混凝土、地下和水下混凝土、耐硫酸混凝土等。还可用于高强混凝土、高性能混凝土和预拌混凝土等。

5. 石灰石粉

石灰石粉(limestone powder)是将石灰石粉磨至一定细度的粉体或石灰石机制砂生产过程产生的收尘粉。随着我国基础建设的大规模展开,粉煤灰、矿渣粉等传统矿物掺合料在一些地区日益短缺,而石灰石粉易于获取,故已在行业内逐步得到应用。掺用石灰石粉可以节省水泥用量、改善混凝土和易性、降低水化热及减少收缩等。GB/T 35164—2017《用于水泥、砂浆和混凝土中的石灰石粉》规定了其技术要求:

① 石灰石粉按亚甲蓝值分为三个等级,Ⅰ级不大于0.5 g/kg,Ⅱ级不大于1.0 g/kg,Ⅲ级不大于1.4 g/kg。

② 石灰石粉按45 μm方孔筛筛余分为A型和B型,A型不大于15%,B型不大于45%。

③ 石灰石粉的流动度比不小于95%。

4.8【观察讨论 4-2】掺合料种类对混凝土性能的影响

④ 石灰石粉的碳酸钙含量不小于 75%。

⑤ 石灰石粉的 7 d 和 28 d 的抗压强度比不小于 60%。

⑥ 石灰石粉的含水量不大于 1.0%。

⑦ 石灰石粉的总有机碳含量（TOC）不大于 0.5%。

⑧ 碱含量（选择性指标）按 $Na_2O+0.658K_2O$ 计算值表示。当石灰石粉应用过程需要限制碱含量时，由供需双方协商确定。

6. 偏高岭土

偏高岭土是以高岭土类矿物为原料，在适当温度下煅烧后经粉磨形成的以无定型硅铝酸盐为主要成分的产品。偏高岭土中的活性成分无定型硅铝酸盐能与水泥水化析出的氢氧化钙反应，其水化产物可增强混凝土的抗压、抗弯和劈裂抗拉强度等性能。有关研究表明，当偏高岭土掺量达水泥量的 20% 时，还能抑制碱骨料反应。

【工程实例分析 4-1】 含糖分的水使混凝土两天仍未凝结

概况：某糖厂建宿舍，以自来水拌制混凝土，浇筑后用曾装过食糖的麻袋覆盖于混凝土表面，再淋水养护。后来发现该水泥混凝土两天仍未凝结，而水泥经检验无质量问题。请分析此异常现象的原因。

原因分析：由于养护水浸泡过曾装过食糖的麻袋，养护水已成糖水，而含糖分的水对水泥的凝结有抑制作用，故使混凝土凝结异常。

【工程实例分析 4-2】 氯盐防冻剂锈蚀钢筋

概况：北京某旅馆的一层钢筋混凝土工程在冬季施工，为使混凝土防冻，在浇筑混凝土时掺入水泥用量 3% 的氯盐。建成使用两年后，在 A 柱柱顶附近掉下一块直径约为 40 mm 的混凝土碎块。停业检查事故原因，发现除设计有失误外，其中一个重要原因是在浇筑混凝土时掺加的氯盐防冻剂腐蚀了钢筋，观察底层柱破坏处钢筋，纵向钢筋及箍筋均已生锈，原直径 φ6 的钢筋锈蚀后仅为 φ5.2 左右。锈蚀后较细及稀的箍筋难以承受柱端截面上纵向筋侧向压屈所产生的横拉力，使得箍筋在最薄弱处断裂，钢筋断裂后的混凝土保护层易剥落，混凝土碎块下落。

防治措施：施工时加氯盐防冻，应同时对钢筋采取相应的阻锈措施。该工程因混凝土碎块下落，引起了使用者的高度重视，停业卸去活荷载，并对现有柱进行外包钢筋混凝土的加固措施，使房屋倒塌事故得以避免。

4.2 混凝土拌合物的性能

混凝土的各组成材料按一定比例配合，经搅拌均匀后、未凝结硬化之前，称为混凝土拌合物。混凝土拌合物应便于施工，以保证能获得良好质量的混凝土。GB/T 50080—2016《普通混凝土拌合物性能试验方法标准》规定了混凝土拌合物的试验方法[①]，包括：坍落度试验及坍落度经时损失试验；扩展度试验及扩展度经时损失试验；维勃稠度试验；凝结时间试验；倒置坍落度筒排空试验；间隙通过性试验；漏斗试验；扩展时间试验；泌水试验；压力泌水试验；

---

① 混凝土坍落度与坍落扩展度试验请参见数字资源 10.11。

表观密度试验；含气量试验；均匀性试验；抗离析性能试验；温度试验和绝热温升试验。本节重点介绍前 4 个试验。

4.2.1　混凝土拌合物和易性的含义

和易性是指混凝土拌合物易于施工操作（搅拌、运输、浇灌、捣实）并能获得质量均匀，成型密实的混凝土的性能。和易性是一项综合的技术性质，包括流动性、黏聚性和保水性三方面的含义。

1. 流动性

流动性是指混凝土拌合物在自重或施工机械振捣的作用下，能产生流动，并均匀密实地填满模板的性能。流动性好的混凝土操作方便，易于捣实、成型。需根据结构类型、构件截面大小、钢筋疏密、泵送高度和捣实方法等选择混凝土拌合物的流动性指标。

2. 黏聚性

黏聚性是指混凝土拌合物在施工过程中，其组成材料之间具有一定的黏聚力，不致产生分层和离析的现象。在外力作用下，混凝土拌合物各组成材料的沉降不相同，如配合比例不当，黏聚性差，则施工中混凝土拌合物各组分易发生层状分离的分层现象，以及混凝土拌合物内某些组分分离、析出等情况。致使混凝土硬化后产生"蜂窝""麻面"等缺陷，影响混凝土强度和耐久性。

3. 保水性

保水性是指新拌混凝土具有一定的保水能力，在施工过程中，不致产生严重泌水现象的性能。泌水是指混凝土拌合物泌出水分的现象。保水性不良的混凝土，易出现泌水，水分泌出后会形成连通孔隙，影响混凝土的密实性；泌出的水还会聚集到混凝土表面，引起表面疏松；泌出的水积聚在骨料或钢筋的下表面会形成孔隙，从而削弱了骨料或钢筋与水泥石的黏结力，影响混凝土质量。

由此可见，混凝土拌合物的流动性、黏聚性、保水性有其各自的内容，而彼此既互相联系又存在矛盾。所谓和易性就是这三方面性质在一定工程条件下达到统一，是一项综合技术性质，很难用一种指标全面反映混凝土拌合物的和易性。

4.2.2　普通混凝土拌合物性能试验

GB/T 50080—2016《普通混凝土拌合物性能试验方法标准》规定了其性能检验方法。

1. 坍落度试验和坍落度经时损失试验

坍落度指混凝土拌合物在自重作用下坍落的高度。坍落度试验方法适用于骨料最大粒径不大于 40 mm、坍落度不小于 10 mm 的混凝土拌合物稠度测定。

坍落度试验的方法是：将混凝土拌合物按规定方法装入标准圆锥坍落度筒（图 4-6）内，装满沿筒口抹平，清除筒边底板上的混凝土后，垂直平稳地提起坍落度筒，并轻放；当试样不再继续坍落或坍落时间达 30 s 时，用钢尺测量出筒高与坍落后混凝土试体最高点之间的高度差，作为该混凝土拌合物的坍落度值（图 4-7）。坍落度

4.9【疑难释义 4-3】砂率与混凝土和易性

图 4-6　坍落度筒

筒的提离过程应在 3~7 s 内完成；从开始装料到提起坍落度筒的整个进程应不间断地进行，并应在 150 s 内完成。坍落度筒提离后混凝土发生一边崩坍或剪坏现象时，则应重新取样另行测定。第二次试验仍出现这种现象，应予记录说明。混凝土拌合物的坍落度值应精确至 1 mm，结果表达修约至 5 mm。作为流动性指标，坍落度越大表示流动性越好。

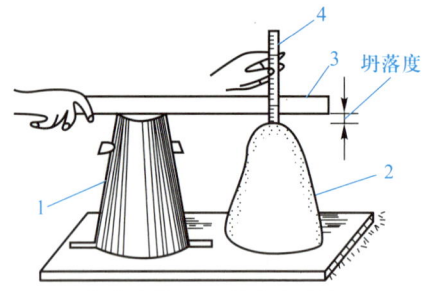

1—坍落度筒；2—拌合物试样；
3—木尺；4—钢尺

图 4-7   坍落度测定示意图

坍落度经时损失试验可用于混凝土拌合物的坍落度随静置时间变化的测定。首先测得混凝土拌合物的初始坍落度值 H_0，然后将全部混凝土拌合物试样装入塑料桶或不被水泥浆腐蚀的金属桶内，用桶盖或塑料薄膜密封静置；自搅拌加水开始计时，静止 60 min 后应将混凝土拌合物试样全部倒入搅拌机内，搅拌 20 s，进行坍落度试验，得出 60 min 坍落度值 H_{60}。计算初始坍落度值与 60 min 坍落度值的差值可得坍落度经时损失试验结果。

2. 扩展度试验及扩展度经时损失试验

扩展度是指混凝土拌合物坍落后扩展的直径。扩展度试验宜用于骨料最大粒径不大于 40 mm、坍落度不小于 160 mm 的混凝土拌合物稠度测定。扩展度经时损失试验可用于混凝土拌合物的扩展度随静置时间变化的测定。

3. 维勃稠度试验

维勃稠度试验宜用于最大粒径不超过 40 mm，维勃稠度在 5~30 s 之间的混凝土拌合物的稠度测定。坍落度不大于 50 mm 或干硬性混凝土和维勃稠度大于 30 s 的特干硬性混凝土拌合物的稠度可采用增实因数法来测定，该法是引用跳桌增实法。维勃稠度试验采用维勃稠度仪（图 4-8）测定。其方法是：开始在坍落度筒中按规定方法装满拌合物，提起坍落度筒，在拌合物试体顶面放一透明圆盘，开启振动台，同时用秒表计时，当振动到透明圆盘的底面被水泥浆布满的瞬间停止计时，并关闭振动台。由秒表读出精确至 1 s 的时间即为该混凝土拌合物的维勃稠度值。其值越大，即振动时间越长，表示混凝土拌合物流动性越小。

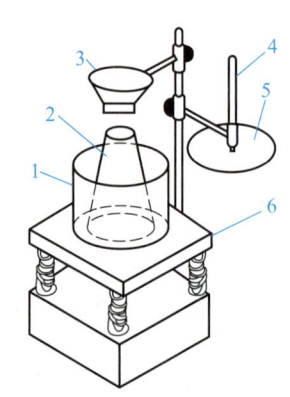

1—容器；2—坍落度筒；3—漏斗；
4—测杆；5—透明圆盘；6—振动台

图 4-8   维勃稠度仪

4. 混凝土凝结时间试验

混凝土凝结时间试验是从混凝土拌合物中筛出砂浆，用贯入阻力法测定坍落度值不为零的初凝时间和终凝时间。

4.2.3   普通混凝土拌合物性能影响因素与调整

1. 混凝土拌合物和易性的影响因素

影响混凝土拌合物和易性的主要因素有以下几方面。

（1）水泥和掺合料的品种

不同品种水泥，其颗粒特征不同，需水量也不同。如配合比相同时，使用矿渣水泥和某些火山灰水泥时，拌合物的坍落度一般较使用普通水泥小，且矿渣水泥会使拌合物的泌水性增加。同样，掺合料的品种及掺量也影响和易性。

（2）骨料的性质

从前面对骨料的分析可知，一般卵石拌制的混凝土拌合物比碎石拌制的流动性好。河砂拌制的混凝土拌合物比山砂拌制的流动性好。

采用粒径较大、级配较好的砂石，骨料总表面积和空隙率小，包裹骨料表面和填充空隙用的胶凝材料浆体用量小，因此拌合物的流动性较好。

（3）胶凝材料浆体数量——浆骨比

浆骨比是指混凝土拌合物中胶凝材料浆体与骨料的质量比。混凝土拌合物中的水泥浆，赋予混凝土拌合物以一定的流动性。

在水胶比不变的情况下，浆骨比越大，则拌合物的流动性越好。但若水泥浆过多，将易出现流浆现象，使拌合物黏聚性变差，同时对混凝土的强度与耐久性也会产生一定影响，而且胶凝材料量也大。浆骨比偏小，则胶凝材料浆体不能填满骨料空隙或不能很好包裹骨料表面，会产生崩坍现象，黏聚性变差。因此，混凝土拌合物中胶凝材料浆体的含量应以满足流动性要求为度，不宜过量。

（4）胶凝材料浆体的稠度与水胶比

胶凝材料浆体的稠度是由水胶比所决定的。水胶比是指混凝土拌合物中水与胶凝材料浆体的质量比。在胶凝材料用量不变的情况下，水胶比越小，水泥浆越稠，混凝土拌合物的流动性越小。当水胶比过小时，胶凝材料浆体干稠，混凝土拌合物的流动性过低，会使施工困难，不能保证混凝土的密实性。增加水胶比会使流动性加大，如果水胶比过大，又会造成混凝土拌合物的黏聚性和保水性不良，从而产生流浆、离析现象，并严重影响混凝土的强度。所以水胶比不能过大或过小。一般应根据混凝土强度和耐久性要求合理地选用。

无论是胶凝材料浆体的多少，还是胶凝材料浆体的稀稠，实际上对混凝土拌合物流动性起决定作用的是用水量的多少。因为无论是提高水胶比或增加胶凝材料浆体用量最终会表现为混凝土用水量的增加。应当注意，在试拌混凝土时，不能用单纯改变用水量的办法来调整混凝土拌合物的流动性。因单纯改变用水量会改变混凝土的强度和耐久性，与设计不符。因此应该在保持水胶比不变的条件下，用调整水泥浆量的办法来调整混凝土拌合物的流动性。

（5）砂率

砂率 β_s 是指混凝土中砂的质量占砂、石总质量的百分率。砂率的变动会使骨料的空隙率和骨料的总表面积有显著改变，因而对混凝土拌合物的和易性产生显著影响。

砂率过大时，骨料的总表面积及空隙率都会增大，在水泥浆含量不变的情况下，水泥浆量相对变少了，减弱了水泥浆的润滑作用，使混凝土拌合物的流动性减小。如砂率过小，在石子间起润滑作用的砂浆层不足，也会降低混凝土拌合物的流动性，而且会严重影响其黏聚性和保水性，容易造成离析、流浆等现象。因此，砂率有一个合理值。

采用合理砂率时，当水与水泥用量一定，能使混凝土拌合物获得最大的流动性且能保持良好的黏聚性和保水性，如图 4-9 所示。采用合理砂率，能使混凝土拌合物获得所要求的流动性及良好的黏聚性与保水性的情况下，水泥用量最少，如图 4-10 所示。

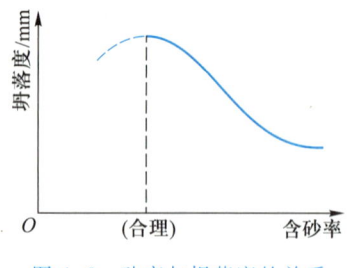
图 4-9　砂率与坍落度的关系

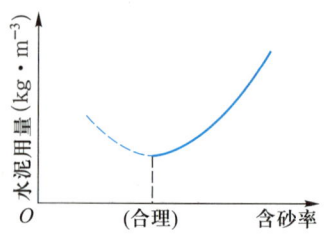
图 4-10　砂率与水泥用量的关系

影响合理砂率大小的因素很多，可概括为：

石子最大粒径较大、级配较好、表面较光滑时，由于粗骨料的空隙率较小，可采用较小的砂率；砂的细度模数较小时，因砂中细颗粒多，混凝土的黏聚性易得到保证，可采用较小的砂率；水泥浆较稠（水胶比小）时，由于混凝土的黏聚性较易得到保证，故可采用较小的砂率；施工要求的流动性较大时，粗骨料常出现离析，所以为保证混凝土的黏聚性，需采用较大的砂率；当掺用引气剂或减水剂等外加剂时，可适当减少砂率。一般情况下，在保证拌合物不离析，能很好地浇灌、捣实的条件下，应尽量选用较小的砂率，这样可节约水泥。

（6）外加剂

在拌制混凝土时，加入很少量的外加剂（如减水剂、引气剂）能使混凝土拌合物在不增加水泥用量的条件下，获得好的和易性，增大流动性和改善黏聚性、降低泌水性。并且由于改变了混凝土的结构，还能提高混凝土的耐久性。外加剂对混凝土性能影响已于 4.1.4 小节中介绍。

（7）时间和温度

拌合物拌制后，随时间的延长而逐渐变得干稠，流动性减少，这是因为水分损失和水泥水化。水分损失的原因是水泥水化消耗掉一部分水，骨料吸收一部分水，以及水分蒸发。由于拌合物流动性的这种变化，在施工中测定和易性的时间，推迟至搅拌完成后约 15 min 为宜。

拌合物的和易性也受温度的影响，因为环境温度的升高，水分蒸发及水泥水化反应加快，坍落度损失也变快。因此施工中为保证一定的和易性，必须注意环境的变化，采取相应的措施。

2. 混凝土拌合物和易性的调整与改善

① 当混凝土流动性小于设计要求时，为了保证混凝土的强度和耐久性，不能单独加水，必须保持水胶比不变，增加水泥浆用量。

② 当坍落度大于设计要求时，可在保持砂率不变的前提下，增加砂石用量，即减少水泥浆用量。

③ 改善骨料级配，既可增加混凝土流动性，也能改善黏聚性和保水性。

④ 掺减水剂或引气剂，是改善混凝土和易性的有效措施。

⑤ 尽可能选用最优砂率。当黏聚性不足时可适当增大砂率。

3. 混凝土凝结时间的影响因素

水泥的水化反应是混凝土产生凝结的主要原因，但是混凝土的凝结时间与配制该混凝土所用水泥的凝结时间并不一致，因为水泥浆体的凝结和硬化过程要受到水化产物在空间填充情况的影响。因此，水胶比的大小会明显影响混凝土凝结时间，水胶比越大，凝结时间越长。一般配制混凝土所用的水胶比与测定水泥凝结时间规定的水胶比是不同的，所以这两者的凝结时间便有所不同。而且混凝土的凝结时间，还会受到其他各种因素的影响，例如环境温度的变化、混凝土中掺入的外加剂，如缓凝剂或速凝剂等，将会明显影响混凝土的凝结时间。

【工程实例分析 4-3】 骨料含水量波动对混凝土和易性的影响

概况：某混凝土搅拌站用的骨料含水量波动较大，其混凝土强度不仅离散程度较大，还有时会出现卸料及泵送困难，有时又易出现离析现象。请分析原因。

原因分析：由于骨料，特别是砂的含水量波动较大，使实际配比中的加水量随之波动，以致加水量不足时混凝土坍落度不足，加水量过多时则坍落度过大，混凝土强度的离散程度较大。当坍落度过大时，易出现离析。若振捣时间过长坍落度过大，还会造成"过振"。

【工程实例分析 4-4】 碎石形状对混凝土和易性的影响

概况：某混凝土搅拌站原混凝土配方可生产出性能良好的泵送混凝土。后因供应的问题进了一批针片状多的碎石。当班技术人员未引起重视，仍按原配方配制混凝土，后发觉混凝土坍落度明显下降，难以泵送，临时现场加水泵送。请对此过程予以分析。

原因分析：① 因针片状碎石增多，表面积增大，在其他材料及配方不变的条件下，混凝土坍落度也就下降。② 当坍落度下降难以泵送时，简单地现场加水虽可解决泵送问题，但对混凝土的强度及耐久性都有不利影响，且还会引起泌水等问题。

4.3 硬化后混凝土的性能

4.3.1 混凝土强度

混凝土的强度包括抗压、抗拉、抗弯、抗剪以及握裹钢筋强度等；其中抗压强度最大，故工程上混凝土主要承受压力。而且混凝土的抗压强度与其他强度间有一定的相关性，可以根据抗压强度的大小来估计其他强度值，因此混凝土的抗压强度是最重要的一项性能指标。

1. 混凝土立方体抗压强度与强度等级

按照 GB/T 50081—2019《混凝土物理力学性能试验方法标准》规定，试件的制作和养护应符合相关规定。边长 150 mm 的立方体试件是标准试件；边长 100 mm 和 200 mm 的立方体试件是非标准试件。以标准立方体试件在 (20±3) ℃ 的温度和相对湿度 90% 以上的潮湿空气中养护 28 d，按照标准试验方法测得的抗压强度作为混凝土立方体试件抗压强度，单位为 N/mm²，混凝土立方体试件抗压强度以符号 "f_{cc}" 表达。

《混凝土结构设计规范》规定用上述标准试验方法测得的具有 95% 保证率的立方体抗压强度[①]作为混凝土的立方体抗压强度标准值，用符号 $f_{cu,k}$ 表示。材料强度统一由符号 "f" 表示，下标 "cu" 是立方体的意思，下标 k 是标准值的意思。混凝土强度等级由立方体抗压强度标准值确定。混凝土强度等级划分为：C15、C20、C25、C30、C35、C40、C45、C50、C55、C60、C65、C70、C75 和 C80。混凝土强度等级是混凝土结构设计、施工质量控制和工程验收的重要依据。

---

① 混凝土立方体抗压强度试验请参见数字资源 10.12。

2. 混凝土的轴心抗压强度和轴心抗拉强度

（1）轴心抗压强度

混凝土的立方体抗压强度只是评定强度等级的一个标志，它不能直接用来作为结构设计的依据。为了符合工程实际，在结构设计中混凝土受压构件的计算采用混凝土的轴心抗压强度。轴心抗压强度设计值以 f_c 表示，轴心抗压强度标准值以 f_{ck} 表示。

轴心抗压强度的测定采用 150 mm×150 mm×300 mm 棱柱体作为标准试件；100 mm×100 mm×300 mm 和 200 mm×200 mm×400 mm 棱柱体是非标准试件；每组试件 3 块。试验表明，轴心抗压强度 f_c 比同截面的立方体强度值 f_{cu} 小，棱柱体试件高宽比越大，轴心抗压强度越小，但当高宽比达到一定值后，强度就不再降低。但是过高的试件在破坏前由于失稳产生较大的附加偏心，又会降低其抗压的试验强度值。

（2）轴心抗拉强度

混凝土是一种脆性材料，在受拉时很小的变形就可能导致开裂，它在断裂前没有残余变形。混凝土的抗拉强度只有抗压强度的 1/20 ~ 1/10，且随着混凝土强度等级的提高，比值降低。

混凝土在工作时一般不依靠其抗拉强度。但抗拉强度对于抗开裂性有重要意义，在结构设计中抗拉强度是确定混凝土抗裂能力的重要指标。有时也用它来间接衡量混凝土与钢筋的黏结强度等。

混凝土抗拉强度采用立方体劈裂抗拉试验来测定，称为劈裂抗拉强度 f_{ts}。劈裂抗拉强度是指立方体试件或圆柱体试件上下表面中间承受均布压力劈裂破坏时，压力作用的竖向平面内产生近似均匀的极限拉应力（图 4-11）。混凝土劈裂抗拉强度应按式（4-2）计算：

$$f_{ts} = \frac{2F}{\pi A} = 0.637 \frac{F}{A} \tag{4-2}$$

式中：f_{ts}——混凝土劈裂抗拉强度，MPa；

$\quad\quad$ F——破坏荷载，N；

$\quad\quad$ A——试件劈裂面面积，mm^2。

混凝土轴心抗拉强度 f_t 可按劈裂抗拉强度 f_{ts} 换算得到，换算系数可由试验确定。

3. 混凝土的抗折强度

根据《普通混凝土力学性能试验方法》规定，其抗折强度是指混凝土试件小梁承受弯矩作用折断破坏时，混凝土试件表面所承受的极限拉应力。试验装置见图4-12。试验机应能施加均匀、连续、速度可控的荷载，并带有能使二个相等荷载同时作用在试件跨度 3 分点处的抗折试验装置。抗折强度试件应符合表 4-14 规定。

当试件尺寸为非标准试件时，应乘以尺寸换算系数 0.85。当混凝土强度等级 ≥C60 时，宜采用标准试件；使用非标准试件时，尺寸换算系数应由试验确定。

4. 影响混凝土强度的因素

影响混凝土强度的因素很多。可从原材料因素、生产工艺因素及试验因素三方面讨论。

（1）原材料因素

① 胶凝材料强度。胶凝材料强度的大小直接影响混凝土强度。在配合比相同的条件下，所用的水泥强度等级越高，制成的混凝土强度也越高。试验证明，混凝土的强度与水泥的强度成正比关系。

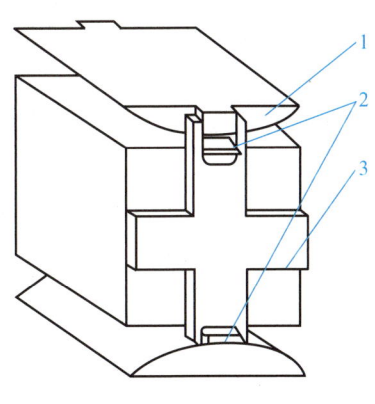

1—垫块；2—垫条；3—支架

图 4-11　混凝土劈裂抗拉试验示意图

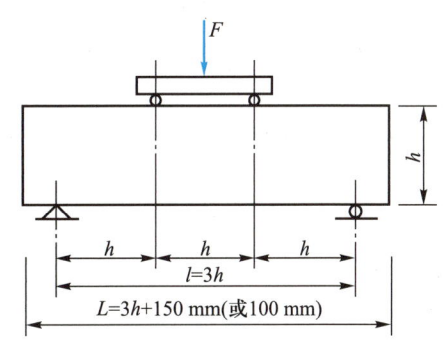

图 4-12　抗折试验装置图

表 4-14　抗折强度试件尺寸

标准试件	非标准试件
150 mm×150 mm×600 mm（或 550 mm）的棱柱体	100 mm×100 mm×400 mm 的棱柱体

　　② 水胶比。当用同一种水泥时，混凝土的强度主要决定于水胶比。因为胶凝材料水化时所需的结合水，一般只占胶凝材料质量的 23% 左右，但在拌制混凝土拌合物时，为了获得必要的流动性，实际采用较大的水胶比。当混凝土硬化后，多余的水分或残留在混凝土中形成水泡，或蒸发后形成气孔，混凝土内部的孔隙削弱了混凝土抵抗外力的能力。因此，满足和易性要求的混凝土，在胶凝材料强度等级相同的情况下，水胶比越小，水泥石的强度越高，与骨料黏结力也越大，混凝土的强度就越高。如果加水太少（水胶比太小），拌合物过于干硬，在一定的捣实成型条件下，无法保证浇灌质量，混凝土中将出现较多的孔洞，强度也将下降。

　　试验证明，混凝土强度随水胶比的增大而降低，呈曲线关系变化（图 4-13a）；而混凝土强度和胶水比则呈直线关系（图 4-13b）。

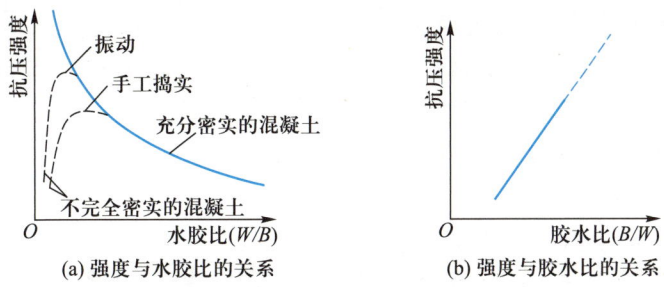

图 4-13　混凝土强度与水胶比及胶水比的关系

③ 骨料的种类、质量和数量。水泥石与骨料的黏结力除了受水泥石强度的影响外，还与骨料(尤其是粗骨料)的表面状况有关。碎石表面粗糙，黏结力比较大，卵石表面光滑，黏结力比较小。因而在水泥强度等级和水胶比相同的条件下，碎石混凝土的强度往往高于卵石混凝土。此外，骨料的杂质会影响混凝土强度。

当粗骨料级配良好，用量及砂率适当，能组成密集的骨架使水泥浆数量相对减少，骨料的骨架作用充分，也会使混凝土强度有所提高。

大量试验表明，混凝土强度与水胶比、水泥强度等级等因素之间保持近似恒定的关系。一般采用下面直线型的经验公式(4-3)来表示：

$$f_{cu} = \alpha_a f_b \left(\frac{B}{W} - \alpha_b \right) \tag{4-3}$$

4.10【案例分析 4-2】骨料杂质影响混凝土强度

式中：$\dfrac{B}{W}$——胶水比(胶凝材料与水质量比)；

f_{cu}——混凝土 28 d 抗压强度，MPa；

f_b——胶凝材料的 28 d 抗压强度实测值，MPa；

α_a、α_b——回归系数，与骨料的品种等因素有关。

一般水泥厂为了保证水泥的出厂强度等级，其实际抗压强度往往比其强度等级高。当无水泥 28 d 抗压强度实测值时，用水泥强度等级($f_{ce,g}$)代入式中，并乘以水泥强度等级富余系数(γ_c)，即 $f_{ce} = \gamma_c \cdot f_{ce,g}$，$\gamma_c$ 值应按统计资料确定。

回归系数 α_a 和 α_b 应根据工程所使用的水泥、骨料，通过试验由建立的水胶比与混凝土强度关系式确定；当不具备试验统计资料时，其回归系数可按 JGJ 55—2011《普通混凝土配合比设计规程》选用，见表 4-15。

表 4-15 回归系数 α_a、α_b 选用表

石子品种		碎石	卵石
回归系数	α_a	0.53	0.49
	α_b	0.20	0.13

上面的经验公式，一般只适用于流动性混凝土和低流动性混凝土，对干硬性混凝土则不适用。利用混凝土强度经验公式，可进行下面两个问题的估算：

a. 根据所用水泥强度和水胶比来估算所配制的混凝土强度；

b. 根据水泥强度和要求的混凝土强度等级来计算应采用的水胶比。

[例 4-2] 已知某混凝土所用水泥强度为 36.4 MPa，水胶比为 0.45，卵石。试估算该混凝土 28 d 强度值。

[解] 因为：$W/B = 0.45$，所以 $B/W = 1/0.45 = 2.22$

卵石：$\alpha_a = 0.49$，$\alpha_b = 0.13$

代入混凝土强度经验公式(4-3)：

$$f_{cu} = 0.49 \times 36.4 \times (2.22 - 0.13) \text{ MPa} = 37.3 \text{ MPa}$$

答：估算该混凝土 28 d 强度值为 37.3 MPa。

④ 外加剂和掺合料。

　　混凝土中加入外加剂可按要求改变混凝土的强度及强度发展规律，如掺入减水剂可减少拌合用水量，提高混凝土强度；如掺入早强剂可提高混凝土早期强度，但对其后期强度发展无明显影响。超细的掺合料可配制高性能、超高强度的混凝土。

　　（2）生产工艺因素

　　这里所指的生产工艺因素包括混凝土生产过程中涉及的施工（搅拌、捣实）、养护条件、养护时间等因素。如果这些因素控制不当，会对混凝土强度产生严重影响。

　　① 施工条件。在施工过程中，必须将混凝土拌合物搅拌均匀，浇筑后必须捣固密实，才能使混凝土有达到预期强度的可能。

　　机械搅拌和捣实的力度比人力要强，因而，采用机械搅拌比人工搅拌的拌合物更均匀，采用机械捣实比人工捣实的混凝土更密实。强力的机械捣实可适用于更低水胶比的混凝土拌合物，获得更高的强度。图4-13a中虚线部分显示在低水胶比时机械捣实比人工捣实有更高的强度。改进施工工艺可提高混凝土强度，如采用分次投料搅拌工艺；采用高速搅拌工艺，采用高频或多频振捣器，合理采用二次振捣工艺等也能提高混凝土强度。

　　② 养护条件。混凝土的养护条件主要指所处的环境温度和湿度，它们是通过影响水泥水化过程而影响混凝土强度。

　　养护环境温度高，水泥水化速度加快，混凝土早期强度高；反之亦然。若温度在冰点以下，不但水泥水化停止，而且有可能因冰冻导致混凝土结构疏松，强度严重降低，尤其是早期混凝土应特别加强防冻措施。为加快水泥的水化速度，可采用湿热养护的方法，即蒸气养护或蒸压养护。

　　湿度通常指的是空气相对湿度。相对湿度低，混凝土中的水分挥发快，混凝土因缺水而停止水化，强度发展受阻。另一方面，混凝土在强度较低时失水过快，极易引起干缩，影响混凝土耐久性。一般在混凝土浇筑完毕后12 h内应开始对混凝土加以覆盖或浇水。对硅酸盐水泥、普通水泥和矿渣水泥配制的混凝土浇水养护不得少于7 d；使用粉煤灰水泥和火山灰水泥，或者掺有缓凝剂、膨胀剂或有防水抗渗要求的混凝土浇水养护不得少于14 d。

　　③ 龄期。龄期是指混凝土在正常养护条件下所经历的时间。在正常养护条件下，混凝土强度将随着龄期的增长而增长。最初7~14 d内，强度增长较快，以后逐渐缓慢。但在有水的情况下，龄期延续很久其强度仍有所增长。

　　普通水泥制成的混凝土，在标准条件养护下，龄期不小于3 d的混凝土强度发展大致与其龄期的对数成正比关系。因而在一定条件下养护的混凝土，可按下式根据某一龄期的强度推算另一龄期的强度。

$$\frac{f_n}{\lg n} = \frac{f_a}{\lg a} \tag{4-4}$$

式中：f_n、f_a—— 龄期为n天和a天的混凝土抗压强度；

　　　　n、a——养护龄期（d），$a > 3$，$n > 3$。

　　[例4-3] 某混凝土在标准条件（温度（20 ± 3）℃，湿度 >95%）下养护7 d，测得其抗压强度为21.0 MPa，试估算该混凝土28 d抗压强度可达多少？

[解]　根据式（4-4），将数据代入，得该混凝土 28 d 抗压强度 f_{28} 为

$$f_{28} = \frac{\lg 28}{\lg 7} \times f_7 = \frac{1.45}{0.85} \times 21.0 \text{ MPa} = 35.8 \text{ MPa}$$

（3）试验因素

在进行混凝土强度试验时，试件尺寸、形状、表面状态、含水率以及试验加荷速度等试验因素都会影响到混凝土强度试验的测试结果。

① 试件形状尺寸。测定混凝土立方体试件抗压强度，也可以按粗骨料最大粒径的尺寸而选用不同试件的尺寸。但是试件尺寸不同、形状不同，会影响试件的抗压强度测定结果。混凝土试件在压力机上受压时，在沿加荷方向发生纵向变形的同时，也按泊松比效应产生横向膨胀。泊松比即混凝土试件轴向受压时，横向正应变与轴向正应变的绝对值的比值。而钢制压板的横向膨胀较混凝土小，因而在压板与混凝土试件受压面形成摩擦力，对试件的横向膨胀起到约束作用，这种约束作用称为"环箍效应"。"环箍效应"对混凝土抗压强度有提高作用。离压板越远，"环箍效应"越小，在距离试件受压面约 0.866a（a 为试件边长）范围外这种效应消失，这种破坏后的试件形状如图 4-14 所示。

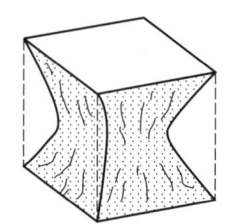

图 4-14　混凝土受压破坏

在进行强度试验时，试件尺寸越大，测得的强度值越低。这包括两方面的原因：一是"环箍效应"；二是由于大试件内存在的孔隙、裂缝和局部较差等缺陷的概率大，从而降低了材料的强度。

《混凝土物理力学性能试验方法标准》规定边长为 150 mm 的立方体试件为标准试件。当采用非标准尺寸试件时，应将其抗压强度折算为标准试件抗压强度。换算系数需按表 4-16 的规定。

4.11【观察讨论 4-3】混凝土试件受压破坏后形状分析

表 4-16　标准试件抗压强度换算系数

骨料最大颗粒直径/mm	换算系数	试块尺寸/mm
31.5	0.95	100×100×100（非标准试块）
40	1.00	150×150×150（标准试块）
63	1.05	200×200×200（非标准试块）

② 表面状态。当混凝土受压面非常光滑时（如有油脂），由于压板与试件表面的摩擦力减小，使环箍效应减小，试件将出现垂直裂纹而破坏，测得的混凝土强度值较低。

③ 含水程度。混凝土试件含水率越高，其强度越低。

④ 加荷速度。在进行混凝土试件抗压试验时，若加荷速度过快，材料裂纹扩展的速度慢于荷载增加速度，会造成测得的强度值偏高。故在进行混凝土立方体抗压强度试验时，应按规定的加荷速度进行。

综上所述，通过对混凝土强度影响因素的分析，提高混凝土强度的措施有：采用强度等级高的水泥；采用合理的低水胶比；采用有害杂质少、级配良好、颗粒适当的骨料和合理的砂率；采用合理的机械搅拌、振捣工艺；保持合理的养护温度和一定的湿度，可能的情况下采用

湿热养护；掺入合适的混凝土外加剂和掺合料。

4.3.2 混凝土的变形性能

1. 化学收缩

水泥水化生成的固体体积，比未水化水泥和水的总体积小，而使混凝土产生收缩，这种收缩称为化学收缩。

化学收缩是伴随着水泥水化而进行的，其收缩量是随混凝土硬化龄期的延长而增长的，增长的幅度逐渐减小。一般在混凝土成型后 40 多天内化学收缩增长较快，以后就渐趋稳定。化学收缩是不能恢复的。

2. 干湿变形——湿胀干缩

混凝土湿胀产生的原因是：吸水后使混凝土中水泥凝胶体粒子吸附水膜增厚，凝胶体粒子间的距离增大。湿胀变形量很小，对混凝土性能基本上无影响。

混凝土干缩产生的原因是：混凝土在干燥过程中，毛细孔水分蒸发，使毛细孔中形成负压，产生收缩力，导致混凝土收缩；当毛细孔中的水蒸发完后，如继续干燥，则凝胶体颗粒间吸附水也发生部分蒸发，缩小凝胶体颗粒间距离，甚至产生新的化学结合而收缩。因此，干缩的混凝土再次吸水时，干缩变形一部分可恢复，也有一部分（30% ~ 60%）不能恢复。

混凝土干缩变形的大小用干缩率表示，它反映混凝土的相对干缩性，其值为 $(3 \sim 5) \times 10^{-4}$。在一般工程设计中，混凝土干缩率通常取 $(1.5 \sim 2) \times 10^{-4}$，即每米混凝土收缩 $0.15 \sim 0.2$ mm。

影响混凝土干缩有以下几方面原因。

① 水泥品种及细度：水泥品种不同，混凝土的干缩率也不同。如使用火山灰水泥干缩最大，使用矿渣水泥比使用普通水泥的收缩大。采用高强度等级水泥，由于颗粒较细，混凝土收缩也较大。

② 用水量与水泥用量：用水量越多，硬化后形成的毛细孔越多，其干缩值也越大。水泥用量越多，混凝土中凝胶体越多，收缩量也越大，而且水泥用量多会使用水量增加，从而导致干缩偏大。

③ 骨料的种类与数量：砂石在混凝土中形成骨架，对收缩有一定的抵抗作用。骨料的弹性模量越高，混凝土的收缩越小，故轻骨料混凝土的收缩比普通混凝土大得多。

④ 养护条件：延长潮湿条件的养护时间，可推迟干缩的发生与发展，但对最终干缩值影响不大。若采用蒸养可减少混凝土干缩，蒸压养护效果更显著。

3. 温度变形

混凝土与其他材料一样，也具有热胀冷缩的性质。这种热胀冷缩的变形称为温度变形。混凝土温度变形系数约为 1×10^{-5} m/℃，即温度变化（升高或降低）1 ℃，每米混凝土膨胀 0.01 mm。温度变形对大体积混凝土及大面积混凝土工程极为不利。

在混凝土硬化初期，水泥水化放出较多的热量，混凝土又是热的不良导体，散热较慢，因此在大体积混凝土内部的温度较外部高，有时可达 50 ~ 70 ℃。这将使内部混凝土的体积产生较大的膨胀，而外部混凝土却随气温降低而收缩。内部膨胀和外部收缩互相制约，在外表混凝土中将产生很大拉应力，严重时使混凝土产生裂缝。因此对大体积混凝土工程，必须尽量设法

4.12【观察讨论 4-4】水化热与混凝土开裂

减少混凝土发热量，如采用低热水泥，减少水泥用量，采取人工降温等措施。

4. 在短期荷载作用下的变形

（1）混凝土单轴受压的应力-应变关系

混凝土在短期单轴受压的应力-应变关系可分为四个阶段，见图 4-15。

第一阶段荷载小于极限荷载的 30%，混凝土的原有界面裂缝基本保持稳定。故混凝土的应力-应变关系基本为直线，属弹性变形阶段。

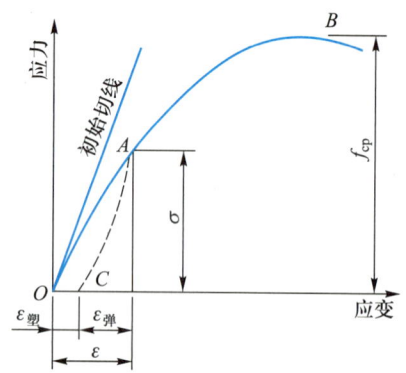

图 4-15　混凝土在短期压力作用下的应力-应变曲线

第二阶段荷载为极限荷载的 30%~50%，混凝土中界面过渡区内的微裂缝随着荷载的提高而有所增加，应变增大比应力增长快，其应力-应变关系为曲线。这一阶段既产生可恢复的弹性变形，又产生不可恢复的塑性变形，进入弹塑性阶段。但其过渡区内的微裂缝仍然处于相对稳定状态，水泥石中的开裂可以忽略。

第三阶段荷载为极限荷载的 50%~80%，混凝土中界面过渡区内的裂缝变得不稳定，随着荷载的提高产生不稳定的扩展，塑性变形增大。其应力-应变曲线更偏向于应变轴。

第四阶段荷载为极限荷载的 80% 以上，随着荷载的增加，混凝土界面裂缝与基体裂缝产生不稳定的扩展，迅速形成连续的裂缝体系，混凝土应变明显。随着荷载的提高其应力-应变曲线逐步趋于水平，直至达到极限荷载。

在重复荷载作用下的应力-应变曲线因荷载的大小有所不同。当应力为极限荷载的 30%~50% 时，每次卸荷都残留一部分塑性变形，但随着重复次数增加，塑性变形的总量虽然增加，但增加量逐渐减少，最后稳定。当应力在极限荷载的 30%~50% 重复时，随着重复次数增加，塑性变形的总量逐渐增加，最后会导致混凝土疲劳破坏。

（2）混凝土的变形模量

在应力-应变曲线上任一点的应力 δ 与其应变 ε 的比值，叫作混凝土在该应力下的变形模量。在混凝土结构或钢筋混凝土结构设计中，常采用按标准方法测得的静力受压弹性模量 E_c。静力受压弹性模量是以混凝土棱柱体试件，在 1/3 混凝土轴心抗压强度的应力水平下，经过多次反复加荷与卸荷，最后得到应力-应变曲线的变形模量。混凝土的强度越高，弹性模量越高，两者存在一定的相关性。当混凝土的强度等级由 C15 增高到 C80 时，其弹性模量约从 $2.20×10^4$ MPa 增至 $3.80×10^4$ MPa。

混凝土的弹性模量取决于骨料和水泥石的弹性模量。水泥石的弹性模量一般低于骨料的弹性模量，因而混凝土的弹性模量一般略低于所用骨料的弹性模量，介于所用骨料和水泥石的弹性模量之间。在材料质量不变的条件下，混凝土的骨料含量较多、水胶比较小、养护较好及龄期较长时，混凝土的弹性模量就较大。蒸汽养护的混凝土弹性模量比标准养护的低。

5. 长期荷载作用下的变形——徐变

混凝土在长期恒定荷载作用下，沿着作用力方向随时间的延长而增加的变形称为徐变。其特征是初期增长较快，然后逐渐缓慢，2~3 年后趋于稳定。徐变产生的原因主要是凝胶体的黏性流动和滑移。混凝土的徐变一般可达(0.3~1.0) mm/m。

徐变对混凝土结构物的作用：对普通钢筋混凝土构件，能消除混凝土内部温度应力和收缩应力，减弱混凝土的开裂现象。对预应力混凝土构件，混凝土的徐变使预应力损失增加。影响混凝土徐变变形的因素主要有：

① 水胶比一定时，水泥用量越大，徐变越大；

② 水胶比越小，徐变越小；

③ 龄期长、结构致密、强度高则徐变小；

④ 骨料用量多，徐变小；

⑤ 应力水平越高，徐变越大。

4.3.3　混凝土的耐久性

混凝土耐久性是指混凝土在使用条件下抵抗周围环境中各种因素长期作用而不破坏的能力。根据混凝土所处的环境条件不同，混凝土耐久性应考虑的因素也不同。例如，承受压力水作用的混凝土，需要具有一定的抗渗性能；遭受环境水侵蚀作用的混凝土，需要具有与之相适应的抗侵蚀性能等。

混凝土耐久性能主要包括抗渗、抗冻、抗侵蚀、碳化、碱骨料反应及混凝土中的钢筋锈蚀等性能。GB/T 50082—2009《普通混凝土长期性能和耐久性能试验方法标准》作出了相关规定。

1. 抗渗性

抗渗性是指混凝土抵抗压力水（或油）渗透的能力。它直接影响混凝土的抗冻性和抗侵蚀性。混凝土的抗渗性主要与其密实度及内部孔隙的大小和构造有关。混凝土内部的互相连通的孔隙和毛细管通路，以及由于混凝土施工成型时，振捣不实产生的蜂窝、孔洞都会造成混凝土渗水。影响混凝土抗渗性有以下因素。

① 水胶比。混凝土水胶比大小，对其抗渗性能起决定性作用。水胶比越大，其抗渗性越差。成型密实的混凝土，水泥石本身的抗渗性对混凝土的抗渗性影响最大。

② 骨料的最大粒径。在水胶比相同时，混凝土骨料的最大粒径越大，其抗渗性能越差。这是由于骨料和水泥浆的界面处易产生裂隙和较大骨料下方易形成孔穴。

③ 养护方法。蒸汽养护的混凝土，其抗渗性较潮湿养护的混凝土要差。在干燥条件下，混凝土早期失水过多，容易形成收缩裂隙，因而降低混凝土的抗渗性。

④ 水泥品种。水泥的品种、性质也影响混凝土的抗渗性能。

⑤ 外加剂。在混凝土中掺入某些外加剂，如减水剂等，可减小水胶比，改善混凝土的和易性，因而可改善混凝土的密实性，即提高了混凝土的抗渗性能。

⑥ 掺合料。在混凝土中加入掺合料，如掺入优质粉煤灰，可提高混凝土的密实度、细化孔隙，改善了孔结构和骨料与水泥石界面的过渡区结构，提高了混凝土的抗渗性。

⑦ 龄期。混凝土龄期越长，其抗渗性越好。因为随着水泥水化的进行，混凝土的密实度逐渐增大。

2. 抗冻性

混凝土的抗冻性是指混凝土在使用环境中，经受多次冻融循环作用，能保持强度和外观完整性的能力。在寒冷地区，特别是在接触水又受冻的环境下的混凝土，要求具有较高的抗冻性能。检测混凝土的抗冻性能有三种方法：慢冻法、快冻法和单面冻融法（或称盐冻法）。

慢冻法适用于测定混凝土试件在气冻水融条件下，以经受的冻融循环次数来表示的混凝土抗冻性能。慢冻法测定混凝土试件的抗冻标号，是以 28 d 龄期的混凝土 100 mm×100 mm×

100 mm 立方体标准试件吸水饱和状态下，进行冻融循环的次数来表示的。每 25 次循环宜对冻融试件进行一次外观检查。当冻融循环出现下列三种情况之一时，可停止冻融循环试验：一是达到规定的循环次数；二是抗压强度损失率已达到 25%；三是质量损失率已达 5%。抗冻标号应以抗压强度损失率不超过 25% 或质量损失率不超过 5% 时的最大冻融循环次数确定。分别为 D25、D50、D100、D150、D200、D250、D300 和 D300 以上，分别表示混凝土能够承受反复冻融循环次数不小于 25、50、100、150、200、250、300 次和 300 次以上。

快冻法适用于测定混凝土试件在水冻水融条件下，以经受的快速冻融循环次数来表示的混凝土抗冻性能。抗冻等级以相对动弹性模量下降至不低于 60% 或者质量损失率不超过 5% 时的最大循环次数确定，并用符号 F 表示。

单面冻融法(或称盐冻法)适用于测定混凝土试件在大气环境中且与盐接触的条件下，以能够经受冻融循环次数或者表面剥落质量或超声波相对动弹性模量来表示的混凝土抗冻性能。

混凝土的抗冻性主要取决于混凝土密实度、内部孔隙的大小与构造及含水程度。密实混凝土或具有闭口孔隙的混凝土具有较好的抗冻性。影响混凝土抗渗性的因素对混凝土抗冻性也有类似的影响。最有效方法是掺入引气剂、减水剂和防冻剂。

3. 抗侵蚀性

环境介质对混凝土的侵蚀主要是对水泥石的侵蚀，通常有软水侵蚀，酸、碱、盐的侵蚀等。海水对混凝土的侵蚀除了对水泥石的侵蚀外，还有反复干湿的物理作用；海浪的冲击磨损；海水中氯离子对混凝土内钢筋的锈蚀等作用。

反映混凝土抗氯离子渗透性能有电通量法和快速氯离子迁移系数法。

混凝土的抗侵蚀性与所用水泥品种、混凝土的密实程度和孔隙特征有关。密实或孔隙封闭的混凝土，环境水不易侵入，故其抗侵蚀性较强。所以提高混凝土抗侵蚀性的主要措施是：选择合理水泥品种(见表 3-8)；提高混凝土密实程度，如加强捣实或掺减水剂；改善孔结构，如掺引气剂等。

4. 混凝土的碳化

4.13【案例分析 4-3】港珠澳大桥沉管生产线

混凝土的碳化是指空气中的二氧化碳在有水存在的条件下，与水泥石中的氢氧化钙发生如下反应，生成碳酸钙和水的过程。

$$Ca(OH)_2 + CO_2 + H_2O \Longrightarrow CaCO_3 + 2H_2O$$

碳化过程是随着二氧化碳不断向混凝土内部扩散，而由表及里缓慢进行的。碳化作用最主要的危害是：由于碳化使混凝土碱度降低，减弱了其对钢筋的防锈保护作用，使钢筋易出现锈蚀；另外，碳化将显著增加混凝土的收缩，使混凝土表面产生拉应力，导致混凝土中出现微细裂缝，从而使混凝土抗拉、抗折强度降低。

碳化可使混凝土的抗压强度有所提高，这是因为碳化反应生成的水分有利于水泥的水化作用，而且反应形成的碳酸钙减少了水泥石内部的孔隙。

4.14【案例分析 4-4】跨海大桥桥墩混凝土开裂原因分析

总的来说，碳化作用对混凝土是有害的，提高混凝土抗碳化能力的措施有：优先选择硅酸盐水泥和普通水泥；采用较小的水胶比；提高混凝土密实度；改善混凝土内孔结构。

5. 碱骨料反应

碱骨料反应是指水泥、外加剂等混凝土组成物及环境中的碱与骨料中碱活性矿物在潮湿环境下缓慢发生并导致混凝土开裂破坏的膨胀反应。碱骨料反应包括碱-硅酸盐反应和碱-碳酸盐反应。如碱与骨料中的活性氧化硅起化学反应，结果在骨料表面生成了复杂的碱-硅酸凝胶。生成的凝胶可不断吸水，体积相应不断膨胀，会把水泥石胀裂。

普遍认为发生碱骨料反应须同时具备下列三个必要条件：一是碱含量高；二是骨料中存在碱活性矿物，如活性二氧化硅；三是环境潮湿，水分渗入混凝土。预防或抑制碱骨料反应的措施有：

① 使用含碱小于 0.6% 的水泥，以降低混凝土总的含碱量；

② 混凝土所使用的碎石或卵石应进行碱活性检验；

③ 使混凝土致密或包覆混凝土表面，防止水分进入混凝土内部；

④ 采用能抑制碱骨料反应的掺合料，如粉煤灰（高钙高碱粉煤灰除外）、硅灰等。

6. 结构混凝土材料的耐久性基本要求

《混凝土结构设计规范》对设计使用年限 50 年的混凝土结构的混凝土材料作出了相关规定，见表 4-17。

表 4-17　结构混凝土材料的耐久性基本要求

环境等级	环境条件	最大水胶比	最低强度等级	最大氯离子含量/%	最大碱含量/%
一	1. 室内干燥环境 2. 无腐蚀性静水环境	0.60	C20	0.30	不限制
二 a	1. 室内潮湿环境 2. 非严寒和非寒冷地区的露天环境 3. 非严寒和非寒冷地区与无侵蚀性水或土壤直接接触的环境 4. 严寒和寒冷地区的冰冻线以下与无侵蚀性水或土壤直接接触的环境	0.55	C25	0.20	3.0
二 b	1. 干湿交替环境 2. 水位频繁变动环境 3. 严寒和寒冷地区的露天环境 4. 严寒和寒冷地区的冰冻线以上与无侵蚀性水或土壤直接接触的环境	0.50 (0.55)	C30 (C25)	0.15	
三 a	1. 严寒和寒冷地区冬季水位变动区环境 2. 受除冰盐影响环境 3. 海风环境	0.45 (0.50)	C35 (C30)	0.15	
三 b	1. 盐渍土环境 2. 受除冰盐作用环境 3. 海岸环境	0.40	C40	0.10	

注：① 氯离子含量指其占胶凝材料总量的百分比。

② 预应力构件混凝土中的最大氯离子含量为 0.06%；其最低混凝土强度等级宜按表中规定提高两个等级。

③ 素混凝土构件的水胶比及最低强度等级的要求可适当放松。

④ 有可靠工程经验时，二类环境中的最低混凝土强度等级可降低一个等级。

⑤ 处于严寒和寒冷地区二 b、三 a 类环境中的混凝土应使用引气剂，并可采用括号中数据。

⑥ 当使用非碱活性骨料时，对混凝土中的碱含量可不作限制。

4.15【案例分析4-5】立交桥混凝土开裂

4.16【教学交流4-2】在理论联系实际的研讨中培养工匠精神

4.17【案例分析4-6】硅烷涂料保护混凝土的应用

7. 提高混凝土耐久性的措施

混凝土遭受各种侵蚀作用的破坏虽各不相同，但提高混凝土的耐久性措施有很多共同之处，即选择适当的原材料；提高混凝土密实度；改善混凝土内部的孔结构。一般提高混凝土耐久性的具体措施有：

① 根据工程环境合理选择水泥品种或胶凝材料组成。

② 在满足结构混凝土材料的耐久性基本要求的基础上，采用较小水胶比。

③ 选择质量良好、级配合理的骨料和合理的砂率。

④ 合理选用外加剂，如合理使用引气剂及减水剂用以提高混凝土抗渗、抗冻性能。

⑤ 混凝土表面涂覆相关的保护材料。

⑥ 加强混凝土生产质量的控制。

【工程实例分析4-5】 掺合料搅拌不均致使混凝土强度低

概况：某工程使用42.5级普通硅酸盐水泥，并以等量的粉煤灰一起配制C25混凝土，工地现场搅拌，为赶进度搅拌时间较短。拆模后检测，发现所浇筑的混凝土强度波动大，部分低于所要求的混凝土强度指标。请分析原因。

原因分析：该混凝土强度等级较低，而选用的水泥强度等级较高，故使用了较多的粉煤灰掺合料。由于搅拌时间较短，粉煤灰与水泥搅拌不够均匀，导致混凝土强度波动大，以致部分混凝土强度未达要求。

【工程实例分析4-6】 过道屋面混凝土剥落漏水分析

概况：某水泥混凝土屋面竣工后不久，发现有不规则小裂纹。一年后，裂缝逐步增多、增长，部分混凝土剥落露出已锈蚀的钢材，渗漏。

原因分析：首先是该混凝土的配制问题。从剥落的混凝土可见，该混凝土所用的石子粒径较均匀，级配不够合理。当时为现场搅拌施工，水泥及用水量均较高，故完工后不久就出现较多的干缩性的细裂纹。此外，混凝土上部未加防水层，在日晒雨淋作用下，裂纹扩展并渗水，导致钢筋生锈。钢筋生锈产生膨胀，又进一步扩展裂缝，破坏混凝土，这样就形成了恶性循环。故仅竣工一年即出现渗漏。

4.4 普通混凝土的质量控制与强度评定

4.4.1 混凝土的质量控制

混凝土质量控制的目标是使所生产的混凝土能按规定的保证率满足设计要求。混凝土的质量控制包括了三个过程：

① 生产前的质量控制：包括人员配备、设备调试、原材料进厂检验、配合比的确定等。

② 施工过程的质量控制：包括控制称量、搅拌、运输、浇注、捣实及养护等。

③ 混凝土合格性控制：包括取样批数确定检验方法和验收范围等。

4.4.2　混凝土的强度评定

GB/T 50107—2010《混凝土强度检验评定标准》规定了混凝土的取样、试验，以及混凝土强度检验评定。

混凝土强度应分批进行检验评定。一个检验批的混凝土应由强度等级相同、龄期相同及生产工艺条件和配合比基本相同的混凝土组成。混凝土强度检验评定有统计方法评定和非统计方法评定。

1. 统计方法评定

（1）采用统计方法评定的规定

① 当连续生产的混凝土，生产条件在较长时间内保持一致，且同一品种、同一强度等级混凝土的强度变异性保持稳定时，混凝土强度检验评定按连续 3 组试件检测方法进行。

② 其他情况应按样本容量不少于 10 组检测方法进行。

（2）连续 3 组试件检测

一个检验批的样本容量应为连续的 3 组试件，其强度应同时符合式（4-5）和式（4-6）的规定：

$$m_{f_{cu}} \geqslant f_{cu,k} + 0.7\sigma_0 \tag{4-5}$$

$$f_{cu,min} \geqslant f_{cu,k} - 0.7\sigma_0 \tag{4-6}$$

检验批混凝土立方体抗压强度的标准差应按式（4-7）计算：

$$\sigma_0 = \sqrt{\frac{\sum_{i=1}^{n} f_{cu,i}^2 - nm_{f_{cu}}^2}{n-1}} \tag{4-7}$$

当混凝土强度等级不高于 C20 时，其强度的最小值尚应满足下式要求：

$$f_{cu,min} \geqslant 0.85 f_{cu,k}$$

当混凝土强度等级高于 C20 时，其强度的最小值尚应满足下式要求：

$$f_{cu,min} \geqslant 0.90 f_{cu,k}$$

式中：$m_{f_{cu}}$——同一检验批混凝土立方体抗压强度的平均值，精确到 0.1 N/mm^2。

　　$f_{cu,k}$——混凝土立方体抗压强度的标准值，精确到 0.1 N/mm^2。

　　σ_0——检验批混凝土立方体抗压强度的标准差，精确到 0.1 N/mm^2；当检验批混凝土立方体抗压强度的标准差 σ_0 计算值小于 2.5 N/mm^2 时，应取 2.5 N/mm^2。

　　$f_{cu,i}$——前一个检验期内同一品种、同一强度等级的第 i 组混凝土试件的立方体抗压强度代表值，精确到 0.1 N/mm^2；该检验期不应少于 60 d，也不得大于 90 d。

　　n——前一个检验期内的样本容量，在该期间内样本容量不应少于 45。

　　$f_{cu,min}$——同一检验批混凝土立方体抗压强度的最小值，精确到 0.1 N/mm^2。

（3）样本容量不少于 10 组检测

当样本容量不少于 10 组时，其强度应同时满足下列要求：

$$m_{f_{cu}} \geqslant f_{cu,k} + \lambda_1 S_{f_{cu}} \tag{4-8}$$

$$f_{cu,min} \geqslant \lambda_2 f_{cu,k} \tag{4-9}$$

同一检验批混凝土立方体抗压强度的标准差应按式（4-10）计算：

$$S_{f_{cu}} = \sqrt{\dfrac{\sum\limits_{i=1}^{n} f_{cu,i}^2 - n m_{f_{cu}}^2}{n-1}} \qquad (4-10)$$

式中：$S_{f_{cu}}$——同一检验批混凝土立方体抗压强度的标准差，精确到 0.1 N/mm²；当检验批混
　　　　凝土立方体抗压强度的标准差 $S_{f_{cu}}$ 计算值小于 2.5 N/mm² 时，应取 2.5 N/mm。

　　　λ_1、λ_2——合格评定系数，按表 4-18 取用。

　　　n——本检验期内的样本容量。

表 4-18　混凝土强度合格评定系数

试件组数	10~14	15~19	≥20
λ_1	1.15	1.05	0.95
λ_2	0.90	0.85	

　　当检验结果满足（2）连续 3 组试件检测或（3）样本容量不少于 10 组检测的规定时，则该批混凝土强度应评定为合格，否则为不合格，对评为不合格批的混凝土，可按国家现行的有关标准进行处理。

4.18【观察
讨论 4-5】
强度分布曲
线与管理水
平

　　另外，用数理统计方法可求出几个特征统计量：强度平均值（$\overline{f_{cu}}$）、强度标准差（σ）以及变异系数（C_v）。强度平均值仅反映混凝土总体强度的平均值，但没有反映混凝土强度的波动情况。而强度标准差和变异系数则可反映混凝土强度的波动情况。强度标准差越大，说明强度的离散程度越大，混凝土质量越不均匀，生产水平越低。其变异系数越小，说明混凝土质量越稳定。

2. 非统计方法评定

　　当用于评定的样本容量小于 10 组时，应采用非统计方法评定混凝土强度。按非统计方法评定混凝土强度时，其强度应符合式（4-11）和式（4-12）规定：

$$m_{f_{cu}} \geqslant \lambda_3 f_{cu,k} \qquad (4-11)$$

$$f_{cu,min} \geqslant \lambda_4 f_{cu,k} \qquad (4-12)$$

式中：λ_3、λ_4——合格评定系数，按表 4-19 取用。

表 4-19　混凝土强度合格评定系数

混凝土强度等级	<C60	≥C60
λ_3	1.15	1.10
λ_4	0.95	

　　当检验结果满足上述规定时，则该批混凝土强度应评定为合格，否则为不合格，对评为不合格批的混凝土，可按国家现行有关标准进行处理。当对混凝土试件强度的代表性有怀疑时，可采用从结构和构件中钻取试样或采用非破损检验方法，按相关标准的规定进行推定处理。

4.5　普通混凝土的配合比设计

4.5.1　混凝土的基本要求

　　建筑工程中所使用的混凝土须满足以下四项基本要求：

① 混凝土拌合物须具有与施工条件相适应的和易性。

② 满足混凝土结构设计的强度等级。

③ 具有适应所处环境条件下的耐久性和生态环境协调性。

④ 在保证上述三项基本要求前提下具有经济性。

一个完整的混凝土配合比设计应包括初步配合比计算、试配和调整、施工配合比确定三个步骤。

4.5.2 普通混凝土配合比设计的主要参数和基本资料

1. 混凝土配合比设计的主要参数

混凝土配合比设计，实质上就是确定胶凝材料、水、砂与石子这四项基本组成材料用量之间的三个比例关系：

① 水与胶凝材料之间的比例关系，常用水胶比表示；

② 砂与石之间的比例关系，常用砂率表示；

③ 胶凝材料浆与骨料之间的比例关系，常用单位用水量（1 m³ 混凝土的用水量）来反映。

水胶比、砂率、单位用水量是混凝土配合比的三个重要参数，因为这三个参数与混凝土的各项性能之间有着密切的关系，在配合比设计中正确地确定这三个参数，就能使混凝土满足上述设计要求。

常用的表示方法有两种：

一种是以每 1 m³ 混凝土中各项材料的质量表示。如某配合比：水泥 300 kg、水 150 kg、砂 720 kg、石子 1 200 kg，该混凝土 1 m³ 总质量为 2 370 kg；

另一种表示方法是以各项材料相互间的质量比来表示（以水泥质量为 1），将上例换算成质量比为水泥：砂：石 = 1：2.4：4，水胶比 = 0.50。

2. 普通混凝土的配合比设计的基本资料

在混凝土配合比设计之前，需掌握相关的基础资料，主要包括如下三个方面：

① 原材料的技术性能：水泥品种和实际强度、密度；砂石的种类、表观密度、堆积密度和含水率；砂的级配和粗细程度；石的级配和最大粒径；拌合水的水质和水源；掺合料和外加剂的品种、性能。

② 混凝土的技术性能要求：和易性、强度等级和耐久性。

③ 环境条件、施工条件及管理水平：项目所在地施工季节的环境条件；搅拌和振捣方式，构件类型，最小钢筋净距；施工管理水平等。

4.5.3 普通混凝土配合比设计步骤

混凝土配合比的设计须按照行业标准 JGJ 55—2011《普通混凝土配合比设计规程》所规定的步骤来进行。

1. 初步配合比的计算

（1）混凝土配制强度的确定

《混凝土结构设计规范》对不同环境等级设计使用年限 50 年混凝土结构的最低强度等级、最大水胶比等作出了规定，混凝土配制强度也必须满足其规定。

① 混凝土配制强度应按下列规定确定。

a. 当混凝土的设计强度等级小于 C60 时，配制强度应按式（4-13）确定：

$$f_{cu,0} = f_{cu,min} = f_{cu,k} + 1.645\sigma \tag{4-13}$$

式中：$f_{cu,0}$——混凝土的配制强度，MPa；

$f_{cu,k}$——混凝土立方体抗压强度标准值，MPa；

σ——混凝土强度标准差；

1.645——强度保证系数，其对应强度保证率为 95%。

强度保证率是指混凝土强度总体中，强度不低于设计的强度等级值（$f_{cu,k}$）的百分率。由于在实验室配制强度能满足设计强度等级的混凝土，应考虑到实际施工条件与实验室条件的差别。在实际施工中，混凝土强度难免有波动，如施工中各项原材料的质量变化，混凝土配合比控制波动等将造成混凝土质量的变化，混凝土的强度会有时偏高，有时偏低，但总是在配制强度的附近波动，总体符合正态分布规律。质量控制越严，施工管理水平越高，则波动幅度越小；反之则波动幅度越大。

b. 当设计强度等级大于或等于 C60 时，配制强度应按式（4-14）确定：

$$f_{cu,0} \geqslant 1.15 f_{cu,k} \tag{4-14}$$

② 混凝土强度标准差确定。

a. 当具有近 1~3 个月的同一品种、同一强度等级混凝土的强度资料，且试件组数不小于 30 时，其混凝土强度标准差 σ 应按式（4-15）计算：

$$\sigma = \sqrt{\frac{\sum_{i=1}^{n} f_{cu,i}^2 - n \cdot m_{f_{cu}}^2}{n-1}} \tag{4-15}$$

式中：$f_{cu,i}$——第 i 组混凝土试件的立方体抗压强度值，MPa；

n——混凝土试件组数；

$m_{f_{cu}}$——n 组试件抗压强度的平均值，MPa。

对于强度等级不大于 C30 的混凝土：当混凝土强度标准差计算值不小于 3.0 MPa 时，应按式（4-15）计算；当混凝土强度标准差计算值小于 3.0 MPa 时，应取 3.0 MPa。

对于强度等级大于 C30 且小于 C60 的混凝土，当混凝土强度标准差计算值不小于 4.0 MPa 时，应按式（4-15）计算结果取值；当混凝土强度标准差计算值小于 4.0 MPa 时，应取 4.0 MPa。

b. 当没有近期的同一品种、同一强度等级混凝土的强度资料时，其强度标准差值可按表 4-20 取值。

表 4-20 混凝土强度标准差 σ 值

混凝土强度等级	≤ C20	C25~C45	C50~C55
σ/MPa	4.0	5.0	6.0

（2）混凝土配合比计算

① 混凝土水胶比。混凝土的最大水胶比应符合现行国家标准《混凝土结构设计规范》的规定，见表 4-17，并进行相关计算。

a. 强度等级小于 C60 时水胶比计算。根据已测定的水泥实际强度，粗骨料种类及所要求的混凝土配制强度($f_{cu,0}$)，混凝土强度等级小于 C60 时，混凝土水胶比宜按式（4-16）计算：

$$\frac{W}{B} = \frac{\alpha_a f_b}{f_{cu,0} + \alpha_a \cdot \alpha_b \cdot f_b} \tag{4-16}$$

式中：W/B——水胶比；

α_a、α_b——回归系数；

f_b——胶凝材料 28 d 胶砂抗压强度，可实测，无实测值时也可按水胶比计算确定，MPa。

回归系数根据工程所使用的原材料，通过试验建立的水胶比与混凝土强度关系式来确定；当不具备上述试验统计资料时，回归系数 α_a 和 α_b 按表 4-15 选用。

b. 当胶凝材料抗压强度无实测值时水胶比计算。当胶凝材料 28 d 抗压强度实测值 f_b 无实测值时，可按式（4-17）计算：

$$f_b = \gamma_f \gamma_s \cdot f_{ce} \tag{4-17}$$

式中：γ_f、γ_s——粉煤灰影响系数和粒化高炉矿渣粉影响系数，可按表 4-21 选用。

表 4-21 粉煤灰和粒化高炉矿渣粉影响系数

掺量/%	粉煤灰影响系数 γ_f	粒化高炉矿渣粉影响系数 γ_s
0	1.00	1.00
10	0.85~0.95	1.00
20	0.75~0.85	0.95~1.00
30	0.65~0.75	0.90~1.00
40	0.55~0.65	0.80~0.90
50	—	0.70~0.85

采用 I 级、II 级粉煤灰宜取上限；采用 S75 级粒化高炉矿渣粉宜取下限值，采用 S95 级粒化高炉矿渣粉宜取上限值，采用 S105 级粒化高炉矿渣粉可取上限值加 0.05；当超出表中掺量时，粉煤灰和粒化高炉矿渣粉影响系数应经试验确定。

当水泥 28 d 胶砂抗压强度（f_{ce}）无实测值时，可按式（4-18）计算：

$$f_{ce} = \gamma_c f_{ce,g} \tag{4-18}$$

式中：γ_c——水泥强度等级值的富余系数，可按实际统计资料确定，当缺乏实际统计资料时，也可按表 4-22 选用。

$f_{ce,g}$——水泥强度等级，MPa。

表 4-22 水泥强度等级值的富余系数

水泥强度等级值	32.5	42.5	52.5
富余系数	1.12	1.16	1.10

② 用水量和外加剂用量。

a. 干硬性和塑性混凝土用水量的确定。单位用水量（m_{w0}）是指每立方米混凝土的用水量。

水胶比范围在 0.40~0.80 之间的干硬性和塑性混凝土，可根据混凝土所用粗骨料类型、最大粒径和混凝土的坍落度要求，其用水量按表 4-23 和表 4-24 选取。

水胶比小于 0.40 的混凝土以及采用特殊成型工艺的混凝土用水量应通过试验确定。

表 4-23　干硬性混凝土的单位用水量　　　　　　　　　　　　　　　　　kg/m³

拌合物稠度		卵石最大粒径/mm			碎石最大粒径/mm		
项　目	指　标	10.0	20.0	40.0	16.0	20.0	40.0
维勃稠度/s	16~20	175	160	145	180	170	155
	11~15	180	165	150	185	175	160
	5~10	185	170	155	190	180	165

表 4-24　塑性混凝土的单位用水量　　　　　　　　　　　　　　　　　kg/m³

拌合物稠度		卵石最大粒径/mm				碎石最大粒径/mm			
项　目	指　标	10.0	20.0	31.5	40.0	16.0	20.0	31.5	40.0
坍落度/mm	10~30	190	170	160	150	200	185	175	165
	35~50	200	180	170	160	210	195	185	175
	55~70	210	190	180	170	220	205	195	185
	75~90	215	195	185	175	230	215	205	195

注：① 本表用水量是采用中砂时的取值，采用细砂时，1 m³ 混凝土的用水量可增加 5~10 kg；采用粗砂时，则减少 5~10 kg。

② 掺用矿物掺合料和外加剂时，用水量应相应调整。

b. 掺外加剂时，流动性和大流动性混凝土用水量可按式（4-19）计算：

$$m_{w0} = m'_{w0}(1-\beta) \tag{4-19}$$

式中：m_{w0}——计算掺外加剂时每立方米混凝土的用水量，kg/m³；

m'_{w0}——未掺外加剂混凝土推定的满足实际坍落度要求的每立方米混凝土的用水量，kg/m³，以表 4-24 中 90 mm 坍落度的用水量为基础，按坍落度每增大 20 mm 用水量增加 5 kg 来计算，当坍落度增大到 180 mm 以上时，随坍落度相应增加的用水量可减少，kg/m³。

β——外加剂的减水率（%），应经试验确定。

c. 每立方米混凝土中外加剂用量（m_{a0}）应按式（4-20）计算：

$$m_{a0} = m_{b0}\beta_a \tag{4-20}$$

式中：m_{a0}——计算配合比每立方米混凝土中外加剂用量，kg/m³；

m_{b0}——计算配合比每立方米混凝土中胶凝材料用量，kg/m³；

β_a——外加剂掺量，应经混凝土试验确定，%。

③ 胶凝材料、矿物掺合料和水泥用量。

a. 胶凝材料用量。每立方米混凝土的胶凝材料用量（m_{b0}）按式（4-21）计算，并应进行试拌调整，在拌合物性能满足的情况下，取经济合理的胶凝材料用量，除配制 C15 及低强度等级混凝土外，需满足表 4-25 混凝土的最小胶凝材料用量要求。

表 4-25 混凝土的最小胶凝材料用量

最大水胶比	最小胶凝材料用量/（kg/m³）		
	素混凝土	钢筋混凝土	预应力混凝土
0.60	250	280	300
0.55	280	300	300
0.50	320		
≤0.45	330		

$$m_{b0} = \frac{m_{w0}}{W/B} \qquad (4-21)$$

式中：m_{b0}——计算配合比每立方米混凝土中胶凝材料用量，kg/m³；

m_{w0}——计算配合比每立方米混凝土中用水量，kg/m³。

    b. 矿物掺合料用量。每立方米混凝土的矿物掺合料用量（m_{f0}）按式（4-22）计算：

$$m_{f0} = m_{b0}\beta_f \qquad (4-22)$$

式中：m_{f0}——计算配合比每立方米混凝土中矿物掺合料用量，kg/m³；

β_f——矿物掺合料掺量，可结合表 4-26 选用，%。

表 4-26 混凝土中矿物掺合料最大掺量

矿物掺合料种类	水胶比	钢筋混凝土中矿物掺合料最大掺量/%		预应力混凝土中矿物掺合料最大掺量/%	
		用硅酸盐水泥时	用普通水泥时	用硅酸盐水泥时	用普通水泥时
粉煤灰	≤0.40	45	35	35	30
	>0.40	40	30	25	20
粒化高炉矿渣粉	≤0.40	65	55	55	45
	>0.40	55	45	45	35
钢渣粉	—	30	20	20	10
磷渣粉	—	30	20	20	10
硅灰	—	10	10	10	10
复合掺合料	≤0.40	65	55	55	45
	>0.40	55	45	45	35

注：① 采用其他通用硅酸盐水泥时，宜将水泥混合材掺量 20% 以上的混合材计入矿物掺合料；

    ② 复合掺合料各组分的掺量不宜超过单掺时的最大掺量；

    ③ 在混合使用两种或两种以上矿物掺合料时，矿物掺合料总量应符合表中复合掺合料的规定。

④ 水泥用量。每立方米混凝土的水泥用量(m_{c0})按式(4-23)计算：

$$m_{c0} = m_{b0} - m_{f0} \tag{4-23}$$

式中：m_{c0}——计算配合比每立方米混凝土中水泥用量，kg/m^3。

⑤ 砂率。砂率(β_s)应根据骨料的技术指标、混凝土拌合物的性能和施工要求，参考既有历史资料确定。当缺乏历史资料时，混凝土砂率的确定应符合下列规定：

a. 坍落度小于 10 mm 的混凝土，其砂率应经试验确定；

b. 坍落度为 10~60 mm 的混凝土砂率，可根据粗骨料的品种、最大公称粒径及水胶比按表 4-27 选取。

表 4-27　混凝土砂率选用表　　　　　　　　　　　　　　　　　　　　　（%）

水胶比 (W/B)	卵石最大粒径/mm			碎石最大粒径/mm		
	10.0	20.0	40.0	16.0	20.0	40.0
0.40	26~32	25~31	24~30	30~35	29~34	27~32
0.50	30~35	29~34	28~33	33~38	32~37	30~35
0.60	33~38	32~37	31~36	36~41	35~40	33~38
0.70	36~41	35~40	34~39	39~44	38~43	36~41

注：① 表中数值是中砂的选用砂率。对细砂或粗砂，可相应地减少或增加砂率；

② 采用人工砂配制混凝土时，砂率可适当增大；

③ 只用一个单粒级粗骨料配制混凝土时，砂率值应适当增大。

c. 坍落度大于 60 mm 的混凝土砂率，可经试验确定，也可在表 4-27 的基础上，按坍落度每增大 20 mm，砂率增大 1%的幅度予以调整。

⑥ 粗、细骨料的用量$(m_{g0}$和 $m_{s0})$。粗、细骨料用量的计算方法有质量法和体积法两种。

a. 质量法。根据经验，如果原材料质量比较稳定，所配制的混凝土拌合物的表观密度将接近一个固定值，可先根据工程经验估计每立方米混凝土拌合物的质量，按式(4-24)计算粗、细骨料用量：

$$\begin{cases} m_{f0}+m_{c0}+m_{g0}+m_{s0}+m_{w0} = m_{cp} \\ \beta_s = \dfrac{m_{s0}}{m_{g0}+m_{s0}} \times 100\% \end{cases} \tag{4-24}$$

式中：m_{g0}——计算配合比每立方米混凝土的粗骨料用量，kg/m^3；

m_{s0}——计算配合比每立方米混凝土的细骨料用量，kg/m^3；

β_s——砂率，%；

m_{cp}——每立方米混凝土拌合物的假设质量，可取 2 350~2 450 kg/m^3。

b. 体积法。体积法是根据混凝土拌合物的体积等于各组成材料绝对体积和混凝土拌合物中所含空气的体积总和来计算。可按式(4-25)计算出粗、细骨料的用量：

$$\frac{m_{c0}}{\rho_c} + \frac{m_{f0}}{\rho_f} + \frac{m_{g0}}{\rho_g} + \frac{m_{s0}}{\rho_s} + \frac{m_{w0}}{\rho_w} + 0.01\alpha = 1 \tag{4-25}$$

式中：ρ_c——水泥密度，可取 2 900~3 100 kg/m^3；

ρ_f——矿物掺合料密度，kg/m^3；

ρ_g——粗骨料表观密度，kg/m^3；

ρ_s——细骨料表观密度，kg/m^3；

ρ_w——水的密度，可取 1 000 kg/m^3；

α——混凝土含气量百分数，%，在不使用引气型外加剂时，α 可取为 1。

通过以上几个步骤便可将水、水泥、砂和石子的用量全部求出，得到初步配合比，供试配用。

2. 配合比的试配、调整与确定

（1）试配

前面求出的各材料的用量，是借助于一些经验公式和数据计算出来的，或是利用经验资料查得的，不一定能够符合实际情况。因而需进行试配。

混凝土试配应采用强制式搅拌机进行搅拌。每盘混凝土试配的最小量为：粗骨料最大公称粒径≤31.5 mm，拌合物数量为 20 L；粗骨料最大公称粒径 40 mm，拌合物数量为 25 L；并不应小于搅拌机公称容量的 1/4 且不应大于搅拌机公称容量。

在计算的配合比的基础上进行试拌，计算水胶比宜保持不变，并应通过调整配合比其他参数使混凝土拌合物性能符合设计和施工要求，然后修正计算配合比，提出试拌配合比。

试拌配合比的水胶比、砂率值不一定选用恰当，其强度不一定符合要求。在试拌配合比的基础上应进行混凝土强度试验，并应符合下列规定。

① 应采用三个不同的配合比。其中一个应为前面经过拌合物试验修正的试拌配合比，另外两个配合比的水胶比，宜较基准配合比分别增加和减少 0.05；用水量应与试拌配合比相同，砂率可分别增加和减少 1%。

② 进行混凝土强度试验时，拌合物的性能应符合设计和施工要求。

③ 进行混凝土强度试验时，每个配合比应至少制作一组试件，并应按标准养护到 28 d 或设计规定龄期时试压。

（2）配合比的调整和确定

① 配合比的调整应符合下列规定。

a. 根据混凝土强度试验结果，宜绘制强度和胶水比的线性关系图或插值法确定略大于配制强度对应的胶水比；

b. 在试拌配合比的基础上，用水量（m_w）和外加剂用量（m_a）应根据确定的水胶比作调整；

c. 胶凝材料用量（m_b）应以用水量乘以确定的胶水比计算得出；

d. 粗骨料和细骨料用量（m_g 和 m_s）应根据用水量和胶凝材料用量进行调整。

② 混凝土拌合物表观密度和配合比校正系数。

经试配确定配合比后的混凝土，尚应按下列规定进行校正：

a. 混凝土的表观密度计算值（$\rho_{c,c}$）按式（4-26）计算。

$$\rho_{c,c} = m_c + m_f + m_s + m_g + m_w \qquad (4-26)$$

式中：m_c、m_f、m_s、m_g 和 m_w 分别指每立方米混凝土的水泥、矿物掺合料、砂、石、水的用量，kg/m^3。

b. 按式（4-27）计算混凝土配合比校正系数（δ）。

$$\delta = \frac{\rho_{c,t}}{\rho_{c,c}} \qquad\qquad (4-27)$$

式中：δ——混凝土配合比校正系数；

$\rho_{c,t}$——混凝土表观密度实测值，kg/m^3。

c. 当混凝土表观密度实测值与计算值之差的绝对值不超过计算值 2%时，前面调整的配合比可维持不变；当二者之差超过 2%时，应将配合比中每项材料用量乘以校正系数 δ，即为确定的设计配合比。

配合比调整后，应测定拌合物水溶性氯离子含量，试验结果符合表 4-28 的规定。

表 4-28　混凝土拌合物水溶性氯离子最大含量

环境条件	水溶性氯离子最大含量　（水泥用量的质量百分比）/%		
	钢筋混凝土	预应力混凝土	素混凝土
干燥环境	0.30		
潮湿但不含氯离子的环境	0.20	0.06	1.00
潮湿且含氯离子的环境、盐渍土环境	0.10		
除冰盐等腐蚀性物质的腐蚀环境	0.06		

对耐久性有设计要求的混凝土应进行相关耐久性试验验证。

生产单位可根据常用材料设计出常用的混凝土配合比备用，并应在启用过程中予以验证或调整。遇有下列情况之一时，应重新进行配合比设计：

（a）对混凝土性能有特殊要求时；

（b）水泥、外加剂或矿物掺合料等原料品种、质量有显著变化时。

3. 施工配合比

设计配合比是以干燥材料为基准的，而现场工地存放的砂石不仅含有一定的水分，还随情况改变，其含水率还会波动。为此，现场材料实际称量还应按工地砂石含水率予以修正。修正后的配合比称之施工配合比。其中，W_s 表示砂含水率，W_g 表示石含水率。其材料称量为：

水泥　　　　　　$m'_c = m_c$

矿物掺合料　　　$m'_f = m_f$

砂　　　　　　　$m'_s = m_s (1 + W_s)$

石　　　　　　　$m'_g = m_g (1 + W_g)$

水　　　　　　　$m'_w = m_w - m_s \cdot W_s - m_g \cdot W_g$

[例 4-4]　混凝土配合比设计实例

（1）工程条件

某工程的预制钢筋混凝土梁(不受风雪影响)，混凝土设计强度等级为 C25，施工要求坍落度为 75~90 mm(混凝土由机械搅拌，机械振捣)。该施工单位无历史统计资料。

（2）材料

粉煤灰硅酸盐水泥：32.5 级(实测 28 d 强度 35.0 MPa)，表观密度 $\rho_C = 3.1\ g/cm^3$；

中砂：表观密度 $\rho_s = 2.67\ g/cm^3$，堆积密度 $\rho'_s = 1\ 500\ kg/m^3$；

卵石：表观密度 $\rho_g = 2.73\ g/cm^3$，堆积密度 $\rho'_g = 1\ 550\ kg/m^3$，最大粒径为 20 mm；

自来水。

（3）设计要求

① 设计该混凝土的配合比（按干燥材料计算）。

② 施工现场砂含水率 3%，卵石含水率 1%，求施工配合比。

[**解**]　（1）计算初步配合比

① 计算配制强度（$f_{cu,0}$），由式（4-13）

$$f_{cu,0} = f_{cu,k} + 1.645\sigma$$

查表 4-20，当混凝土强度等级为 C25 时，$\sigma = 5.0$ MPa，则试配强度 $f_{cu,0}$ 为：

$$f_{cu,0} = 25 \text{ MPa} + 1.645 \times 5.0 \text{ MPa} = 33.2 \text{ MPa}$$

② 计算水胶比 （W/B）

已知水泥实际强度 $f_{ce} = 35.0$ MPa；

所用粗骨料为卵石，查表 4-15，回归系数 $\alpha_a = 0.49$，$\alpha_b = 0.13$。按式（4-16）式计算水胶比 W/B：

$$\frac{W}{B} = \frac{\alpha_a f_b}{f_{cu,0} + \alpha_a \cdot \alpha_b \cdot f_b} = \frac{0.49 \times 35.0}{33.2 + 0.49 \times 0.13 \times 35.0} = 0.48$$

查表 4-17，最大水胶比规定为 0.60，所以取 $W/B = 0.48$。

③ 确定单位用水量（m_{w0}）

该混凝土所用卵石最大粒径为 20 mm，坍落度要求为 75～90 mm，查表 4-24，取 $m_{w0} = 195$ kg/m³。

④ 计算每立方米混凝土水泥用量（m_{c0}），由式（4-21）可得：

$$m_{c0} = m_{b0} = \frac{m_{w0}}{W/B} = \frac{195}{0.48} \text{ kg/m}^3 = 406.3 \text{ kg/m}^3$$

查表 4-25，最小胶凝材料用量规定为 320 kg/m³，所以取 $m_{c0} = m_{b0} = 406.3$ kg/m³。

⑤ 确定砂率

该混凝土所用卵石最大粒径为 20 mm，计算出水胶比为 0.48，查表 4-27，取 $\beta_s = 30\%$。

⑥ 计算粗、细骨料用量（m_{g0}）及（m_{s0}）

a. 采用质量法按式（4-24）计算：

$$\begin{cases} m_{c0} + m_{g0} + m_{s0} + m_{w0} = m_{cp} \\ \beta_s = \dfrac{m_{s0}}{m_{g0} + m_{s0}} \times 100\% \end{cases}$$

假定每立方米混凝土质量 $m_{cp} = 2\,400$ kg/m³，则：

$$\begin{cases} 406.3 + m_{g0} + m_{s0} + 195 = 2\,400 \\ 30\% = \dfrac{m_{s0}}{m_{g0} + m_{s0}} \times 100\% \end{cases}$$

解得砂、石用量分别为 $m_{s0} = 540.2$ kg/m³，$m_{g0} = 1\,258.7$ kg/m³。

按质量法算得该混凝土初步配合比：

$$m_{c0} : m_{s0} : m_{g0} : m_{w0} = 406.3 : 540.2 : 1\,258.7 : 195 = 1 : 1.33 : 3.10 : 0.48$$

b. 采用体积法按式（4-25）计算：

$$\begin{cases} \dfrac{m_{c0}}{\rho_c} + \dfrac{m_{g0}}{\rho_g} + \dfrac{m_{s0}}{\rho_s} + \dfrac{m_{w0}}{\rho_w} + 0.01\alpha = 1 \\[3mm] \beta_s = \dfrac{m_{s0}}{m_{g0}+m_{s0}} \times 100\% \end{cases}$$

代入砂、石、水泥、水的表观密度数据，取 $\alpha = 1$，计算如下：

$$\begin{cases} \dfrac{406.3}{3.1\times10^3} + \dfrac{m_{g0}}{2.73\times10^3} + \dfrac{m_{s0}}{2.67\times10^3} + \dfrac{195}{1\times10^3} + 0.01\times1 = 1 \\[3mm] 30\% = \dfrac{m_{s0}}{m_{g0}+m_{s0}} \times 100\% \end{cases}$$

解得：$m_{s0} = 540.3 \text{ kg/m}^3$，$m_{g0} = 1\,258.8 \text{ kg/m}^3$。

按体积法算得该混凝土初步配合比：

$$m_{c0} : m_{s0} : m_{g0} : m_{w0} = 406.3 : 540.3 : 1\,258.8 : 195 = 1 : 1.33 : 3.10 : 0.48$$

（2）配合比的试配、调整与确定

体积法与重量法两种方法的计算结果相近，故采用其中一种方法即可。以下采用体积法计算结果进行试配。

① 检验和易性，确定基准配合比

按初步配合比试拌 20 L，其材料用量为：

水泥　　0.02×406.3 kg = 8.13 kg

水　　　0.02×195 kg = 3.90 kg

砂　　　0.02×540.3 kg = 10.81 kg

卵石　　0.02×1258.8 kg = 25.18 kg

搅拌均匀后，做坍落度试验，测得的坍落度为 65 mm。增加水泥浆用量 5%，即水泥用量增加到 8.54 kg，水用量增加到 4.10 kg，坍落度测定为 85 mm，和易性良好。经调整后各项材料用量：水泥 8.54 kg，水 4.10 kg，砂 10.81 kg，卵石 25.18 kg；因此，其总量为 $m_{拌} = 48.63$ kg。实测混凝土的表观密度 $\rho_{c,t}$ 为 2 420 kg/m³。经过调整和易性合格的配合比（基准配合比）为：

$$m_{w0} = \frac{4.10}{48.63} \times 2\,420 \text{ km/m}^3 = 204.0 \text{ kg/m}^3$$

$$m_{c0} = \frac{8.54}{48.63} \times 2\,420 \text{ km/m}^3 = 425.0 \text{ kg/m}^3$$

$$m_{s0} = \frac{10.81}{48.63} \times 2\,420 \text{ km/m}^3 = 537.9 \text{ kg/m}^3$$

$$m_{g0} = \frac{25.18}{48.63} \times 2\,420 \text{ km/m}^3 = 1\,253.0 \text{ kg/m}^3$$

② 检验强度，确定试验室配合比

采用水胶比为 0.43、0.48 和 0.53 不同的配合比配制三组混凝土试件。测定三组混凝土拌合物的表观密度分别为 2 415 kg/m³、2 420 kg/m³ 和 2 425 kg/m³，检测其 28d 强度，结果见表 4-29。

表 4-29 试配混凝土 28 d 强度实测值

水胶比（W/B）	胶水比（B/W）	强度实测值/MPa
0.43	2.33	38.6
0.48	2.08	35.6
0.53	1.89	32.6

从图 4-16 可判断，配制强度 33.2 MPa 对应的胶水比 $B/W = 2.00$，即水胶比 $W/B = 0.50$。以基准配合比的用水量 204 kg/m³ 为依据，可初步确定实验室配合比为：

$$m_{w0} = \frac{4.10}{48.63} \times 2\ 420\ \text{kg/m}^3 = 204.0\ \text{kg/m}^3$$

$$m_{c0} = \frac{204.0}{0.50}\ \text{kg/m}^3 = 408.0\ \text{kg/m}^3$$

$$m_{s0} = \frac{10.81}{48.63} \times 2\ 420\ \text{kg/m}^3 = 537.9\ \text{kg/m}^3$$

$$m_{g0} = \frac{25.18}{48.63} \times 2\ 420\ \text{kg/m}^3 = 1\ 253.0\ \text{kg/m}^3$$

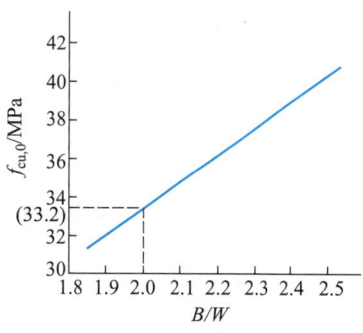

图 4-16 $f_{cu,0}$ 与 B/W 关系图

③ 表观密度的校正

计算该混凝土的表观密度：$\rho_{c,c} = (204.0 + 408.0 + 537.9 + 1\ 253.0)\ \text{kg/m}^3 = 2\ 402.9\ \text{kg/m}^3$。

重新按确定的配合比测得其表观密度 $\rho_{c,t} = 2\ 412\ \text{kg/m}^3$。式（4-27）其校正系数 δ 为：

$$\delta = \frac{\rho_{c,t}}{\rho_{c,c}} = \frac{2\ 412}{2\ 402.9} = 1.004$$

混凝土表观密度的实测值与计算值之差 ξ（%）为：

$$\xi = \frac{\rho_{c,t} - \rho_{c,c}}{\rho_{c,c}} \times 100\% = \frac{2\ 412 - 2\ 402.9}{2\ 402.9} \times 100\% = 0.4\%$$

由于混凝土表观密度的实测值与计算值之差不超过计算值的 2%，故该计算配合比可确定为实验室设计配合比：

$$m_c : m_s : m_g : m_w = m_{c0} : m_{s0} : m_{g0} : m_{w0} = 408.0 : 537.9 : 1\ 253.0 : 204.0$$
$$= 1 : 1.32 : 3.07 : 0.50$$

（3）施工配合比

将设计配合比换算为现场施工配合比，用水量应扣除砂、石所含水量，而砂石则应增加砂、石的含水量。施工配合比计算如下：

$$m'_c = m_c = 408.0\ \text{kg/m}^3$$

$$m'_s = m_s\ (1+W_s) = 537.9 \times (1+3\%)\ \text{kg/m}^3 = 554.0\ \text{kg/m}^3$$

$$m'_g = m_g\ (1+W_g) = 1\ 253.0 \times (1+1\%)\ \text{kg/m}^3 = 1\ 265.5\ \text{kg/m}^3$$

$$m'_w = m_w - m_s \cdot W_s - m_g \cdot W_g = 204.0 - 537.9 \times 3\% - 1\ 253.0 \times 1\%\ \text{kg/m}^3 = 175.3\ \text{kg/m}^3$$

4.6 其他品种混凝土及其发展

其他品种混凝土是相对于普通混凝土而言，为满足不同工程特殊要求的混凝土。随着科技进步，混凝土技术也在不断发展之中，各种新品种将会不断涌现。

4.6.1　高性能混凝土

GB/T 41054—2021《高性能混凝土技术条件》对术语、分类和性能等级等作出了相关规定。

高性能混凝土是指以建设工程设计、施工和使用对混凝土性能特定要求为总体目标，选用优质常规原材料，合理掺加外加剂和矿物掺合料，采用较低水胶比并优化配合比，通过预拌和绿色生产方式以及严格的施工措施，制成具有优异的拌合物性能、力学性能和耐久性能的混凝土。如港珠澳大桥沉管等重大工程就是采用高性能混凝土制备。

高性能混凝土分为常规品高性能混凝土和特制品高性能混凝土两大类。特制品高性能混凝土是指符合高性能混凝土技术要求的轻骨料混凝土(混凝土种类代号为 L_{HPC}，强度等级代号为 LC)、高强高性能混凝土(混凝土种类代号为 H_{HPC}，强度等级代号为 C)、自密实混凝土(混凝土种类代号为 S_{HPC}，强度等级代号为 C)和纤维混凝土(混凝土种类代号为 F_{HPC}，合成纤维高性能混凝土强度等级代号为 C，钢纤维高性能混凝土强度等级代号为 CF)。除特制品高性能混凝土之外，符合高性能混凝土技术要求并常规使用的混凝土称为常规品高性能混凝土(代号为 A_{HPC}，混凝土强度等级代号为 C)。

高性能混凝土的性能等级包括拌合物性能等级、强度等级和耐久性等级。耐久性等级包括多项：抗冻性能等级划分为 F250、F300、F350、F400 和大于 F400；抗渗性能等级划分为 P12 和大于 P12；抗硫酸盐腐蚀性等级划分为 KS120、KS150 和大于 KS150。此外，还划分了高性能混凝土抗氯离子渗透性能的等级和抗碳化性能等级。

4.6.2　高强混凝土

4.19【标准规范 4-1】
高强混凝土配合比设计

高强混凝土(high strength concrete)是指强度等级不小于 C60 的混凝土。近年来，高强混凝土在国内外得到了普遍应用，其特点是强度高、变形小，适应现代工程结构向重载、高耸方向发展的需求，但随着混凝土强度提高，其抗拉强度与抗压强度比值会下降，脆性增大，且水泥用量相对增大，需注意因水化热温升引起的温度裂缝问题。

为此，JGJ 55—2011《普通混凝土配合比设计规程》对高强混凝土作出了原材料和配合比的相关规定。因其强度高，水胶比低，故应采用硅酸盐水泥或普通硅酸盐水泥，并宜复合掺用矿物掺合料。目前采用粒化高炉矿渣粉与粉煤灰复合比较普遍，对于强度等级不低于 C80 的高强混凝土复合掺用粒化高炉矿渣粉、粉煤灰和硅灰较为合理，硅灰掺量一般为 3%～8%。在骨料方面，需限制过大的粗骨料粒径和针片状颗粒含量，以利于混凝土强度和拌合物性能发挥，细骨料的细度模数为 2.6～3.0 更适用于高强混凝土。在减水剂方面，目前采用具有高减水率的聚羧酸高性能减水剂配制高强混凝土相对较多。

4.6.3　其他品种混凝土简介

1. 公路路面水泥混凝土

水泥混凝土路面(cement concrete pavement)是以水泥混凝土作面层(配筋或不配筋)的路面。路面水泥混凝土需满足路面摊铺工作性、弯拉强度、表面功能、耐久性及经济性要求。JTG/T F30—2014《公路水泥混凝土路面施工技术细则》对水泥、骨料、掺合料、外加剂等原材料，以及配合比设计等均提出了相关技术要求。

其中对不同等级的公路所使用的水泥有相应技术要求。对于极重、特重、重交通荷载等级公路面层水泥混凝土应采用旋窑生产的道路硅酸盐水泥、硅酸盐水泥、普通硅酸盐水泥，中、轻交通荷载等级公路面层水泥混凝土可采用矿渣硅酸盐水泥。高温期施工宜采用普通型水泥，低温期施工宜采用早强型水泥。对极重、特重、重交通荷载等级与中、轻交通荷载等级的公路面层水泥混凝土所使用水泥成分和物理指标还分别提出了相应的要求。其成分要求包括熟料游离氧化钙含量、氧化镁含量、铁铝酸四钙含量、铝酸三钙含量、三氧化硫含量、碱含量、氯离子含量及混合材种类。面层水泥混凝土选用水泥时，除应满足各龄期实测强度值、成分要求和物理指标要求外，还应对拟采用厂家水泥进行混凝土配合比试验，根据所配制的混凝土弯拉强度、耐久性和工作性，选择适宜的水泥品种和强度等级。采用滑模摊铺机铺筑时，宜选用散装水泥。高温期施工时，散装水泥的入罐最高温度不宜高于 60 ℃；低温施工时，水泥进入搅拌缸前温度不宜低于 10 ℃。

4.20【标准规范 4-2】公路路面水泥混凝土配合比设计

《公路水泥混凝土路面施工技术细则》中的混凝土配合比设计包括水泥混凝土配合比设计、纤维混凝土配合比设计和碾压混凝土配合比设计。这三种配合比设计的共同特点为：一是按可靠度理论进行配合比设计时的弯拉强度保证率系数、安全等级、变异系数取值；二是强调拌合物始终适宜路面不同工艺铺筑时的工作性要求；三是保证路面耐久性，兼顾经济性，控制项目包括含气量、抗冻等级、最大水胶比、最小水泥用量、最大用水量等。混凝土配合比设计应包括目标配合比设计和施工配合比设计两个阶段。

2. 大体积混凝土和水工混凝土

大体积混凝土（mass concrete）是指体积较大的、可能由胶凝材料水化热引起的温度应力导致有害裂缝的结构混凝土。水工混凝土（hydraulic concrete）是指用在水电水利工程的挡水、引水发电、泄洪、输水、排沙等建筑物中，密度为 2 400 kg/m³ 左右的水泥基混凝土。水工建筑物所用混凝土，相当部分属于大体积混凝土。大体积混凝土和水工混凝土所选用的材料及配比与普通混凝土有较大的差别。如大坝混凝土宜选用中热硅酸盐水泥、低热硅酸盐水泥和低热矿渣硅酸盐水泥，也可选用普通硅酸盐水泥等。环境水对混凝土有硫酸盐腐蚀性时，宜选择抗硫酸盐水泥。在严寒地区、寒冷地区与温和地区的坝体不同部位其混凝土水胶比最大允许值也有相应的要求。

4.21【疑难释义 4-4】水工混凝土与普通混凝土的差异

3. 抗渗混凝土

抗渗混凝土（impermeable concrete）是指抗渗等级不低于 P6 级的混凝土。混凝土的抗渗等级的选择是根据最大作用水头与建筑物最小壁厚的比值来确定的。

抗渗混凝土对原材料提出了相应的技术要求。水泥宜采用普通硅酸盐水泥；粗骨料宜采用连续级配，其最大粒径不宜大于 40 mm，含泥量不得大于 1.0%，泥块含量不得大于 0.5%；细骨料宜采用中砂，含泥量不得大于 3.0%，泥块含量不得大于 1.0%；抗渗混凝土宜用外加剂和矿物掺合料，粉煤灰等级宜采用 Ⅰ 级或 Ⅱ 级。

4.22【标准规范 4-3】抗渗混凝土配合比设计

采用较小的水胶比可提高混凝土的密实性，从而使其具有较好的抗渗性，故抗渗混凝土必须控制最大水胶比。另外，胶凝材料和细骨料用量太少也对混凝土抗渗性能不利。每立方米混凝土中的胶凝材料用量不宜小于 320 kg，砂率宜为 35%～45%。

4. 抗冻混凝土

抗冻混凝土（frost-resistant concrete）是指抗冻等级不低于 F50 的混凝土。JGJ 55—2011《普通混凝土配合比设计规程》对抗冻混凝土的原材料作出了相关规定。抗冻混凝土所使用的

4.23【标准规范 4-4】抗冻混凝土配合比设计

水泥应采用硅酸盐水泥或普通硅酸盐水泥；骨料含泥量（包括泥块含量）及坚固性均有要求；在钢筋混凝土和预应力混凝土中不得掺用含有氯盐的防冻剂；抗冻等级不小于 F100 的抗冻混凝土宜掺用引气剂；在预应力混凝土中不得掺用含有亚硝酸盐或碳酸盐的防冻剂。

5. 泵送混凝土

4.24【标准
规范 4-5】
泵送混凝土
配合比设计

泵送混凝土（pumped concrete）是指可在施工现场通过压力泵及输送管道进行浇筑的混凝土。泵送混凝土除需满足工程所需的强度外，还需要满足流动性，其拌合物的坍落度一般不低于 100 mm，且不离析和少泌水的泵送工艺的要求。由于采用了独特的泵送施工工艺，因而其原材料和配合比与普通混凝土有差别。适当掺用泵送剂或减水剂以及粉煤灰是配制泵送混凝土的基本方法。对泵送混凝土配合比也有要求。其胶凝材料用量不宜小于 300 kg/m³，胶凝材料用量太少，水胶比大则浆体太稀，黏度不足，混凝土易离析，水胶比小则浆体不足，不利于泵送。其砂率宜为 35%~45%。泵送混凝土坍落度经时损失值可通过调整外加剂进行控制，通常坍落度经时损失控制在 30 mm/h 以内比较好。

6. 轻骨料混凝土和泡沫混凝土

（1）轻骨料混凝土

4.25【观察
讨论 4-6】
轻骨料混凝
土

轻骨料混凝土（lightweight aggregate concrete）指用轻粗骨料、轻砂（或普通砂）、水泥和水配制而成的干表观密度不大于 1 950 kg/m³ 的混凝土。包括全轻混凝土、砂轻混凝土和大孔轻骨料混凝土。按其用途还分为保温轻骨料混凝土、结构保温轻骨料混凝土和结构轻骨料混凝土三大类。表示轻骨料强度的指标是筒压强度，以筒压法测定。轻骨料的表观密度小、表面粗糙多孔、吸水强，所以，轻骨料混凝土的拌合水量由两部分组成：一部分是轻骨料 1 h 的吸水量，另一部分是净用水量，即不包括轻骨料 1 h 吸水量的混凝土拌合用水量。净水胶比指净用水量与水泥（胶凝材料）用量之比；总水胶比指包括轻骨料 1h 吸水量的总用水量与水泥用量之比。轻骨料易上浮，不易搅拌均匀，应使用强制式搅拌机，且搅拌时间比普通混凝土长。轻骨料混凝土往往黏聚性、保水性好，而流动性较差；若过分加大流动性，振捣时易出现轻骨料上浮、离析等现象。故需适当控制流动性，尽量缩短运输距离。

（2）泡沫混凝土

泡沫混凝土是用物理方法将泡沫剂制备成为泡沫，再将泡沫加入由水泥、骨料、掺合料、外加剂和水制成的料浆中，经混合搅拌、浇筑成型、养护而成轻质微孔混凝土。泡沫混凝土应用广泛。如制备泡沫混凝土砌块以及轻质板材，具有轻质、防火隔热、防冻、施工简便的优点；还可用于回填或填充轻质垫层等。

7. 纤维混凝土

纤维混凝土是以混凝土为基体，外掺各种纤维材料而成。掺入纤维的目的是提高混凝土的抗拉强度，降低其脆性。常用纤维材料有：玻璃纤维、矿棉、钢纤维、碳纤维和各种有机纤维。各类纤维中，钢纤维对抑制混凝土裂缝的形成、提高混凝土抗拉和抗弯强度、增加韧性效果较好。但为了节约钢材，目前国内外都在研制采用玻璃纤维、矿棉等来配制纤维混凝土。在纤维混凝土中，纤维的含量、纤维的几何形状以及纤维的分布情况，对于纤维混凝土的性能有着重要影响。钢纤维混凝土一般可提高抗拉强度 2 倍左右；抗弯强度可提高 1.5~2.5 倍；抗冲击强度可提高 5 倍以上，甚至可达 20 倍；而韧性甚至可达 100 倍以上。纤维混凝土目前已逐渐地应用于飞机跑道、桥面、端面较薄的轻型结构和压力管道等。

8. 聚合物混凝土

聚合物混凝土是由有机聚合物、无机胶凝材料和骨料结合而成的一种新型混凝土。聚合物混凝土体现了有机聚合物和无机胶凝材料的优点，克服了水泥混凝土的一些缺点。聚合物混凝土一般可分为聚合物水泥混凝土、聚合物浸渍混凝土和聚合物胶结混凝土三种。

聚合物水泥混凝土是用聚合物乳液拌和水泥，并掺入砂或其他骨料而制成的。聚合物的硬化和水泥的水化同时进行，并且两者结合在一起形成一种复合材料。主要用于铺设无缝地面，修补混凝土路面和机场跑道面层，做防水层等。配制聚合物水泥混凝土所用的无机胶凝材料，可为普通水泥或高铝水泥。高铝水泥的效果比普通水泥好，因为它所引起的乳液凝聚比较小，而且具有快硬的特性。聚合物可采用天然聚合物（如天然橡胶）和各种合成聚合物（如聚乙酸乙烯酯、苯乙烯、聚氯乙烯等）。

聚合物浸渍混凝土是以普通混凝土为基材（被浸渍的材料），将有机单体渗入混凝土中，然后再用加热或用放射线照射等方法使其聚合，使混凝土与聚合物形成一个整体。这种混凝土抗压强度可达 200 MPa 以上，抗拉强度可达 10 MPa 以上，且可显著提高防水性、抗冻性、抗冲击性、耐蚀性和耐磨性。适用于要求高强度、高耐久性的特殊构件，特别适用于输送液体的管道、坑道和耐高压的容器等。

聚合物胶结混凝土又称树脂混凝土。它是一种完全没有无机胶凝材料而以合成树脂为胶结材料的混凝土。所用的骨料与普通混凝土相同，也可用特殊骨料。这种混凝土具有高强、耐腐蚀等优点，但成本较高，只能用于特殊工程，如耐腐蚀工程。

9. 自流平、自密实混凝土

自流平、自密实混凝土是指浇筑时无需外力振捣，能够在自重作用下自流平、自密实，且具有良好的均匀性和稳定性的混凝土。一般其初凝时间较长，而终凝时间较短，早期强度较高。这可减少人工投入，提高施工效率和质量。

10. 清水混凝土

清水混凝土又称装饰混凝土。它不同于普通混凝土，是一次浇筑成型的，不做任何外装饰，直接采用现浇混凝土的自然表面效果作为饰面，表面平整光滑、色泽均匀、棱角分明、无碰损和污染，只是在表面涂一层或两层透明的保护剂，显得十分天然，庄重。日本国家大剧院、巴黎史前博物馆、上海浦东国际机场航站楼及广东虎门二桥等均采用清水混凝土。清水混凝土要达到好的效果，需要对混凝土配制、模板制作及施工等方面有严格要求。

4.26【案例分析 4-7】生态护坡的植生混凝土

【工程实例分析 4-7】 树脂混凝土应用分析

概况：某有色冶金厂的铜电解槽，使用温度为 65~70 ℃。槽内使用的主要介质为硫酸、铜离子、氯离子和其他金属阳离子。原使用传统的铅板作防腐衬里易损坏，使用寿命较短。后采用整体呋喃树脂混凝土作电解槽，耐腐蚀、不导电，不仅保证电解铜的生产质量，还大大提高了金银的回收率，且使用寿命延长两年以上。

4.27【案例分析 4-8】港珠澳大桥东人工岛非通航孔桥箱梁的防腐

原因分析：树脂混凝土除强度高、抗冻融性能好外，还具有一系列优良的性能。由于其致密，抗渗性好，耐化学腐蚀性能亦远优于普通混凝土。呋喃树脂混凝土耐酸、耐腐蚀；绝缘电阻亦相当高，对试块作测试可达 7×10^7 Ω。为此用作铜电解槽可有优异的性能。还需说明的是，树脂混凝土的耐化学腐蚀性能又因树脂品种不同而异，若采用不饱和聚酯树脂的混凝土，除耐一般酸腐蚀外，还可耐低浓度强酸的腐蚀。

4.28【一事一议 4-1】3D 打印与混凝土的发展

4.7　建筑砂浆

4.7.1　建筑砂浆的组成与分类

建筑砂浆是由胶结料、细骨料、掺合料和水配制而成的建筑工程材料，在建筑工程中起黏结、衬垫、传递应力、装饰和其他功能的作用。

1. 砂浆的组成材料

建筑砂浆的组成材料主要有：胶凝材料、细骨料、水、外加剂和添加剂。

建筑砂浆常用的胶凝材料有：水泥、石灰、石膏等。在选用时应根据使用环境、用途等合理选择。在干燥条件下使用的砂浆既可选用气硬性胶凝材料（石灰、石膏），也可选用水硬性胶凝材料（水泥）；若在潮湿环境或水中使用的砂浆则必须选用水泥作为胶凝材料。

砂浆用添加剂是指除混凝土（砂浆）外加剂以外，改善砂浆性能的材料。如保水增稠材料就是改善砂浆可操作性及保水性能的添加剂。

2. 砂浆的分类

建筑砂浆按制备方法分为现场配制砂浆与预拌砂浆。此外，还可从其使用功能再作细分。

现场配制砂浆（masonry mortar site mixing）是由胶凝材料、细骨料和水，以及根据需要加入活性掺合料或外加剂在现场配制成的砂浆。预拌砂浆（ready-mixed mortar）指专业生产厂生产的湿拌砂浆或干混砂浆。我国推广使用预拌混凝土和商品砂浆。它具有品种丰富、质量稳定、性能优良、使用便捷、文明施工、节能环保等优点，是大力推广使用的砂浆。GB/T 25181—2019《预拌砂浆》对相关制备方法及定义和分类作出了相关规定。

（1）湿拌砂浆

湿拌砂浆（wet-mixed mortar）是指水泥、细骨料、外加剂、添加剂和水，按一定比例，在专业生产厂经计量、搅拌后，运至使用地点，并在规定时间内使用的拌合物。湿拌砂浆按用途分为：湿拌砌筑砂浆（代号 WM）、湿拌抹灰砂浆（代号 WP）、湿拌地面砂浆（代号 WS）和湿拌防水砂浆（代号 WW）。

湿拌砂浆按下列顺序标记：湿拌砂浆代号、型号、强度等级、抗渗等级（有要求时）、稠度、保塑时间、标准号。示例：湿拌普通抹灰砂浆的强度等级为 M10，稠度为 70 mm，保塑时间为 8 h，其标记为：WP-G M10-70-8 GB/T 25181—2019。

（2）干混砂浆

干混砂浆（dry-mixed mortar）是指胶凝材料、干燥细骨料、添加剂以及根据性能确定的其他组分，按一定比例，在专业生产厂经计量、混合而成的干态混合物，在使用地点按规定比例加水或配套组分拌和使用的砂浆。干混砂浆按用途分为：干混砌筑砂浆（代号 DM）、干混抹灰砂浆（代号 DP）、干混地面砂浆（代号 DS）、干混普通防水砂浆（代号 DW）、干混陶瓷砖黏结砂浆（代号 DTA）、干混界面砂浆（代号 DIT）、干混聚合物水泥防水砂浆（代号 DWS）、干混自流平砂浆（代号 DSL）、干混耐磨地坪砂浆（代号 DFH）、干混填缝砂浆（代号 DTG）、干混饰面砂浆（代号 DDR）和干修补砂浆（代号 DRM）。GB/T 20473—2021《建筑保温砂浆》规定，建筑保温砂浆是以膨胀珍珠岩、玻化微珠、膨胀蛭石等为骨料，掺加胶凝材料及其他功能组分制成的干混砂浆。

4.7.2 砂浆的技术性质[①]

砂浆的性质包括新拌砂浆的性质和硬化后砂浆的性质。砂浆拌合物与混凝土拌合物相似，应具有良好的和易性。砂浆和易性指砂浆拌合物是否便于施工操作，并能保证质量均匀的综合性质，包括流动性和保水性两个方面。对于硬化后的砂浆则要求具有所需要的强度、与底面的黏结强度及较小的变形。

1. 流动性

砂浆的流动性指砂浆在自重或外力作用下流动的性能，也称为稠度。

稠度是以砂浆稠度测定仪的圆锥体沉入砂浆内深度（mm）表示。圆锥沉入深度越大，砂浆的流动性越大。若流动性过大，砂浆易分层、析水；若流动性过小，则不便施工操作，灰缝不易填充，所以新拌砂浆应具有适宜的稠度。

影响砂浆稠度的因素有：胶凝材料的种类及数量；用水量；掺加料的种类与数量；砂的形状、粗细与级配；外加剂的种类与掺量；搅拌时间等。

砂浆稠度的选择与砌体材料的种类、施工条件及气候条件等有关。对于吸水性强的砌体材料和高温干燥的天气，要求砂浆稠度要大些；反之，对于密实不吸水的砌体材料和湿冷天气，砂浆稠度可小些。

2. 保水性

保水性指砂浆拌合物保持水分的能力。保水性好的砂浆在存放、运输和使用过程中，能很好地保持水分不致很快流失，各组分不易分离，在砌筑过程中容易铺成均匀密实的砂浆层，能使胶结材料正常水化，最终保证了工程质量。反之，保水性差的砂浆则在施工过程易泌水、分层、离析或水分容易被基面吸收使其干稠而影响施工和相互黏结。

砂浆的保水性用保水率表示。可通过如下方法改善砂浆保水性：

① 保持一定数量的胶凝材料。水泥砂浆中水泥用量不宜小于 $200\ kg/m^3$；水泥混合砂浆中水泥和掺合料总量在 $300\sim350\ kg/m^3$ 之间。

② 采用较细砂并加大掺量。

③ 掺入引气剂、塑化剂等可改善砂浆的保水性和流动性。

3. 抗压强度

砌筑砂浆的强度用强度等级来表示。砂浆强度等级是以边长为 70.7 mm 的立方体试件，在标准养护条件下，用标准试验方法测得 28 d 龄期的抗压强度值（MPa）确定。标准养护条件为温度：(20 ± 3)℃；相对湿度：水泥砂浆大于 90%，混合砂浆为 60%～80%。

影响砂浆强度的因素很多，除了砂浆的组成材料、配合比、施工工艺等因素外，砌体材料的吸水率也会对砂浆强度产生影响。

4. 黏结强度

砂浆与砌体材料的黏结力大小，对砌体的强度、耐久性、抗震性都有较大影响。影响砂浆黏结力的因素有：

① 抗压强度越高，与砖石的黏结力也越大。

---

① 砂浆稠度试验、砂浆保水性试验、砂浆抗压强度试验请参见数字资源 10.13、10.14、10.15。

4.29【疑难释义 4-5】为何使用普通水泥砂浆铺贴陶瓷砖有时会脱落

② 砖石的表面状态、清洁程度、湿润状况，如砌筑加气混凝土砌块前，表面先洒水，清扫表面，都可以提高砂浆与砌块的黏结力，提高砌体质量。

③ 施工操作水平及养护条件。

4.7.3 砌筑砂浆

砌筑砂浆(masonry mortar)是指将砖、石、砌块等块材砌筑成为砌体的砂浆。

1. 砌筑砂浆的技术要求

国家标准《预拌砂浆》规定，干混砂浆中的普通砌筑砂浆的强度等级包括 M5、M7.5、M10、M15、M20、M25 和 M30 七个等级；薄层砌筑砂浆的强度等级包括 M5、M10 两个等级。

行业标准 JGJ/T 98—2010《砌筑砂浆配合比设计规程》对砌筑砂浆提出了相关的技术条件要求：水泥砂浆拌合物的表观密度不宜小于 1 900 kg/m³，水泥混合砂浆和预拌砌筑砂浆拌合物的表观密度不宜小于 1 800 kg/m³；砌筑砂浆稠度、保水率、试配抗压强度应同时符合要求；砌筑砂浆的分层度不得大于 30 mm；砌筑砂浆的稠度应按表 4-30 规定选用；有抗冻性要求的砌体工程，砌筑砂浆应进行冻融试验。

表 4-30 砌筑砂浆的稠度

砌体种类	施工稠度/mm
烧结普通砖砌体、粉煤灰砖砌体	70~90
混凝土砖砌体、普通混凝土小型空心砌块砌体、灰砂砖砌体	50~70
烧结多孔砖、烧结空心砖、轻骨料混凝土小型空心砌块和蒸压加气混凝土砌块的砌体	60~80
石砌体	30~50

2. 砌筑砂浆配合比的确定与要求

砌筑砂浆配合比的确定与要求按《砌筑砂浆配合比设计规程》进行。本节主要介绍配制水泥混合砂浆。配制水泥砂浆可举一反三。

(1) 水泥混合砂浆的试配

① 计算砂浆试配强度。砂浆的试配强度可按式(4-28)计算：

$$f_{m,0} = k f_2 \tag{4-28}$$

式中：$f_{m,0}$——砂浆的试配强度，MPa，应精确至 0.1 MPa；

f_2——砂浆强度等级值，MPa，应精确至 0.1 MPa；

k——系数，按表 4-31 取值。

表 4-31 砂浆强度标准差 σ 与 k 值

施工水平	强度标准差 σ/MPa							k
	M5	M7.5	M10	M15	M20	M25	M30	
优良	1.00	1.50	2.00	3.00	4.00	5.00	6.00	1.15
一般	1.25	1.88	2.50	3.75	5.00	6.25	7.50	1.20
较差	1.50	2.25	3.00	4.50	6.00	7.50	9.00	1.25

② 计算每立方米砂浆中的水泥用量。每立方米砂浆的水泥用量，可按式(4-29)计算：

$$Q_c = \frac{1\,000\,(f_{m,0} - \beta)}{\alpha \cdot f_{ce}} \tag{4-29}$$

式中：Q_c——每立方米砂浆的水泥用量，精确至 1 kg；

　　　$f_{m,0}$——砂浆的试配强度，精确至 0.1 MPa；

　　　f_{ce}——水泥的实测强度，精确至 0.1 MPa；

　α、β[①]——砂浆的特征系数，当为水泥混合砂浆时，$\alpha = 3.03$，$\beta = -15.09$。

在无法取得水泥的实测强度值时，可按式 (4-30)计算：

$$f_{ce} = \gamma_c \cdot f_{ce,k} \tag{4-30}$$

式中：$f_{ce,k}$——水泥强度等级对应的强度值；

　　　γ_c——水泥强度等级值的富余系数，该值应按实际统计资料确定，无统计资料时 γ_c 可取 1.0。

③ 计算每立方米砂浆中石灰膏用量。根据大量实践，每立方米砂浆胶结料与掺加料的总量达 350 kg，基本上可满足砂浆的塑性要求。因而，掺加料用量的确定可按式(4-31)计算：

$$Q_D = Q_A - Q_C \tag{4-31}$$

式中：Q_D——每立方米砂浆石灰膏用量，精确至 1 kg，石灰膏使用时的稠度宜为(120±5)mm；

　　　Q_C——每立方米砂浆的水泥用量，精确至 1 kg；

　　　Q_A——每立方米砂浆中水泥和石灰膏的总量，精确至 1 kg，可为 350 kg/m³。

④ 确定每立方米砂浆中砂的用量。每立方米砂浆中的砂子用量，应按干燥状态(含水率小于 0.5%)砂的堆积密度值作为计算值。砂浆中的水、胶结料和掺加料用来填充砂子的空隙，所以，1 m³砂子就构成了 1 m³砂浆的砂用量。

⑤ 按砂浆稠度选每立方米砂浆用水量。每立方米砂浆用水量，根据砂浆稠度等要求可选用 210～310 kg。应根据砂浆稠度要求来选用，由于用水量多少对其强度影响不大，因此一般可根据经验以满足施工所需稠度即可。通常情况水泥混合砂浆用水量要小于水泥砂浆用水量。每立方米砂浆中的用水量，混合砂浆用水量选取时应注意以下问题：混合砂浆中的用水量，不包括石灰膏或黏土膏中的水；当采用细砂或粗砂时，用水量分别取上限和下限；稠度小于 70 mm时，用水量可小于下限；施工现场气候炎热或干燥季节，可酌量增加用水量。

（2）配合比试配、调整与确定

① 砌筑砂浆试配时应采用机械搅拌。水泥砂浆和水泥混合砂浆搅拌时间不得少于 120 s；预拌砌筑砂浆和掺有粉煤灰、外加剂、保水增稠材料等砂浆搅拌时间不得少于 180 s。

② 按计算或查表所得配合比进行试拌时，应测定其拌合物的稠度和保水率，当不能满足要求时，应调整材料用量，直到符合要求为止。然后确定为试配时的砂浆基准配合比。

③ 为了使砂浆强度能在计算范围内，试配时至少应采用三个不同的配合比。其中一个为基准配合比，其他配合比的水泥用量应按基准配合比分别增加及减少10%。在保证稠度、保水率合格的条件下，可将用水量、石灰膏、保水增稠材料或粉煤灰等活性掺合料用量作相应调整。

④ 对三个不同的配合比进行调整后，按 JGJ/T 70—2009《建筑砂浆基本性能试验方法标

---

① 各地区也可用本地区试验资料确定 α、β 值，统计用的试验组数不得少于 30 组。

准》的规定成型试件，分别测定砂浆的表观密度及强度，并选定符合试配强度及和易性要求且水泥用量最低的配合比作为砂浆试配配合比。

⑤ 砌筑砂浆试配配合比校正。

a. 根据确定的砂浆试配配合比材料用量，按式(4-32)计算理论表观密度值：

$$\rho_t = Q_C + Q_D + Q_S + Q_W \tag{4-32}$$

式中：ρ_t——砂浆的理论表观密度值，kg/m^3，应精确至 10 kg/m^3。

　　Q_S——每立方米砂浆砂用量，精确至 1 kg。

　　Q_W——每立方米砂浆水用量，精确至 1 kg。

b. 应按式(4-33)计算砂浆配合比校正系数(δ)：

$$\delta = \frac{\rho_c}{\rho_t} \tag{4-33}$$

式中：δ——砂浆配合比校正系数；

　　ρ_c——砂浆表观密度实测值，kg/m^3，应精确至 10 kg/m^3。

c. 当砂浆的实测表观密度值与理论表观密度值之差的绝对值不超过理论值的 2% 时，可将试配配合比确定为砂浆设计配合比；当超过 2% 时，应将试配配合比中每项材料用量均乘以校正系数(δ)后，确定砂浆配合比。

⑥ 预拌砌筑砂浆生产前应进行试配、调整与确定，并应符合《预拌砂浆》的规定。

[例 4-5]　砌筑砂浆配合比设计实例

要求设计砌砖墙用水泥石灰混合砂浆，强度等级为 M7.5，稠度为 70~100 mm。其主要参数：32.5 级粉煤灰硅酸盐水泥；中砂，堆积密度为 1 450 kg/m^3，现场砂含水率为 2%；石灰膏稠度为 120 mm；施工水平一般。

[解]　(1)计算试配强度 $f_{m,0}$，试配强度按式(4-28)计算：

$$f_{m,0} = kf_2$$

M7.5 砂浆：$f_2 = 7.5$ MPa；查表 4-31，$k = 1.20$，则

$$f_{m,0} = 1.20 \times f_2 = 1.20 \times 7.5 \text{ MPa} = 9.0 \text{ MPa}$$

(2)计算水泥用量 Q_c，水泥用量 Q_c 按式(4-29)计算：

$$Q_c = \frac{1\ 000\ (f_{m,0} - \beta)}{\alpha \cdot f_{ce}} = \frac{1\ 000\ [9.0 - (-15.09)]}{3.03 \times 32.5} \text{ kg} = 245 \text{ kg}$$

(3)计算石灰膏用量 Q_D，按式(4-31)计算：

$$Q_D = Q_A - Q_c = (350 - 245) \text{ kg} = 105 \text{ kg}$$

石灰膏稠度为 120 mm，无须换算。

(4)计算砂用量 Q_S

根据砂子的含水率和堆积密度，计算每立方米砂浆用砂量：

$$Q_S = 1\ 450 \text{ kg/m}^3 \times (1 + 2\%) \times 1 \text{ m}^3 = 1\ 479 \text{ kg}$$

(5)选择用水量 Q_W

由于砂浆使用中砂，稠度要求较大，在 270~330 kg 范围内取用水量 $Q_W = 300$ kg。

(6)试配时各材料的用量比为

水泥：石灰膏：砂：水 = 245：105：1 479：300 = 1：0.43：6.04：1.22

(7)配合比试配、调试与确定 (略)

4.7.4 抹灰砂浆

抹灰砂浆也称抹面砂浆，是指涂抹在建（构）筑物表面的砂浆。普通抹灰砂浆是指砂浆层厚度大于 5 mm 的抹灰砂浆。薄层抹灰砂浆是指砂浆层厚度不大于 5 mm 的抹灰砂浆。保水性抹灰砂浆是具有保持水分不易析出性能的抹灰砂浆。JGJ/T 220—2010《抹灰砂浆技术规程》对其配制及应用作出了相关规定。

① 一般抹灰工程用砂浆宜选用预拌抹灰砂浆，抹灰砂浆应采用机械搅拌。

② 抹灰砂浆强度不宜比基体材料强度高出两个及以上强度等级，并应符合以下规定：

a. 对于无黏结饰面砖的外墙，底层抹灰砂浆宜比基体材料高一个强度等级；

b. 对于无黏结饰面砖的内墙，底层抹灰砂浆宜比基体材料低一个强度等级；

c. 对于有黏结饰面砖的内墙和外墙，中层抹灰砂浆宜比基体材料高一个强度等级且不宜低于 M15，并宜选用水泥抹灰砂浆；

4.30【观察讨论 4-7】某抹灰砂浆裂缝的成因分析

d. 孔洞填补和窗台、阳台抹面等宜采用 M15 或 M20 水泥抹灰砂浆。

③ 配制强度等级不大于 M20 的抹灰砂浆，宜用 32.5 级通用硅酸盐水泥或砌筑水泥；配制强度等级大于 M20 的抹灰砂浆，宜用强度等级不低于 42.5 级通用硅酸盐水泥。通用硅酸盐水泥宜采用散装的。

④ 用通用硅酸盐水泥拌制抹灰砂浆时，可掺入适量的石灰膏、粉煤灰、粒化高炉矿渣、沸石粉等，不应掺入消石灰粉。用砌筑水泥拌制抹灰砂浆时，不得再掺加粉煤灰等矿物掺合料。

4.31【案例分析 4-9】透明混凝土

⑤ 拌制抹灰砂浆，可根据需要掺入改善砂浆性能的添加剂。

⑥ 抹灰砂浆的品种宜根据使用部位或基体种类按表 4-32 选用。

表 4-32 抹灰砂浆的品种选用

使用部位或基体种类	抹灰砂浆的品种
内墙	水泥抹灰砂浆、水泥石灰抹灰砂浆、水泥粉煤灰抹灰砂浆、掺塑化剂水泥抹灰砂浆、聚合物水泥抹灰砂浆、石膏抹灰砂浆
外墙、门窗洞口外侧壁	水泥抹灰砂浆、水泥粉煤灰抹灰砂浆
温（湿）度较高的车间和房屋、地下室、屋檐、勒脚等	水泥抹灰砂浆、水泥粉煤灰抹灰砂浆
混凝土板和墙	水泥抹灰砂浆、水泥石灰抹灰砂浆、聚合物水泥抹灰砂浆、石膏抹灰砂浆
混凝土顶棚、条板	聚合物水泥抹灰砂浆、石膏抹灰砂浆
加气混凝土砌块（板）	水泥石灰抹灰砂浆、水泥粉煤灰抹灰砂浆、掺塑化剂水泥抹灰砂浆、聚合物水泥抹灰砂浆、石膏抹灰砂浆

4.32【一事一议 4-2】海工钢筋混凝土的防腐

4.33【案例分析 4-10】清水混凝土

⑦ 抹灰砂浆的施工稠度宜为：底层 90~110 mm；中层 70~90 mm；面层 70~80 mm。聚合物水泥抹灰砂浆的施工稠度宜为 50~60 mm，石膏抹灰砂浆的施工稠度宜为 50~70 mm。

4.34【案例分析 4-11】零渗漏的珠江沉管隧道

【工程实例分析 4-8】　以硫铁矿渣代替建筑砂配制砂浆的质量问题

概况：上海市某中学教学楼为五层内廊式砖混结构，工程交工验收时质量良好。但使用半年后，发现砖砌体出现裂缝，一年后，建筑物裂缝严重，以致成为危房不能使用。该工程砂浆采用硫铁矿渣代替建筑砂。其含硫量较高，甚至达到 4.6%，请分析其原因。

原因分析：由于硫铁矿渣中的三氧化硫和硫酸根与水泥或石灰膏反应，生成硫铝酸钙或硫酸钙，产生体积膨胀。而其硫含量较多，在砂浆硬化后不断生成此类体积膨胀的水化产物，致使砌体产生裂缝，抹灰层起壳。

【警钟长鸣】　海砂屋的启示

淡化海砂是建设用砂中的一种。但在使用过程中，有不少经验教训，主要是使用未经过淡化处理的低成本海砂而导致严重的工程质量事故。如韩国三丰大厦的突然垮塌导致 502 人遇难，937 人受伤，主因之一是使用了不合格的海砂。我国台湾地区 30 年前基建规模大，岛内缺少建筑用河砂，于是出现了滥用海砂的情况。此后 3 到 10 年间，陆续出现大量房屋、公共建筑等的腐蚀破坏现象，被称作"海砂屋事件"。2004 年，杭州日报报道了宁波市华绣巷 23 户居民先后发现整幢房屋的钢筋生锈、胀裂，这些房子建造时使用了未经淡化的海砂。2013 年，央视报道了深圳使用低成本海砂的问题。广州市增城也曾有一些楼盘住户发现房屋出现质量问题，原因是使用质量不达标的海砂冒充河砂。

建筑材料是保证建筑工程质量的首要条件，必须从源头抓起，把好材料质量关。

【创新能力培养】　海港码头钢筋混凝土的防腐

挑战性问题：不少海港码头的钢筋混凝土因海水腐蚀仅几年已出现明显的钢筋锈蚀，严重影响钢筋混凝土的寿命，请思考如何防治钢筋混凝土海水腐蚀。

创造性思维点拨：创造性思维有多种形式，求同思维与求异思维，发散思维与集中思维，逻辑思维与非逻辑思维，理性思维与非理性思维及正向和逆向思维等。本问题可应用逻辑思维和非逻辑思维去研究解决。从逻辑思维出发，分别考虑混凝土和钢筋的防腐。混凝土的防腐措施有致密、加厚并掺入阻锈剂等，以阻止氯离子的渗入；钢筋的防腐可表面涂覆抗锈层，或直接采用不锈钢钢筋。另外，从直觉、灵感、联想与想象的非逻辑思维出发，不局限于钢筋和混凝土，而是直接在混凝土表面涂覆保护层，隔绝海水的侵蚀，尤其在腐蚀最严重的浪溅区。

练习思考与调研 4

4-1　选择题（多项选择）

（1）在混凝土拌合物中，如果水胶比过大，会造成_____。

A. 拌合物的黏聚性和保水性不良　　　　　　B. 产生流浆

C. 有离析现象　　　　　　D. 严重影响混凝土的强度

（2）以下_____属于混凝土的耐久性。

A. 抗冻性　　　　B. 抗渗性　　　　C. 和易性　　　　D. 抗腐蚀性

4-2 是非判断题

(1) 在拌制混凝土中砂越细越好。   (   )

(2) 在混凝土拌合物中水泥浆越多和易性就越好。   (   )

(3) 从含水率的角度看，以饱和面干状态的骨料拌制混凝土最合理，这样的骨料既不放出水，又不能吸收水，使拌合用水量准确。   (   )

(4) 快冻等级以相对动弹性模量下降至不低于 60%，而且质量损失率不超过 5% 时的最大循环次数表示。

(   )

4-3 问答题

(1) 某工程队于某年 7 月在湖南某工地施工，经现场试验确定了一个掺木质素磺酸钠的混凝土配方，经使用一个月情况均正常。该工程后因资金问题暂停 5 个月，随后继续使用原混凝土配方开工。发现混凝土的凝结时间明显延长，影响了工程进度。请分析原因，并提出解决办法。

(2) 某混凝土搅拌站原使用砂的细度模数为 2.5，后改用细度模数为 2.1 的砂。改砂后原混凝土配方不变，发觉混凝土坍落度明显变小。请分析原因。

4-4 计算题

(1) 某混凝土的实验室配合比为水泥∶砂∶石 = 1∶2.1∶4.0，$W/B = 0.60$，混凝土的体积密度为 2 410 kg/m^3。求 1m^3 混凝土各材料用量。

(2) 某工程现浇钢筋混凝土梁，混凝土设计强度等级为 C25，施工要求坍落度为 50~70 mm。不受风雪等作用。施工单位的强度标准差为 4.0 MPa。所用材料：42.5 级普通硅酸盐水泥，实测其 28 d 强度为 48 MPa，$\rho_c = 3\,150$ kg/m^3；中砂，符合 2 区级配，$\rho_s = 2\,600$ kg/m^3；碎石，粒级 5~40 mm，$\rho_g = 2\,650$ kg/m^3；自来水。请进行混凝土配合比计算。

4-5 思考讨论题

(1) 为何建筑生石灰粉、消石灰粉不得替代石灰膏配制水泥石灰砂浆？

(2) 为何泵送混凝土的砂率一般比较高？

(3) 为何用于石砌体的砌筑砂浆施工稠度低于烧结普通砖和烧结多孔砖等砌体所用砌筑砂浆的稠度？

(4) 为何混凝土立方体试件抗压强度区别于混凝土立方体抗压强度标准值？

(5) 有 A 和 B 两种砂，其累计筛余百分率见下表：

筛孔尺寸/mm		4.75	2.36	1.18	0.6	0.3	0.15	<0.15
累计筛余	A	0	0	5	50	70	100	—
百分率/%	B	0	41	70	90	95	100	—

请思考可否单独使用这些砂配制混凝土，如何使用这些砂才合适？

4-6 综合讨论题：斜拉桥断索事故分析

广东某斜拉桥使用 6 年后，其中一条拉索于一天清晨突然断落。经检查发现断落的拉索钢丝锈蚀严重；拉索内上部为糊状未结硬的水泥浆体，按压包裹的聚乙烯套管仍可变形；拉索下部坚硬，按压不变形。该拉索高强钢丝自内向外有四层防护：镀锌层，水泥压浆层，PE(聚乙烯)含碳黑防老化层及多道环氧树脂玻璃钢缠带包裹加强层。为此，需及时分析事故原因。

【讨论 1】断落的 15 号南西拉索内上部为糊状未结硬的水泥浆体。检测可知浆体 pH 为 12。浆体含 $Ca(OH)_2$、钙矾石、水化硅酸钙、未含 $CaCO_3$。其成因有两种观点，请分析哪种意见是正确的。

(1) 水泥浆体长时间未凝结；

(2) 硬化后的水泥浆体碳化，随后水渗入使其成为糊状。

【提示】请结合水泥浆体碳化的特点分析。

【讨论 2】该灌浆组成为硅酸盐水泥∶水∶FDN 减水剂∶铝粉∶石英砂粉 = 1∶0.34∶0.008 5∶0.000 03∶

0.015。拉索内上段水泥浆体长时间不凝结。模拟试验证实，水泥浆体压入斜拉索后浆体就会出现离析，气泡和液体向上移动，先向管内每个截面的上部汇集，然后形成一条由下而上的通道汇集于拉索的最顶端，由上而下形成空段、稀浆段、未凝结稠浆、强度低已硬化浆体和硬化浆体。稀浆既有较大的水胶比，也含一定浓度的 FDN 减水剂，灌浆至拉索冒浆孔出浆即予以封闭。请总结拉索内上段水泥浆体长时间不凝结所需的条件。

【讨论 3】经检查钢丝与水泥浆体由上而下对应情况如下：A. 空段略有腐蚀；B. 稀浆段严重腐蚀；C. 未凝结稠浆段一般腐蚀；D. 强度低已硬化浆体段略有腐蚀；E. 硬化浆段无腐蚀。请结合电化学腐蚀机理，讨论钢丝主要为何类型腐蚀。

第 5 章　砌 筑 材 料

【爱我中华】　赵州桥

河北赵州桥建于 1400 多年前的隋代，后被宋哲宗赐名为安济桥，因桥体用条石砌就，当地人俗称为大石桥。赵州桥是世界上现存最早的古代桥梁（图 5-1），是全国第一批重点文物保护单位。赵州桥选材合理、设计及建造勇于创新，充分显示了我国古代劳动人民的创新精神和工匠精神。

图 5-1　赵州桥

首先，优选坚固耐用的石材是赵州石桥千年不倒的重要原因之一。赵州桥的造桥石料是由距桥址 30~60 km 的元氏、赞皇、获鹿等地利用冰运送到桥头的。石质为清灰色石灰岩，容重为 2.85 t/m³，经多次冻融无裂缝，质地坚硬。

另外，赵州桥的设计和建造大胆创新。其设计选址合理，选择了洨河两岸较平直的地方建桥，其地层是由河水冲积而成，充分利用了天然持力良好、土层分布均匀的黏土层，保证了桥台较小的竖向、纵向位移，最大程度上避免了不均匀沉降。据现代测算该地层非常适合建桥。赵州桥的桥台设计低拱脚、浅基础、短桥台，整体刚度较大，最大程度上避免其不均匀沉陷。赵州桥采用单孔建桥，以矢跨较小的圆弧石拱代替习惯使用的半圆形拱，矢高为 7.23 m，净跨为

5.1【教学交流5-1】在案例分析讨论中提高综合素质

5.2【科魂匠心5-1】南越王宫砖

5.3【建材趣话5-1】广州圣心大教堂

37.35 m，矢跨比只有约1:5，这使得桥高降低，道路平坦，便于通行。在主拱肋与桥面之间设计了并列的四个小孔，挖去部分填肩材料，开创了拱建筑史上富有意义的"敞肩拱"桥型。其创新设计既减轻了洪水宣泄对桥的冲击力和利于舟船航行，挖空拱肩还减轻了桥的自重、节省材料，并使拱圈内部应力很小，故该桥历千年仅有极微小的位移和沉陷。整个大桥由28道各自独立拱券沿宽度方向并列组合而成，每券可各自砌筑，既节省砌筑过程承重"鹰架"的木材，又便于维修。若一道拱券的石块损坏，只要嵌入新石，局部修整即可。为使相邻拱石紧贴，两侧外券相邻拱石之间在拱背以"腰铁"连锁加固。还采用了顺桥（纵向）等新颖砌筑方法。我国古代劳动人民勤劳智慧结晶的赵州桥"奇巧固护，甲于天下"，充分体现了建筑与艺术的统一。

【史海拾贝】 中国现存最早的砖塔

嵩岳寺塔建于北魏孝明帝正光年间（520—525年），是中国现存最早的砖塔。整个塔室上下贯通，呈圆筒状。全塔刚劲雄伟，轻快秀丽，建筑工艺极为精巧。该塔虽高大挺拔，但却是用砖和黄泥粘砌而成，塔砖小且薄，历经千余年风霜雨露侵蚀而依然坚固不坏，至今保存完好，充分证明我国古代建筑材料及工艺之高超。嵩岳寺塔无论在建筑艺术上，还是在建筑材料及技术方面，都是中国和世界古代建筑史上的一件珍品。

砌体结构是由块体和砂浆砌筑而成的墙、柱作为建筑物主要受力构件的结构，是砖砌体、砌块砌体和石砌体结构的统称。砌筑材料是指用于砌筑或其他方式构成建筑中起承重、围护或分隔作用砌体的材料。砌筑材料主要用于墙体，按生产制品方式来划分，主要有烧结制品砌筑材料、蒸压蒸养制品砌筑材料、混凝土制品砌筑材料和开采天然石材的砌筑材料。以相同生产方式制备的砌筑材料尽管其形状及尺寸大小不相同，但原料及制备方法类同，导致组成结构相近，其性能和应用也基本相同。为此，本章按照"组成、结构、性能、应用"的主线组织各节内容，并注重其生产和使用过程中的节土、节能、环保和利废。（图5-2为石材砌筑的广州圣心大教堂）

图5-2 广州圣心大教堂

5.1 烧结制品砌筑材料

5.1.1 烧结普通砖

1. 烧结普通砖的分类、质量等级、规格和产品标记

烧结普通砖（fired common bricks）是指以黏土、页岩、煤矸石、粉煤灰、建筑渣土、淤泥（江河湖淤泥）、污泥、固体废弃物等为主要原料焙烧而成主要用于建筑物承重部位的普通砖。当以黏土为原料时，砖坯在氧化环境中焙烧并出窑时，生产出红砖。如果砖坯先在氧化环境中焙烧，然后再浇水闷窑，使窑内形成还原气氛，会使砖内的红色高价的三氧化铁还原为低价的一氧化铁，制得青砖。一般来说，青砖的强度比红砖高，耐久性比红砖强，

但价格较高。

GB/T 5101—2017《烧结普通砖》规定了其产品分类、等级、规格和产品标记。

按主要原料分为黏土砖（N）、页岩砖（Y）、煤矸石砖（M）、粉煤灰砖（F）、建筑渣土砖（Z）、淤泥砖（U）、污泥砖（W）、固体废弃物砖（G）。采用两种原材料，掺配比质量大于50%以上的为主要原材料；采用3种或3种以上原材料，掺配比质量最大者为主要原材料。污泥掺量达到30%以上的可称为污泥砖。

砖的外形为直角六面体，其公称尺寸为：长240 mm、宽115 mm、高53 mm。常配砖规格为175 mm×115 mm×53 mm，装饰砖的主规格同烧结普通砖。配砖和装饰砖其他规格由供需双方协商确定。

砖的产品标记按照产品名称的英文缩写、类别、强度等级和标准编号的顺序写出。示例：烧结普通砖，强度等级为MU15的黏土砖，其标记为：FCB N MU15 GB/T 5101。

2. 技术要求

（1）尺寸偏差

为保证砌筑质量，要求砖的尺寸偏差必须符合《烧结普通砖》的规定。

（2）外观质量

砖的外观质量包括：两条面高度差、弯曲、杂质凸出高度、缺棱掉角、裂纹长度、完整面和颜色等项内容应符合规定。优等品的颜色应基本一致。

（3）强度

烧结普通砖根据抗压强度分为五个等级：MU30、MU25、MU20、MU15和MU10，各强度等级的砖应符合表5-1的规定。

表 5-1　烧结普通砖强度等级　　　　　　　　　　　　　　　　　　　　　MPa

强度等级	强度平均值 $\overline{f} \geqslant$	强度标准值 $f_k \geqslant$
MU30	30.0	22.0
MU25	25.0	18.0
MU20	20.0	14.0
MU15	15.0	10.0
MU10	10.0	6.5

（4）抗风化性能

烧结普通砖的抗风化性能是指能抵抗干湿变化、冻融变化等气候作用的性能。抗风化性能与砖的使用寿命密切相关，抗风化性能好的砖其使用寿命长，砖的抗风化性能除了与砖本身性质有关外，与所处环境的风化指数也有关。风化指数是指日气温从正温降至负温或从负温升至正温的每年平均天数与每年从霜冻之日起至消失霜冻之日止这一期间降雨总量（以 mm 计）的平均值的乘积。风化指数≥12 700为严重风化区，包括黑龙江省、吉林省、辽宁省、内蒙古自治区、新疆维吾尔自治区、宁夏回族自治区、甘肃省、青海省、陕西省、山西省、河北省、北京市、天津市和西藏自治区；我国其余地区为非严重风化区。严重风化区的烧结普通砖抗风化性能比非严重风化区的要求更高。

严重风化区中的黑龙江省、吉林省、辽宁省、内蒙古自治区和新疆维吾尔自治区的砖应进行冻融试验，其他地区砖抗风化性能符合标准规定时可不做冻融试验，否则，应进行冻融试验。淤泥砖、污泥砖、固体废弃物砖应进行冻融试验。

（5）泛霜

每块砖不准许出现严重泛霜。

5.4【观察讨论 5-1】烧结普通砖的盐析现象

泛霜是指黏土原料中的可溶性盐类，随着砖内水分蒸发而在砖表面产生的盐析现象，一般在砖表面形成絮团状斑点的白色粉末。轻微泛霜就能对清水墙建筑外观产生较大的影响。中等程度泛霜的砖用于建筑中的潮湿部位时，几年后因盐析结晶膨胀将使砖体的表面产生粉化剥落，在干燥的环境中使用约 10 年后也将脱落。严重泛霜对建筑结构的破坏性更大。

（6）石灰爆裂

当生产黏土砖的原料含有石灰石时，则焙烧砖时石灰石会煅烧成生石灰留在砖内，这时的生石灰为过烧生石灰，这些生石灰在砖内会吸收外界的水分，消化并产生体积膨胀，导致砖发生膨胀性破坏，这种现象称为石灰爆裂。砖的石灰爆裂应符合下列规定：

① 破坏尺寸大于 2 mm 且小于 15 mm 的爆裂区域，每组砖样不得多于 15 处，其中大于 10 mm 的不得多于 7 处。

② 不准许出现最大破坏尺寸大于 15 mm 的爆裂区域。

③ 试验后抗压强度损失不得大于 5 MPa。

（7）欠火砖、酥砖和螺旋纹砖

产品中不允许有欠火砖、酥砖和螺旋纹砖。

欠火砖指未达到烧结温度或保持烧结时间不够的砖，其特征是声音哑、土心、抗风化性能和耐久性能差。

酥砖指干砖坯受湿（潮）气或雨淋后成反潮、雨淋坯，或湿坯受冻后的冻坯，这类砖坯焙烧后为酥砖；或砖坯入窑焙烧时预热过急，导致烧成的砖易成为酥砖。酥砖从外观就能辨别出来，这类砖特征是声音哑，强度低，抗风化性能和耐久性能差。

螺旋纹砖指以螺旋挤出机成型砖坯时，坯体内部形成螺旋状分层的砖，其特征是强度低，声音哑，抗风化性能差，受冻后会层层脱皮，耐久性能差。

（8）放射性核素限量

砖的放射性核素限量应符合《建筑材料放射性核素限量》的要求。

（9）配砖和装饰砖

常用配砖规格：175 mm×115 mm×53 mm，其他配砖规格由供需双方协商确定。

配砖的尺寸偏差、强度由供需双方协商确定。但风化性能、泛霜、石灰爆裂、放射性核素限量应符合标准规定。外观质量可参照标准技术要求执行。

3. 烧结普通砖的应用

烧结普通砖具有一定的强度及良好的绝热性、耐久性，且原料广泛，工艺简单，因而可用作墙体材料、砌筑柱、拱、烟囱及基础等。焙烧温度在烧结范围内，且持续时间适宜时，制得的砖质量均匀，性能稳定，称为正火砖。其优等品适用于清水墙和装饰墙；一等品、合格品可用于混水墙，中等泛霜的砖不能用于处于潮湿的工程部位。

焙烧温度低或焙烧时间不足会形成欠火砖，其熔融物太少，难以充满砖体内部，黏结不牢，孔隙率大，其色浅、声哑、强度低、耐久性差。当用于地下时，欠火砖吸较多水后的强度还会进一步下降。故欠火砖不宜用于地下。

若焙烧温度过高，则会形成过火砖。过火砖因为烧成温度过高，产生软化变形，造成外形尺寸极不规整，其砖色也较深，影响其使用。

由于烧结普通砖能耗高，烧砖毁田，污染环境，因此我国对实心黏土砖的生产、使用有所限制。

5.1.2 烧结多孔砖和多孔砌块

烧结多孔砖和多孔砌块(fired perforated bricks and blocks)是以黏土、页岩、煤矸石、粉煤灰、淤泥（江河湖淤泥）及其他固体废弃物为主要原料，经焙烧而成主要用于承重部位的多孔砖和多孔砌块。按主要原料可分为黏土砖和砌块(N)、页岩砖和砌块(Y)、煤矸石砖和砌块(M)、粉煤灰砖和砌块(F)、淤泥砖和砌块(U)、其他固体废弃物砖和砌块(G)。

烧结多孔砌块和烧结多孔砖均经焙烧而成，对其孔型、孔结构及孔洞率有相关规定。烧结多孔砖孔洞率≥28%；烧结多孔砌块孔洞率≥33%，孔的尺寸小而数量多。

GB/T 13544—2011《烧结多孔砖和多孔砌块》对其尺寸允许偏差、外观质量、强度等级、孔型孔洞率及孔洞排列、泛霜、石灰爆裂、抗风化性能等作出了相关规定。

烧结多孔砖和多孔砌块根据抗压强度分为 MU30、MU25、MU20、MU15 和 MU10 五个强度等级，其强度等级要求与烧结普通砖（表5-1）一致。

虽然多孔砖和砌块具有一定的孔洞率，使砖受压时有效受压面积减小，但因为制坯时受较大的压力，使砖孔壁致密程度提高，且对原材料要求也较高，补偿了因有效面积减小而造成的强度损失，因而其强度仍很高，可用于建筑物的承重部位。

5.1.3 烧结空心砖和空心砌块

烧结空心砖和空心砌块(fired hollow bricks and blocks)指以黏土、页岩、煤矸石等为主要原料，经焙烧而成，主要用于建筑物非承重部位的空心砖和空心砌块。

GB/T 13545—2014《烧结空心砖和空心砌块》也按主要原料对产品分类，分类方法与烧结多孔砖和多孔砌块类同。

其强度等级按抗压强度分为 MU10.0、MU7.5、MU5.0、MU3.5 四个强度等级。

其密度等级按体积密度分为 800 级、900 级、1 000 级、1 100 级四个密度等级。

同样有泛霜、石灰爆裂和抗风化性能等的技术要求。

孔洞率≥40%，为矩形孔。

烧结空心砖和空心砌块的孔洞个数较少但洞腔大，孔洞垂直于顶面平行于大面。使用时大面受压，所以这种砖的孔洞与承压面平行。烧结空心砖自重较轻，可减轻墙体自重，改善墙体的热工性能等，但强度不高，因而多用作非承重墙，如多层建筑内隔墙或框架结构的填充墙等。

【工程实例分析 5-1】 某砖混结构浸水后倒塌

概况：某县城于 1997 年 7 月某日遭受洪灾，某五层半砖砌体承重结构住宅楼底部自行车库进水，浸泡两日后住宅楼倒塌，墙体破坏后部分呈粉末状。在残存北纵墙基础上随机抽取 20 块砖进行试验。自然状态下实测抗压强度平均值为 5.85 MPa，低于设计要求的 MU10 砖抗压强度。从砖厂成品中随机取样测试，抗压强度十分离散，高的达 21.8 MPa，低的仅 5.1 MPa。请针对其砌体材料质量进行分析讨论。

原因分析：该砖的质量差。设计要求使用 MU10 砖，而现场检测结果显示砖强度低于 MU7.5。该砖厂土质不好，砖匀质性差，且砖的软化系数小，被积水浸泡后，强度大幅度下降，故部分砖破坏后呈粉末状。现场调查还发现砌筑砂浆强度也低，黏结性差，故该住宅楼底部浸水后倒塌。

5.2　蒸压制品砌筑材料

5.2.1　蒸压加气混凝土砌块和板

蒸压加气混凝土（autoclaved aerated concrete，AAC）是以硅质材料和钙质材料为主要原料，掺加发气剂及其他调节材料，通过配料浇筑、发气静停、切割、蒸压养护等工艺制成的多孔轻质硅酸盐材料建筑制品。蒸压加气混凝土砌块（autoclaved aerated concrete blocks；AAC-B）是指蒸压加气混凝土中用于墙体砌筑的矩形块材；蒸压加气混凝土板（autoclaved aerated concrete slabs，AAC-S）是指在蒸压加气混凝土生产中配置经防锈涂层处理的钢筋笼网或钢筋网片的预制板材。

1. 蒸压加气混凝土砌块和板的分类与技术要求

GB/T 11968—2020《蒸压加气混凝土砌块》规定，砌块按尺寸偏差分为 I 型和 II 型。 I 型适用于薄灰缝砌筑，II 型适用于厚灰缝砌筑。砌块按抗压强度分 A1.5、A2.0、A2.5、A3.5、A5.0 五个级别；强度级别 A1.5、A2.0 适用于建筑保温。砌块按干密度分为 B03、B04、B05、B06、B07 五个级别；干密度级别 B03、B04 适用于建筑保温。干密度是指 105 ℃ 条件下烘干至恒重测得的单位体积质量。

GB/T 15762—2020《蒸压加气混凝土板》规定，蒸压加气混凝土板按使用部位和功能分为屋面板（AAC-W）、楼板（AAC-L）、外墙板（AAC-Q）、隔墙板（AAC-G）等品种。按抗压强度分为 A2.5、A3.5、A5.0 三个强度级别，其中屋面板、楼板的强度级别不低于 A3.5，外墙板和隔墙板不低于 A2.5，常用承载力允许值见表 5-2。

表 5-2　常用承载力允许值　　　　　　　　　　　　　　　　　　　　　N/m²

屋面板	1 800、2 000、2 200、2 600、2 900、3 200、3 500
楼板	2 000、2 200、2 600、2 900、3 200、3 500
外墙板	1 200、1 400、1 600、1 800、2 000、2 200、2 600、2 900、3 200、3 500

注：其他承载力允许值由供需双方协商确定

2. 蒸压加气混凝土制品的特性与应用

（1）多孔轻质

加气混凝土砌块和板的孔隙达 70%～80%，平均孔径约 1 mm。其保温隔热性能好，导热系数为 0.14～0.28 W/(m·K)，约为黏土砖的 1/5，用作墙体可降低建筑物采暖、制冷等使用能耗。加气混凝土砌块和板的表观密度小，一般为黏土砖的 1/3。

（2）耐热耐火性能和保温隔热性能

蒸压加气混凝土属不燃材料，在受热至 80～100 ℃ 以上时会出现收缩和裂缝，但是在

700 ℃以前不会明显损失强度，具有一定的耐热性能和良好的耐火性能。

蒸压加气混凝土砌块和板的保温隔热性能好。如蒸压加气混凝土砌块 B06 级的干态导热系数小于 0.14 W/(m·K)，B08 级小于 0.20 W/(m·K)。

（3）有一定的吸声能力，但隔声性能相对差些

加气混凝土的吸声系数为 0.2~0.3。由于其孔结构大部分并非通孔，吸声效果受到一定的限制。轻质墙体的隔声性能都较差，加气混凝土也不例外。这是由于墙体隔声受"质量定律"支配，即单位面积墙体重量越轻，隔声能力越差。用蒸压加气混凝土砌块砌筑的 150 mm 厚的加双面抹灰墙体，对 100~3 150 Hz 平均隔声量为 43 dB。

5.5【观察讨论 5-2】烧结普通砖与加气混凝土砌块的吸水

（4）干燥收缩大

和其他材料一样蒸压加气混凝土干燥收缩，吸湿膨胀。蒸压加气混凝土砌块干燥收缩值标准法为小于 0.50 mm/m，快速法为小于 0.80 mm/m。在建筑应用中，如果干燥收缩过大，在有约束阻止变形时，收缩形成的应力超过了制品的抗拉强度或黏结强度，制品或接缝处就会出现裂缝。为避免墙体出现裂缝，必须在结构和建筑上采取一定的措施。而严格控制制品上墙时的含水率也是极其重要的，最好控制上墙含水率在 20%以下。

5.6【案例分析 5-1】加气混凝土砌块砌筑墙体的防裂

（5）吸水导湿缓慢

由于加气混凝土砌块的气孔大部分是"墨水瓶"结构的气孔，只有少部分是水分蒸发形成的毛细孔。所以，孔肚大口小，毛细管作用较差，导致砌块吸水导湿缓慢。加气混凝土砌块体积吸水率和黏土砖相近，而吸水速度却缓慢得多。加气混凝土的这个特性对砌筑和抹灰有很大影响。在抹灰前如果采用与黏土砖同样的方式往墙上浇水，黏土砖容易吸足水量，而加气混凝土表面看起来浇水不少，实则吸水不多，其抹灰层会被砌块吸去水分而容易产生干裂。

5.7【案例分析 5-2】蒸压加气混凝土板在装配式钢结构中应用

还需说明的是，加气混凝土砌块应用于外墙时，应进行饰面处理或憎水处理。因为风化和冻融会影响加气混凝土砌块的寿命。长期暴露在大气中，日晒雨淋，干湿交替，加气混凝土会风化而产生开裂破坏。在局部受潮时，冬季有时会产生局部冻融破坏。

加气混凝土砌块广泛用于一般建筑物墙体，可用于多层建筑物的非承重墙及隔墙，也可用于低层建筑的承重墙。体积密度级别低的砌块还用于屋面保温。

5.2.2　其他蒸压制品砌筑材料

1. 蒸压灰砂实心砖和实心砌块

蒸压灰砂实心砖（autoclaved sand-lime solid bricks）是以石灰和砂为主要原料，允许掺入颜料和外加剂，经坯料制备、压制成型、蒸压养护而成的实心砖，代号 LSSB，简称灰砂砖。

蒸压灰砂实心砌块的空心率小于 15%，代号为 LSSU。大型蒸压灰砂实心砌块代号为 LLSS，是指空心率小于 15%，长度不小于 500 mm 或高度不小于 300 mm 的蒸压灰砂砌块，简称大型实心砌块。

GB/T 11945—2019《蒸压灰砂实心砖和实心砌块》对其规格、等级、颜色、标记、一般要求、技术要求、试验方法和检验规则等作出了规定。蒸压灰砂实心砖和实心砌块按抗压强度分为 MU10、MU15、MU20、MU25、MU30 五个等级。其颜色分为本色（N）、彩色（C）两类。产品按代号、颜色、等级、规格尺寸和标准编号进行标记。

蒸压灰砂实心砖和实心砌块不应用于长期受热 200 ℃以上，受急冷急热和有酸性介质侵蚀

的建筑部位。这是因为它们的一些组分如水化硅酸钙、氢氧化钙、碳酸钙等不耐酸，也不耐热，若长期受热会发生分解、脱水，故其使用受到了一定的限制。

2. 蒸压粉煤灰砖

蒸压粉煤灰砖（autoclaved fly ash bricks）是以粉煤灰、生石灰为主要原料，可掺入适量石膏等外加剂和其他集料，经坯料制备、压制成型、高压蒸气养护而制成的砖，产品代号为 AFB。

JC/T 239—2014《蒸压粉煤灰砖》规定，砖的外形为直角六面体，砖的公称尺寸为长度 240 mm、宽度 115 mm、高度 53 mm，其他规格尺寸由供需双方协商后确定。蒸压粉煤灰砖的性能与蒸压灰砂实心砖类似，其强度也分为 MU10、MU15、MU20、MU25、MU30 五个等级。

【工程实例分析 5-2】 蒸压灰砂实心砖墙体裂缝

概况：新疆某石油基地库房砌筑采用蒸压灰砂实心砖，由于工期紧，灰砂砖亦紧俏，出厂四天的灰砂砖即砌筑。8 月完工，后发现墙体有较多垂直裂缝，至 11 月底裂缝基本固定。

原因分析：首先是砖出厂到上墙时间太短，灰砂砖出釜后含水量随时间而减少，20 多天后才基本稳定。出釜时间太短必然导致灰砂砖干缩大。另外是气温影响。砌筑时气温很高，而几个月后气温明显下降，从而温差导致温度变形。最后是因为该灰砂砖表面光滑，砂浆与砖的黏结程度低。还需要说明的是灰砂砖砌体的抗剪强度普遍低于普通黏土砖。

【工程实例分析 5-3】 蒸压加气混凝土砌块砌体裂缝

概况：某工程用蒸压加气混凝土砌块砌筑外墙，该蒸压加气混凝土砌块出釜一周后即砌筑，工程完工一个月后，墙体出现裂纹，试分析原因。

原因分析：该外墙属于框架结构的非承重墙，所用的蒸压加气混凝土砌块出釜仅一周，其收缩率仍较大，在砌筑完工干燥过程中继续产生收缩，墙体在沿着砌块与砌块交接处就会产生裂缝。

5.3 水泥混凝土制品砌筑材料

5.3.1 普通混凝土小型砌块和混凝土实心砖

1. 普通混凝土小型砌块

普通混凝土小型砌块（normal concrete small blocks）是以水泥，矿物掺合料、砂、石、水等为原料，经搅拌，振动成型、养护等工艺制成的小型砌块，包括空心砌块和实心砌块。空心砌块见图 5-3。有主块型砌块和辅助砌块。

国家标准 GB/T 8239—2014《普通混凝土小型砌块》规定，砌块按空心率分为空心砌块（空心率不小于 25%，代号：H）和实心砌块（空心率小于 25%，代号：S）。

普通混凝土小型砌块按其抗压强度划分强度等级，空心砌块与实心砌块用于承重结构和非承重结构有所差别，见表 5-3。

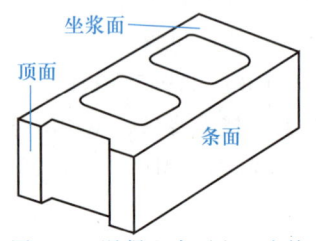

图 5-3 混凝土小型空心砌块

表 5-3　砌块的强度等级　MPa

砌块种类	承重砌块（L）	非承重砌块（N）
空心砌块（H）	7.5、10.0、15.0、20.0、25.0	5.0、7.5、10.0
实心砌块（S）	15.0、20.0、25.0、30.0、35.0、40.0	10.0、15.0、20.0

产品标记按下列顺序：砌块种类、规格尺寸、强度等级（MU）、标准代号。标记示例：规格尺寸 390 mm×190 mm×190 mm、强度等级为 MU15.0、承重结构用实心砌块，其标记为：LS 390×190×190 MU15.0 GB/T 8239—2014。

《普通混凝土小型砌块》还对其尺寸偏差、外观质量、外壁和肋厚、吸水率、线性干燥收缩值、抗冻性、碳化系数、软化系数、放射性核素限量等作出了规定。

L 类砌块的吸水率应不大于 10%；N 类砌块的吸水率应不大于 14%。

L 类砌块的线性干燥收缩值应不大于 0.45 mm/m；N 类砌块的线性干燥收缩值应不大于 0.65 mm/m。

砌块的碳化系数应不小于 0.85。砌块的软化系数也应不小于 0.85。

2. 混凝土实心砖

混凝土实心砖（solid concrete bricks）是以水泥、骨料，以及根据需要加入的掺合料、外加剂等，经加水搅拌、成型、养护制成的实心砖。GB/T 21144—2023《混凝土实心砖》规定，其主规格尺寸为：240 mm×115 mm×53 mm。其他规格由供需双方协商确定。混凝土实心砖的密度分为 A、B、C 三个等级。按混凝土实心砖的抗压强度，分为 MU40、MU35、MU30、MU25、MU20、MU15、MU10、MU7.5 八个等级。

5.3.2　轻集料混凝土小型空心砌块和陶粒发泡混凝土砌块

1. 轻集料混凝土小型空心砌块

轻集料混凝土小型空心砌块（lightweight aggregate concrete small hollow blocks）指用轻集料混凝土制成的小型空心砌块。以轻粗集料、轻砂（或普通砂）、水泥和水等原料配制而成的轻集料混凝土的干表观密度不大于 1 950 kg/m³。

根据 GB/T 15229—2011《轻集料混凝土小型空心砌块》的规定，轻集料混凝土小型空心砌块代号为 LB，按砌块孔的排数分为：单排孔、双排孔、三排孔和四排孔等。按砌块密度等级分为 700、800、900、1 000、1 100、1 200、1 300 和 1 400 八个等级。按砌块强度等级分为 MU2.5、MU3.5、MU5.0、MU7.5 和 MU10.0 五个等级。

轻集料混凝土小型空心砌块的技术要求包括：尺寸偏差和外观质量、密度等级、强度等级、吸水率、相对含水率、干燥收缩率、碳化系数、软化系数、抗冻性和放射性。其中吸水率≤18%；干燥收缩率≤0.065%；碳化系数≥0.8；软化系数≥0.8。

2. 陶粒发泡混凝土砌块

陶粒发泡混凝土砌块（foamed concrete blocks filled with ceramsite）是以水泥为胶凝材料、陶粒为骨料、粉煤灰为掺合料，与泡沫剂、外加剂和水按一定比例均匀混合搅拌制成具有一定流动性的拌合料后，经模具内浇筑成型、养护、脱模、切割、再养护等工艺过程而制成的轻质混凝土砌块，代号为 CFB。

5.8【疑难释义 5-1】孔隙率高的材料是否抗渗性差

5.9【案例分析 5-3】透水砖与生态环境

5.10【一事一议 5-1】墙体材料的选用

GB/T 36534—2018《陶粒发泡混凝土砌块》规定，陶粒发泡混凝土砌块按立方体抗压强度分为 MU2.5、MU3.5、MU5.0 和 MU7.5 四个等级；按干密度分为 600、700、800 和 900 四个等级；按导热系数分为 H12、H14、H16、H18 和 H20 五个等级。陶粒发泡混凝土砌块的技术要求包括：尺寸偏差和外观质量、干密度等级、强度等级、抗冻性、干燥收缩值、体积吸水率、软化系数、碳化系数、抗渗性、导热系数、蓄热系数和放射性。其中体积吸水率≤25%；干燥收缩值（标准法）≤0.50 mm/m；碳化系数≥0.85；软化系数≥0.85。

轻集料混凝土小型空心砌块和陶粒发泡混凝土砌块取材广泛，生产工艺简单，成本较低，保温性能较好，得到广泛使用。以此砌块砌筑的跨度较大的墙体，针对其干缩值较大的问题，往往还设置混凝土芯柱增强砌体的整体性能。

5.4　石材

GB/T 13890—2008《天然石材术语》规定了岩石和天然石材等的定义。岩石是指天然产出的具有一定结构构造的主要由造岩矿物或天然玻璃质或胶体或生物遗骸组成的集合体。岩石根据形成地质条件不同，可分为岩浆岩、沉积岩和变质岩。石材是以天然石材为主要原料经加工制作并用于建筑、装饰、碑石、工艺品或路面等用途的材料，包括天然石材和人造石材。

5.4.1　天然石材

天然石材（natural stone）是经选择和加工成的特殊尺寸或形状的天然岩石，按材质主要分为大理石、花岗石、石灰石、砂岩、板石等，按主要用途分为天然建筑石材和天然装饰石材。

1. 石材的力学性能

天然石材强度的大小，取决于岩石的矿物成分、结晶粗细、胶结物质的种类及均匀性，以及荷载和解理方向等因素。从岩石结构角度考虑，具有结晶结构的天然石料，其强度比玻璃质的高，细粒结晶的比中粒或粗粒结晶的强度高，等粒结晶的比斑状的强度高，结构疏松多孔的天然石料，强度远逊于构造均匀致密的石料。具有层理、片状构造的石料，其垂直于层理、片理方向的强度较平行于层理、片理方向的高。

2. 天然石材的耐久性

天然石材的耐久性主要包括有抗冻性、抗风化性和耐水性等。

天然石材的抗冻性主要决定于其矿物成分、晶粒大小和分布均匀性、天然胶结物的胶结性质、孔隙率及吸水性等性质。石材应根据使用条件选择相应的抗冻性指标。

水、冰、化学因素等造成岩石开裂或剥落称为岩石的风化。岩石抗风化能力的强弱与其矿物组成、结构和构造状态有关。岩石上所有的裂隙都能被水侵入，致使其逐渐崩解破坏。花岗石等具有较好的抗风化能力。

石材耐水性按其软化系数分为高、中、低三等。软化系数大于 0.9 者为高耐水性石材，软化系数为 0.7~0.9 者为中等耐水性石材，软化系数为 0.6~0.7 者为低耐水性石材。软化系数低于 0.6 的石材一般不允许用于重要建筑。用于水下或受潮严重的重要结构，其软化系数不应小于 0.85。

3. 天然石材的应用

天然石材是最古老的土木工程材料之一，藏量丰富、分布很广，便于就地取材，坚固耐用，砌筑石材广泛用于砌墙和造桥。世界上许多的古建筑都是由石材砌筑而成，不少古石建筑至今仍保存完好。如全国重点文物保护单位的赵州石桥、广州圣心大教堂等都是以石材砌筑而成。

5.11【案例分析 5-4】意大利比萨斜塔与建筑石材

天然建筑石材按照其加工后的外形规则程度可分为料石、毛石和条石。

① 料石：按料石加工面的平整程度可分为细料石、半细料石、粗料石和毛料石四种。料石外形规则，截面的宽度、高度不小于 200 mm，长度不宜大于厚度的 4 倍。料石根据加工程度分别用于建筑物的外部装饰、勒脚、台阶、砌体、石拱等。

5.12【建材趣话 5-2】就地取材的蚝壳墙

② 毛石：采石场爆破后直接得到的形状不规则的石块称为毛石，其中部厚度不小于 150 mm，挡土墙用毛石中部厚度不小于 200 mm。毛石又有乱毛石和平毛石之分，乱毛石是指形状不规则的石块，平毛石是指形状不规则，但有两个平面大致平行的石块。毛石主要用于基础、挡土墙、毛石混凝土等。

③ 条石：由致密岩石凿平或锯解而成的石材为条石。一般选用强度高无裂缝的花岗岩加工而成，常用于台阶、地面和桥面等。

5.13【疑难释义 5-2】是否所有石材都适用于地下基础

常用的天然装饰石材主要是大理石和花岗石。大理石属变质岩，其颜色品种繁多，但不耐风化，一般用于室内而不宜用于室外。花岗石属岩浆岩。其主要成分为长石、石英、云母等。与大理石相比，花岗石具有硬度更大，以及更耐磨、耐压和耐侵蚀的长处，故不仅用于室内，还常用于室外。不过，必须重视部分花岗石的放射性污染问题，特别是用于室内装修。

5.4.2 人造石的性能与应用

5.14【观察讨论 5-3】室外装饰大理石褪色

GB/T 41919—2022《人造石建筑板材》规定，人造石（artificial stone）是以不饱和聚酯树脂（或热塑性高分子聚合物）、水硬性水泥或两者混合物为黏结剂，以天然石材和/或废弃石材碎料（和/或粉体）、和/或天然石英石（砂、粉）、和/或氢氧化铝粉、和/或诸如碎陶瓷、碎玻璃、碎镜子等不同种类的添加物为主要骨料，经黏合搅拌、真空加压、振动成型、凝结固化等工序加工而成的石材。人造石包括人造石实体面材、人造石石英石（简称人造石英石或石英石）和人造石岗石（简称人造岗石、人造大理石或岗石）等产品。其中，人造石英石的强度及耐磨性指标一般高于人造岗石。人造石可利用多种废料作为主要原料，属资源循环利用的环保产业。人造石具有色彩艳丽、韧性好、结构致密、放射性低等优点，已广泛应用于内墙和台面等的装饰。

5.15【案例分析 5-5】上海世博会中国馆的"三叠斧"大台阶

【建材与生态环境】 谈谈发展新型墙体材料

砌筑材料主要用于砌筑墙体。我国房屋建筑材料中大部分是墙体材料，其中以黏土为原料的烧结普通砖每年耗用大量的黏土资源。我国耕地面积仅占国土面积约 10%，不到世界平均水平的一半，黏土砖的生产破坏大量耕地，而且能耗高，污染环境，也不利于建筑节能。

5.16【观察讨论 5-4】石料的砌筑

发展新型墙体材料取代以黏土为原料的烧结普通砖，既保护环境、节约资源，又满足建筑结构体系发展的需要，给传统建筑行业带来变革性新工艺，实现工厂化、现代化、集约化施工。新型墙体材料正朝着大型化、轻质化、节能化、利废化、复合化、装饰化的方向发展。

【创新能力培养】　如何提高加气混凝土砌块与砂浆的黏结强度

加气混凝土砌块的气孔大部分是"墨水瓶"结构的气孔，孔肚大口小，表面吸水较多，用普通砌筑砂浆砌筑相互间的黏结不够理想。请讨论如何解决此问题？

创造性思维点拨：创造思维其中的一种典型形式为发散与集中思维。在创造过程中，先从已知信息出发，向四面八方扩展，思考问题不可总按一条线索发展；而集中思维则在解决问题过程中，尽量运用已有的知识和经验，从已知的前提条件出发，寻找最佳结果，经二者多次循环，直至解决问题。加气混凝土砌块与砂浆黏结不牢的问题，既可从砌块及砂浆分别考虑，亦可双管齐下。

练习思考与调研 5

5-1　选择题（多项选择）

（1）以下_____不属于加气混凝土砌块的特点。

A. 轻质　　　　　　　B. 保温隔热　　　　　　　C. 加工性能好　　　　　　D. 韧性好

（2）利用煤矸石和粉煤灰等工业废渣烧砖，可以_____。

A. 减少环境污染　　　B. 节约大片良田黏土　　　C. 节省大量燃料煤　　　　D. 大幅提高产量

5-2　是非判断题

（1）红砖在氧化气氛中烧成，青砖在还原气氛中烧成。　　　　　　　　　　　　　　（　　）

（2）加气混凝土砌块多孔，故其隔声性能好。　　　　　　　　　　　　　　　　　　（　　）

5-3　思考讨论题

（1）砌筑加气混凝土砌块时，若采用烧结普通砖的办法往墙上浇水后即抹砂浆，一般的砂浆往往易被加气混凝土吸去水分而容易干裂或空鼓。请分析原因，考虑解决方法。

（2）烧结多孔砖与烧结空心砖有何异同点？

5-4　调查研究：利用废物制造新型墙材

了解本地区墙体材料使用现状，思考如何进一步利用废物制造新型墙体材料。

第6章 沥青和沥青混合料

教 学 建 议

1. 对于沥青路面会有一些直观的了解，建议在教学过程中可结合本章内容围绕身边案例展开多种形式的研讨，以提高综合素质。

2. 本章的重点之一是沥青材料的基本组成、工程性质及测定方法，需予以掌握。另外，对沥青的改性、掺配和沥青制品亦需有所了解。

3. 沥青混合料配合比设计是本章的重点和难点，建议在弄懂配合比设计步骤的基础上完成相关的练习题，通过实践掌握沥青混合料的配合比设计，并了解其使用要点。

【爱我中华】 港珠澳大桥沉管隧道沥青路面铺装

港珠澳大桥沉管隧道沥青路面铺装技术难度高。一方面于深水作业环境中，空气湿度大、盐分含量高；另一方面沥青路面铺装还面临防火、防水、防腐、降噪、抗滑、防反射裂缝等多个技术难题。

我国工程技术人员敬业创新，经过不同技术方案的对比研究，研发出相关的新工艺技术，攻克了沉管隧道沥青路面铺装过程中一个又一个难题。该混凝土基面经处理后，先采用便于施工的改性乳化沥青渗透入基面混凝土内部孔隙，作为防水黏结层。再用温拌改性沥青 AC10 作为反射裂缝缓冲层，其较小的空隙率既起防水作用，又具有调平和缓冲荷载的功能。然后铺设温拌改性沥青 SMA16，以降低空隙率，减少离析，起承载、分散、传递荷载的作用，黏结铺装上、下层。最后采用阻燃温拌改性沥青 SMA13 作为铺装上层，提供抗滑、耐磨耗、耐火功能。在长约 5 664 m 的外海沉管隧道内铺装沥青混凝土存在通风困难的问题，难以使用常规沥青。为此，工程人员多次攻关后采用了比常规沥青铺装温度低的沥青混合料温拌技术，从而有效减少了烟气排放，解决了作业环境的难题。

另外，因隧道的单幅宽度是 12 m，但考虑行车安全，衔接处人工岛道路的最大单幅宽度约 19 m，道路宽度渐变。为确保隧道与人工岛路面横向、竖向、纵向的均匀性及施工效率，工程技术人员经过攻关，创新研发了两台具有自主知识产权的可动态变换宽度的超大型路面铺装设备。采用这两台新型设备在该区域摊铺，不仅解决了摊铺过程中摊铺宽度渐变的难题，有效解决了横向、竖向、纵向的均匀性，还大大提高了作业效率，确保铺装质量全部满足设计要求。所铺装的路面平整度很好，既美观，行车舒适，又大大提高了路面结构强度，延长了路面的使用寿命。

【史海拾贝】 沥青趣话

早在公元前 3800 年，人类就开始使用沥青。大约在公元前 1600 年，人们在约旦河流域的上游开采沥青矿并一直沿用至今。我国也是较早发现并合理使用石油的国家之一。西周初期，在《易经》中就有"泽中有火"的记载。大约在公元前 50 年，人们将沥青溶解于橄榄油，制造沥青油漆涂料。约公元 300 年前，沥青被用于农业，用沥青和油的混合物涂于树木受伤之处，促进组织愈合，也有人在树干上涂刷沥青防治病虫害。另外，考古发现古埃及的木乃伊有的就采用沥青作为防腐材料。

　　沥青成为高等级公路最常用的材料之一也有一段趣话。公元前 600 年，巴比伦出现了第一条沥青路，但这种技术不久便失传了。1901 年，英格兰的一位测量员胡利在路过一家工厂时，脚下出现了一段异常平坦的道路，经了解知道曾有一桶沥青洒落在路面，为收拾残局，一名头脑灵活的工人将附近一家钢铁工厂不要的炉渣混进沥青中，重新摊铺，凝固后的路面出奇的坚固平整。胡利受到了启发，第二年为加热后的沥青混合以炉渣和碎石的路面配方申请了专利，该配方进一步完善后，成功修建了雷德克里夫路。此后，人们还把沥青脱色后加入着色材料，再与石子等集料①搅拌成为各种彩色沥青混凝土，产生了更好的装饰效果。

6.1　沥青材料

6.1【教学交流 6-1】谈结合身边的案例展开研讨

　　GB/T 37383—2019《沥青混合料专业名词术语》分别给出了沥青、改性沥青、乳化沥青和改性乳化沥青等的定义。沥青是从原油或煤加工过程中产生的，或者自然界天然存在的，黑棕色到黑色的固态或半固态黏稠状物质，包括天然沥青、石油沥青、煤沥青等。美国常用 asphalt，欧洲常用 bitumen。沥青能与砂、石、砖、混凝土、木材、金属等材料较强地黏结在一起，具有良好耐腐蚀性及一定的塑性，能适应基材的变形，故广泛应用于土木工程。沥青按其产源不同可分为地沥青和焦油沥青，其分类如表 6-1 所示。

表 6-1　沥青的分类

6.2【科魂匠心 6-1】港珠澳大桥的 GMA 浇注式沥青混凝土

沥青	地沥青	天然沥青	石油在自然界长期受地壳挤压、变化，并与空气、水接触逐渐变化而形成的，以天然状态存在的沥青，其中常混有一定比例的矿物质
	焦油沥青	石油沥青	石油经炼制加工后所得到的产品
		煤沥青	由煤干馏所得到的煤焦油再加工所得
		页岩沥青	由页岩炼油所得的工业副产品

　　土木工程中常用的是石油沥青及少量的煤沥青。本节以石油沥青为主、煤沥青为辅予以介绍。

6.3【建材趣话 6-1】珠江畔的彩色沥青便道

6.1.1　沥青的组分与结构

1. 沥青的组分

（1）石油沥青的组分

石油沥青是由石油经蒸馏、吹氧、调和等工艺加工得到的残留物，主要为可溶于二硫化碳

---

①　根据 GB/T 37383—2019《沥青混合料专业名词术语》中对集料的定义（见 6.2.1 小节），本书与沥青混凝土相关的部分均称集料，亦与沥青混凝土相关标准保持一致。

的碳氢化合物，是半固态黏稠状物质。沥青除主要元素碳、氢以外，其余是氧、硫、氮和一些微量金属元素。对石油沥青，许多研究者曾提出不同的分析方法。我国现行 JTG E20—2011《公路工程沥青及沥青混合料试验规程》中规定了三组分和四组分两种分析方法。

① 三组分分析法是将石油沥青分离为油分、胶质和沥青质三个组分。该方法的原理是利用沥青不同组分对抽提溶剂的选择性溶解和对吸附剂的选择性吸附，所以也称为溶解-吸附法。其组分性状见表 6-2。

表 6-2　石油沥青三组分分析法的主要组分性状

组分	外观特征	相对分子质量	碳氢比	含量/%	特性
油分及蜡	淡黄色透明液体	$200 \sim 700$	$0.5 \sim 0.7$	$45 \sim 60$	溶于大部分有机溶剂
胶质	褐色黏稠状物质	$800 \sim 3\,000$	$0.7 \sim 0.8$	$15 \sim 30$	温度敏感性高
沥青质	深褐色固体微粒	$1\,000 \sim 5\,000$	$0.8 \sim 1.0$	$5 \sim 30$	加热不熔化

油分赋予沥青以流动性。沥青的油分含量越高，流动性越大、越柔软，还有利于抗裂。但油分在一定条件下可以转化为树脂甚至沥青质。蜡在 45 ℃ 左右就会转变为液态，破坏沥青的胶体结构，降低沥青的延度和黏结力，故其含量需限制。

胶质是褐色黏稠状物质，以往也曾被称为树脂。它主要使沥青具塑性和黏性，分为中性胶质和酸性胶质。中性胶质使沥青具有一定塑性、可流动性和黏结性，其含量增加，沥青的黏聚力和延伸性随之增强。沥青胶质中还含有少量的酸性胶质，它是沥青中活性最大的部分，能改善沥青对矿质材料的浸润性，特别是提高了与碳酸盐类岩石的黏附性，增加了沥青的可乳化性。

沥青质决定着沥青的黏结力、黏度和温度稳定性，以及沥青的硬度、软化点等。沥青质含量越高，其软化点、硬度越高，而塑性下降。

除三个主要组分外，还有沥青碳和似碳物。沥青碳和似碳物是沥青受到高温影响脱氢而生成的，也会降低沥青的黏结力。

三组分分析的优点是组分界限很明确，组分含量能在一定程度上说明其工程性能，但其主要缺点是分析流程复杂，所需时间较长。

② 我国现行的四组分分析法是将沥青分离为沥青质、饱和分、芳香分和胶质。其组分性状见表 6-3。

表 6-3　石油沥青四组分分析法的各组分性状

性状	外观特性	平均相对密度	平均相对分子质量	主要化学结构
沥青质	深棕色至黑色固体	1.15	3 400	缩合环结构，含 S、O、N 衍生物
饱和分	无色液体	0.89	625	烷烃、环烷烃
芳香分	黄色至红色液体	0.99	730	芳香烃、含 S 衍生物
胶质	棕色黏稠液体	1.09	970	多环结构，含 S、O、N 衍生物

饱和分的主要化学结构为烷烃和环烷烃，为无色稠状液体。芳香分主要化学结构为芳香烃、含 S 衍生物，为黄色至红色黏稠液体。饱和分和芳香分均作为油分，在沥青中起润滑和柔

软作用。饱和分和芳香分越多，沥青软化点越低、针入度越大、稠度越低。

胶质的主要化学结构为多环结构，含 S、O、N 衍生物，为棕色黏稠液体，是沥青质的扩散剂和胶溶剂。胶质含量增加可使沥青延度增大，改善其脆裂性。但其化学性质不够稳定，氧化则转变为沥青质。

沥青质的主要化学结构为缩合环结构，含 S、O、N 衍生物，为深棕色至黑色无定形固体。

沥青四组分对沥青性质的影响总体而言：饱和分和芳香分含量越高，沥青稠度和软化点越低；胶质含量越高，沥青延度提高；沥青质含量越高，沥青其软化点、硬度越高，延度降低。

还需说明的是，沥青中的蜡含量是沥青技术要求中比较重要的指标，从饱和分中分离得到的是饱和蜡，主要为正、异构烷烃及环烷烃结构，呈细小结构的针状晶粒；而从芳香分中分离得到的芳香蜡主要由带侧链的芳构物组成，晶粒更细小，呈雪花状。沥青中的蜡在低温时易结晶析出，降低了沥青的低温延展性；而在温度较高时会熔化，又会降低沥青混合料中沥青与石料的黏结性。所以，道路石油沥青的技术要求对蜡含量有限制值。

（2）煤沥青的组分

煤沥青是煤焦油经分馏加工提取轻油、中油、重油和蒽油后所得的残渣。煤沥青是由复杂化合物组成的混合物。采用选择性溶解等方法，可将煤沥青分离为游离碳、油分、软树脂和硬树脂四个组分。

① 游离碳：又称自由碳，是高分子的有机化合物的固态碳质微粒，不溶于有机溶剂，加热不熔化，但高温分解。煤沥青的游离碳含量增加，可提高其黏度和温度稳定性。但随着游离碳含量增加，其低温脆性也增加。

② 油分：是液态碳氢化合物，与其他组分相比，是结构最为简单的物质。

③ 树脂：是环心含氧碳氢化合物。分为两类，一类是硬树脂，类似石油沥青中的沥青质；另一类是软树脂，赤褐色黏-塑性物，溶于氯仿，类似石油沥青中的胶质。

2. 石油沥青的胶体结构

沥青的性质不仅取决于沥青的化学组分，还与沥青的胶体结构密切相关。

现代胶体理论认为：大多数沥青属于胶体体系。它是以固态超细微粒的沥青质为分散相，成为核心，吸附了极性较强的半固态胶质形成胶团，无数胶团分散于油分中而形成胶体结构。根据石油沥青中各组分的化学组成和相对含量的不同，可以形成溶胶型、凝胶型、溶胶-凝胶型三种不同的胶体结构。

（1）溶胶型结构

当沥青中沥青质的分子量较低，并且含量较少，油分和胶质含量较多，所形成的胶团外膜较厚。胶团之间相对运动较自由，此时形成溶胶结构。溶胶型沥青的特点是流动性和塑性较好，开裂后自行愈合能力较强，低温时变形能力较强，但温度稳定性差，温度过高会发生流淌。

（2）凝胶型结构

当沥青中沥青质含量较高而油分和胶质含量较低时，胶团外膜较薄，胶团之间的距离近，移动困难，此时形成凝胶结构。凝胶型沥青的特点是弹性和黏性较高，温度敏感性较小，流动性和塑性较差，开裂后自行愈合能力较差。在工程性能上，高温稳定性较好，但低温变形能力较差。通常，深度氧化的沥青多属于凝胶型沥青。

（3）溶胶-凝胶型结构

沥青中沥青质含量适当（如 15%~25%），并有较多数量的胶质，这样，它们形成的胶团数量较多，胶体中胶团浓度增加，胶团之间的距离相对靠近，它们之间具有一定的吸引力。这是一种介于溶胶和凝胶之间的结构，称为溶胶-凝胶型沥青。溶胶-凝胶型沥青的特点是高温时具有较低的感温性，低温时又具有较强的变形能力。修筑现代高等级沥青路面用的沥青，都属于这类胶体结构的沥青。通常，环烷基稠油的直馏沥青或半氧化沥青，以及按要求重新调和的调和沥青等，均属于这类胶体结构。

沥青的胶体结构可用针入度指数判断。当 PI<−2 时，沥青属于溶胶结构，温度敏感性较强；当 PI>2 时，沥青属于凝胶结构，温度稳定性较好；介于其间的属于溶胶-凝胶结构。道路石油沥青为溶胶-凝胶结构。

6.1.2 沥青的主要技术性质与测试

6.4【观察讨论 6-1】沥青的胶体结构与性能

沥青是憎水性材料，不溶于水，常用于道路工程和建筑防水。为保证工程质量，正确选用材料，必须掌握沥青的主要技术性质，并了解其测试方法。其中，针入度、延度和软化点是评价黏稠石油沥青牌号的三大指标。

1. 黏滞性

沥青作为胶结材料必须具有一定的黏结力。沥青的黏滞性（简称黏性）是指石油沥青内部阻碍其相对流动的一种特性，它反映石油沥青在外力作用下抵抗变形的能力。黏滞性是沥青技术性质中与沥青路面力学行为联系最密切的一种性质，是划分沥青牌号的主要技术指标。

各种石油沥青的黏滞性变化范围很大，黏滞性的大小与其组分及温度有关，石油沥青中沥青质含量较多，同时有适量树脂，而油分含量较少时，黏滞性较大。黏滞性受温度影响较大，在一定温度范围内，温度升高，黏度降低，反之，黏度增大。

沥青黏度的测定方法很多，但是可以分为两大类，一类为绝对黏度法，通常采用的仪器有毛细管黏度计等，其测定方法比较复杂。另一类为工程上常用相对黏度（条件黏度）法。测定相对黏度常用针入度仪和标准黏度计。针入度仪是测定黏稠沥青的相对黏度；标准黏度计测定较稀沥青的相对黏度。

（1）针入度试验[①]

我国石油沥青采用的是针入度分级的标准体系，按针入度划分石油沥青牌号。

针入度是在规定温度和时间内，附加一定质量的标准针垂直贯入沥青的深度，以 0.1 mm 计。针入度是采用针入度仪测定，针入度测定仪示意图见图 6-1。GB/T 4509—2010《沥青针入度测定法》规定，针入度试验是在规定温度（25±0.1）℃的条件下，以规定质量（100±0.05）g 的标准针，经历规定时间（5 s）贯入试样中的深度，以 0.1 mm 为单位表示。显然，针入度越大，表示沥青越软，稠度越小。实质上，针入度是测定沥青稠度的一项指标。通常稠度高的沥青，其黏度越大。

（2）沥青标准黏度试验

JTG E20—2011《公路工程沥青及沥青混合料试验规程》规定，沥青标准黏度试验适用于采用道路沥青标准黏度计测定液体石油沥青、煤沥青、乳化沥青等材料流动状态时的黏度（图 6-2）。该方法测定的黏度应注明温度及流孔孔径，以 $C_{T,d}$ 表示，t 为试验温度（℃），d 为孔径（mm）。在标准黏度计中，在规定温度条件下，通过规定孔径（3 mm±0.025 mm、4 mm±0.025 mm、5 mm±0.025 mm 或 10 mm±0.025 mm）的流出孔，测定流出 50 mL 体积沥青所经过

---

① 沥青针入度试验请参见数字资源 10.16。

的时间，准确至 s，即为试样的黏度。在相同温度和流孔直径的条件下，流出时间越长，表示沥青黏度越大。其他流出型黏度计还有恩格拉黏度计和赛波特黏度计。

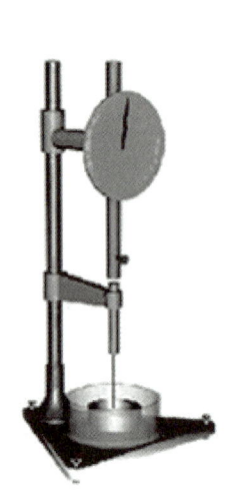

图 6-1　针入度测定仪示意图

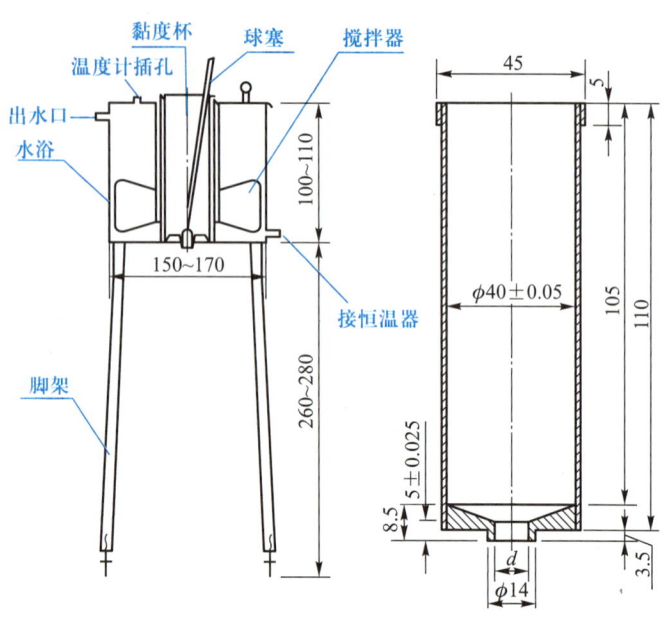

图 6-2　沥青标准黏度计

2. 延展性[①]

沥青的延展性通常用延度作为条件延性指标来表征，即以规定形态的沥青试样在规定温度下以一定速度受拉伸至断开时的长度，以 cm 计。

GB/T 4508—2010《沥青延度测定法》规定，沥青延度是把沥青试样制成 ∞ 字形标准试模（中间最小截面积约为 1 cm² ），然后移到延度仪中进行试验。在一定的拉伸速度和一定温度下拉伸至断裂时的长度，以 cm 为单位。非经特殊说明，试验温度为（25±0.5）℃，拉伸速度为（5±0.25）cm/min。延度试验示意图见图 6-3。石油沥青延度值越大，表示其塑性越好。

沥青的延度与其化学组分、流变特性、胶体结构等存在密切的关系。研究表明，当沥青树脂含量较多，且其他组分含量也适当时，其延展性较好；当沥青化学组分不协调，胶体结构不均匀，含蜡量增加时，都会使沥青的延度相对降低。一般来说，在常温下，延性越好的沥青在产生裂缝时，其自愈能力

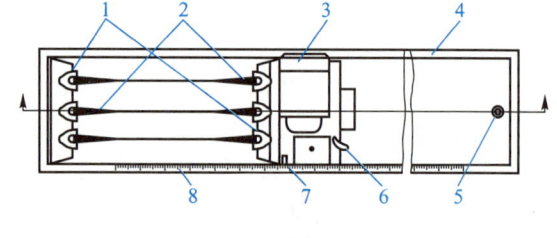

(a) 延度仪

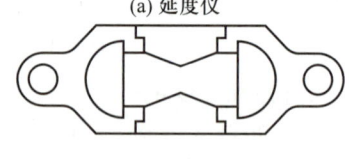

(b) 延度模具

1—试模；2—试样；3—电机；4—水槽；
5—泄水孔；6—开关柄；7—指针；8—标尺

图 6-3　延度试验示意图

---

① 沥青延度试验请参见数字资源 10.17。

越强。而在低温时延度越大，则沥青的抗裂性越好。

3. 温度敏感性

沥青胶结料的物理力学特性随温度变化而变化，在不同的温度条件下表现为完全不同的性状，这是沥青材料最具特色且重要的性质。沥青的感温性主要表现为稠度的变化，在沥青路面的设计、施工和使用中对工程质量起着重要作用。石油沥青的温度敏感性是指沥青的黏滞性和塑性随温度升降而变化的性能。变化程度小，则沥青温度敏感性小，反之则温度敏感性大。评价沥青温度敏感性的指标很多，常用的指标是软化点和针入度指数（PI）。工程上常用软化点指标。

（1）软化点①

沥青材料是一种非晶质高分子材料，是一种混合物，是没有严格熔点的黏性物质。随着温度升高，它们逐渐变软，黏度降低。沥青由液态转变为固态，或由固态转变为液态时，没有明确的固化点或液化点。沥青的软化点是沥青试样在规定尺寸的金属环内，上置规定尺寸和质量的钢球，放于水或甘油中，以规定速度加热，至钢球下沉达规定距离时的温度，以℃计。

GB/T 4507—2014《沥青软化点测定法　环球法》规定其测定的软化点范围为 30～157 ℃，适用的沥青包括石油沥青、煤焦油沥青、乳化沥青、改性乳化沥青残留物、改性沥青、在加热及不改变性质的情况下可以熔化为液体的天然沥青、特种沥青及沥青混合料回收得到的沥青材料。

沥青软化点试验采用环球法测定。环球法是把沥青试样注入内径为 18.9 mm 的金属环内，环上置一直径为 9.53 mm、质量为 3.5 g 的钢球（图 6-4），将铜环浸入装满水或甘油的烧杯，按规定升温速度（每分钟 5 ℃）从（5±1）℃开始升温，使沥青软化下垂。当沥青下到规定距离 25 mm 时的温度，即为沥青软化点（℃）。

沥青软化点是反映沥青敏感性的重要指标，软化点越高，沥青的温度敏感性越小。已有的研究认为：沥青在软化点时的黏度为 1 200～1 300 Pa·s，或相当于针入度值 800（0.1 mm）。在理论上，软化点是一个等黏温度，它也反映了沥青的黏度特性，软化点高意味着沥青的等黏温度高。可见，针入度是在规定温度下测定的沥青的条件黏度，软化点是沥青达到规定条件黏度时的温度。

在相同的温度变化范围内，各种石油沥青的黏滞性和塑性变化幅度不相同。工程要求沥青随温度变化而产生的黏滞性及塑性变化幅度应较小，即温度敏感性较小，以免沥青在高温下流淌，低温下脆裂。

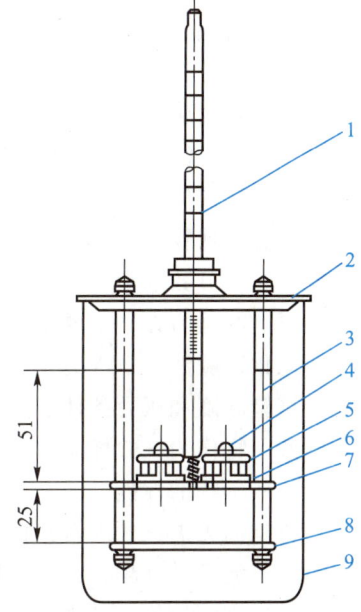

1—温度计；2—上盖板；3—立杆；
4—钢球；5—钢球定位环；6—金属环；
7—中层板；8—下底板；9—烧杯

图 6-4　软化点试验

（2）针入度指数

针入度指数（PI）用以描述沥青的温度敏感性，反映了针入度随温度变化而变化的程度，宜在 15 ℃、25 ℃、30 ℃等 3 个或 3 个以上温度条件下测定针入度后按规定的方法计算得到，是量纲一的量。若 30 ℃时的针入度值过大，可采用 5 ℃代替。需说明的是，针入度值的大小

---

①　沥青软化点测定请参见数字资源 10.18。

与其针入度指数的大小是两回事。针入度值是用以表述稠度的指标；针入度指数是反映沥青的温度敏感性指标。针入度指数（PI）值愈大，表示沥青温度敏感性愈小。

根据大量试验结果，沥青针入度值的对数（lg$P$）与温度（T）具有线性关系。针入度指数是根据一定温度变化范围内沥青性能的变化计算得出的。因此，可利用针入度指数来反映沥青性能随温度的变化规律。针入度指数不仅可以用来评价沥青的温度敏感性，也可以用来判断沥青的胶体结构类型。JTG F40—2004《公路沥青路面施工技术规范》的道路石油沥青技术要求中规定，PI 于−1.5～+1.0 的道路石油沥青可适用于各个等级的公路，适用于任何场合和层次。

（3）脆点

沥青材料随着温度降低，塑性降低，脆性增加。弗拉斯脆点测定是涂于金属片上的沥青薄膜在规定的条件下，因冷却和弯曲而出现裂纹时的温度，以℃计。

4. 大气稳定性

沥青在加热、拌和、摊铺，以及使用过程中受到高温、光和水等外界因素和交通荷载等长期作用，沥青性质随时间推移而产生了不可逆的化学组成结构和物理力学性能变化，流动性、塑性逐渐降低，变硬、变脆。此过程称为沥青的老化。大气稳定性体现了其抗老化性能，是影响沥青使用寿命的重要因素。沥青的老化性能评定有几个试验方法。

《公路沥青路面施工技术规范》的道路石油沥青技术要求中，以沥青薄膜加热试验（简称 TFOT）或沥青旋转薄膜加热试验（简称 RTFOT）测定沥青的质量变化、残留针入度比和残留延度，评定其老化性能。这两种方法均适用于道路石油沥青、聚合物改性沥青的老化性能评定。另外，JTG E20—2011《公路工程沥青及沥青混合料试验规程》规定，沥青试样在 163 ℃温度条件下加热并保持 5 h 后的蒸发质量损失，以百分率表示。并以蒸发损失后的残留物进行针入度比试验，计算残留物针入度占原试样针入度的百分率。试验结果反映了沥青加热后的性能。蒸发损失百分数越小，蒸发后针入度比越大，沥青老化越慢。

以上的试验方法主要反映了温度对沥青老化的影响，而行业标准 SH/T 0774—2005《沥青加速老化试验法（PAV 法）》模拟沥青在道路使用过程中发生的氧化老化，用来评价不同沥青在试验温度和压力条件下的抗氧化老化能力。该沥青老化试验是用旋转薄膜烘箱试验方法得到的残留物作为试验样品，采用高温和压缩空气在压力容器中对沥青进行加速老化后，测定压力老化残留物的性能。

影响沥青老化的因素包括外部因素和内部因素，两种因素共同影响了沥青的老化。内部因素包括：沥青黏度越大，氧气扩散进入沥青分子的难度越大，氧化反应越少，则沥青性质变化较小，反之则较大；沥青掺入橡胶、树脂等则可增强其抗老化性能。外部因素包括合理控制沥青加热的温度、加强施工管理等。

5. 安全性

相当部分的沥青试验和施工需加热而涉及安全性。其安全性以闪点和燃点作为表征。

闪点（flash point）是指沥青试样在规定盛样器内按规定的升温速度受热时所蒸发的气体与火焰接触，初次发生一瞬即灭的火焰时的温度，以℃为计。

燃点指在空气中加热时，开始并继续燃烧的最低温度，也称着火点。一般燃点比闪点高约10 ℃。闪点和燃点的高低表明沥青引起火灾或爆炸的可能性的大小，它关系到运输、储存和加热使用等方面的安全性。

JTG E20—2011《公路工程沥青及沥青混合料试验规程》的 T 0611—2011《沥青闪点与燃

点试验》用以测定黏稠石油沥青、聚合物改性沥青及闪点 79 ℃以上的液体石油沥青的闪点和燃点，以评定施工安全性。

6. 沥青的溶解度

沥青的溶解度（solubility）是沥青试样在规定的溶剂中可溶物的含量，以质量百分率表示。JTG E20—2011《公路工程沥青及沥青混合料试验规程》的 T 0607—2011《沥青溶解度试验》规定，非经注明，溶剂为三氯乙烯。它反映了沥青中有效物质含量，纯净程度，那些不溶解的物质会影响沥青的性能，需加以限制。

6.1.3 沥青的性能与应用

沥青广泛应用于道路工程、建筑工程及制备沥青基防水材料。本节仅讨论如何根据各种沥青材料的特性在建筑工程和道路工程中的应用，沥青基防水材料则于第 9 章建筑功能材料的9.1 建筑防水堵漏材料中介绍，以利于与其他材料对比分析。

1. 建筑石油沥青

建筑石油沥青（asphalt used in roofing）按沥青针入度值划分为 40 号、30 号和 10 号三个牌号。建筑石油沥青针入度较小、软化点较高，但延度较小。建筑石油沥青的技术性能应符合GB/T 494—2010《建筑石油沥青》的规定，见表 6-4。

表 6-4　建筑石油沥青技术标准

6.5【观察讨论 6-2】建筑石油沥青的选用

项目		质量指标		
		10 号	30 号	40 号
针入度（25 ℃，100 g，5 s）/（1/10 mm）		10~25	26~35	36~50
针入度（46 ℃，100 g，5 s）/（1/10 mm）		报告①	报告①	报告①
针入度（0 ℃，200 g，5 s）/（1/10 mm）	不小于	3	6	6
延度（25 ℃，5 cm/min）/cm	不小于	1.5	2.5	3.5
软化点（环球法）/℃	不低于	95	75	60
溶解度（三氯乙烯）/%	不小于	99.0		
蒸发后质量变化（163 ℃，5 h）/%	不大于	1		
蒸发后 25 ℃针入度比②/%	不小于	65		
闪点（开口杯法）/℃	不低于	260		

注：① 报告应为实测值。

② 测定蒸发损失后样品的 25 ℃针入度与原针入度之比乘以 100 后，所得的百分比，称为蒸发后针入度比。

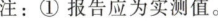

建筑石油沥青主要用于屋面及地下防水、沟槽防水与防腐、管道防腐蚀等工程，还可用于制作油毡、油纸、防水涂料和沥青玛琋脂等建筑材料。建筑沥青在使用时制成的沥青胶膜较厚，增大了对温度的敏感性，同时沥青表面又有较强的吸热性，一般同一地区的沥青屋面的表面温度比当地最高气温高。为避免夏季流淌，用于屋面的沥青材料的软化点应比本地区屋面最高温度高 20 ℃以上。软化点偏低时，沥青在夏季高温易流淌；而软化点过高时，沥青在冬季低温易开裂。因此，石油沥青应根据气候条件、工程环境及技术要求选用。对于屋面防水工程，需考虑沥青的高温稳定性，选用软化点较高的沥青；对于地下室防水工程，主要应考虑沥

青的耐老化性，可选用软化点较低的沥青。

2. 道路石油沥青

石油化工行业标准 NB/SH/T 0522—2010《道路石油沥青》按针入度值将道路石油沥青（petroleum asphalt for road pavement）分为 200 号、180 号、140 号、100 号、60 号五个牌号。其技术要求见表 6-5。

表 6-5　道路石油沥青的技术要求

项目		质量指标				
		200 号	180 号	140 号	100 号	60 号
针入度(25 ℃,100 g,5 s)/(1/10 mm)		200~300	150~200	110~150	80~110	50~80
延度（25 ℃,5 cm/min)/cm　　　不小于		20	100	100	90	70
软化点/℃		30~48	35~48	38~51	42~55	45~58
溶解度/%　　　　　　　　　　不小于		99.0				
闪点(开口)/℃		180	200	230		
密度(25 ℃)/(g/cm³)		报告				
蜡含量/%　　　　　　　　　　不大于		4.5				
薄膜烘箱试验 (163 ℃,5 h)	质量变化/%不大于	1.3	1.3	1.3	1.2	1.0
	针入度比/%	报告				
	延度(25 ℃)/cm	报告				

注：如 25 ℃延度达不到，15 ℃延度达到时，也认为是合格的，指标要求与 25 ℃延度一致。

对于冬季寒冷地区或交通量较少的地区，宜选用稠度小、低温延度大的沥青，减少低温开裂。对于日温差、年温差大的地区宜选用针入度指数大的沥青。对于夏季温度高、高温持续时间长的地区，重载交通路段，山区上坡路段宜选用稠度大黏度大的沥青，以保证夏季路面有足够的稳定性。

3. 重交通道路石油沥青

GB/T 15180—2010《重交通道路石油沥青》规定其按针入度范围分为 AH-130、AH-110、AH-90、AH-70、AH-50、AH-30 六个牌号。重交通道路石油沥青（petroleum asphalts for heavy traffic road pavement）总体技术要求更高，如其蜡含量不大于 3.0%，而道路石油沥青蜡含量不大于 4.5%。蜡含量增加会影响沥青路面的抗滑性，从而影响高速公路的性能。重交通道路石油沥青适用于修筑高速公路、一级公路和城市快速路、主干路等重交通道路，也适用于各等级公路、城市道路、机场道面等。

4. 硬质道路石油沥青

GB/T 38075—2019《硬质道路石油沥青》规定，以石油为原料，经适当工艺生产的，25 ℃标准条件下针入度小于 50(0.1 mm) 的沥青为硬质石油沥青（hard petroleum asphalt for pavement）；用于道路建设和养护的硬质石油沥青为硬质道路石油沥青。该沥青适用于各等级道路，并可作为生产改性沥青、乳化沥青、稀释沥青的原料。硬质道路石油沥青按针入度范围分为 HA-15、HA-25、HA-35、HA-45 四个规格。

6.6【疑难释义 6-1】如何鉴别石油沥青和煤沥青

5. 煤沥青

煤沥青(coal tar pitch)是将煤焦油进行蒸馏，蒸去水分和所有的轻油及部分中油、重油和蒽油后所得的残渣。GB/T 2290—2012《煤沥青》规定，根据其软化点分为低温沥青、中温沥青和高温沥青。建筑上的煤沥青多为黏稠或半固体的低温沥青。煤沥青具有如下性能特点：

① 由固态或黏稠态转变为黏流态(或液态)的温度间隔较小，夏天易软化流淌，而冬天易脆裂，即温度敏感性较大。

② 含挥发性成分和化学稳定性差的成分较多，在热、阳光、氧气等长期综合作用下，煤沥青的组成变化较大，易硬脆，故大气稳定性较差。

③ 含有较多的游离碳，塑性较差，容易因变形而开裂。

④ 因含有蒽、酚等，故有毒性和臭味，防腐能力较好，适用于木材的防腐处理。

⑤ 因含表面活性物质较多，与矿物表面的黏附力较好。

煤沥青具有好的防腐能力和良好的黏结能力，可用于配制防腐涂料、油膏及制作油毡等；另外，也可用于路基工程，但因其温度敏感性较大，相比于石油沥青，多用于较次要的工程。

6. 改性沥青

改性沥青(modified asphalt)是通过添加一种或多种改性材料制成的性能得到改善的沥青胶结料。沥青改性途径包括材料改性和工艺改性。

改性材料主要分为高分子聚合物、矿物质填料和添加剂三种。

高分子聚合物改性材料有橡胶、树脂和二者复合等。如沥青中掺入一定量橡胶后，所制备的橡胶改性沥青可改善其耐热性、耐候性等。常用于沥青改性的橡胶有丁苯橡胶、再生橡胶等。改性后可使其气密性、低温柔性、耐化学腐蚀性、耐光性、耐臭氧性、耐气候性和耐燃烧性得到改善。改性沥青多用于道路路面工程，以及制作密封材料和涂料。

矿物质填料改性材料主要有滑石粉、石灰石粉等。沥青中掺矿物填充料后，由于沥青对此类矿物填充料有良好的润湿和吸附作用，在矿物颗粒表面形成一层稳定、牢固的沥青薄膜，带有沥青薄膜的矿物颗粒具有良好的黏性和温度稳定性。

添加剂改性沥青所用的添加剂主要包括抗氧化剂和抗剥落剂。如有机酸胺型或酚型抗氧化剂或阴、阳离子型或非离子型表面活性剂，可提高沥青黏附性、耐老化或抗氧化能力，延长沥青路面的使用寿命。

工艺改性是对沥青材料进行轻度氧化，使其聚合成为更大的分子，提高其黏性，改善其温度稳定性。值得注意的是，改性沥青的存放时间不可过长，否则导致改性沥青胶体易发生破坏，沥青与改性剂分层，影响改性沥青质量。另外，改性沥青比原来的沥青针入度减少，软化点升高，黏度增加，故需延长沥青混凝土的搅拌时间。

6.7【观察讨论 6-3】改性剂与改性沥青性能

7. 乳化沥青及改性乳化沥青

乳化沥青(asphalt emulsion)是沥青与水在乳化剂作用下制成的稳定乳状液。改性乳化沥青(modified asphalt emulsion)是在制作乳化沥青的过程中同时加入改性剂或对改性沥青进行乳化加工得到的乳状液。

乳化沥青主要优点为：一是冷态施工节约能源。乳化沥青可以冷态施工，现场无需加热设备，扣除制备乳化沥青所消耗的能源后，仍然可以节约大量能源。二是施工便利，提高工作效率。由于乳化沥青黏度低、和易性好，施工方便，可节约劳力，提高工作效率。三是延长施工的季节时间，特别是可在沥青道路病害较多的季节施工。在阴湿天气可采用阳离子乳化沥青筑

6.8【疑难释义 6-2】乳化沥青如何乳化与破乳

路或修补。四是节约沥青。由于乳化沥青在集料表面形成的沥青膜较薄，不仅提高沥青与集料的黏附性，还可以节约沥青用量。五是改善施工条件，减少污染。乳化沥青施工不需加热，既利于环保，而且减少了沥青挥发物对劳动操作人员健康的影响。六是提高道路质量。例如做粘层时，撒布更均匀；做贯入式路面时，增大贯入深度。

乳化沥青主要缺点一是储存期较短，一般不超过半年，且储存温度一般 0 ℃以上。二是乳化沥青修筑道路的成形期较长，初期还需控制车辆的车速。改性乳化沥青可使其性能有所改善。

8. 沥青的掺配

在工程中，往往一种牌号的沥青不能满足工程要求，因此常常需要用不同牌号的沥青进行掺配。在进行掺配时，为了不使掺配后的沥青胶体结构破坏，应选用表面张力相近和化学性质相似的沥青。试验证明同产源的沥青容易保证掺配后的沥青胶体结构的均匀性。所谓同源是指同属石油沥青或同属于煤沥青。当采用两种沥青时，每种沥青的配合量宜按式（6-1）计算：

$$\begin{cases} Q_1 = \dfrac{T_2 - T}{T_2 - T_1} \times 100\% \\ Q_2 = 100\% - Q_1 \end{cases} \qquad (6-1)$$

式中：Q_1——较软沥青用量，%；

$\quad\ Q_2$——较硬沥青用量，%；

$\quad\ \ T$——掺配后的沥青软化点，℃；

$\quad\ \ T_1$——较软沥青软化点，℃；

$\quad\ \ T_2$——较硬沥青软化点，℃。

［例 6-1］　沥青掺配

某工程需用软化点为 75 ℃的石油沥青，现只有 10 号及 40 号建筑石油沥青，其软化点分别为 95 ℃和 60 ℃。试估算如何掺配才能满足工程需要。

［解］　按式（6-1）估算掺配用量：

$$40 \text{ 号石油沥青用量} = \frac{95 \text{ ℃} - 75 \text{ ℃}}{95 \text{ ℃} - 60 \text{ ℃}} \times 100\% = 57\%$$

$$10 \text{ 号石油沥青用量} = 100\% - 57\% = 43\%$$

即以 57%的 40 号石油沥青和 43%的 10 号石油掺配进行试配。根据估算的掺配比例和在其邻近的比例（±5%）进行试配，测定掺配后沥青的软化点，然后绘制"掺配比-软化点"曲线，即可从曲线上确定所要求的比例。同样可采用针入度指标按上法进行估算及试配。如用三种沥青时，可先算出两种沥青的配比，再与第三种沥青进行配比计算，然后再试配。

【工程实例分析 6-1】　沥青路面的裂缝

现象：河北省某沥青路面修筑多年后，出现了一些多为等间距的横向裂缝，并有少许龟裂，且于冬天裂缝尤其明显。

原因分析：首先，该路段路基结实，路面没有明显塌陷。因此，填土未压实，路基产生不均匀沉陷或冻胀作用的可能性可以排除。另外，该路段几乎没有重型车辆经过，负载过大的因素亦可排除。从裂缝的形状来看，沥青老化低温引起的裂缝大多为横向，且裂缝几乎为等距离间距。这与该路面破损情况吻合。该路已修筑多年，沥青老化后变硬、变脆，延伸性下降，低温稳定性变差，变得松散而容易产生裂缝。在冬天，气温下降，沥青混合料受基层的约束不能收缩而产生了应力，应力超过沥青混合料的极限抗拉强度，路面便产生开裂，故冬天裂缝尤为明显。

6.2 沥青混合料

6.2.1 沥青混合料的分类及组成结构

《沥青混合料专业名词术语》给出了沥青混合料、密级配沥青混合料、开级配沥青混合料、集料、矿粉、填料等的定义。沥青混合料（asphalt mixtures）是由矿料、沥青胶结料等拌和形成的混合物。

1. 沥青混合料的分类

对沥青混合料有不同的分类方法。

① 按材料组成及结构可分为连续级配和间断级配混合料。间断级配沥青混合料是指矿料级配组成中缺少一个或几个粒径档次（或用量很少）而形成的沥青混合料。

② 按矿料级配组成及空隙率大小分为密级配、半开级配和开级配沥青混合料。密级配沥青混合料是按照最大密实原则配合比设计形成的设计空隙率不大于 6% 的沥青混合料。开级配沥青混合料是由粗集料嵌挤形成骨架、细集料及填料较少，设计空隙率不小于 18% 的沥青混合料。半开级配沥青混合料为设计空隙率为 6%~12% 的沥青混合料。

③ 按制造工艺分为热拌沥青混合料、温拌沥青混合料、冷拌沥青混合料和再生沥青混合料。热拌沥青混合料是由矿料、沥青胶结料等在温度 140 ℃ 以上拌制形成的混合料。温拌沥青混合料是通过掺加添加剂或物理工艺等措施，使拌和的温度降低、性能达到热拌沥青混合料同等水平的沥青混合料。冷拌沥青混合料是由矿料、沥青胶结料及添加剂等在常温下拌和形成的混合料。再生沥青混合料包括厂拌冷再生沥青混合料、厂拌热再生沥青混合料、就地热再生沥青混合料和就地冷再生沥青混合料。

目前我国公路和城市道路常用连续密级配热拌热铺沥青混合料，以下主要以该类沥青混合料展开讨论。

2. 沥青混合料的组成材料

为了保证混合料的技术性质，首先要正确选择符合质量要求的组成材料。

（1）沥青材料

沥青路面的沥青材料可根据交通量、气候条件、施工方法、沥青面层类型、材料来源等情况选用。改性沥青应经过试验论证取得经验后使用。所选用的沥青质量应符合现行规范对沥青质量要求的相关规定。

（2）集料

按《沥青混合料专业名词术语》规定，集料（aggregate）是指在混合料中起骨架和填充作用的粒料，包括碎石、砾石、砂、石屑等。粗、细集料一般以 4.75 mm 筛孔为界。需指出的是，沥青混凝土的集料与水泥混凝土的骨料虽然有相似之处，但又有差异：如沥青混凝土集料没有水泥混凝土骨料的碱-骨料反应的技术指标；又如对高速公路、一级公路沥青路面的表面层（或磨耗层）粗集料的磨光值和黏附性还提出了相应的技术要求等。

① 沥青层用粗集料包括碎石、破碎砾石、钢渣、矿渣等，但在高速公路和一级公路不得使用筛选砾石和矿渣。粗集料应该洁净、干燥、表面粗糙，质量应符合表 6-6 的规定。

表 6-6   沥青混合料用粗集料质量技术要求

指标		单位	高速公路、一级公路		其他等级公路	试验方法
			表面层	其他层次		
石料压碎值	不大于	%	26	28	30	T 0316
洛杉矶磨耗损失	不大于	%	28	30	35	T 0317
表观相对密度	不小于	t/m³	2.60	2.50	2.45	T 0304
吸水率	不大于	%	2.0	3.0	3.0	T 0304
坚固性	不大于	%	12	12	—	T 0314
针片状颗粒含量（混合料）	不大于	%	15	18	20	T 0312
对于粒径大于 9.5 mm	不大于	%	12	15	—	
对于粒径小于 9.5 mm	不大于	%	18	20	—	
水洗法<0.075 mm 颗粒含量	不大于	%	1	1	1	T 0310
软石（风化石）含量	不大于	%	3	5	5	T 0320

注：① 坚固性试验可根据需要进行；

② 用于高速公路、一级公路时，多孔玄武岩的表观密度可放宽至 2.45 t/m³，吸水率可放宽至 3%，但必须得到建设单位批准，且不得用于 SMAC 路面；

③ 对 S14 规格的粗集料，针片状颗粒含量可不予要求，<0.075 mm 含量可放宽到 3%。

6.9【疑难释义 6-3】沥青混凝土粗集料为何需控制针片状含量

粗集料的粒径规格应按规定生产和使用。高速公路、一级公路沥青路面的表面层（或磨耗层）的粗集料的磨光值和黏附性也应符合规范要求。筛选砾石仅适用于三级及三级以下公路的沥青表面处治路面。经过破碎且存放期超过 6 个月的钢渣也可作为粗集料使用。除吸水率允许适当放宽外，各项技术指标应符合粗集料质量技术要求。且其游离氧化钙含量不大于 3%，浸水膨胀率不大于 2%。

6.10【疑难释义 6-4】选非碱性石料粗集料为何宜配用石灰岩石屑

② 用于配制沥青混合料的细集料包括天然砂、机制砂及石屑。细集料应洁净、干燥、无风化、无杂质，并有适当的颗粒级配。沥青混合料用细集料的质量应符合表 6-7 的质量要求。

表 6-7   沥青混合料用细集料质量要求

项目		单位	高速公路、一级公路	其他等级公路
表观相对密度	不小于	t/m³	2.50	2.45
坚固性（>0.3 mm 部分）	不小于	%	12	—
含泥量（<0.075 mm 含量）	不大于	%	3	5
砂当量	不小于	%	60	50
亚甲蓝值	不大于	g/kg	25	—
棱角性（流动时间）	不小于	s	30	—

注：坚固性试验可根据需要进行。

6.11【标准规范 6-1】沥青混合料集料的技术要求

天然砂可采用河砂或海砂，通常宜采用粗、中砂，其规格应符合相关的规定。砂的含泥超量过规定时，应水洗后使用，海砂中的贝壳类材料必须筛除。热拌密级配沥青混合料中天然砂的用量通常不宜超过集料总量的 20%，沥青玛琋脂（SMA）和大孔隙开级配排水式沥青磨耗层（OGFC）不宜使用天然砂。天然砂呈浑圆状，与沥青的黏附性较差，使用量太多对高温稳定性不利，但在施工时易于压实路面。所以，石屑与天然砂共同使用往往能起互补效果。

石屑是采石场加工碎石时通过规格为 4.75 mm 或 2.36 mm 的筛下部分，其规格应符合表 6-8 的要求。机制砂宜采用专用的制砂机制造，并选用优质石料生产，其级配应符合表 6-8 中 S16 的要求。

表 6-8　沥青混合料机制砂或石屑规格

规格	公称粒径/mm	水洗法通过各筛孔的质量百分率/%							
		9.5	4.75	2.36	1.18	0.6	0.3	0.15	0.075
S15	0~5	100	90~100	60~90	40~75	20~55	7~40	2~20	0~10
S16	0~3	—	100	80~100	50~80	25~60	8~45	0~25	0~15

（3）填料

填料是在沥青混合料中起填充作用的粉末类物质的统称。通常包括水泥、石灰、粉煤灰、矿粉等。其粒径小于 0.075 mm。美国称为 filler，欧洲称为 filler aggregate。

矿粉是由石灰岩等碱性石料经磨细加工得到的矿物质粉末。大部分粒径小于 0.075 mm。美国称为 mineral filler，欧洲称为 fines。矿料是集料与矿粉的总称。

沥青混合料的矿粉必须采用石灰岩或岩浆岩中的强基性岩石等憎水性石料经磨细得到的矿粉，原石料中的泥土杂质应除净。矿粉应干燥、洁净，能自由地从矿粉仓中流出。拌和机的粉尘可作为矿粉的一部分回收使用。但每盘用量不得超过填料总量的 25%，掺有粉尘填料的塑性指数不得大于 4%。粉煤灰作为填料使用时，用量不得超过填料总量的 50%，粉煤灰的烧失量应小于 12%，与矿粉混合后的塑性指数应小于 4%，其余质量要求与矿粉相同。高速公路、一级公路的沥青面层不宜采用粉煤灰作填料。

（4）添加剂

添加剂是指添加到沥青胶结料或沥青混合料中改善性能的材料。添加到沥青胶结料中一般用 additive 表示；添加到沥青混合料中一般用 admixture 表示。添加剂有纤维稳定剂、再生剂等。沥青混合料中掺加的纤维稳定剂宜选用木质素纤维、矿物纤维等，应在 250 ℃ 的干拌温度下不变质、不发脆。使用纤维必须符合环保要求，不危害身体健康，易影响环境和人体健康的石棉纤维不宜直接使用。再生剂添加到旧沥青混合料中可恢复或部分恢复其使用性能。纤维稳定剂可延缓和减少沥青混凝土的裂缝，提高其高温稳定性，延长路面使用寿命。

3. 沥青混合料的结构

沥青混合料根据其粗、细集料的比例不同，其结构组成有三种形式，见图 6-5。

（1）悬浮密实结构

连续密级配的沥青混合料，由于细集料的数量较多，粗集料被细集料挤开，以悬浮状态位于细集料之间，不能直接形成骨架。这种结构的沥青混合料密实度较高，内摩擦角较低，黏聚力较高，高温稳定性较差。

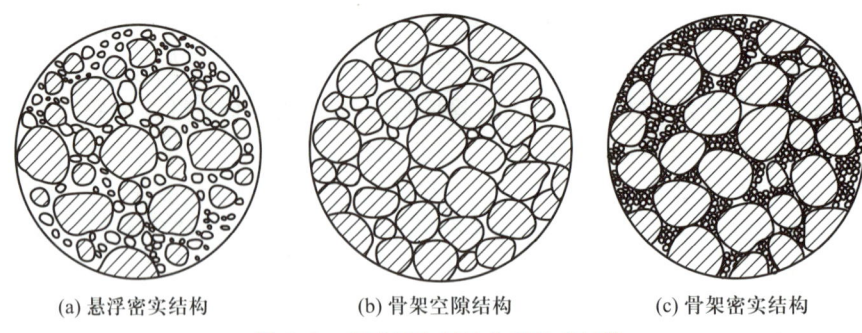

(a) 悬浮密实结构　　　　　(b) 骨架空隙结构　　　　　(c) 骨架密实结构

图 6-5　沥青混合料的典型组成结构

（2）骨架空隙结构

连续开级配的沥青混合料，由于细集料的数量较少，粗集料之间不仅紧密相连，还有较多的空隙。这种结构的沥青混合料的内摩擦角较大，黏聚力较低，温度稳定性较好。当沥青路面采用这种形式的沥青混合料时，沥青面层下需要做下封层。

（3）骨架密实结构

间断密级配的沥青混合料是上面两种结构形式的有机组合。它既有一定数量的粗集料形成骨架结构，又有足够的细集料填充到粗集料之间的空隙中，因此，这种结构的沥青混合料的密实度、内摩擦角和黏聚力均较高，温度稳定性较好。

4. 沥青混合料强度的影响因素

试验表明：沥青混合料的抗剪强度取决于沥青混合料的内摩擦角和黏聚力，其值越大，抗剪强度越大；外因则取决于温度等因素。

（1）影响沥青混合料内摩擦角的因素

① 矿质集料对内摩擦角的影响。矿质集料的尺寸较大，形状近似正方体，有一定的棱角，表面粗糙，故内摩擦角较大。连续型开级配的矿质混合料，粗集料的数量比较多，形成一定的骨架结构，内摩擦角也大。

② 沥青含量对内摩擦角的影响。沥青含量越少，矿料表面形成的沥青膜越薄，内摩擦角越大。反之亦然。

（2）影响沥青混合料黏聚力的因素

① 沥青材料的黏结性对黏聚力的影响。沥青的黏度越大，混合料的黏滞阻力也越大，抵抗剪切变形的能力越强，则混合料的黏聚力就越大。

② 矿料颗粒间的联结形式对黏聚力的影响。矿粉对其周围的沥青有着吸附作用，因而贴近矿粉的沥青的化学组分会重新排列，沥青在矿粉表面形成一层扩散结构膜，结构膜内的这层沥青称为结构沥青。扩散结构膜外的沥青，因受矿粉吸附影响很小，化学组分并未改变，称为自由沥青。沥青用量过少，沥青不足以包裹矿粉表面，结构沥青少，沥青混合料的黏聚力就差。沥青用量过多，自由沥青过多，混合料的黏聚力逐渐降低。

6.2.2　沥青混合料的性质和测试方法[①]

1. 高温稳定性

高温稳定性是指沥青混合料在高温条件下，在长期交通荷载作用下，不产生车辙、波浪和

6.12【观察讨论 6-4】沥青用量对沥青混合料剪切强度的影响

6.13【观察讨论 6-5】沥青路面泛油的成因与防治

---

① 沥青混合料的制作、压实沥青混合料试件的密度试验、马歇尔稳定度试验请参看数字资源 10.19、10.20、10.21。

油包等破坏现象的性能。

影响沥青混合料高温稳定性的主要因素有：沥青的用量、沥青的黏度、矿料的级配、矿料的尺寸、形态，以及沥青混合料摊铺面积等。要增强沥青混合料的高温稳定性，就要提高沥青混合料的抗剪强度和减少塑性变形。

若沥青过量，则会降低沥青混合料的内摩阻力，在夏季容易产生泛油现象。因此，适当减少沥青的用量，可以使矿料颗粒更多地以结构沥青的形式相联结，增加混合料黏聚力和内摩阻力，提高沥青的黏度，增加沥青混合料抗剪变形的能力。由合理矿料级配组成的沥青混合料，可以形成骨架密实结构，这种混合料的黏聚力和内摩阻力都比较大。

沥青混合料的车辙试验，以及沥青混合料马歇尔试验的稳定度和流值等试验可以反映沥青混合料的高温稳定性。

马歇尔试验是目前沥青混合料中最重要的一个试验方法，用以进行沥青混合料的配合比设计或沥青路面施工质量检验。为区别浸水条件的不同，将其分别称为标准马歇尔试验、浸水马歇尔试验和真空浸水马歇尔试验。使用大型试件时称为大型马歇尔试验。浸水马歇尔试验和真空浸水马歇尔试验供检验沥青混合料受水损害时抵抗剥落的能力时使用。

马歇尔稳定度(marshall stability)是按规定条件采用马歇尔稳定度试验仪测定的沥青混合料所承受的最大荷载，以 kN 计。流值(flow value)是沥青混合料在马歇尔试验时相当于最大荷载时试件的竖向变形，以 mm 计。

马歇尔稳定度试验按照《公路工程沥青及沥青混合料试验规程》规定进行，是测定沥青混合料的稳定度和流值等指标所进行的试验。根据研究表明，马歇尔稳定度和流值指标与沥青混合料的高温稳定性有一定的相关性。同时试验设备和方法较为简单，并可作为现场质量控制。因此，马歇尔试验被广泛采用。还需说明的是，混合料的最大粒径对马歇尔试验的准确度有直接的影响。

高等级公路的兴起对路面稳定性提出了更高的要求。动稳定度(dynamic stability)是按规定条件进行沥青混合料的车辙试验时，混合料试件变形进入稳定期后，每产生 1 mm 轮辙变形试验轮所行走的次数，以次/mm 表示。

2. 低温抗裂性

低温抗裂性是指沥青混合料不出现低温脆化、低温缩裂、温度疲劳等现象，且保证不发生开裂的性能。沥青混合料不仅应具有高温的稳定性，同时还要具有低温的抗裂性，以保证路面在冬季低温时不产生裂缝。

混合料的低温脆化是指其在低温条件下变形能力下降，低温缩裂通常是由于材料本身的抗拉强度不足而造成的，可通过测定沥青混合料在低温时的弯拉劲度模量和温度收缩系数来反映。一些研究认为，沥青路面在低温时的裂缝与沥青混合料的抗疲劳性能有关，可采用沥青混合料在一定变形条件下，达到试件破坏时所需的荷载次数来表征。

3. 耐久性

沥青混合料的耐久性是指其在外界各种因素(如阳光、空气、水、车辆荷载等)的长期作用下不破坏的性能。影响沥青混合料耐久性的主要因素有：沥青的性质、矿料的性质、沥青混合料的组成与结构(沥青用量、混合料压实度)等。

沥青的抗老化性越好，矿料越坚硬、不易风化和破碎、与沥青的黏结性好，沥青混合料的寿命越长。从耐久性角度出发，沥青混合料空隙率减少，可防止水的渗入和抵抗日光紫外线对沥青的老化作用，但是一般沥青混合料中均应留一定量的空隙，以应对夏季沥青混合料的膨胀。

当沥青用量较正常用量减少时，沥青膜变薄，混合料的延伸能力降低，脆性增加。如沥青用量过少，将使混合料的空隙率增大，沥青膜暴露较多，加速了沥青老化。同时渗水率增加，水对沥青的剥落作用变大。

沥青混合料的耐久性可用浸水马歇尔试验或真空饱水马歇尔试验来评价。

4. 沥青路面水稳定性

沥青混合料的水稳定性不足主要表现为沥青路面的水损害破坏，是沥青路面早期损坏的主要类型之一，其表现形式主要有网裂、唧浆、掉粒、松散及坑槽，它不仅导致了路表功能的降低，还将直接影响到路面的耐久性和使用寿命。

沥青混合料的水稳定性可通过浸水马歇尔试验和冻融劈裂试验来检验。对不同年降雨量气候区的浸水马歇尔试验残留稳定度及冻融劈裂试验的残留强度比指标提出了相应要求，且二者需同时符合规定。达不到要求时必须采取措施，调整配比后再次试验。

减小沥青路面水害的技术措施有：路面结构隔水，加强路面排水设计；集料选用粗糙洁净的碱性集料；沥青选用较低标号的沥青，或选用黏度大、与集料黏附性好的改性沥青；掺加抗剥离剂；合理选用沥青混合料类型，优化沥青混合料配合比设计；加强施工质量控制，保证沥青混合料施工的均匀稳定，严格控制路面压实度，严禁雨天施工等。

沥青与碱性集料有较好的黏附性，而与酸性集料的黏附性则相对较弱。当使用花岗岩、石英岩等酸性岩石的粗集料不符合黏附性要求时，宜掺加消石灰、水泥或用饱和石灰水处理后使用，必要时可同时在沥青中掺加耐热、耐水、长期性能好的抗剥落剂，也可采用改性沥青的措施，使沥青混合料的水稳定性检验达到要求。

6.14【一事一议 6-1】沥青路面水损害的预防

5. 表面抗滑性

现代高速公路的发展及车辆行驶速度的增加，对沥青混合料路面的抗滑性提出了更高的要求。沥青混合料的抗滑性的影响因素有：矿料的表面性质、沥青组分及用量、混合料的级配及宏观构造等。应选用质地坚硬、具有棱角的粗集料，高速公路通常采用玄武岩集料。为节省投资，也可采用玄武岩集料与石灰岩集料混合使用的方法，这样，等路面使用一段时间后，石灰岩集料被磨平，玄武岩集料相对突出，更能增加路面的粗糙性。沥青用量偏多会明显降低路面抗滑性，沥青含蜡量也对路面抗滑性有明显影响。

6.15【案例分析 6-1】沥青混凝土路面的排水降噪

根据 JTG 3450—2019《公路路基路面现场测试规程》的规定，路面抗滑性能评价常用的测试方法有摆式仪法、SCRIM 摩擦系数测定车法及测试构造深度的灌砂法。构造深度、路面抗滑值和摩擦系数越大，说明路面的抗滑性越好。

6. 施工和易性

为保证室内配料在现场条件下顺利施工，沥青混合料应具备良好的施工和易性。影响混合料施工和易性的主要因素有：矿料级配、沥青用量、环境温度、搅拌工艺等。

矿料的级配对其和易性影响较大。粗细集料的颗粒级配不当，混合料容易分层沉积（粗集料在面层，细集料在底部）；细集料偏少，沥青不易均匀地分布在矿料表面；细集料偏多，则拌和困难。此外，当沥青用量偏少，或矿粉用量偏多，混合料容易产生疏松，不易压实；如沥青用量过多，或矿粉质量不好，则易导致混合料黏结成团，不易摊铺。生产上对沥青混合料的和易性一般凭经验来判定。

6.2.3 沥青混合料设计

GB/T 37383—2019《沥青混合料专业名词术语》对混合料设计、目标配合比设计、生产配合比设计及生产配合比验证等专业名词术语作出了规定。

混合料设计是指经过原材料选择、目标配合比设计、生产配合比设计、试验段铺筑验证后确定用于规模化生产的配合比设计过程。

目标配合比设计是指在实验室内确定沥青混合料材料组成的基础性工作，一般用于确定混合料冷仓比例。包括原材料试验、混合料组成设计试验和性能验证试验。

生产配合比设计是指在混合料正式规模化生产之前，调整生产设备参数和组成材料比例，确保混合料组成与性能符合目标设计的要求。

生产配合比验证是指采用生产配合比结果生产混合料并铺筑试验路，根据试铺的效果对配合比作调整，并最终确定配合比，作为生产控制和质量检验依据的过程。

6.16【标准规范 6-2】密级配沥青混合料目标配合比设计

热拌沥青混合料广泛应用于各种等级道路的沥青面层。为此，本节简要介绍 JTG F40—2004《公路沥青路面施工技术规范》中附录 B 热拌沥青混合料的配合比设计方法。进一步学习可阅数字资源 6.16【标准规范 6-2】。

该方法包括 8 个部分：一般规定；确定工程设计级配范围；材料选择与准备；矿料配合比设计；马歇尔试验；确定最佳沥青用量；配合比设计检验；配合比设计报告。该方法的一般规定包括以下 5 条。

① 该方法适用于密级配沥青混凝土及沥青稳定碎石混合料。

② 热拌沥青混合料的配合比设计应通过目标配合比设计、生产配合比设计及生产配合比验证三个阶段，确定沥青混合料的材料品种及配合比、矿料级配、最佳沥青用量。规范采用马歇尔试验配合比设计方法。如采用其他方法设计沥青混合料时，应按规范规定进行马歇尔试验及各项配合比设计检验，并报告不同设计方法的试验结果。

③ 热拌沥青混合料的目标配合比设计宜按图 6-6 的步骤进行。

④ 配合比设计的试验方法必须遵照现行试验规程的方法执行。混合料拌和必须采用小型沥青混合料拌和机进行。混合料的拌和温度和试件制作温度应符合规范的要求。

⑤ 生产配合比设计可参照本方法规定的步骤进行。

从图 6-6 可见，热拌沥青混合料目标配合比设计是在原材料选择的基础上，进行矿质混合料组成设计和确定沥青最佳用量两大部分。

矿质混合料组成设计包括：确定矿质混合料的设计级配范围；拟定初试配合比；矿质混合料的设计配合比的确定。

此后，通过马歇尔击实仪成型试件，测试试件的毛体积密度、空隙率、沥青饱和度、马歇尔稳定度、流值等指标，综合确定混合料级配与最佳沥青用量（油石比）。确认其合理后，提交配合比设计报告。配合比设计报告应包括工程设计级配范围选择说明、材料品种选择与原材料质量试验结果、矿料级配、最佳沥青用量，以及各项体积指标、配合比设计检验结果等。当按实践经验和公路等级、气候条件、交通情况调整沥青用量作为最佳沥青用量时，宜报告不同沥青用量条件下的各项试验结果，并提出对施工压实工艺的技术要求。

需说明的是，沥青混合料各项路用性能之间，并不是互相独立的，而是相互联系、相互制

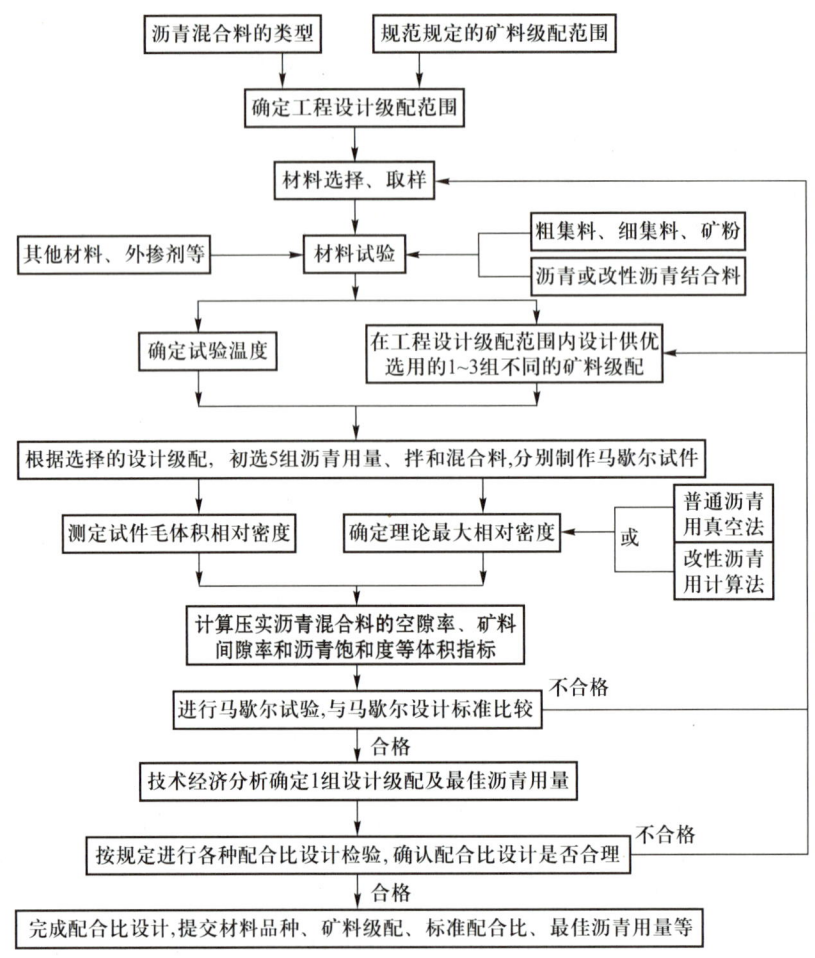

图 6-6　密级配沥青混合料目标配合比设计流程图

约的，例如：从耐久性的角度考虑，空隙率较小为好，而从表面特性考虑，要提供较好的抗滑性能与吸声降噪效果，空隙率较大为好，这就是一对矛盾。又如沥青混合料的高温性能与低温性能也是众所周知的一对矛盾。沥青混合料设计的任务就需要平衡沥青混合料各项路用性能的关系，使配制的沥青混凝土能满足各项技术性能。

【工程实例分析 6-2】　试分析某公路出现高温损坏的原因

概况：南方某高速公路在通车一年后，仅经过一个炎热夏季，部分路段的沥青路面出现较严重车辙，并在轮迹带上出现明显较大面积的泛油，表面构造深度迅速下降，局部行车标志线出现明显推移。经路面取芯试样的分析表明，部分路段沥青用量超出设计用量的 0.3% 以上，且矿料级配偏细，4.75 mm 以下颗粒含量过多。工程选用 AC-13F 型混合料，A-70 沥青。沥青回收试验结果显示沥青质量没有问题。请分析原因，并提出防治措施。

原因分析：从病害现象上看，是由于沥青路面的高温稳定性不足引起的。路面出现高温稳定性不足的原因是多方面的，材料原因、设计原因、施工原因均有可能。从本案例看，原设计

AC-13F 型混合料矿料级配偏细，粗集料较少，骨架结构难以形成，严重影响混合料的抗剪强度。同一配合比，但是仅部分路段出现上述损坏，说明施工中的质量控制不到位，部分路段沥青用量出现较大偏差，而沥青用量偏大将明显降低路面抵抗永久变形的能力，矿料 4.75 mm 通过百分率比原设计的通过百分率大，进一步为路面高温稳定性带来隐患。

防治措施：该地区夏季炎热，高温稳定性破坏是路面的主要损坏形式之一，因此，在混合料设计上可选用 AC-13C 型或 AC-16F 型，即使选用 AC-13F 型，在设计上可采用相对较粗的级配，这样既可提高其高温稳定性，又可增大表面构造深度，提高抗滑性能。在施工中加强质量控制，保证路面质量的均匀稳定，最大限度地实现设计配合比。另外，该地区炎热，交通量大，重载车多，可考虑使用改性沥青。

【警钟长鸣】 针片状多的粗集料影响沥青路面耐久性

南方某高速公路某段在铺沥青混合料时，粗集料针片状含量较高（约17%）。在满足马歇尔技术指标条件下沥青用量增加约10%。实际使用后，该沥青路面的耐久性较差。

沥青混合料是由矿料骨架和沥青构成的，具空间网络结构。矿料针片状含量过高，针片状矿料相互搭架形成的空洞较多，虽可增加沥青用量略加弥补，但过分增加沥青用量不仅在经济上不合算，还影响了沥青混合料的强度及性能。为此，沥青混合料粗集料应符合洁净、干燥、无风化、无杂质、良好的颗粒形状，具有足够强度和耐磨性等 12 项技术要求。其中，矿料针片状含量需严格控制。矿料针片状含量过高主要原因是加工工艺不合理，采用颚式破碎机加工尤需注意。若针片状含量过高，应于加工场回轧。一般来说，瓜子片（粒径 5~15 mm）的针片状含量往往较高，在粗集料级配设计时，可在级配曲线范围内适当降低瓜子片的用量。

【建材与生态环境】 沥青路面材料的再生利用

沥青路面在翻修改造过程中会产生大量废旧料。将这些废弃的沥青路面材料再生利用既避免了废弃材料对环境的污染，又促进了资源循环利用，实现良好的社会效益和经济效益。20 世纪 80 年代末，美国 80% 的废弃沥青混合料已得到了再生利用。我国也开展了沥青路面材料的再生利用。

根据再生混合料拌制和施工温度的不同，沥青路面再生可分为冷再生和热再生。冷再生过程中，对旧路铣刨、新旧料的拌和与摊铺是在常温下进行的，冷再生结合料通常采用乳化沥青或泡沫沥青；热再生则对旧路面铣刨，新旧料拌和时需要加热。厂拌热再生是较为成熟的工艺，能提供及时的道路养护和修复，对现有设备只需进行较小的改动。该方法将回收的沥青路面材料与新材料混合，还根据需要加入再生剂，生产出符合技术要求的热拌沥青混合料重新利用。

练习思考与调研 6

6-1 填空题

（1）石油沥青四组分分析法是将其分离为_____、_____、_____和_____四个主要组分。

（2）沥青混合料是指_____与沥青拌和而成的混合料的总称。

6-2 选择题（多项选择）

（1）沥青混合料的技术指标有_____。

A. 稳定度　　　　　　　B. 流值　　　　　　　　C. 空隙率　　　　　　D. 沥青混合料试件的饱和度

E. 软化点

（2）石油沥青的牌号是根据_____来划分的。

A. 针入度　　　　　　　B. 延度　　　　　　　　C. 软化点　　　　　　D. 闪点

6-3　是非判断题

（1）当采用一种沥青不能满足配制沥青所要求的软化点时，可随意采用石油沥青与煤沥青掺配。　　　　（　　）

（2）沥青本身的黏度高低直接影响着沥青混合料黏聚力的大小。　　　　（　　）

（3）夏季高温时的抗剪强度不足和冬季低温时的抗变形能力过差，是引起沥青混合料铺筑的路面产生破坏的重要原因。　　　　（　　）

6-4　问答题

（1）土木工程中选用石油沥青牌号的原则是什么？在地下防潮工程中，如何选择石油沥青的牌号？

（2）请比较煤沥青与石油沥青的性能与应用的差别。

6-5　计算题

（1）某建筑工程需石油沥青 30 t，要求软化点约 80 ℃，现有 40 号和 10 号石油沥青，测得它们的软化点分别是 66 ℃和 100 ℃。这两种牌号的石油沥青应如何掺配？

（2）试计算细粒式 AC-13 沥青混凝土的矿质配合比。

已知条件：现有碎石、石屑和矿粉三种矿质集料，筛分试验结果列于下表。

原有集料的分计筛余和矿质混合料规定的级配范围

筛孔尺寸 d_i /mm	原材料筛分试验结果		
	碎石分计筛余 $a_{A(i)}$/%	石屑分计筛余 $a_{B(i)}$/%	矿粉分计筛余 $a_{C(i)}$/%
16	0.8	—	—
9.5	43.6	—	—
4.75	49.9	—	—
2.36	4.4	2.0	—
1.18	1.3	22.6	—
0.60	—	23.7	—
0.30	—	18.4	—
0.15	—	13.0	4.0
0.075	—	10.9	10.7
<0.075	—	9.5	85.3

计算要求：

① 按试算法确定碎石、石屑和矿粉在矿质混合料中所占比例。

② 校核矿质混合料合成级配计算结果是否符合规范要求的级配范围。

6-6　思考题

（1）为何沥青使用若干年后会慢慢变脆硬？

（2）沥青混合料的结构有哪些类型？各有何特点？

（3）可否把花岗岩石粉用作沥青混合料填料？

6-7　调查研究题：石油沥青加热温度时间对塑性的影响

把石油沥青加热至 100~130 ℃，保温 0.5~2 h，测试不同温度与加热时间的延度值，总结石油沥青加热温度和时间对其塑性的影响，并分析其原因。

第7章　合成高分子材料

教 学 建 议

　　1. 建议教学中先对比不同种类合成高分子材料的性能特点，然后讨论其应用。此外，还需引导学生关注塑料对生态环境的影响，合理使用合成高分子材料。

　　2. 本章的重点和难点是如何根据工程实际合理选用合成高分子材料。需理解合成高分子材料的性能特点，熟悉土木工程中合成高分子材料的主要制品及其应用。

【爱我中华】　世界上最大的高阻尼橡胶隔震支座

　　橡胶隔震支座广泛应用于房屋、公路、桥梁等建筑物，被誉为桥梁支座的"心脏"。港珠澳大桥跨度大、地势复杂。工程技术人员以独特的橡胶配方工艺和检测技术，成功研制了长 1.77 m、宽 1.77 m 的世界最大尺寸的高阻尼橡胶隔震支座。该高阻尼橡胶隔震支座在减震隔震功能的基础上还具有其他特殊功能，如抗风和防落梁功能，在罕遇地震时可防止梁体坠落或脱开连接措施构造，并且还可对桥梁的健康情况进行实时监测等。这一具有多项特殊功能的隔震橡胶支座是国内首次应用，意义重大。

7.1【教学交流 7-1】塑料与生态环境

　　该高阻尼橡胶隔震支座如同"定海神针"，可帮助港珠澳大桥抵抗 16 级台风、8 级地震及 30 万吨巨轮撞击。2017 年 8 月，台风"天鸽"和"帕卡"先后造访珠三角地区，屹立在珠江口伶仃洋的港珠澳大桥成功抵抗了 16 级台风的冲击，风采依然。

【史海拾贝】　铝塑板发展的启迪

　　高分子材料及其复合材料在土木工程中已得到广泛应用，但高分子材料本身还存在一些缺陷，若与其他材料复合，可扬长避短。如钢塑复合门窗、聚合物混凝土、塑钢管道、塑铝管道等复合材料在土木工程中应用已显示出其优势。铝塑板在土木工程中应用的发展历史，就是一个不断创新、不断完善的历程。我们从中可得到许多有益的启示。

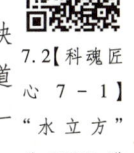
7.2【科魂匠心 7-1】"水立方"的 ETFE 膜结构

　　20 世纪 60 年代，为满足运输行业对材料轻、薄、表面质量好，以及提高成型性能从而减少加工成本的要求，德国技术人员利用工字钢原理发明了铝塑复合板。铝塑板是以塑料为芯层，外贴铝板，并在表面施加装饰材料或保护性涂层的三层复合板材。铝塑复合板以其质量轻、装饰性强、施工方便的特点，在全球得到广泛应用。

7.3【建材趣话 7-1】改性树脂彩色防滑路面材料

　　20 世纪 80 年代，随着各项建筑规范的要求越来越严格，德国、瑞士及法国等发达国家对以聚乙烯为芯材的复合板的防火性能提出了疑问，并规定了其使用高度的限制。为适应市场的新要求，1990 年出现了达到不燃等级防火的铝塑复合板。该新型铝塑板在任何国家都没有使用高度上的限制，从而得到了更好的发展和应用。

高分子材料也称为高分子聚合物材料。其特征一是相对分子质量大（一般在 10 000 以上），二是相对分子质量分布具有多分散性。高分子材料按来源分为天然高分子材料和合成高分子材料。天然高分子是存在于动物、植物及生物体内的高分子物质，如天然纤维、天然树脂、天然橡胶等。而合成高分子材料种类繁多，具有比天然高分子材料更为优越的性能，在土木工程中应用广泛。其中如聚合物水泥混凝土、聚合物改性沥青于其基体材料章节中已作介绍。本章在阐述合成高分子材料分子特征及性能特点的基础上，重点讲解建筑塑料和建筑胶黏剂，并对建筑用膜材料、合成纤维制品和偶联剂作简要介绍，用于防水材料和密封材料的合成橡胶于第 9 章介绍。

7.1　合成高分子材料的分子特征及性能特点

合成高分子材料是由人工合成的高分子化合物组成的材料。高分子化合物是组成单元相互多次重复连接而构成的物质，因此其分子量很大，但化学组成都比较简单，都是由许多低分子化合物聚合而形成的。例如聚乙烯是由低分子化合物乙烯聚合而成，这种可以聚合成高聚物的低分子化合物，称为"单体"，而组成高聚物最小重复结构单元称为"链节"，高聚物中所含链节数目 n 称为"聚合度"，高聚物的聚合度一般为 $1\times10^3 \sim 1\times10^7$，故其相对分子质量很大。

7.1.1　合成高分子材料的分子特征

高分子化合物按其链节在空间排列的几何形状，可分为线型聚合物和体型聚合物两类。

1. 线型聚合物

线型聚合物各链节连接成一个长链（图 7-1a），或带有支链（图 7-1b）。这种聚合物可以溶解在一定溶剂中，可以软化，甚至熔化，称为热塑性树脂。属于线型无支链结构的聚合物有：聚苯乙烯（PS）、用低压法制造的高密度聚乙烯（HDPE）和聚酯纤维素分子等。属于线型带支链结构的聚合物有：低密度聚乙烯（LDPE）和聚乙酸乙烯酯（PVAC）等。

2. 体型聚合物

体型聚合物是线型大分子间相互交联形成的网状三维聚合物（图 7-1c）。这种聚合物制备成型后再加热时不软化，也不能流动，称为热固性树脂。属于体型高分子（网状结构）有：酚醛树脂（PF）、不饱和聚酯（UP）、环氧树脂（EP）、脲醛树脂（UF）等。

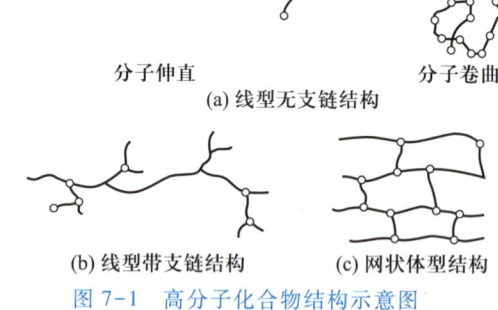

分子伸直　　　　　　　　分子卷曲
(a) 线型无支链结构

(b) 线型带支链结构　　(c) 网状体型结构

图 7-1　高分子化合物结构示意图

7.1.2　合成高分子材料的性能特点

高分子材料之所以能在建筑中得到如此广泛的应用，是由于与其他建筑材料相比，其性能具有七方面的优点，但也有三方面的缺点。

1. 合成高分子材料的性能优点

① 优良的加工性能。如塑料可以采用比较简便的方法加工成多种形状的产品。

② 质轻。如大多塑料密度在 $0.9 \sim 2.2$ g/cm³ 之间，平均为 1.45 g/cm³，约为钢的 1/5。

③ 导热系数小。如泡沫塑料的导热系数只有 $0.02 \sim 0.046$ W/(m·K)，约为金属的

1/1 500，混凝土的 1/40，烧结普通砖的 1/20，是理想的绝热材料。

④ 化学稳定性较好。一般塑料对酸、碱、盐及油脂均有较好的耐腐蚀能力。其中最为稳定的聚四氟乙烯，仅能与熔融的碱金属反应，与其他化学物品均不起反应。

⑤ 电绝缘性好。

⑥ 功能的可设计性强。可通过改变组成配方与生产工艺，在相当大的范围内制成具有各种特殊性能的工程材料。如强度超过钢材的碳纤维复合材料、密封、防水材料等。

⑦ 出色的装饰性能。如各种塑料制品不仅可以着色，还色彩鲜艳耐久，并可通过照相制版印刷，模仿天然材料的纹理（如木纹、花岗石纹、大理石纹等），达到以假乱真的效果。装饰涂料可根据需要调成任何颜色。

2. 合成高分子材料的性能缺点

① 易老化。老化是指高分子化合物在阳光、空气、热及环境介质中的酸、碱、盐等作用下，分子组成和结构发生变化，致使其性质变化，如失去弹性、出现裂纹、变硬、变脆或变软、发黏，失去原有的使用功能的现象。塑料、有机涂料和有机胶黏剂都会出现老化。目前采用的防老化措施主要有改变聚合物的结构，加入防老化剂的化学方法，以及涂防护层的物理方法。

② 可燃性及毒性。高分子材料一般属于可燃的材料，但可燃性受其组成和结构的影响有很大差别。如聚苯乙烯遇火会很快燃烧，聚氯乙烯则有自熄性，离开火焰会自动熄灭。部分高分子材料燃烧时发烟，产生有毒气体。一般可通过改进配方制成自熄和难燃甚至不燃的产品。不过其防火性仍比无机材料差，在工程应用中应予以注意。

③ 耐热性差。高分子材料的耐热性能普遍较差，如使用温度偏高会促进其老化，甚至分解；塑料受热会发生变形，在使用中要注意其使用温度的限制。

【工程实例分析 7-1】 美国米高梅旅馆火灾

7.4【疑难释义 7-1】塑料为何会老化

概况：美国米高梅旅馆大楼高 26 层，设备豪华，装饰精致。1980 年该大楼"戴丽"餐厅发生火灾，使用水枪扑救未能成功。因餐厅内有大量塑料、纸制品和装饰品，火势迅速蔓延，且塑料制品、胶合板等在燃烧时放出有毒烟气。着火后，旅馆内空调系统没有关闭，烟气通过空调管道扩散，在短时间内烟雾充满整个旅馆大楼。火灾造成巨大损失，84 人遇难，679 人受伤。

原因分析：大量使用易燃的塑料、木质及纸制品是造成火灾的重要原因之一。这些材料不仅燃烧速度快，还会产生大量有毒气体。

7.2 合成高分子材料在土木工程中的应用

7.2.1 建筑塑料

1. 建筑塑料的基本组成

建筑上常用的塑料制品绝大多数都是以合成树脂（即合成高分子化合物）和添加剂组成的多组分材料，但也有少部分建筑塑料制品例外，如"有机玻璃"，它是由聚甲基丙烯酸甲酯（PMMA）合成的树脂，在聚合反应中无需加入其他组分而制成的具有较高机械强度和良好抗冲击性能且有高透明度的有机高分子材料。

（1）合成树脂

合成树脂是塑料的基本组成材料，并通过其胶结作用把填充料等胶结成坚实整体。塑料的性质主要取决于树脂的种类及含量。在一般塑料中合成树脂占 30%~60%。

（2）填料

填料又称填充剂，它是绝大多数建筑塑料制品中不可缺少的原料，填料常常占塑料组成材料的 40%~70%。其作用有：提高塑料的强度和刚度；减少塑料在常温下的蠕变现象及改善热稳定性；降低塑料制品的成本，增加产量；在某些建筑塑料中，填料还可以提高塑料制品的耐磨性、导热性、导电性及阻燃性，并可改善加工性能。常用的填充料有木屑、滑石粉、石灰石粉、碳黑、铝粉和纤维材料等。

（3）增塑剂

增塑剂在塑料中掺加量不多，但却是不可缺少的助剂之一。其作用为：提高塑料加工时的可塑性及流动性；改善塑料制品的柔韧性。常用的增塑剂有：用于改善加工性能及常温的柔韧性的邻苯二甲酸二丁酯（DBP）、邻苯二甲酸二辛酯（DOP）；属于耐寒增塑剂的脂肪族二元酸酯类增塑剂等。

（4）其他添加剂

根据建筑塑料使用及成型加工中的需要，还有着色剂、固化剂、稳定剂、偶联剂、润滑剂、抗静电剂、发泡剂、阻燃剂、防霉剂等。

2. 土木工程常用塑料制品的特性与用途

塑料制品在土木工程中得到了广泛应用，包括塑料地板、板材、塑料墙纸、塑料管材和钢塑复合门窗等。常用的塑料可分为热塑性塑料和热固性塑料。前者在特定的温度范围内可反复加热软化和冷却硬化，如聚乙烯、聚丙烯等；后者加热成型后再次受热不再具有可塑性，如酚醛树脂等。工程中冷热水用耐热聚乙烯（PE-RT）管材是采用乙烯和辛烯共聚的方法，通过控制侧链的数量和分布得到独特的分子结构，来提高 PE 管的耐热性。它优良的低温性能和韧性能抵抗车辆和机械振动、冰冻和解冻及操作压力突然变化的破坏，抗冲击性能好，安全性高，具有良好的稳定性和长期的耐压性能。PE-RT 管道还易于弯曲，方便施工，可热熔连接，在应用过程中如遇损坏，维修起来非常方便。还需说明的是，其废管可熔化回收。钢塑复合门窗是采用钢塑复合型材制作框、扇杆件结构的门窗总称。GB/T 29734.3—2020《建筑用节能门窗 第 3 部分：钢塑复合门窗》对其定义、分类、规格和标记等作出了相关规定。

土木工程常用的两类塑料制品的特性与用途见表 7-1。

7.5【疑难释义 7-2】热塑性塑料与热固性塑料

表 7-1　土木工程常用塑料制品的特性与用途

类别	名称	特性	用途
热固性塑料	酚醛树脂塑料（PF）	抗拉强度高（40~56 MPa）、黏结好、耐水、耐热、耐腐蚀、电绝缘性好、具发泡性和低发烟性，但硬而脆，且耐候性差	泡沫塑料电绝缘性材料、黏结剂、防腐蚀材料、隔热保温材料，还可代替木材制成板材、管材
	环氧树脂塑料（EP）	强度高、黏结力强、耐磨性和耐腐蚀好，尺寸稳定，其蠕变性能比聚酯、酚醛低；但硬而脆，且某些固化剂有毒（如脂肪胺类）	可生产纤维树脂制品（玻璃钢）；可做防腐防渗等功能涂料及砂浆、混凝土修补材料
	不饱和聚氨酯塑料（UPR）	黏结强度高、耐腐蚀、耐磨、耐高温，固化收缩较大	可生产自灭复合材料、肋板、纤维树脂制品及修补材料

续表

类别	名称	特性	用途
热塑性塑料	聚乙烯塑料（PE）	抗拉强度不高（11~13 MPa），但低温柔性和化学稳定性好。它由乙烯单体聚合而成，按聚合不同可得到强度、伸长率等有性能差别的高、中、低三种密度的聚乙烯。高密度聚乙烯管耐热性能和机械性能最高；低密度聚乙烯管的化学稳定性、柔软性、伸长率、耐冲击、透明性和高频绝缘性能好；中密度聚乙烯管既有高密度聚乙烯管的刚性和强度，又有低密度聚乙烯管的柔性	低密度聚乙烯常用于农用和工业包装用薄膜、电线包覆及涂层等。中、高密度聚乙烯用于制造管道、电绝缘材料等，适宜作城市燃气和天然气管道。特别是中密度具有更高的热熔连接性能，对管道安装十分有利，更受欢迎
	聚氯乙烯塑料（PVC）	化学稳定性、抗老化性和电绝缘性好，但耐热性较差，通常使用温度在 80 ℃以下。根据增塑剂掺量不同，可制得硬质或软质聚氯乙烯塑料。硬质塑料强度高，抗拉强度高（35~63 MPa）；软质塑料抗拉强度较低（7~25 MPa），弹性、柔性较好	硬质聚氯乙烯塑料可制造给排水管、板材、型材、钢塑复合门窗。软质聚氯乙烯塑料可用于制造薄膜、防水卷材、软管、地板和装饰材料。防静电聚氯乙烯（PVC）地板广泛用于实验室、计算机房等
	聚苯乙烯塑料（PS）	质轻、易加工、透光性好、易于着色、化学稳定性好、耐水、耐光；但硬脆，且软化温度低（80 ℃以上变软）	可用于制造薄膜、管道、泡沫塑料制品、隔热保温材料
	聚丙烯塑料（PP）	质轻（密度 0.9 g/cm³），强度、刚度好，耐腐蚀，耐热性较高（约 100 ℃）；但低温易变脆、不耐磨、易老化	多用于地下工程防水，还用于管道、模板、耐腐蚀衬板、卫生洁具等
	丙烯腈-丁二烯-苯乙烯共聚物塑料（ABS）	强度高（抗拉强度 70~90 MPa）、硬度大、耐冲击、耐腐蚀强、耐热性好。综合性能较好，是目前产量最大，应用最广泛的聚合物。如 ABS 塑料管使用温度为 90 ℃以下，许用压力可达 7.6 MPa。随着三种成分比例调整，ABS 树脂的物理性能有一定的变化	其应用广泛，不仅可应用于土木工程的管材、薄板等，还广泛应用于汽车、机械、电气等。ABS 塑料管的冲击韧性和热稳定性比硬质聚氯乙烯管、聚乙烯管更好，常用作工作温度较高的管道、输气管和高腐蚀管道等
	聚甲基丙烯酸甲酯塑料（PMMA）	俗称有机玻璃，其密度小，抗拉强度达 50~77 MPa，透光率可达 92%，化学稳定性好，耐腐蚀，易加工，易染色压花，外观优美；但质脆易断，且表面较软、易划伤	可用作屋顶等采光材料；压花有机玻璃可在室内隔断门窗等使用，既透光又不透形；还可用于照明灯罩、灯箱等

7.6【观察讨论 7-1】线槽为何不用橡胶

7.7【观察讨论 7-2】塑料管与镀锌铁管

7.8【疑难释义 7-3】钢塑复合门窗与铝合金门窗的选用

7.2.2　胶黏剂

1. 胶黏剂的组成与分类

胶黏剂又称黏结剂，用于把相同或不同的材料构件黏合在一起。为此，胶黏剂必须具有以下基本要求：适宜的黏度，适宜的流动性；具有良好的浸润性，能很好地浸润被黏结材料的表面；在一定的温度、压力、时间等条件下，可通过物理和化学作用固化，并可调节其固化速度；具有足够的黏结强度和较好的其他性能。此外，胶黏剂还必须对人体无害。我国已制定了 GB 18583—2008《室内装饰装修材料 胶粘剂中有害物质限量》的强制性国家标准。对胶黏剂中游离甲醛、苯、甲苯、二甲苯、总挥发性有机物等有害物质作出了限量规定。

胶黏剂一般都由多组分物质所组成，常用胶黏剂的主要组成成分有黏料、填料和其他辅助材料。黏料是胶黏剂中最基本的黏结料组分，它的性质决定了胶黏剂的性能、用途和使用工艺。一般胶黏剂以其名称来命名。

胶黏剂包括无机和有机两大类。硅酸盐类等无机胶凝材料第 3 章已作论述。有机胶黏剂包括合成类胶黏剂与动物胶、植物胶等天然胶黏剂。工程上常用的合成胶黏剂有热固性胶黏剂、热塑性胶黏剂和合成橡胶胶黏剂三类。此外它们之间有的还可组成混合型胶黏剂。

2. 土木工程常用的胶黏剂性能特点及应用

土木工程常用的胶黏剂性能特点及用途见表 7-2。

表 7-2　土木工程常用胶黏剂的特性与用途

类别	名称	特性	用途
热固性树脂胶黏剂	环氧树脂胶黏剂	含有多种极性基团和活性很大的环氧基，且其内聚强度也很大，故黏结强度高，收缩率小，耐腐蚀。因其固化剂及改性剂的品种多，既可在低温、常温和高温等条件下固化，还可满足多种使用性能要求（如耐高温、耐低温、高强度、高柔性、耐老化、导电、导热等）。但不增韧时，固化物偏脆，抗开裂、抗冲击性能差，且对极性小的聚乙烯、聚丙烯等黏结力小	环氧胶黏剂的黏结强度高、通用性强。对金属、陶瓷、木材、混凝土、硬塑料等均有很高的黏附力。广泛用于混凝土结构裂缝的修补和混凝土结构的补强与加固。在建筑、航空、汽车、机械、化工、轻工、电子及日常生活等领域也得到广泛应用
	酚醛树脂胶黏剂	黏结强度高、刚性大，耐热性、耐候性和耐老化性好，耐水和油、耐化学介质，价廉易用；但有一定的脆性，耐磨性较低、成本较高、固化温度高，可采用多种途径改性	可黏结木材、金属、陶瓷、玻璃、塑料等。在木材加工领域中酚醛树脂是使用广泛的主要胶种之一，其用量仅次于脲醛树脂
	聚氨酯胶黏剂	抗剪切强度和抗冲击性优异，黏附性和柔韧性好，耐老化、耐细菌且低温性能好，但耐热性较差，且固化时收缩大，使用时须加入填料或玻璃纤维等	可用于黏结陶瓷、玻璃、木材、混凝土和金属等结构构件。广泛应用于黏结橡胶地垫、硬质橡胶地砖和铺设塑胶跑道运动场中
	不饱和聚酯树脂胶黏剂	黏结强度高，抗老化性及耐热性好，可在室温下和常压下固化，但有脆性，且固化后收缩大，使用时须加入填料或玻璃纤维等	较多用于玻璃钢黏结，还可用于黏结陶瓷、玻璃、木材、混凝土和金属等结构构件

续表

类别	名称	特性	用途
热塑性树脂胶黏剂	聚乙烯缩醛胶黏剂	黏结强度高达 93 MPa，耐水性好、抗老化性好，成本低	黏结塑胶壁纸、木材、瓷砖墙布等，可加入水泥砂浆改善性能
	聚乙酸乙烯酯胶黏剂	俗称白乳胶，具良好黏结强度、常温固化快，成本低，但耐热性和耐水性差	可黏结陶瓷、玻璃、木材、塑料、纤维织物等
	丙烯酸酯类胶黏剂	强度高，抗冲击及剪切力强，耐候性、耐水性及耐化学腐蚀性能好	广泛应用于玻璃、陶瓷、塑料和钢铁等材料
	聚乙烯醇胶黏剂	价格便宜的非结构胶，其耐热性、耐水性和耐老化性能较差	可黏结木材、纸张和织物，可与热固性树脂胶黏剂并用
合成橡胶胶黏剂	氯丁橡胶胶黏剂	其强度较高、耐油，综合性能优良，可在 −50 ℃~+80 ℃ 的温度下工作，但具有徐变性，易老化，储存稳定性较差	用途广，能够黏结橡胶、皮革、织物、塑料、木材、纸品、玻璃、陶瓷、混凝土、金属等多种材料。建筑上常用在水泥混凝土或砂浆的表面上粘贴塑料或橡胶制品等
	硅橡胶胶黏剂	黏附性好、防水防震动、耐老化、耐热性和耐腐蚀性好	可用于金属、陶瓷、混凝土等黏结，尤其适用于门窗玻璃的安装，地下建筑中的瓷砖黏结，以及岩石接缝的密封

7.9【案例分析 7−1】硅密封胶失效

7.2.3　其他合成高分子材料在土木工程中的应用

1. 建筑用膜材料制品

建筑用膜材料制品（membrane products for building）指以聚酯纤维或玻璃纤维织物为基材的复合膜材，经热合、胶黏及缝纫等工艺制成的建筑用膜材产品。建筑用膜材料制品质量轻而强度高、透光性好、施工周期短，还可回收利用。如聚碳酸酯膜是一种高透光、耐候性强的建筑膜材料，广泛应用于大型建筑物的外壳、体育场馆、展览中心、商业综合体等。

7.10【疑难释义 7−4】修补混凝土宜用哪类树脂胶黏剂

2. 合成纤维和土工合成材料

用于土木工程的合成纤维一般是长径比大而长度较短，与基体材料复合可起增强抗拉强度等改性作用。如常用于土木工程中的聚丙烯纤维耐酸碱、纤维直径小、密度小而抗拉强度高，常用于混凝土或水泥砂浆增强或抗裂改性等，广泛用于道路、桥梁及工业民用建筑的地下工程防水等。此外，合成纤维还可用于制作土工合成材料。

土工合成材料（geosynthetics）是工程建设中应用的与土、岩石或其他材料接触的聚合物材料（含天然的）总称，包括土工织物、土工膜、土工复合材料、土工特种材料。土工合成材料置于土体内部、表面或各种土体之间，发挥着加强或保护土体的作用。土工织物主要用于工程的反滤和排水需要，保护土流失。土工膜可用于土石堤、坝和输水渠道的防渗。土工合成材料还有土工格栅、土工网、土工网垫、土工模袋和土工带等。

7.11【疑难释义 7−5】胶黏剂应用于土木工程材料的基本条件

3. 偶联剂

偶联剂等高分子材料应用于土木工程中也有较好的效果。如硅烷偶联剂在性能上有许多独特之处，其分子中存在着亲有机和亲无机的两种功能团，从而架起了无机材料与有机材料之间的桥梁，可以把两种不同化学结构类型及亲和力相差很大的材料在界面连接起来。硅烷偶联剂可应用于金属表面防腐处理，还可用于水泥混凝土和沥青混凝土工程中。研究证实，花岗岩、砂粉和水泥净浆等材料经过以硅烷偶联剂作表面改性处理后，在材料表面形成了一层偶联层，此偶联层对增强材料和普通沥青之间的黏附性起了重要的"桥梁"作用，从而提高了整体强度。

7.12【案例分析 7-2】土工格栅在防波堤工程的应用

【工程实例分析 7-2】　UPVC 下水管破裂

概况：广东某企业生产硬聚氯乙烯下水管，在广东省许多建筑工程中被使用，由于其质量优良而受到广泛的好评，当该产品外销到北方时，施工队反映该下水管在冬季安装时，经常会发生水管破裂的现象。

原因分析：经技术专家现场分析，认为主要是由于水管的配方所致。该水管主要是在南方建筑工程上使用，由于广东常年的温度都比较高，该硬聚氯乙烯下水管的抗冲击强度可以满足实际使用要求，但到北方的冬天，地下的温度仍然相当低，这时硬聚氯乙烯下水管材料变硬、变脆，其抗冲击强度已达不到要求。为此，对使用于北方市场的硬聚氯乙烯下水管改进了配方，在其配方中多加了抗冲击改性剂，最终解决了该水管易破裂的问题。

7.13【案例分析 7-3】土工袋在围堰工程的应用

【工程实例分析 7-3】　某住宅楼装修甲醛超标

概况：某住宅楼购买了一批由脲醛树脂作黏合剂的胶合板进行室内装修，装修后经检测室内甲醛含量严重超标。

原因分析：胶合板通常是由脲醛树脂作黏合剂，在热压的条件下使树脂固化，制成胶合板。脲醛树脂属于热固型黏合剂，由尿素和甲醛反应而成。但是一些胶合板生产企业为了追求产量和效益，在生产脲醛树脂时甲醛用量偏多，或胶合板生产时热压时间过短，或热压温度过低，造成胶合板残余甲醛含量过高，导致使用过程中胶合板中不断有甲醛释放，污染环境。

7.14【疑难释义 7-6】土工织物材料的选用

【警钟长鸣】　建筑塑料装饰材料与消防安全

建筑塑料装饰材料包括各类塑料装饰块板、铺地卷材和其他建筑装饰材料。如塑料地板不仅起着装饰、美化环境的作用，还赋予步行者舒适的脚感，能够御寒保温，有的还起消除静电危害等作用。但是，应用建筑塑料装饰材料必须注意消防安全。2000 年 6 月河南某市一卡拉OK 厅发生火灾，造成 150 人遇难，其中装修时使用的装饰材料具可燃性是本次事故的重要原因。因此，在工程应用中需注意塑料制品等的可燃性及其燃烧气体的毒性，尽量使用通过改进配方制成的自熄和难燃，甚至不燃的产品。

【建材与生态环境】　问题塑胶跑道风波

2015—2016 年，江苏、广东、成都、北京、沈阳等地出现了校园问题跑道事件。这些地区学校的学生出现身体不适、流鼻血、眼睛红肿等症状，经查找原因锁定为塑胶跑道的质量问题。

塑胶跑道大致可分为现浇型和预制型橡胶卷材两大类。预制型主要使用橡胶等原料，因其造价较高，国内并不普及。在国内市场多数为现浇型塑胶跑道，出问题基本上也是此种类型。此塑胶跑道一般采用橡胶颗粒、聚氨酯胶黏剂和其他辅料，现场铺装而成。

目前聚氨酯胶黏剂是以聚醚与甲苯二异氰酸酯反应形成预聚体，如果反应不充分就会有游离甲苯二异氰酸酯存在。甲苯二异氰酸酯有毒，对眼睛、呼吸道和皮肤都有刺激。个别企业为了降低成本而加入部分劣质的短链氯化石蜡等对人体有害的增塑剂。这些短链氯化石蜡受阳光照射会分解挥发出氯化氢气体等，还有的甚至加入有害的甲苯或二甲苯等有机溶剂。这样，所含的氯化物、残留的游离二异氰酸酯、甲苯、二甲苯等就会在塑胶跑道施工前后产生有害气体，污染环境。此外，废橡胶颗粒中也可能残留硫化物、多环芳香烃、溴苯类添加剂等污染物。

毒塑胶跑道危害甚大，而其背后也暴露出市场良莠不齐，部分商家唯利是图和缺乏监管等问题。为此，需制定严格的标准，有效监管胶黏剂等材料的生产与施工，对材料生产及进场、施工过程，以及跑道成品都要进行检测和监管。另一方面，大力研制性能先进、安全环保、可再生利用、经济耐用的塑胶跑道材料。

7.15【案例分析 7-4】纤维增强树脂

7.16【建材趣话 7-2】神奇的建筑结构胶

7.17【案例分析 7-5】阳光板

练习思考与调研 7

7-1 填空题

(1) 根据分子的排列不同，聚合物可分为_____聚合物和_____聚合物。

(2) 塑料的主要组成包括合成树脂和_____。

7-2 选择题(多项选择)

(1) 下列_____属于热固性塑料。

A. 聚乙烯塑料   B. 酚醛塑料   C. 聚苯乙烯塑料   D. 有机硅塑料

(2) 按热性能分，以下_____属于热塑性树脂。

A. 聚氯乙烯   B. 聚丙烯   C. 酚醛

7.18【案例分析 7-6】上海世博会的"阳光谷"

7-3 思考题

(1) 某住宅使用 I 型硬质聚氯乙烯(UPVC)塑料管作热水管。使用一段时间后，管道变形漏水。请分析原因。

(2) 与传统建筑材料相比较，塑料有哪些优缺点？

7-4 调查研究：胶黏剂的环保

胶黏剂已得到广泛应用，而选用胶黏剂时特别需要关注其有害物质含量是否超标。如某市工商局近日在流通领域共监测了 16 个批次的建筑装饰用胶黏剂商品，其中 6 个批次不合格，主要表现为总挥发性有机物项目、苯等超标。这些有害物质对人体危害极大，进入人体后，短时间内会使人感到头疼、恶心、乏力等，严重时会伤害人的肝脏、肾脏、大脑和神经系统，造成记忆力减退等。

请从环保的角度了解本地区胶黏剂生产与使用情况，考虑解决其环境污染问题。

7.19【一事一议 7-1】环氧树脂发明与发展的启迪

第8章 木 材

【爱我中华】 千年不倒的应县木塔

应县木塔建于辽清宁二年（公元 1056 年），至今已有近千年，是我国现存最高最古老的一座木结构塔式建筑（图 8-1）。

应县木塔的设计继承了汉、唐以来富有民族特点的重楼形式，充分利用传统建筑技巧，广泛采用斗拱结构，全塔共有斗拱 54 种，每个斗拱都有一定的组合形式，将梁、坊、柱结成一个整体，形成了一个八边形中空结构层。设计科学严密，构造完美，巧夺天工，是一座既有民族风格特点，又符合宗教要求的建筑，体现了我国古代建筑艺术的极高水平，具有较高的研究价值。有专家指出，古代工匠在经济利用木料和选料方面所达到的水平，令现代人为之惊叹。这座结构复杂、构件繁多的木塔，所有构件的用料尺寸只有 6 种规格，用现代力学的观点看，每种规格的尺寸，均能符合受力特性，是近乎优化选择的尺寸。

【史海拾贝】 广州中山纪念堂的松木桩

广州中山纪念堂于 1931 年建成（图 8-2）。其主体结构为钢筋混凝土，屋顶是一个庞大的

图 8-1 应县木塔

图 8-2 广州中山纪念堂

钢铁架构，整座建筑物的自身重量惊人。而支撑如此庞然大物的地基却是松木桩。对此曾有人对纪念堂使用松木桩一事提出质疑，建筑师吕彦直解释说，中山纪念堂位于越秀山脚，地下水十分丰富，泥土潮湿，用松木作桩基是再适合不过。广州中山纪念堂至今完好无损，印证了当年采用松木做桩基的正确选择。不过，2000 年修建中山纪念堂地铁站的时候，车站大面积开挖，导致地下水大量流失，白蚁成群地出现在纪念堂后墙墙根。但当地铁站建好后，地下水不再流失，白蚁问题便不治而愈。至今，纪念堂主体建筑依然没有裂缝和塌陷，说明松木桩并无明显侵蚀，当初建筑师的选择经受住了历史的考验。

8.1　木材的分类与构造

8.1.1　木材的分类

木材分为针叶树材和阔叶树材两大类。

1. 针叶树材

针叶树材是由裸子植物如松、杉、柏等生产的木材。其树叶细长，树干通直高大，易得大材，木材纹理顺直，材质均匀，木质较软而易于加工，故又称软木材。

针叶树材强度较高，表观密度和胀缩变形较小，耐腐性较强，是建筑工程中的主要用材，广泛用作承重构件、制作范本、门窗等。

2. 阔叶树材

阔叶树材是由被子植物如杨树、白蜡树、榆树、桉树等生产的木材。其树叶宽大，多数树种的树干通直部分较短，一般材质坚硬，较难加工。

阔叶树材一般表观密度较大，胀缩和翘曲变形大，易开裂，在建筑中常用作尺寸较小的装修和装饰。阔叶树又可分为两种，一种材质较硬，纹理也清晰美观，如樟木、水曲柳、桐木、柞木、榆木等；另一种材质并不很坚硬（有些甚至与针叶树一样松软），且纹理也不很清晰，但质地较针叶树木要更为细腻。

8.1.2　木材的构造

木材的构造可分为宏观构造、微观构造和超微观构造。木材的宏观构造是指用肉眼或借助放大镜所观察到的木材构造特征。木材的微观构造是用显微镜所观察到的木材构造特征。木材的超微观构造是用扫描显微镜所观察到的木材构造特征。以下重点介绍木材的宏观构造和微观构造。

1. 木材的宏观构造

木材通常从三个切面进行剖析，即横切面、径切面和弦切面，如图 8-3 所示。横切面指与树干主轴或木材纹理垂直的切面。径切面指顺着树干轴向，通过髓与木射线平行或与年轮垂直的切面。从径切面由内向外可见，树木由髓心、木质部、形成层和树皮组成。弦切面指没有通过髓心的树干纵切面。木射线指由形成层射线原始细胞分裂所形成的细胞群，即由髓心向树皮方向呈辐射状排列的组织。木射线与周围联结较差，木材

8.1【教学交流 8-1】木材阻燃技术发展的启示

8.2【科魂匠心 8-1】应县木塔

8.3【建材趣话 8-1】千年悬空寺

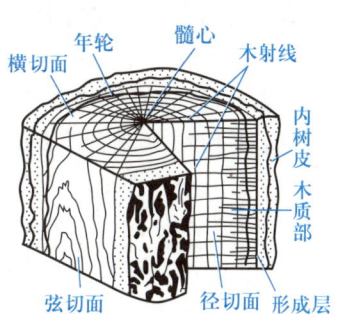

图 8-3　木材的宏观构造

干燥时易沿木射线开裂，但木射线和年轮组成了木材美丽的天然纹理。

树皮一般用作造纸原料。木材的髓心组织松软，易开裂、易腐朽，故对材质要求高的用材不带髓心。土木工程中使用的木材主要是其木质部。木质部靠近中心的部分称为心材。心材颜色较深，含水率较低，材质较硬。木质部靠外边的部分称为边材。边材含水率较高，较软，较易翘曲变形。

2. 木材的微观结构

在显微镜中可以看到，木材由无数管状细胞紧密结合而成，它们绝大部分为纵向排列，少数横向排列（如木射线）。每个细胞又由细胞壁和细胞腔两部分组成，细胞壁是由细纤维组成，细纤维之间可以吸附和渗透水分，细胞腔是由细胞壁包裹而成的空腔。细胞壁承受力的作用，所以木材的细胞壁越厚，细胞腔越小，木材越密实，其表观密度和强度也越大，但因其细胞壁吸附水分能力较强，故胀缩变形也较大。针叶树显微结构简单而规则，它主要由管胞和木射线组成，且其木射线较细而不明显。阔叶树显微结构较复杂，其最大的特点是木射线很发达，它粗大而明显。

8.4【观察讨论 8-1】两种木材的结构与用途

【工程实例分析 8-1】 客厅木地板的选用

概况：某客厅采用白松实木地板装修，使用一段时间后多处磨损。请分析原因。

原因分析：白松属针叶树材。其木质较软、硬度较低、耐磨性差。虽受潮后不易变形，但用于走动频繁的客厅则不妥，可考虑改用质量好的复合木地板，其板面坚硬耐磨，可防高跟鞋、家具的重压、磨刮。

8.5【疑难释义 8-1】名贵树种加工的实木地板是否材质好

8.2   木材的性能与应用

8.2.1   木材的性能

1. 木材的含水率及吸湿性

木材的含水率是指木材所含水的质量占干燥木材质量的百分数。含水率的大小对木材的湿胀干缩和强度影响很大。新伐木材的含水率常在 35% 以上；风干木材的含水率为 15%～25%；室内干燥木材的含水率为 8%～15%。

木材中主要有三种水，即自由水、吸附水和结合水。自由水是存在于木材细胞腔和细胞间隙中的水分。自由水的变化只与木材的表观密度、含水率、燃烧性等有关。吸附水是被吸附在细胞壁内细纤维之间的水分。吸附水的变化是影响木材强度和胀缩变形的主要因素。结合水是指木材中的化合水，它在常温下不变化，故其对木材常温下性质无影响。

当木材细胞腔与细胞间隙中无自由水，而细胞壁内吸附水达到饱和时的含水率称为纤维饱和点，平均约 30%。纤维饱和点是木材物理力学性质发生变化的转折点。

木材的吸湿性是双向的，即干燥木材能从周围空气中吸收水分，潮湿的木材也能在较干燥的空气中失去水分，其含水率随环境温度和湿度的变化而改变。当木材长时间处于一定温度和湿度的环境中时，木材中的含水量最后会达到与周围环境湿度相平衡，这时木材的含水率称为平衡含水率。它是木材进行干燥时的重要指标。平衡含水率随空气湿度的变大和温度的升高而增大，反之减少。我国北方木材的平衡含水率约为 12%，南方约为 18%，长江流域一般为 15% 左右。

2. 木材的湿胀干缩与变形

湿胀干缩是指材料在含水率增加时体积膨胀，减少时体积收缩的现象。木材的湿胀干缩具有一定规律：当木材的含水率在纤维饱和点以下变化时，随着含水率的增加，木材体积产生膨胀，随着含水率减小，木材体积收缩；而当木材含水率在纤维饱和点以上时，只是自由水的增减，木材的体积不发生变化。木材含水率与其胀缩变形的关系见图8-4所示，从图中可以看出，木材的纤维饱和点是木材发生湿胀干缩变形的转折点。

木材为非匀质构造，从其构造上可分为弦向、径向和纵向，其各方向胀缩变形不同，其中以弦向最大，径向次之，纵向（即顺纤维方向）最小。如木材干燥时，弦向干缩为6%～12%，径向干缩3%～6%，纵向仅为0.1%～0.35%。木材弦向胀缩变形最大，是因受管胞横向排列的髓线与周围联结较差所致。木材的湿胀干缩变形还随树种不同而异。

木材显著的湿胀干缩变形，对木材的实际应用带来严重影响，干缩会造成木结构拼缝不严、接榫松弛、翘曲开裂，而湿胀又会使木材产生凸起变形。为了避免这种不利影响，在木材使用前预先将木材进行干燥处理，使木材含水率达到与使用环境湿度相适应的平衡含水率。

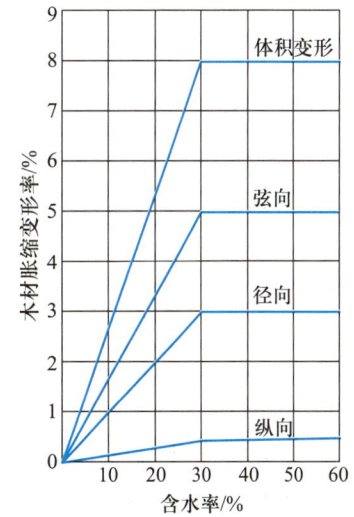

图8-4　含水率对木材胀缩变形的影响

8.6【疑难释义8-2】木地板的特点与选用

8.7【建材趣话8-2】千年古刹——大同华严寺

8.8【观察讨论8-2】木材的干缩变形

3. 木材的强度

木材的强度主要是指其抗拉、抗压、抗弯和抗剪强度。木材的构造各向不同，致使其各方向强度有很大差异，因此木材的强度有顺纹强度和横纹强度之分。木材的顺纹强度比其横纹强度要大得多，所以工程上均充分利用它的顺纹抗拉、抗压和抗弯强度，而避免使用其横向承受拉力或压力。

当木材无缺陷时，其强度中顺纹抗拉强度最大，其次是抗弯强度和顺纹抗压强度，但有时却是木材的顺纹抗压强度最高，这是由于木材是自然生长的材料，在生长期间或多或少会受到环境不利因素影响而造成一些缺陷，如木节、斜纹、夹皮、虫蛀、腐朽等，而这些缺陷对木材的抗压强度影响较小，但对抗拉强度影响极为显著，从而造成抗拉强度低于抗压强度。当木材无缺陷时，各强度的比例关系见表8-1所示。

表8-1　木材无缺陷时各强度的比例关系　　　　　　　　　MPa

抗压强度		抗拉强度		抗弯强度	抗剪强度	
顺纹	横纹	顺纹	横纹		顺纹	横纹切断
100	10～30	200～300	5～30	150～200	15～30	50～100

木材的强度受含水率的影响很大，其规律是当木材的含水率在纤维饱和点以下时，其强度随含水率降低而升高，即吸附水减少，细胞壁趋于紧密，木材强度增大，反之，吸附水增加，木材的强度就降低；当木材含水率在纤维饱和点以上变化时，木材强度不改变。

木材的强度是由其纤维组织决定的，但木材的强度还受到含水率、负荷时间、使用温度、疵病等的影响。木材的长时间负荷后的强度远小于极限强度，一般为极限强度的50%～60%。

木材在长期荷载下不致引起破坏的最大强度，称持久强度，木结构设计时应以持久强度作为计算依据。环境温度升高以及木材中的疵病都会导致木材强度降低。

木材建造的房子还具有较好的防震性能。在 1995 年日本阪神大地震中，10.1 万幢房屋倒塌，8.9 万幢房屋受损。但神户市由 2 m×4 m 板材建造的木结构房屋，96.8% 只是轻微受损或安然无恙。在阪神大地震中，现代木结构房屋完好无损，而周围其他材料建造的楼房大多数倒塌。

8.2.2　木材及其制品的应用

在建筑工程中直接使用木材常有原木、板材和枋材三种形式。原木是指去皮去枝梢后按一定规格锯成一定长度的木料；板材是指宽度为厚度的三倍或三倍以上的木料；枋材是指宽度不足厚度三倍的木料。除了直接使用木材外，还对木材进行综合利用，制成各种人造板材。这样既提高木材使用率，又改善天然木材的不足。各类人造板及其制品是室内装饰装修的最主要的材料之一。室内装饰装修用人造板需注意其游离甲醛释放问题。游离甲醛是室内环境主要污染物，已引起全社会的关注。GB 18580—2017《室内装饰装修材料 人造板及其制品中甲醛释放限量》已规定了其甲醛限量值。

1. 地板

（1）实木地板

实木地板（solid wood flooring board）是未经拼接、覆贴的单块木材直接加工而成的地板。

GB/T 15036.1—2018《实木地板 第 1 部分：技术要求》规定了室内用实木地板的术语、定义、分类、适用木材、技术要求及标志等。实木地板有四种分类：按表面形态分为平面实木地板和非平面实木地板；按表面有无涂饰分为涂饰实木地板和未涂饰实木地板；按表面涂饰类型分为漆饰实木地板和油饰实木地板；按加工工艺分为普通实木地板和仿古实木地板。平面实木地板按外观质量、物理性能分为优等品和合格品。非平面实木地板不分等级。

（2）实木复合地板

实木复合地板（engineered wood flooring）是以实木或单板拼板或单板（含重组装饰单板）为面板，以实木拼板、单板或胶合板为芯层或底层，经不同组合层压加工而成的地板。以面板树种来确定地板树种名称，面板为不同树种的拼花地板除外。

实木复合地板适用于办公室、会议室、商场、展览厅、民用住宅等的地面装饰。

（3）浸渍纸层压木质地板

GB/T 18102—2020《浸渍纸层压木质地板》对其定义、分类、要求和试验方法等作出了规定。浸渍纸层压木质地板（laminate floor coverings）是以一层或多层专用纸浸渍热固性氨基树脂，铺装在高密度纤维板、刨花板等人造板基材正面，专用纸表面加耐磨层，基材背面加平衡层，经热压、成型的地板。浸渍纸层压木质地板的商品名称为强化木地板。其耐磨层包括耐磨表层胶膜纸或涂布耐磨材料层。

浸渍纸层压木质地板具有耐烫、耐污、耐磨、抗压、施工方便等特点。浸渍纸层压木质地板安装方便，板与板之间可通过槽榫进行连接。在地面平整度保证的前提下，该类木地板可直接浮铺在地面上，而不需用胶黏结。浸渍纸层压木质地板按其用途分为：商用 I 级浸渍纸层压木质地板，商用 II 级浸渍纸层压木质地板，家用 I 级浸渍纸层压木质地板和家用 II 级浸渍纸层压木质地板。

（4）木塑地板

木塑地板（wood-plastic composite flooring）是由木材、竹材、农作物秸秆等木质纤维材料与热塑性塑料分别制成加工单元，按一定比例混合后，经成型加工制成的地板。

GB/T 24508—2020《木塑地板》规定，表面未经其他材料饰面的木塑地板为素面木塑地板；表面经涂料涂饰处理的木塑地板为涂饰木塑地板；表面经饰面处理的木塑地板为饰面木塑地板。

2. 人造板

GB/T 18259—2018《人造板及其表面装饰术语》对人造板（wood-based panels）定义为：以木材或非木材植物纤维材料为主要原料，加工成各种材料单元，施加（或不施加）胶黏剂和其他添加剂，组坯胶合而成的板材或成型制品。主要包括胶合板、刨花板、纤维板及其表面装饰板等产品。

8.9【疑难释义8-3】脲醛树脂黏结的胶合板能否在室内外使用

（1）胶合板

胶合板又称层压板，是用蒸煮软化的原木旋切成大张薄片，再用胶黏剂按奇数层以各层纤维互相垂直的方向黏合热压而成的人造板材。

GB/T 9846—2015《普通胶合板》规定，普通胶合板按使用环境分类分为：干燥条件下使用，潮湿条件下使用和室外条件下使用；还按表面加工状态分为未砂光板和砂光板。Ⅰ类胶合板指能够通过煮沸试验，供室外条件下使用的耐气候胶合板。Ⅱ类胶合板指能够通过（63±3）℃热水浸渍试验，供潮湿条件下使用的耐水胶合板。Ⅲ类胶合板指能够通过（20℃±3）℃冷水浸泡试验，供干燥条件下使用的不耐潮胶合板。

8.10【疑难释义8-4】胶合板与刨花板的选用

GB/T 17656—2018《混凝土模板用胶合板》规定，混凝土模板用胶合板是指能够通过煮沸试验，用作混凝土成型模具的胶合板。

胶合板大大提高了木材的利用率，其主要特点是：由小直径的原木就能制得宽幅的板材；因其各层单板的纤维互相垂直，故能消除各向异性，得到纵横一样的均匀强度；干湿变形小；没有木节和裂纹等缺陷。胶合板广泛用作建筑室内隔墙板、天花板、门框、门面板以及各种家具及室内装修等。

（2）刨花板

刨花板（particleboard）指将木材或非木材植物纤维材料原料加工成刨花（或碎料），施加胶黏剂（或其他添加剂）组坯成型并经热压而成的一类人造板材。

GB/T 4897—2015《刨花板》规定，刨花板按用途分为12种类型；按功能分为三种类型：阻燃刨花板、防虫害刨花板和抗真菌刨花板。刨花板可用作吊顶、隔墙、家具等。

【工程实例分析8-2】 木屋架开裂失效

概况：某铁路俱乐部跨度为22.5 m的方木屋架，下弦用三根方木单排螺栓连接，上弦由两根方木平接。使用两年后连接失效而成为危房。

原因分析：上下弦方木因干燥收缩而产生严重裂缝，连接螺栓通过大裂缝而使连接失效。

8.3 木材的防护与防火

木材具有很多优点，但也存在两大缺点，一是易腐，二是易燃，因此建筑工程中使用木材时，必须考虑木材的防腐和防火问题。

8.3.1　木材的腐朽与防腐

民间谚语称木材："干千年，湿千年，干干湿湿两三年"。意思是说，木材只要一直保持通风干燥或完全浸于水中，就不会腐朽破坏，如千年悬空寺仍保存至今。但是，若木材干干湿湿，则极易腐朽。

木材的腐朽是真菌侵害所致。真菌在木材中生存和繁殖必须具备三个条件，即水分、适宜的温度和空气中的氧。所以木材完全干燥和完全浸入水中（缺氧）都不易腐朽。理解了木材产生腐朽的原因，也就有了防止木材腐朽的方法。通常防止木材腐朽的措施有以下两种：一是破坏真菌生存的条件，最常用的办法是：使木结构，木制品和储存的木材处于经常保持通风干燥的状态，并对木结构和木制品表面进行油漆处理，油漆涂层既使木材隔绝了空气，又隔绝了水分。二是把木材变成有毒的物质，将化学防腐剂注入木材中，使真菌无法寄生。木材防腐剂种类很多，一般分水溶性防腐剂、油质防腐剂和膏状防腐剂三类。

8.3.2　木材的防虫与防火

8.11【疑难释义8-5】废旧木材的综合利用

木材除受真菌侵蚀而腐朽外，还会遭受昆虫的蛀蚀。常见的蛀虫有白蚁、天牛等。木材虫蛀的防护方法，主要是采用化学药剂处理。木材防腐剂也能防止昆虫的危害。

木材的防火，就是将木材经过处理后，变成难燃的材料，以达到遇小火能自熄，遇大火能延缓或阻滞燃烧蔓延的目的，从而赢得扑救的时间。

常用木材防火处理方法是在木材表面涂刷或覆盖难燃材料或用防火剂浸注木材。

8.12【观察讨论8-3】木材的腐朽

【工程实例分析8-3】　木地板腐蚀原因分析

概况：某邮电调度楼设备用房于7楼现浇钢筋混凝土楼板上，铺炉渣混凝土50 mm，再铺木地板。完工后设备未及时进场，门窗关闭了一年，当设备进场时，发现木板大部分腐蚀，人踩即断裂。请分析原因。

原因分析：炉渣混凝土中的水分封闭于木地板内部，慢慢浸透到未做防腐、防潮处理的木格栅和木地板中，门窗关闭使木材含水率较高，此环境条件正好适合真菌的生长，导致木材腐蚀。

【工程实例分析8-4】　天安门顶梁柱质量分析

概况：天安门城楼始建于明代，于清代重修，历经600余年依然巍然屹立。20世纪70年代初重修天安门城楼，从国外购买了上等木材更换顶梁柱，一年后发现柱根糟朽，不得不再次大修。

原因分析：这些木材拖上船后从非洲运回，饱浸海水，含水率高。上岸后由于工期紧迫，木材还未干透便开始涂漆，使木材水分难以挥发，致使木材遭受到真菌的腐蚀。

【警钟长鸣】　木制品的甲醛释放量

《室内装饰装修材料　人造板及其制品中甲醛释放限量》规定：室内装饰装修材料人造板及其制品中甲醛释放限值为 0.124 mg/m³，限量标识为 E_1。2021年6月16日，广东省市场监督管理局网站发布2020年度广东省建筑材料产品质量监督抽查情况的通告，公布了不合格产品生产者以及销售者名单。不合格产品其中包括木质刨花板、刨花板、浸渍胶膜纸饰面纤维板和浸渍胶膜纸饰面刨花板甲醛释放量超标。

甲醛已经被世界卫生组织认定为一类致癌物，短时间作用主要是刺激、致敏，长期接触有致癌作用，长期接触低剂量的甲醛可以引起慢性呼吸道疾病、鼻咽癌、结肠癌和白血病等。一个个现实案例已给人们敲响了警钟。

室内空气污染已经被列为影响公众生活健康的五大原因之一。为此，生产、销售及使用室内装饰装修材料人造板及其制品必须重视其甲醛释放量。

【创新能力培养】 木材的防火改性

木材是天然可再生资源，具有加工方便、可灵活建造各种造型的家居等优点。但是，木材也存在易燃等不足。请思考如何对木材进行防火改性。

除目前的表面涂刷覆盖难燃材料和碳化木等技术外，建议对此问题可从多方面思考。如目前发展的碳化木技术是将木材放入密闭的容器中，在一定的温度和压力下进行处理，使木材中的木质素发生化学变化，形成一种更坚硬和稳定的材料，从而具有良好的防虫性和防火性能。还可拓宽思维空间，根据木材的特点设想全新的改性方案，把其他材料的改性思路移植到木材的改性中，如应用纳米技术等。

练习思考与调研 8

8-1 填空题

（1）木材在长期荷载作用下不致引起破坏的最大强度称为_____。

（2）木材随环境温度的升高其强度会_____。

8-2 选择题（多项选择）

（1）木材含水率变化对以下_____两种强度影响较大。

A. 顺纹抗压强度　　　　B. 顺纹抗拉强度　　　　C. 抗弯强度　　　　D. 顺纹抗剪强度

（2）真菌在木材中生存和繁殖必须具备的条件有_____。

A. 水分　　　　B. 适宜的温度　　　　C. 空气中的氧　　　　D. 空气中二氧化碳

8-3 名词解释

（1）木材的纤维饱和点

（2）木材的平衡含水率

8-4 思考题

（1）有不少住宅的木地板使用一段时间后出现接缝不严的现象，也有一些木地板出现起拱现象。请分析原因。

（2）某工地购得一批混凝土模板用胶合板，使用一定时间后发现其质量明显下降。经送检，发现该胶合板使用脲醛树脂作胶黏剂。请分析原因。

8-5 调查研究：废旧木材的综合利用

调查本地废旧木材是否物尽其用，思考讨论如何提高其综合利用的途径。

8.13【案例分析 8-1】家居木地板的选用

8.14【一事一议 8-1】木材干燥技术的发展

8.15【案例分析 8-2】木塑复合板

第9章　建筑功能材料

教 学 建 议

1. 本章涉及内容较多，宜紧密联系实际、点面结合地进行教学，还可结合港珠澳大桥隧道沉管（图9-1为其生产线）等案例更深入地开展爱国主义教育。

2. 本章的重点是防水材料和绝热材料。而防水材料既是重点也是难点，需掌握其主要类型和性能特点。

3. 建议在理解吸声隔声材料和其他功能材料的组成与性能特点基础上，了解其主要类型，并把绿色低碳高质量发展融入教学中。

【爱我中华】 历史悠久的中国建筑陶瓷

陶器是人类利用黏土经过加工造出的产品，是文明进步重要的一步。从河北泥河湾遗址群出土的陶片证明，早在11 700年以前的旧石器时代我国已开始生产、使用陶器。而早在3 000多年前的商代，我国也已生产了原始青瓷。我国古代不仅能生产精美的碗碟等日用品，还能生产质量优良、图案精细的琉璃瓦、釉面地砖等建筑陶瓷。出土文物表明，我国的建筑陶瓷也有着悠久辉煌的历史，早在战国时期我国已生产出多种形状的陶质水渠管道、地砖、瓦等建筑陶瓷。

直至今天，我国生产的建筑陶瓷制品和陶瓷日用品仍然在国际上享有盛誉。

【史海拾贝】 古代的陶排水管

9.1【教学交流9-1】从"发电玻璃"谈培养创新型人才

1979年，考古工作人员在河南省淮阳县城东平粮台进行了发掘，在该遗址的南城门外发现了陶排水管道(图9-2)。这是目前世界考古史上发掘到的最早的陶排水管道。经国家文物局文物保护科学技术研究所以碳-14测定，这座古城距今约4 500多年。陶排水管道现残长超过5 m，管道每节长0.35 ~ 0.45 m不等，直筒形，一端稍细，一端较粗。其外表拍印篮纹、方格纹、绳纹、弦纹，个别为素面。陶质排水管道以榫接技术相连，构成排水系统。管道周围填以料疆石和土，其上再铺土作为路面。早在4 500多年前，我们的祖先在建设平粮台古城时，就使用陶水管道排污，科学地解决了城市排水与防御、交通的矛盾。平粮台古城发现的陶排水管道，是我国古代城市建设史上一项重要发现。

9.2【科魂匠心9-1】自主创新的港珠澳大桥沉管隧道

建筑功能材料是以材料的力学性能以外的功能为特征的建筑材料，它赋予建筑物防水、防火、绝热、采光、防腐、装饰等功能。建筑物用途的拓展及人们物质需求的变化，使建筑功能材料面临更多样化的要求。目前，国内外现代建筑中常用的建筑功能材料有：防水材料、绝热材料、吸声隔声材料、装饰材料和复合功能材料等。

图 9-1　港珠澳大桥隧道沉管生产线

图 9-2　古代的陶排水管

9.1　防水材料

建筑防水材料是指能够防止雨水、地下水及其他水侵入建筑物的材料。常用的防水材料按其主要组成可分为三大系列：沥青基防水材料、高分子防水材料和无机防水材料。从其形态又可分为防水卷材及片材、防水涂料和防水密封材料。本节仍按组成、结构、性能与应用为主线，以组成为类别予以阐述。

9.1.1　沥青基防水卷材

沥青基防水卷材是以沥青为主要浸涂材料所制成的卷材，包括石油沥青纸胎油毡和改性沥青防水卷材。

1. 石油沥青纸胎油毡

沥青纸胎防水卷材是传统的防水卷材，虽然其抗拉能力低、耐久性较差，但由于其资源丰富、价格较低，在我国的建筑防水工程中仍有使用。石油沥青纸胎油毡（paper base petroleum asphalt felt）按卷重和物理性能分为Ⅰ型、Ⅱ型和Ⅲ型。Ⅰ型、Ⅱ型油毡适用于辅助防水、保护隔离层、临时性建筑、防潮及包装等。Ⅲ型油毡适用于屋面工程的多层防水。

2. 改性沥青防水卷材

（1）自粘聚合物改性沥青防水卷材是以自粘聚合物改性沥青为基料，非外露使用的无胎基或采用聚酯胎基增强的本体自粘防水卷材。自粘聚合物改性沥青防水卷材适用于非外暴露屋面和地下工程防水层，明挖法地铁、隧道、水池、水库等防水工程，以及寒冷地区防水工程及禁止动用明火的防水工程。需注意的是，自粘聚合物改性沥青防水卷材的施工基面及环境气温不应低于5 ℃，且立面卷材铺贴完毕后需将卷材端头固定或嵌入墙体顶部的凹槽，同时需使用密封材料予以密封。

（2）弹性体改性沥青防水卷材是以聚酯毡、玻纤毡、玻纤增强聚酯毡为胎基，以苯乙烯-丁二烯-苯乙烯（SBS）热塑性弹性体作石油沥青改性剂，两面覆以隔离材料所制成的防水卷材。弹性体改性沥青防水卷材具有耐热、耐寒、耐腐蚀、抗拉强度和延伸率较高、耐疲劳性和耐老化性好等优点。弹性体改性沥青防水卷材主要适用于工业与民用建筑的屋面

9.3【建材趣话 9-1】港珠澳大桥沉管隧道的防水材料

和地下防水工程。

（3）塑性体改性沥青防水卷材是以聚酯毡、玻纤毡、玻纤增强聚酯毡为胎体，以无规聚丙烯（APP）或聚烯烃类聚合物（APPO、APO等）作石油沥青改性剂，两面覆以隔离材料所制成的防水卷材。塑性体改性沥青防水卷材适用于工业与民用建筑的屋面和地下防水工程。玻纤增强聚酯毡卷材可用于机械固定单层防水，但需通过抗风荷载试验。玻纤毡卷材适用于多层防水中的底层防水。外露使用应采用上表面隔离材料为不透明的防水卷材。地下工程防水应采用表面隔离材料为细砂的防水卷材。

【工程实例分析9-1】　夏季中午铺设沥青防水卷材

概况：某住宅楼屋面于常下阵雨的8月白天施工，铺贴沥青防水卷材。完工后，卷材出现了鼓泡、渗漏。请分析原因。

原因分析：该地区8月常下阵雨，屋面较潮湿，而夏季中午炎热，屋面受太阳辐射，温度较高。此时铺贴沥青防水卷材，基层中的水汽会蒸发，聚集于铺贴卷材的内表面，引起卷材鼓泡。此外，高温时沥青防水卷材软化，卷材膨胀，当温度降低后卷材产生收缩，导致断裂。还须指出的是，沥青中还含有对人体有害的挥发物，在强烈阳光的照射下，会使操作工人患皮炎等疾病。故铺贴沥青防水卷材应尽量避开炎热的中午。

9.4【案例分析9-1】港珠澳大桥水泥混凝土桥面防水层

9.1.2　高分子防水材料

GB/T 18173《高分子防水材料》包括四个部分：片材、止水带、遇水膨胀橡胶及盾构法隧道管片用橡胶密封垫。

1. 高分子防水材料片材

高分子防水材料片材是以合成橡胶、合成树脂等高分子材料为主材料，以挤出或压延等方法生产，用于各类工程防水、防渗、防潮、隔气、防污染、排水等的片材。GB/T 18173.1—2012《高分子防水材料　第1部分：片材》对其片材予以分类，分为：均质片、复合片、异型片材、自粘片和点（条）粘片。

均质片是以高分子材料为主要材料，各部位截面结构一致的防水均质片材。分为硫化橡胶类、非硫化橡胶类和树脂类三类。复合片以高分子合成材料为主要材料，复合织物等保护或增强层，以改变其尺寸稳定性和力学特性，各部位截面结构一致的防水复合片材。其材质是与均质片相同的三类。异型片材（special-shaped sheet）以高分子合成材料为主要材料，经特殊工艺加工成表面为连续凹凸壳体或特定集合形状的防（排）水片材。自粘片是在高分子片材表面复合一层自粘材料和隔离保护层，以改善或提高其与基层的粘贴性能，各部位截面结构一致的防水自粘片材。点（条）粘片是以均质片材与织物等保护层多点（条）粘贴在一起，粘贴点（条）在规定区域内均匀分布，利用粘贴点（条）的间距，使其具有切向排水功能。

合成高分子防水片材具有多方面的优点，如高弹性、高延伸性，良好的耐老化性、耐高温性和耐低温性等，因而已成为新型防水材料发展的主导方向之一。其主要产品有聚氯乙烯防水卷材、氯化聚乙烯防水卷材、氯化聚乙烯-橡胶共混防水卷材、三元乙丙橡胶防水卷材和三元丁橡胶防水卷材等。聚氯乙烯防水卷材具有良好的力学性能，用于种植屋面，具有既可防水，又耐根穿刺的功能。三元乙丙橡胶防水卷材具有优异的防水性能。其耐候性好，耐臭氧性和耐化学腐蚀性好，弹性和抗拉强度高，对基层变形开裂的适应性强，使用温度范围宽，寿命长，但价格较高。

2. 其他高分子防水材料

（1）高分子止水带

GB/T 18173.2—2014《高分子防水材料 第2部分：止水带》规定了止水带按用途分为三类：变形缝用止水带，用B表示；施工缝用止水带，用S表示；沉管隧道接头缝用止水带，其中可卸式止水带用JX表示，压缩式止水带用JY表示。该标准适用于全部或部分浇捣于混凝土中或外贴于混凝土表面的橡胶止水带、遇水膨胀橡胶复合止水带、具有钢边的橡胶复合止水带及沉管隧道接头缝用橡胶止水带和橡胶复合止水带。

（2）高分子遇水膨胀橡胶

GB/T 18173.3—2014《高分子防水材料 第3部分：遇水膨胀橡胶》规定了其分类。产品按工艺可分为两种类型：制品型，用PZ表示；腻子型，用PN表示。该标准适用于以水溶性聚氨酯预聚体、丙烯酸钠高分子吸水性树脂等吸水性材料与天然、氯丁等橡胶制得的遇水膨胀性防水橡胶，主要用于各种隧道、顶管、人防等地下工程、基础工程的接缝、防水密封和船舶、机车等工业设备的防水密封。

（3）高分子盾构法隧道管片用橡胶密封垫

GB/T 18173.4—2010《高分子防水材料 第4部分：盾构法隧道管片用橡胶密封垫》规定其按功能分为三类：弹性橡胶密封垫［包括氯丁橡胶（CR）密封垫、三元乙丙橡胶（EPDM）密封垫］；遇水膨胀橡胶密封垫；弹性橡胶与遇水膨胀橡胶复合密封垫。

该产品适用于以橡胶为主体材料的盾构法隧道拼装式管片防水用橡胶密封垫。主要用于地铁、公路、铁路、给排水、电力工程等盾构法隧道接缝的防水。

（4）高分子防水涂料

防水涂料广泛适用于工业与民用建筑的屋顶、地下室、浴室和外墙等需要进行防水处理的基层表面防潮、防渗等。高分子防水涂料是以高分子材料为主体，经涂布能在结构物表面常温条件下固化形成连续的、整体的，具有一定厚度的涂料防水层。

聚氨酯防水涂料（polyurethane waterproofing coating）是常用的高分子防水涂料。其产品按组分分为单组分（S）和双组分（M）；按基本性能分为Ⅰ型、Ⅱ型和Ⅲ型；产品按是否暴露分为外露（E）和非外露（N）；产品按有害物质限量分为A类和B类，A类的有害物质限量更为严格。

高分子防水涂料固化前呈黏稠状液态，不仅能在水平面施工，还能在立面、阴角、阳角等复杂表面施工。因而，特别适合于各种复杂、不规则部位的防水，能形成无接缝的完整防水膜。高分子防水涂料大多采用冷施工，既减少了环境污染，又便于施工操作，改善工作环境。固化后形成的涂膜防水层自重轻，故轻型薄壳等异型屋面大都采用防水涂料进行施工。此外，涂布的防水涂料既是防水层的主体，又是黏结剂，因而施工质量容易保证，维修也较简单。尤其是对于基层裂缝、施工缝、雨水斗及贯穿管周围等一些容易造成渗漏的部位，极易进行增强涂刷、贴布等作业。防水涂膜一般依靠人工采用刷子、刮板等逐层涂刷或涂刮，其厚度很难做到像防水卷材那样均匀一致。所以施工时，要严格按照操作方法进行重复多遍涂刷，以保证单位面积内的最低使用量，确保涂膜防水层的施工质量。

（5）有机灌浆材料

聚氨酯灌浆材料（polyurethane grouting materials）是以多异氰酸酯与多羟基化合物聚合反应制备的预聚体为主剂，通过灌浆注入基础或结构，与水反应生成不溶于水的具有一定弹性或强度固结体的浆液材料。聚氨酯灌浆材料所形成的固结体抗渗性强且具有较高强度，适合于地下工程的渗漏补强和混凝土工程结构补强。

混凝土裂缝用环氧树脂灌浆材料（epoxy grouting resin for concrete crack）指以环氧树脂为主剂加入固化剂、稀释剂、增韧剂等组分所形成的 A、B 双组分商品灌浆材料。A 组分是以环氧树脂为主的体系，B 组分为固化体系。混凝土裂缝用环氧树脂灌浆材料具有强度高、黏结力强、收缩小、化学稳定性好等优点，特别适合于强度要求高的重要结构裂缝修复。

9.1.3　无机防水材料

无机防水材料属于刚性防水材料，是指以水泥、砂、石为原料或其内掺入少量外加剂、高分子聚合物等材料，通过调整配合比、抑制或减小孔隙率、改变孔隙特征、增加各原材料界面间的密实性等方法，配制成具有一定抗渗透能力的水泥砂浆、混凝土类防水材料。

1. 水泥基渗透结晶型防水材料

9.5【案例分析 9-2】某旧民居墙体的防渗防潮

GB 18445—2012《水泥基渗透结晶型防水材料》规定，水泥基渗透结晶型防水材料（cementitious capillary crystalline waterproofing materials）是一种用于水泥混凝土的刚性防水材料。其与水作用后，材料中含有的活性化学物质以水为载体在混凝土中渗透，与水泥水化产物生成不溶于水的针状结晶体，填塞毛细孔道和微细缝隙，从而提高混凝土致密性与防水性。水泥基渗透结晶型防水材料按使用方法分为水泥基渗透结晶型防水涂料（代号 C）和水泥基渗透结晶型防水剂（代号 A）。水泥基渗透结晶型防水涂料是以硅酸盐水泥、石英砂为主要成分，掺入一定量活性化学物质制成的粉状材料，经与水拌和后调配成可刷涂或喷涂在水泥混凝土表面的浆料；亦可采用干撒压入未完全凝固的水泥混凝土表面。水泥基渗透结晶型防水剂是以硅酸盐水泥和活性化学物质为主要成分制成的粉状材料，掺入水泥混凝土拌合物中使用。

2. 无机防水堵漏材料

9.6【案例分析 9-3】南水北调工程中的封堵止水

无机防水堵漏材料（inorganic waterproof and leakage-preventing materials）是以水泥为主要组分，掺入添加剂经一定工艺加工制成的用于防水、抗渗、堵漏的粉状无机材料，代号为 FD。GB 23440—2009《无机防水堵漏材料》规定，产品根据凝结时间和用途分为缓凝型（Ⅰ型）和速凝型（Ⅱ型）。缓凝型（Ⅰ型）主要用于潮湿基层上的防水抗渗；速凝型（Ⅱ型）主要用于渗漏或涌水基层上的防水堵漏。堵水堵漏材料还需满足带水操作的施工要求。

【工程实例分析 9-2】　不同工程条件下使用防水材料

概况：某石砌水池因灰缝不饱满，以一种水泥基粉状刚性防水涂料整体涂覆，效果良好，长时间不渗透。但同样使用此防水涂料用于因基础下陷不均匀而开裂的地下室防水，效果却不佳。请分析原因。

原因分析：此类刚性防水涂料，其涂层是刚性的。在涂料固化前对混凝土或水泥砂浆等多孔材料有一定的渗透性，起堵塞水分通道的作用。但刚性防水层并不能有效地适应基础不均匀下陷，在基础开裂的同时也会随之开裂。故在第一种情况下有好的防水效果，而对于第二种情况的基层变动则效果不佳。

9.2 绝热材料

绝热材料(thermal insulating material)是指用于减少热传递的一种功能材料。在建筑中，习惯上把用于控制室内热量外流的材料称为保温材料；把防止室外热量进入室内的材料称为隔热材料。保温、隔热材料统称为绝热材料。

9.2.1 绝热材料的性能要求

导热性指材料传递热量的能力。材料的导热能力用导热系数表示。材料导热系数越大，导热性能越好。工程上将导热系数 $\lambda < 0.23$ W/(m·K)的材料称为绝热材料。影响材料导热系数的因素有以下几个方面。

① 材料组成。材料的导热系数由大到小为金属材料>无机非金属材料>有机材料。

② 微观结构。对于孔隙率较小的固体隔热材料，结晶结构的导热系数最大，微晶体结构的次之，玻璃体结构的最小。但对于孔隙率较大的隔热材料，由于气体(空气)对导热系数的影响起主要作用，固体部分无论是晶态结构还是玻璃态结构，对导热系数的影响都不大。为了获取导热系数较低的材料，可通过改变其微观结构的方法来实现，如水淬矿渣即是一种较好的绝热材料。

③ 孔隙率。孔隙率越大，材料导热系数越小。

④ 孔隙特征。在孔隙率相同时，孔径越大，孔隙间连通越多，导热系数越大，这是由于孔隙中的气体可产生对流。纤维状材料存在一个最佳表观密度，即在该密度时导热系数最小。当表观密度低于这个最佳值时，其导热系数有增大趋势。

⑤ 含水率。由于水的导热系数 $\lambda = 0.58$ W/(m·K)，远大于空气，所以材料含水率增加后其导热系数将明显增加；若受冻，冰的导热系数 $\lambda = 2.33$ W/(m·K)，则导热能力更大。

绝热材料除应具有较小的导热系数外，还应具有适宜的或一定的强度、抗冻性、耐水性、防火性、耐热性和耐低温性、耐腐蚀性，有时还应具有较小的吸湿性或吸水性等。优良的绝热材料应具有很高的孔隙率，且以封闭、细小孔隙为主，吸湿性和吸水性较小。多数无机绝热材料的强度较低、吸湿性或吸水性较高，使用时应予以注意。

室内外之间的热交换除了通过材料的传导传热方式外，辐射传热也是一种重要的传热方式，铝箔能靠热反射大大减少辐射传热，几层铝箔或与纸组成夹有薄空气层的复合结构，还可以增大热阻值，具有隔绝辐射传热的作用，因而也是理想的绝热材料。

9.2.2 绝热材料的种类与使用要点

绝热材料按照其化学组成可分为无机绝热材料、有机绝热材料和复合绝热材料。

1. 无机绝热材料

无机绝热材料有膨胀蛭石、膨胀珍珠岩、黏土陶粒、矿物纤维、陶瓷纤维、矿物棉、玻璃棉、泡沫玻璃、泡沫混凝土等。

9.7【观察讨论9-1】密闭多孔结构的绝热材料

　　膨胀蛭石是蛭石经焙烧膨胀制成的轻质颗粒状多孔绝热材料。其导热系数为（0.046～0.070）W/（m·K），可在 1 000 ℃ 的高温下使用。主要用于建筑夹层，但需注意防潮。膨胀蛭石也可用水泥、水玻璃等胶结材料胶结成板，用作板壁绝热，但导热系数值比松散状要大，一般为（0.08～0.10）W/（m·K）。

　　矿物棉有岩棉、矿渣棉和玻璃棉等。岩棉是以熔融火成岩为主要原料制成的一种矿物棉。矿渣棉是由熔融矿渣为主要原料制成的一种矿物棉。将矿物棉与有机胶结剂结合可以制成矿棉板、毡、管壳等制品，其堆积密度为（45～150）kg/m³，导热系数为（0.049～0.044）W/（m·K）。便于保温施工应用，属于新型的保温材料。

　　泡沫玻璃是由熔融玻璃发泡制成的具有大量闭孔结构的硬质绝热材料。泡沫玻璃导热系数小、抗压强度高、抗冻性好、耐久性好，并且对水分、水蒸气和其他气体具有不渗透性，还容易进行机械加工，可锯、钻、车及打钉等。泡沫玻璃作为绝热材料在建筑上主要用于保温墙体、地板、天花板及屋顶，也用于寒冷地区建筑低层的建筑物。

　　泡沫混凝土是含有大量小泡孔的混凝土总称。随着表观密度减小，泡沫混凝土的绝热效果提高，但强度下降。

2. 有机绝热材料

　　应用于建筑的有机绝热材料有泡沫塑料、泡沫橡胶和软木等。泡沫塑料是以聚氯乙烯共聚物、聚异氰尿酸酯等为主要成分制成的具有大量封闭泡孔的塑料。泡沫塑料目前用作建筑上的保温隔音材料，其表观密度很小，隔热性能好，加工使用方便。泡沫橡胶是以固态橡胶混合物制成的具有闭孔结构的多孔橡胶。泡沫橡胶有良好的低温性能，可用于冷冻库。软木是以栓皮栎树或黄菠萝的树皮制成的绝热材料。

9.8【案例分析 9-4】相变建筑节能材料

　　需注意住宅建筑物保温材料的防火问题。2010 年 11 月上海胶州路公寓楼发生火灾，事故现场违规使用大量尼龙网、聚氨酯泡沫等易燃材料，导致大火迅速蔓延。GB 55037—2022《建筑防火通用规范》对建筑保温材料和制品等作出了若干规定。其中 6.6.1 规定：建筑的外保温系统不应采用燃烧性能低于 B_2 级保温材料或制品。当采用 B_1 级或 B_2 级燃烧性能的保温材料或制品时，应采用防止火灾通过保温系统在建筑物的立面或屋面蔓延的措施或构造。

9.9【案例分析 9-5】建筑玻璃节能膜

3. 复合绝热材料

　　无机-有机复合保温材料一般外层是无机材料，内部为有机保温材料，从而结合了两种保温材料的特性，也能在一定程度上缓解无机保温材料厚度较大而有机保温材料防火性能不理想的问题。

【工程实例分析 9-3】　绝热材料的选用

9.10【疑难释义 9-1】保温材料是否等同于隔热材料

　　概况：某冰库原采用水玻璃胶结膨胀蛭石而成的膨胀蛭石板作隔热材料，经过一段时间后，隔热效果逐渐变差。后选用聚苯乙烯泡沫板作为墙体隔热夹芯板，在内墙喷涂聚氨酯泡沫层作绝热材料，取得良好的效果。

　　原因分析：水玻璃胶结膨胀蛭石板用于冰库易受潮，受潮后其绝热性能下降。而聚苯乙烯泡沫隔热夹芯板和聚氨酯泡沫层均不易受潮，且有较好的低温性能，故用于冰库可取得较好的效果。所以，必须根据实际情况合理选用绝热材料。

9.3 吸声与隔声材料

9.3.1 吸声材料

吸声材料是一种能在较大程度上吸收由空气传递的声波能量，降低噪声的材料。吸声材料由于自身的多孔性、薄膜作用或共振作用而对入射声能具有吸收作用。吸声材料要与周围的传声介质的声特性阻抗匹配，使声能无反射地进入吸声材料，并使入射声能绝大部分被吸收。在音乐厅、影剧院、大会堂等内部的墙面、地面、天棚等部位适当采用吸声材料，能控制和调整室内的混响时间，消除回声，以改善室内的听闻条件。吸声材料用于降低喧闹场所及通风空调管道的噪声，可改善环境。吸声材料按其物理性能和吸声方式可分为多孔性吸声材料和共振吸声结构两大类。后者包括单个共振器、穿孔板共振吸声结构、薄板吸声结构和柔顺材料等。

1. 吸声材料的性能要求

吸声材料的吸声性能以吸声系数 α 表示。吸声系数 α 指声波遇到材料表面时，被吸收的声能(E)与入射声能(E_0)之比。材料的吸声系数 α 越高，吸声效果越好。

任何材料都有一定的吸声能力，只是吸收的程度有所不同。材料的吸声特性除与声波方向有关外，还与声波的频率有关，同一材料，对于高、中、低不同频率的吸声系数不同。为了全面反映材料的吸声特性，通常取 125 Hz、250 Hz、500 Hz、1 000 Hz、2 000 Hz、4 000 Hz 六个频率的吸声系数来表示材料吸声的频率特性。凡六个频率的平均吸声系数大于 0.2 的材料，可称为吸声材料。

为发挥吸声材料的作用，材料的气孔应是开放的，且应相互连通。气孔越多，吸声性能越好。大多数吸声材料强度较低，设置时要注意避免撞坏。多孔的吸声材料易于吸湿，安装时应考虑到胀缩的影响，还应考虑防火、防腐、防蛀等问题。

2. 吸声材料的种类及使用要点

建筑上常用吸声材料及吸声结构有如下几种。

（1）多孔吸声材料

声波进入材料内部互相贯通的孔隙，空气分子受到摩擦和黏滞阻力，使空气产生振动，从而使声能转化为机械能，最后摩擦而转变为热能被吸收。这类多孔材料的吸声系数一般从低频到高频逐渐增大，故对中频和高频的声音吸收效果较好。材料中开放性气孔细小且互相连通越多，其吸声性能越好。

（2）薄板振动吸声结构

薄板振动吸声结构具有良好的低频的吸声效果，同时还有助于声波的扩散。建筑中通常是把胶合板、薄木板、硬质纤维板、石膏板、石棉水泥板或金属板等周边固定在墙或顶棚的龙骨上，并在背后留有空气层，即构成薄板振动吸声结构。由于低频声波比高频声波容易激起薄板的振动，所以薄板振动吸声结构具有低频吸声的特性。

（3）共振吸声结构

共振吸声结构具有封闭的空腔和较小的开口，很像个瓶子。当瓶腔内空气受到外力激荡，会按一定的频率振动，这就是共振吸声器。每个单独的共振器都有一个共振频率，在其共振频率附近,由于颈部空气分子在声波的作用下像活塞一样进行往复运动,因摩擦而消耗声能。若在腔口蒙一层细布或疏松的棉絮,可以加宽共振频率范围和提高吸声量。为了获得较宽频带的吸声性能,常采用组合共振吸声结构。

（4）穿孔板组合共振吸声结构

穿孔板组合共振吸声结构与单独的共振吸声器相似,可看作由许多个单独共振器并联而成。穿孔板厚度、穿孔率、孔径、背后空气层厚度,以及是否填充多孔吸声材料等,都直接影响吸声结构的吸声性能。穿孔板组合共振吸声结构具有适合中频的吸声特性。这种吸声结构由穿孔的胶合板、硬质纤维板、石膏板、铝合金、薄钢板等,将周边固定在龙骨上,并在背后设置空气层而构成。这种吸声结构在建筑中使用比较普遍。

（5）柔性吸声材料

柔性吸声材料是具有密闭气孔和一定弹性的材料,如聚氯乙烯泡沫塑料,表面似为多孔材料,但因具有密闭气孔,声波引起的空气振动不易直接传递至材料内部,只能相应地产生振动,在振动过程中由于克服材料内部的摩擦而消耗了声能,引起声波衰减。这种材料的吸声特性是在一定的频率范围内会出现一个或多个吸收频率。

9.11【一事一议9-1】高架路降噪的启示

（6）悬挂空间吸声体

悬挂于空间的吸声体可增加有效的吸声面积,产生边缘效应,加上声波的衍射作用,大大提高了实际的吸声效果。实际使用时,可根据不同的使用地点和要求,设计成各种形式的挂在顶棚下的空间吸声体。悬挂空间吸声体有平板形、球形、圆锥形、棱锥形等多种形式。

（7）帘幕吸声体

帘幕吸声体由具有通气性能的纺织品组成,安装在离墙面或窗洞一定距离处,背后设置空气层。这种吸声体对中、高频都有一定的吸声效果。帘幕的吸声效果与材料种类和褶纹有关。

9.12【疑难释义9-2】吸声材料与隔声材料

帘幕吸声体安装、拆卸方便,兼具装饰作用,应用价值较高。

悉尼歌剧院(图9-3)就是采用了多种吸声材料及吸声结构,取得了理想的效果。

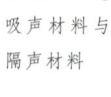
9.13【观察讨论9-2】泡沫玻璃能否用作吸声材料

9.14【案例分析9-6】悉尼歌剧院音乐大厅

图9-3 悉尼歌剧院

9.3.2　隔声材料及其处理

建筑上把主要起隔绝声音作用的材料称为隔声材料。隔声材料主要用于外墙、门窗、隔墙及隔断等。隔声可分为隔绝空气声（通过空气传播的声音）和隔绝固体声（通过撞击或振动传播的声音）。两者的隔声原理截然不同。

对于空气声，根据声学中的"质量定律"，其传声的大小主要取决于墙或板的单位面积质量，质量越大，越不易振动，则隔声效果越好。可以认为：固体声的隔绝主要是吸收，这和吸声材料是一致的；而空气声的隔绝主要是反射，因此必须选择密实、沉重的材料（如黏土砖、钢板等）作为隔声材料。

对于隔绝固体声音最有效的措施是采用不连续结构处理。即在墙壁和承重梁之间、房屋的框架和墙壁及楼板之间加弹性衬垫，这些衬垫的材料大多可以采用上述吸声材料，如毛毡、软木等，将固体声转换成空气声后被吸声材料吸收。在工程中还可采用双层隔声结构，即在两隔声板之间设置空气层，形成固体-空气-固体的双层隔声结构。两隔声板之间若需连接支撑，需用弹性构件支撑或悬吊，以充分发挥隔声材料的作用。

【工程实例分析 9-4】　某艺术中心后排观众听不到大提琴声

现象：某市艺术中心后排观众反映听不到大提琴的声音。据了解，该音乐厅采用 2.5 cm 厚的 GRG 板，即纤维增强石膏板，因板太薄，刚性较差，抵抗低频共振的能力差，当音乐声辐射到墙板时激起墙板的共振，从而吸收了低频声能。广州歌剧院等采用了 4 cm 厚的纤维增强石膏板，则取得了较理想的音响效果。

原因分析：除材料厚度外，对于同一种多孔材料，其孔隙率对低频和高频的吸声效果也有差别。当其表观密度增大，孔隙率减小时，对低频的吸声效果有所提高，而对高频的吸声效果则有所降低。

9.4　建筑装饰及复合功能材料

土木工程材料正朝着低碳、绿色、高性能、多功能与智能化发展。前几章已介绍了由木材、塑料、石膏、铝合金、铝塑等制作的装饰材料，本节简要介绍建筑玻璃、建筑陶瓷、建筑涂料和建筑加固纤维复合材等建筑装饰及复合功能材料。

9.4.1　建筑玻璃

玻璃是以石英、纯碱、石灰石和长石等在高温下熔融、成型、急冷而成的无定形非晶态物质。用于建筑的玻璃包括平板玻璃、建筑艺术玻璃、玻璃建筑构件和玻璃质绝热隔音材料等。建筑工程上常用的玻璃制品有以下几种。

1. 普通平板玻璃

平板玻璃的制造方法有引上法和浮法等，以浮法为先进。平板玻璃是建筑工程上常用的建筑材料。普通平板玻璃大部分直接用于建筑门窗。

2. 磨砂玻璃

磨砂玻璃是用普通平板玻璃经喷砂、研磨或氢氟酸溶蚀等方法将表面处理成均匀毛面制成，又称毛玻璃、暗玻璃。因其表面粗糙，使光线产生漫反射，故只有透光性而不能透视，使室内光线柔和而不刺目。常用于需要隐蔽的浴室、卫生间、办公室的门窗及隔断，还可用作黑板等。

3. 釉面玻璃

9.15【观察讨论 9-3】公布栏玻璃破损的思考

釉面玻璃是以普通平板玻璃、压延玻璃、磨光玻璃或玻璃砖为基体，在其表面涂敷一层彩色易熔性色釉，在熔炉中加热至釉料熔融，使釉层与玻璃牢固结合在一起，再经退火或钢化等热处理制成具有美丽色彩或图案的装饰材料。它具有良好的化学稳定性、热反射性，不透明，永不褪色和脱落，可用于餐厅、宾馆的室内饰面层，一般建筑物门厅和楼梯间的饰面层，尤其适用于建筑物和构筑物立面的外饰面层，具有良好的装饰效果。

4. 钢化玻璃

9.16【案例分析 9-7】Low-E 超白钢化玻璃

钢化玻璃也称强化玻璃。它是平板玻璃经特殊热处理后所得的玻璃制品。经过加工处理后，玻璃表面产生一个预压的应力。这个表面预压应力使玻璃的机械强度和抗冲击性能大大提高，并具有特色的碎片状态。钢化玻璃具有强度高、冲击性好、热稳定性高、安全性高等特性，在建筑上主要用作高层建筑的门窗、隔墙与幕墙。

5. 中空玻璃

中空玻璃由两片或多片平板玻璃构成，用边框隔开，四周边缘部分用密封胶密封，玻璃层间充有干燥气体。中空玻璃能够保温绝热，节能且隔声性能优良，还能有效地防止结露，适合在住宅建筑中使用。中空玻璃主要用于需要采暖、空调、防止噪声、防止结露及需要无直接阳光和特殊光的建筑物上，如住宅、饭店、宾馆办公楼、学校、医院、商店及火车、轮船等。

6. 玻璃马赛克

玻璃马赛克又称玻璃锦砖，一般采用熔融法或烧结法生产。它是一种小规格的彩色饰面玻璃，色泽柔和、颜色绚丽，可呈现辉煌豪华气派。而且玻璃马赛克还具有化学稳定性强、热稳定性好、抗污性强、不吸水、不积尘、下雨自洗、经久常新、易于施工、价格便宜等优点，故而广泛应用于宾馆、医院、办公楼、住宅等建筑物外墙和内墙，也可用于壁画装饰，通过艺术镶嵌，制得立体感很强的图案、字画及广告等。

7. 热反射玻璃

热反射玻璃，又称镀膜玻璃或镜面玻璃。它是在玻璃表面用加热、蒸气、化学等方法喷涂金、银、铜、铝、铬、镍、铁等金属，或粘贴有机薄膜，或以某种金属离子置换玻璃表面中原有离子而制成。热反射玻璃具有较强热反射能力、良好的隔热性能、单向透像等功能作用。由于热反射玻璃对光线的反射是镜面反射，因而大面积使用高反射率的热反射玻璃存在光污染的可能。

8. 吸热玻璃

吸热玻璃是既能吸收大量红外辐射能，又能保持良好的光透过率的平板玻璃。它是通过在生产普通玻璃中加入着色剂或在普通平板玻璃表面喷涂具有强烈吸热性能的物质薄膜制成。吸热玻璃广泛用于现代建筑物的门窗和外墙，起到采光、隔热、防眩作用。吸热玻璃的色彩具有好的装饰效果，也成为一种外墙和室内装饰材料。

9. Low-E 中空玻璃

Low-E 玻璃即低辐射玻璃，是表面镀有低辐射膜的玻璃。使用 Low-E 玻璃生产中空玻璃或真空玻璃，可以降低玻璃之间的辐射传热而增加玻璃组合件的热阻，降低玻璃的传热系数，发挥建筑节能的作用。与热反射镀膜玻璃相比，Low-E 玻璃在阻挡太阳热能时并不过多地限制可见光透过，太阳光经 Low-E 玻璃过滤后成了"冷光源"，这对建筑物采光极为重要。

Low-E玻璃不宜单片或做成夹层玻璃应用,否则会影响它减少辐射传热,降低其节能效果。Low-E玻璃可组合成中空玻璃或真空玻璃使用。其中,遮阳型Low-E中空玻璃特别适用于我国南方地区,夏季可有效地阻挡太阳热能及其他热辐射能进入室内,冬季也可阻止室内暖气泄向室外。

10. 主动性节能玻璃

目前使用的玻璃幕墙材料属于被动性节能,无法根据人们的需要改变幕墙的性能,因此各国都在努力开发主动性建筑窗户节能材料。其中比较著名的是光致变色玻璃,它是根据太阳光的强度自动调节透光率的一种调光玻璃。例如日常生活中常见的变色眼镜,在光线强的时候颜色变深降低透光率,而当光线较弱时又完全恢复透明的状态,达到最大透光率。

此外,还有电致变色、热致变色等主动性节能玻璃。它们的特点都是当某一外界能量(如光、电或热等)作用于窗户时,其透光率、反射率或发射率将会产生变化,如撤去外界能量时,则恢复到原来的状态。目前这种材料价格较高,影响了其在建筑上的大量应用。

9.4.2 建筑陶瓷

1. 建筑陶瓷分类

陶瓷制品按致密程度由小到大,或吸水率由大到小可分为陶质制品、炻质制品和瓷质制品。陶质制品为多孔结构,吸水率大于10%,断面粗糙无光,敲击时声音粗哑。陶质制品分为粗陶和精陶两种。粗陶不施釉,建筑上常用的烧结黏土砖瓦及日用陶盆、陶罐,就是最普通的粗陶制品。建筑陶瓷按成型方法分为挤压砖(板、瓦、块)、干压砖(板、瓦、块)及用其他方法成型的砖(板、瓦、块)。此外,还可按吸水率、按用途分类。

2. 常用建筑陶瓷制品

（1）陶瓷砖

陶瓷砖(ceramic tile)又称墙地砖,是由黏土、长石和石英为主要原料制造的用于覆盖墙面和地面的板状或块状建筑陶瓷制品。GB/T 4100—2015《陶瓷砖》规定,吸水率(E)不超过0.5%的陶瓷砖称为瓷质砖;吸水率(E)大于0.5%,不超过3%的陶瓷砖称为炻瓷砖;吸水率(E)大于3%,不超过6%的陶瓷砖称为细炻砖;吸水率(E)大于6%,不超过10%的陶瓷砖称为炻质砖;吸水率(E)大于10%的陶瓷砖称为陶质砖。

（2）烧结瓦和建筑琉璃制品

GB/T 21149—2019《烧结瓦》规定,烧结瓦是由黏土或其他无机非金属原料,经成型、烧结等工艺处理,用于建筑物屋面覆盖及装饰用的板状或块状烧结制品。一般烧结瓦为红色,青瓦是在还原气氛中烧成青灰色的烧结瓦。烧结瓦通常根据其形状、表面状态及吸水率不同来进行分类和具体命名。根据形状分为平瓦、脊瓦、三曲瓦、双筒瓦、鱼鳞瓦、牛舌瓦、板瓦、筒瓦、滴水瓦、沟头瓦、J形瓦、S形瓦、波形瓦、平板瓦和其他异形瓦及其配件、饰件。根据表面状态可分为釉瓦(含表面经加工处理形成装饰薄膜层的瓦)和无釉瓦(含青瓦)。根据吸水率不同分为Ⅰ类瓦(≤6.0%)、Ⅱ类瓦(6.0%~10.0%)、Ⅲ类瓦(10.0%~18.0%)。

建筑琉璃制品按品种分为三类:瓦类、脊类、饰件类。建筑琉璃制品的特点是质地致密、表面光滑、不易沾污、坚实耐久、色彩绚丽、造型古朴。因用黏土生产烧结瓦和建筑琉璃制品会破坏水土资源,故以其他无机非金属废物取代已成为发展方向。

9.17【建材趣话9-2】大同九龙壁

9.18【观察讨论9-4】外墙釉面砖开裂

9.19【建材趣话9-3】广州陈氏书院的陶塑脊饰

9.4.3　建筑涛料

　　建筑涂料是指能涂于建筑物表面，并能形成连结性涂膜，从而对建筑物起到保护、装饰或使其具有某些特殊功能的材料。建筑涂料的涂层不仅对建筑物起到装饰的作用，还具有保护建筑物和提高其耐久性的功能，还有一些涂料具有特殊功能，如防火、防水、吸声隔声、隔热保温、防辐射等。为了保护人民身体健康，我国已制订了 GB 18582—2020《建筑用墙面涂料中有害物质限量》的强制性国家标准，规定了其有害物质的限量。建筑涂料按主要成膜物质的性质可分为有机涂料、无机涂料和有机无机复合涂料；按使用功能的不同，建筑涂料又可分为装饰涂料、防水涂料、防火涂料和特种涂料，本节主要介绍装饰涂料。

9.20【观察讨论 9-5】建筑涂料质量分析

　　常见的建筑装饰涂料有合成树脂乳液内墙涂料、合成树脂乳液砂壁状建筑涂料和无机建筑涂料等。合成树脂乳液内墙涂料（synthetic resin emulsion coatings for interior wall）是以合成树脂乳液为基料，与颜料、体质颜料及各种助剂配制而成的，施涂后能形成表面平整的薄质涂层的内墙涂料。合成树脂乳液砂壁状建筑涂料是以合成树脂乳液为主要黏结料，以彩色砂粒和石粉为骨料，采用喷涂方法施涂于建筑物外墙的，形成粗面涂层的厚质涂料。这种涂料质感丰富，色彩鲜艳且不易褪色变色，而且耐水性、耐气候性优良。所用合成树脂乳液主要为苯乙烯-苯烯酸酯共聚乳液。无机建筑涂料是以碱金属硅酸盐或硅溶胶为主要成膜材料，加入颜料、填料及助剂配制而成的，在建筑物上形成薄质涂层的涂料。这种涂料性能优良，主要用于外墙装饰，常用喷涂施工，也可用刷涂或辊涂。但这种涂料抵抗基体开裂的性能较低。

9.21【疑难释义 9-3】水性建筑防水涂料为何逐渐成为主流

9.4.4　其他建筑功能材料

1. 建筑加固纤维复合材

　　采用高强度的连续纤维按一定规则排列，经用胶黏剂浸渍、黏结固化于加固工程表面后，形成具有纤维增强效应的复合材料统称为纤维复合材（fibre reinforced composite）。

9.22【案例分析 9-8】某海工码头横梁加固材料的选用

　　建筑加固工程用的纤维复合材的纤维有碳纤维和玻璃纤维，具有强度高、弹性好、质量轻、抗腐蚀性好等优点。与普通钢相比，碳纤维的密度只有钢的 1/4，但比普通钢的抗拉强度高 10 倍，弹性模量高 1～2 倍，且能长时间维持良好的施工性能，因此碳纤维成为建筑加固工程广泛应用的复合材料。

2. 壁纸

　　壁纸图案多变，色泽丰富，通过印花、压花、发泡的工艺可以仿制许多传统材料的外观，如仿木纹、仿石纹、仿瓷砖等壁纸，可以实现以假乱真的效果。壁纸可以用不同的方法分类。如按壁纸的外观装饰效果分为印花壁纸、压花壁纸、发泡壁纸、有光壁纸等；按壁纸的功能分为装饰性壁纸（只起装饰作用）、防火壁纸（可以阻燃防火）、耐水壁纸（可用于潮湿环境）等；按施工方法可分为现场刷胶裱贴，有壁纸背面预先涂有压敏胶可以直接裱贴等。

9.23【疑难释义 9-4】壁纸使用一段时间后为何会颜色深浅不一

　　值得注意的是，劣质壁纸也会存在有害物质污染的问题。国家标准 GB 18585—2023《室内装饰装修材料 壁纸中有害物质限量》对此作出了有害物质限量的规定。

【工程实例分析 9-5】　厨房釉面内墙砖裂纹

　　概况：某家居厨房内墙镶贴釉面内墙砖，使用三年后，在炉灶附近釉面内墙砖表面出现了一些裂缝。请分析原因。

原因分析：炉灶附近的温差变化较大，釉面内墙砖的釉膨胀系数略小于坯体的膨胀系数，在煮饭时，温度升高，随后冷却。在热胀冷缩的过程中釉的变形大于坯，从而产生了应力。当应力过大时，釉面就产生裂纹。为此，此部位宜选用质量较好的釉面内墙砖。

【工程实例分析 9-6】　抹灰面涂膜层有色差及掉粉

概况：某住宅于 1 月在新抹 5 天的水泥砂浆内墙上涂刷，开涂料桶后发现涂料上部较稀，且有色料上浮。为赶工期，加较多水后，边搅拌边施涂。完工后除有一些色差外，人靠在墙上会有粉粘在衣服上。

原因分析：此涂料的质量本身存在一定的问题，易离析，故开桶后可见上稀下稠。且又没有充分搅拌予以补救，下面稠的涂料填料沉淀，色淡。另一方面新抹的水泥砂浆含水率较高，涂料加入较多水后，被冲稀的涂料成膜不完善，且环境气温较低影响涂层成膜。为此，常易掉粉。

预防措施：使用质量好的涂料；使用前应充分搅拌；涂刷基体的含水率不可高，新抹水泥砂浆夏季应在 7 天以上，冬季应在 14 天以上；在气温较低时，对涂层成膜有影响，尤需注意。

【警钟长鸣】　珍珠岩违规堆置导致体育馆屋顶坍塌

2023 年 7 月 23 日下午，齐齐哈尔三十四中体育馆顶棚发生坍塌。专家对事故原因初步调查发现，与体育馆毗邻的教学综合楼施工过程中，施工单位违规将珍珠岩堆置于体育馆屋顶。受降雨影响，珍珠岩浸水增重，导致屋顶荷载增大，引发坍塌。

珍珠岩等绝热材料多孔轻质，一旦吸水，不仅不起保温隔热作用，还重量大增。另外，用作屋面的保温隔热材料还须重视其防水，防止因屋面开裂导致雨水等渗入，使保温隔热材料吸水增加荷重，引发事故。

【创新能力培养】　吸音混凝土

噪声是现代社会一大公害。多孔、透水性的混凝土路面可降低车辆行驶所产生的噪声。吸音混凝土具有连续多孔结构，入射声波通过连通孔被吸收到混凝土内部，小部分由于混凝土内部摩擦作用转换为热能，大部分透过多孔混凝土层到达多孔混凝土背后的空气层和密实混凝土板表面再被反射，此反射声波从反方向再次通过多孔混凝土向外发散，与入射声波具一定的相位差，因干涉作用部分互相抵消而降低噪声。

请思考还有哪些技术可降低混凝土路面的噪声。

9.24【一事一议 9-2】低碳绿色建材

9.25【一事一议 9-3】谈建筑垃圾资源化利用

9.26【案例分析 9-9】高性能环氧涂层

练习思考与调研 9

9-1　填空题

(1) 隔声主要是指隔绝_____声和隔绝_____声。

(2) 依据建筑防水材料的外观形态可分为_____、_____、_____和_____四大系列。

9-2　选择题

(1) 东北某城市高层住宅小区楼群屋面需铺设防水卷材，在以下几种材料中，可选用_____。

A. Ⅰ型石油沥青纸胎油毡　　　　B. Ⅱ型石油沥青纸胎油毡　　　　C. SBS 改性沥青防水卷材

(2) 建筑结构中，主要起吸声作用且平均吸声系数大于_____的材料称为吸声材料。

A. 0.1　　　　　　　B. 0.2　　　　　　　C. 0.3　　　　　　　D. 0.4

9-3　是非判断题

（1）人造石常用于室外装饰。　　　　　　　　　　　　　　　　　　　　　（　　）

（2）大理石宜用于室外装饰。　　　　　　　　　　　　　　　　　　　　　（　　）

（3）三元乙丙橡胶不适合用于严寒地区的防水工程。　　　　　　　　　　　（　　）

（4）建筑防水材料主要用于房屋建筑、构筑物、水工建筑等在有水或潮湿环境下的防水堵漏。　（　　）

9-4　思考题

（1）某基础下陷不均匀导致地下室开裂，采用了刚性防水材料防水，效果不佳。请分析原因。

（2）夏热冬暖地区宜选用双层平板玻璃还是低辐射中空玻璃？

（3）某绝热材料受潮后，其绝热性能明显下降。请分析原因。

（4）吸声材料与隔声材料有什么区别？实际工程上如何应用？

9-5　调查研究：绿色建材的调查研究

1988 年第一届国际材料科学研究会上，首次提出了"绿色材料"的概念，绿色已成为人类环保愿望的标志。绿色建材也成为了一个发展趋势。请调查研究本地使用的土木工程材料有哪些是属于绿色建材，有哪些不属于绿色建材。

土木工程材料试验

教 学 建 议

1. 试验是"土木工程材料"课程的重要组成部分。其教学目标一方面是掌握常用的试验方法与技能，加深对土木工程材料性能的理解；另一方面是着眼于提高分析解决问题的能力，培养严谨求实的科学态度和创新精神，提高综合素质。

2. 本教材设置了8项试验、2项综合型试验和2项研究型试验，可视教学需要有选择性地点面结合进行。宜鼓励学生开展探索研究性试验，自行设计选定试验研究课题，如石油沥青加热温度时间对塑性影响等试验。

3. 土木工程材料试验包括了理论知识和仪器设备的准备、取样与试样制备、试验操作、试验及结果分析评定几个过程。所以在学习中，试验应与理论有机结合，既培养动手能力，又提高综合素质。

10.1*【试验
10.1-1】石
的表观密度
试验

试验1　土木工程材料基本物理性质试验

检测表观密度、堆积密度和空隙率是土木工程材料的几项基本性能试验。以建设用卵石、碎石为例，完成这几项基本性能试验，类同材料检验也可参考进行。

1. 石的表观密度试验

（1）试验依据

本试验依据为《建设用卵石、碎石》。

（2）试验环境与仪器设备

试验时各项称量可在15~25 ℃范围内进行，但从试样加水静止的2 h起至试验结束，其温度变化不应超过2 ℃。

烘箱：温度控制在(105±5) ℃。

天平：称量不小于10 kg，分度值不大于5 g；其型号及尺寸应能允许在臂上悬挂盛试样的吊篮，并能将吊篮放在水中称量。

吊篮：直径和高度均为150 mm，由孔径为1~2 mm的筛网或钻有2~3 mm孔洞的耐锈蚀金属板制成。

试验筛：孔径为4.75 mm的方孔筛。

盛水容器：有溢流孔。

温度计、搪瓷盘、毛巾等。

（3）试验步骤（液体比重天平法）

① 按规定取样，并缩分至略大于试表1-1规定的数量，风干后筛除小于4.75 mm的颗粒，

然后洗刷干净，平均分为两份备用。

试表 1-1　表观密度试验所需试样数量

最大粒径/mm	<26.5	31.5	37.5	63.0	75.0
最少试样质量/kg	2.0	3.0	4.0	6.0	6.0

② 取试样一份装入吊篮，并投入盛水的容器中，水面至少高出试样 50 mm，浸泡（24±1）h 后，移放到称量用的盛水容器中。并用上下升降吊篮的方法排除气泡，试样不得露出水面。吊篮每升降一次约 1 s，升降高度为 30～50 mm。

③ 测定水温后，此时吊篮应全浸在水中，准确称出吊篮及试样在水中的质量（m_{h2}）。称量时盛水容器中水面的高度由容器的溢流孔控制。

④ 提起吊篮，将试样倒入浅盘，放在干燥箱中于（105±5）℃下烘干至恒重，待冷却至室温后，称出其质量（m_{h1}）。

⑤ 称出吊篮在同样温度水中的质量（m_{h3}）。称量时盛水容器中的水面高度仍由溢流孔控制。

（4）结果计算与评定

① 表观密度按式（试 1-1）计算，精确至 10 kg/m³：

$$\rho_0 = \left(\frac{m_{h1}}{m_{h1}+m_{h3}-m_{h2}} - \alpha_t \right) \times \rho_水 \qquad （试 1-1）$$

式中：ρ_0——表观密度，kg/m³；

　　　m_{h1}——烘干后试样的质量，g；

　　　m_{h3}——吊篮在水中的质量，g；

　　　m_{h2}——吊篮及试样在水中的质量，g；

　　　$\rho_水$——水的密度，1 000 kg/m³；

　　　α_t——水温对表观密度影响的修正系数，见试表 1-2。

试表 1-2　水温对石的表观密度影响的修正系数

水温/℃	15	16	17	18	19	20	21	22	23	24	25
α_t	0.002	0.003	0.003	0.004	0.004	0.005	0.005	0.006	0.006	0.007	0.008

② 表观密度取两次试验结果的算术平均值，两次试验结果之差大于 20 kg/m³ 时，应重新试验。对颗粒材质不均匀的试样，如两次试验结果之差超过 20 kg/m³，可取 4 次试验结果的算术平均值。

10.2*【试验 10.1-2】石的堆积密度和空隙率试验

2. 石材的堆积密度与空隙率试验

（1）试验依据

本试验依据为《建设用卵石、碎石》。

（2）仪器设备

天平：分度值不大于试样质量的 0.1%。

容量筒、垫棒、直尺、小铲等。

（3）试验步骤

① 按规定取样，烘干或风干后，拌匀并把试样平均分为两份备用。

② 测定松散堆积密度。取试样一份，用小铲从容量筒中心上方 50 mm 处缓慢倒入，让试样以自由落体落下，当容量筒上部试样呈堆体，且容量筒四周溢满时，即停止加料。除去凸出筒口表面的颗粒，并以合适的颗粒填入凹陷部分，使表面稍凸起部分和凹陷部分的体积相等，试验过程应防止触动容量筒，称出试样和容量筒的总质量（m_{i1}）。

③ 测定紧密堆积密度。取试样一份分三次装入容量筒。装完第一层后，在筒底垫放一根直径为 16 mm 的圆钢。将筒按住，左右交替颠击地面各 25 次，再装入第二层。第二层装满后用同样的方法颠实（但筒底所垫钢筋的方向与第一层时的方向垂直），然后装入第三层。第三层装满后用同样方法颠实，操作时筒底所垫钢筋的方向与第一层时的方向平行。试样装填完毕，再加试样直至超过筒口，用钢尺沿筒口边缘刮去高出的试样，并用合适的颗粒填入凹陷部分，使表面稍凸起部分和凹陷部分的体积相等，称取试样和容量筒的总质量（m_{i2}）。

（4）结果计算与评定

① 松散堆积密度、紧密堆积密度按式（试 1-2）、式（试 1-3）计算，精确至 10 kg/m³：

$$\rho_L = \frac{m_{i1} - m_{i0}}{V_i} \tag{试 1-2}$$

$$\rho_C = \frac{m_{i2} - m_{i0}}{V_i} \tag{试 1-3}$$

式中：ρ_L——松散堆积密度，kg/m³；

　　　m_{i1}——松散堆积时容量筒和试样总质量，g；

　　　m_{i0}——容量筒的质量，g；

　　　V_i——容量筒的容积，L；

　　　ρ_C——紧密堆积密度，kg/m³；

　　　m_{i2}——紧密堆积时容量筒和试样总质量，g。

② 松散堆积空隙率、紧密堆积空隙率分别按式（试 1-4）、式（试 1-5）计算，精确至 1%：

$$P_L = \left(1 - \frac{\rho_L}{\rho_0}\right) \times 100\% \tag{试 1-4}$$

$$P_C = \left(1 - \frac{\rho_C}{\rho_0}\right) \times 100\% \tag{试 1-5}$$

式中：P_L——松散堆积空隙率；

　　　ρ_L——松散堆积密度，kg/m³；

　　　ρ_0——表观密度，kg/m³；

　　　P_C——紧密堆积空隙率；

　　　ρ_C——紧密堆积密度，kg/m³。

③ 堆积密度取两次试验结果的算术平均值，并精确至 10 kg/m³。空隙率取两次试验结果的算术平均值，精确至 1%。

问题讨论与提示

① 从试验可知表观密度所涉及的体积包括哪些孔的体积？

提示：可进而思考体积密度与表观密度的区别。

② 测定松散堆积密度试验过程为何应防止触动容量筒？

试验 2　建筑钢材试验

1. 金属材料拉伸试验

（1）试验目的及依据

试验是用拉力拉伸试样，一般拉至断裂，测定金属材料的屈服强度、抗拉强度与伸长率等一项或多项力学性能。除非另有规定，试验一般在室温 10～35 ℃ 范围内进行。对温度要求严格的试验，试验温度应为 (23 ± 5) ℃。

试验方法依据《金属材料 拉伸试验 第 1 部分：室温试验方法》进行。

（2）主要仪器设备

1 级或优于 1 级准确度的试验机；使用 1 级或优于 1 级准确度的引伸计，并按照规定进行校准；游标卡尺；钢筋打印机或划线笔。

（3）试样

具有恒定横截面的钢筋试样不经机加工而进行试验。原始标距 L_o 与横截面积 S_o 有 $L_o=k\sqrt{S_o}$ 关系的试样称为比例试样。国际上使用的比例系数 k 值为 5.65。原始标距应不小于 15 mm。当试样横截面太小，以致采用比例系数 k 值为 5.65 的值不能符合这一最小标距要求时，可以采用较高的值（k 优先采用 11.3 的值）或采用非比例试样。非比例试样其原始标距 L_o 与横截面积 S_o 无关。

采用恒定横截面未经加工的一段钢筋试样进行拉伸试验。其两夹头间的长度应足够，以使原始标距的标记与夹头有合理的距离。

（4）原始标距和引伸计标距

① 原始标距：对于比例试样，若原始标距不为 $5.65\sqrt{S_o}$，符号 A 宜附角标说明所使用的比例系数。原始横截面积（S_o）是根据测量试样的实际尺寸计算横截面积的平均值。

对于断后伸长率 A 的手动测定，原始标距 L_o 的两端应使用细小的点或线进行标记，但不得用引起过早断裂的缺口作标记。原始标距应以 $\pm1\%$ 的准确度标记。

② 引伸计标距的选择：对于测定屈服强度和规定强度性能，L_e 宜尽可能覆盖试样平行长度。

（5）试验步骤及要求

① 设定试验力零点：在试验加载链装配完成后，试样两端被夹持之前，应设定力测量系统的零点，在试验期间力测量系统不能再发生变化。这一方面是为了确保夹持系统的重量在测力时得到补偿，另一方面是为了保证夹持过程中产生的力不影响力值的测量。

② 试样夹持：应使用例如楔形夹头、螺纹夹头、平推夹头、套环夹具等合适的夹具夹持

试样。应尽最大努力确保夹持的试样受轴向拉力的作用，尽量减少弯曲。

③ 开动试验机进行拉伸试验，直至钢筋被拉断。除非另有规定，只要能满足 GB/T 228 标准的要求，方法 A_1、方法 A_2 或方法 B，以及试验速率的选择由样品提供者或其指定实验室来决定。方法 A 和方法 B 的区别在于方法 A 要求的试验速率在感兴趣点（例如 $R_{p0.2}$），也是要测定的性能；而方法 B 要求的试验速率一般被设定在测定的性能之前的弹性范围。

其试验机横梁位移速率尽可能保持恒定，并使相应的应力在规定的范围内。弹性模量小于 150 GPa 的典型材料包括锰、铝合金、铜和钛。弹性模量大于 150 GPa 的典型材料包括铁、钢、钨和镍基合金。即钢筋的应力速率范围是 6~60 MPa/s。

④ 试验条件的表示。为了用缩略形式报告试验控制模式和试验速率，可以使用缩写的表示形式：GB/T 228 Annn 或 GB/T 228 Bnnn。"A"指方法 A（应变速率控制），三个字母"nnn"指每个试验阶段所用速率，如 GB/T 228A224 表示试验为应变速率控制，不同阶段的试验速率范围分别为 2、2 和 4。"B"指方法 B（应力速率控制），字母"n"指弹性阶段选取的应力速率，如 GB/T 228.1 B30 表示试验为应力速率控制，试验的名义应力速率为 30 MPa/s。

（6）计算结果

① 屈服强度和拉伸强度。带自动测试系统的试验机可直接测定屈服强度和拉伸强度。指针读数的试验机可采用指针方法。

② 断后伸长率（A）。为了测定断后伸长度，应将试样断裂的部分仔细地拼接在一起使其轴线处于同一直线上，并采取特别措施确保试样断裂部分适当接触后测量试样断后标距。应使用分辨率优于 0.1 mm 的量具或测量装置测定断后标距（L_o），准确到 ±0.25 mm。

a. 断裂处与最接近的标距标记的距离不小于原始标距的三分之一时，可用卡尺直接量出已被拉长的标距长度 L_u。断后伸长率可按式（试 2-1）计算：

$$A = \frac{L_u - L_o}{L_o} \times 100\% \qquad\qquad (\text{试 } 2\text{-}1)$$

式中：L_u——断后标距，mm；

　　　L_o——原始标距，mm。

b. 如拉断处到邻近的标距端点的距离小于原始标距长度的三分之一时，可按下述位移法测定断后伸长率。

（a）试验前将试样原始标距细分为 5 mm（推荐）至 10 mm 的 N 等份；

（b）试验后，以符号 X 表示断裂试样短段的标距标记，以 Y 表示断裂试样长段等分标记，如 X 与 Y 之间的分格数为 n，按如下测定断后伸长率。

ⓐ 如 $N-n$ 为偶数，见试图 2-1a，测量 X 与 Y 之间的距离 l_{XY} 和测量从 Y 至距离为 $(N-n)/2$ 的分格的 Z 标记之间的距离 l_{YZ}。按照式（试 2-2）计算断后伸长率：

$$A = \frac{l_{XY} + 2l_{YZ} - L_o}{L_o} \times 100\% \qquad\qquad (\text{试 } 2\text{-}2)$$

ⓑ 如 $N-n$ 为奇数，见试图 2-1b，测量 X 与 Y 之间的距离，以及从 Y 至距离分别为 $(N-n-$

1)/2 和(N−n+1)/2 个分格的 Z′和 Z″标记之间的距离 $l_{YZ'}$ 和 $l_{YZ''}$。按照式(试 2-3)计算断后伸长率:

$$A = \frac{l_{XY} + l_{YZ'} + l_{YZ''} - L_0}{L_0} \times 100\% \qquad (\text{试 2-3})$$

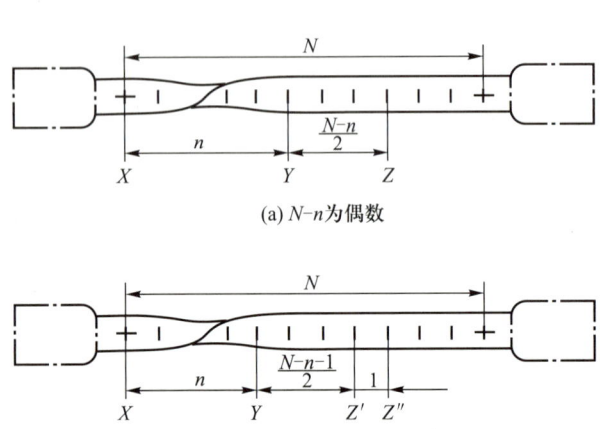

(a) N−n为偶数

(b) N−n为奇数

试图 2-1　用移位法确定计算标距

③ 试验结果数值的修约。试验测定的性能结果数值应按照相关产品标准的要求进行修约。如未规定具体要求,应根据 GB/T 8170—2008《数值修约规则与极限数值的表示和判定》按如下要求进行修约:强度性能值修约至 1 MPa;屈服点延伸率修约至 0.1%,其他延伸率和断后伸长率修约至 0.5%;断面收缩率修约至 1%。

2. 建筑钢材弯曲试验

(1) 试验目的、依据与范围

试验目的是检验金属材料承受规定弯曲塑性变形的能力。

本试验的依据为 GB/T 232—2010《金属材料　弯曲试验方法》,适用于金属材料相关产品规定试样的弯曲试验,但不适用于金属管材和金属焊接接头的弯曲试验。

(2) 试验原理

弯曲试验是以圆形、方形、矩形或多边形横截面试样在弯曲装置上经受弯曲塑性变形,不改变加力方向,直至达到规定的弯曲角度。

弯曲试验时,试样两臂的轴线保持在垂直于弯曲轴的平面内。如弯曲 180°的弯曲试验,按照相关产品标准的要求,可将试样弯曲至两臂直接接触或两臂相互平行且相距规定距离,可使用垫块控制规定距离。

(3) 主要仪器设备

弯曲试验应在配备下列弯曲装置之一的试验机或压力机上完成:

① 配有两个支辊和一个弯曲压头的支辊式弯曲装置;

② 配有一个 V 型模具和一个弯曲压头的 V 型模具式弯曲装置;

10.4*【试验 10.2-2】建筑钢材弯曲试验

③ 虎钳式弯曲装置。

（4）试样

本试验一般要求是：试验使用圆形、方形、矩形或多边形横截面的试样。样坯的切取位置和方向应按照相关产品标准要求。如未具体要求，对于钢产品，应按照 GB/T 2975—2018《钢及钢产品力学性能试验取样位置及试样制备》的要求，试样应去除由于剪切或火焰切割或类似的操作而影响的材料性能的部分。如果试验结果不受影响，允许不去除试样受影响的部分。

对于板材、带材和型材，试样厚度应为原产品厚度。直径（圆形横截面）或内切圆直径（多边形横截面）不大于 30 mm 的产品，其试样横截面应为产品横截面。若产品厚度或直径较大需机加工，则试验时试样未经机加工的表面应置于受拉变形一侧。

（5）试验步骤与要求

特别提示：试验过程中应采用足够的安全措施和防护装置。

① 试验一般在 10~35 ℃ 的室温范围内进行。对温度要求严格的试验，试验温度应为（23±5）℃。

② 按照相关产品标准规定，采用下列方法之一完成试验：

a. 试样在给定的条件和作用力下弯曲至规定的弯曲角度，见试图 2-2a 和试图 2-2b；

b. 试样在力作用下弯曲至两臂相距规定距离且相互平行，见试图 2-2c；

c. 试样在力作用下弯曲至两臂直接接触，见试图 2-2d。

③ 试样弯曲至规定的弯曲角度的试验，应将试样放于两支辊或 V 型模具上，试样轴线应与弯曲压头轴线垂直，弯曲压头在两支座之间的中点处对试样连续施加力使其弯曲，直至达到规定的弯曲角度。弯曲试验时，应当缓慢施加弯曲力，以使材料能够自由地进行塑性变形。

当出现争议时，试验速率应为（1±0.2）mm/s。

使用上述方法如不能直接达到规定的弯曲角度，可将试样置于两平行压板之间，连续施加力使其两端进一步弯曲，直至达到规定的弯曲角度。

④ 试样弯曲至两臂相互平行的试验，首先对试样进行初步弯曲，然后将试样置于两平行压板之间，连续施加力压其两端使进一步弯曲，直至两臂相互平行。

⑤ 试样弯曲至两臂直接接触的试验，首先对试样进行初步弯曲，然后将试样置于两平行压板之间，连续施加力压其两端使进一步弯曲，直至两臂直接接触。

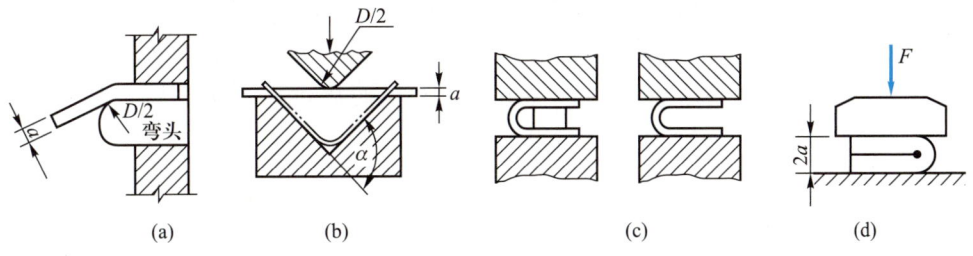

（a）　　　　（b）　　　　（c）　　　　（d）

试图 2-2　钢材弯曲试验示意图

（6）试验结果评定

① 应按照相关产品标准要求评定弯曲试验结果。如未规定具体要求，弯曲试验后不使用放大仪器观察，试样弯曲外表面无可见裂纹应评定为合格。

② 以相关产品标准规定的弯曲角度作为最小值；若规定弯曲压头直径，以规定的弯曲压头直径作为最大值。

（7）试验报告

试验报告至少应包括下列内容：

① 试验标准编号；

② 试样标识（材料牌号、取样方向等）；

③ 试样的形状和尺寸；

④ 试验条件（弯曲压头直径、弯曲角度）；

⑤ 与试验标准的偏差；

⑥ 试验结果。

问题讨论与提示

① 在进行钢材拉伸试验时，加荷速度对试验结果有何影响？

提示：加荷速度越快，请思考所测出的抗拉强度会有何变化。

② 测定伸长率时，如断裂点很靠近夹持点（即不在中间部位断裂），对试验结果有何影响？

提示：试验结果偏低。

③ 进行弯曲试验时，"横向毛刺、伤痕或刻痕"对试验结果有何影响，为什么？

提示：这些缺陷易导致应力集中。

试验 3　水泥技术性能试验

1. 试验目的及依据

测定水泥的标准稠度用水量、凝结时间、安定性及胶砂强度等主要技术性质。

本试验根据 GB/T 1346—2011《水泥标准稠度用水量、凝结时间、安定性检验方法》和 GB/T 17671—2021《水泥胶砂强度检验方法（ISO 法）》进行。

2. 实验室及有关设备要求

① 实验室：实验室温度应保持（20±2）℃，相对湿度不应低于 50%。水泥试样、拌合水、仪器和用具的温度应与实验室一致。实验室温度和相对湿度每天至少记录 1 次。

② 养护箱：带模养护试体养护箱温度应保持在（20±1）℃，相对湿度不低于 90%。养护箱的使用性能和结构应符合 JC/T 959—2005《水泥胶砂试体养护箱》的要求。养护箱温度和湿度在工作期间至少每 4h 记录 1 次。在自动控制的情况下记录次数可以酌减至每天 2 次。

③ 养护水池：水养用养护水池（带箅子）的材料不应与水泥发生反应。试体养护池水温应保持在（20±1）℃。试体养护池水温在工作期间每天至少记录 1 次。

10.5*【试验 10.3－1】水泥标准稠度用水量测定

3. 水泥标准稠度用水量测定(标准法)

(1) 主要仪器设备

水泥净浆搅拌机；标准法维卡仪(见试图 3-1)；量水器和天平等。

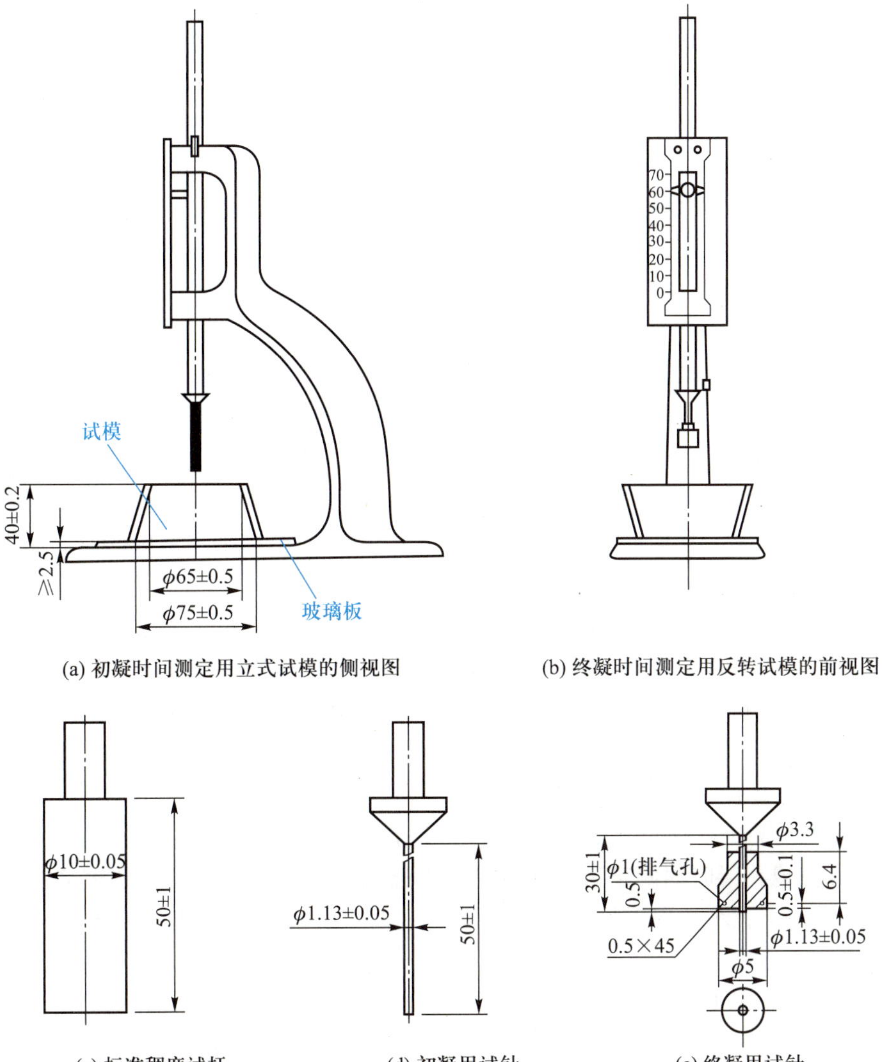
试模
40±0.2
≥2.5
ϕ65±0.5
ϕ75±0.5
玻璃板
70
60
50
40
30
20
10
0
(a) 初凝时间测定用立式试模的侧视图
(b) 终凝时间测定用反转试模的前视图
ϕ10±0.05
50±1
ϕ1.13±0.05
50±1
ϕ3.3
30±1
ϕ1(排气孔)
0.5
0.5±0.1
6.4
ϕ1.13±0.05
0.5×45
ϕ5
(c) 标准稠度试杆
(d) 初凝用试针
(e) 终凝用试针

试图 3-1　测定水泥标准稠度和凝结时间用的维卡仪

(2) 试验步骤

① 试验前准备工作：维卡仪的金属棒能自由滑动；试模和玻璃板用湿布擦拭，将试模放在底板上；调整维卡仪的金属棒至试杆接触玻璃板时指针对准零点；搅拌机运转正常。

② 水泥净浆的拌制：用水泥净浆搅拌机搅拌，搅拌锅和搅拌叶片先用湿布擦过。将拌合水倒入搅拌锅内，然后在 5～10 s 内小心将称好的 500 g 水泥加入水中，防止水和水泥溅出。拌和时，先将锅放到搅拌机锅座上，升至搅拌位置，启动搅拌机，低速搅拌 120 s，停拌 15 s，同时将叶片和锅壁上的水泥浆刮入锅中间，接着高速搅拌 120 s 停机。

③ 标准稠度用水量的测定：拌和结束后，立即将适量水泥净浆一次性装入已置于底板

上的试模中，浆体超过试模上端，用宽约 25 mm 的直边小刀轻轻拍打超出试模部分的浆体 5 次以排除浆体中的孔隙，然后在试模表面约 1/3 处，略倾斜于试模分别向外轻轻锯掉多余净浆；再从试模边沿轻抹顶部一次，使净浆表面光滑。此过程注意不要压实净浆。抹平后迅速将试模和底板移到维卡仪上，并将其中心定在试杆下，降低试杆直至与水泥净浆表面接触。拧紧螺丝 1~2 s 后，突然放松，使试杆垂直自由地沉入净浆中。在试杆停止沉入或释放试杆 30 s 时记录试杆距底板之间的距离，升起试杆后，立即擦净；整个操作应在搅拌后 1.5 min 内完成。

（3）试验结果判定

以试杆沉入净浆并距底板(6±1) mm 的水泥净浆为标准稠度净浆。其拌合水为该水泥的标准稠度用水量(P)，按水泥质量的百分比计。

4. 水泥凝结时间测定

10.6*【试验 10.3－2】水泥凝结时间测定

（1）主要仪器设备

水泥净浆搅拌机；标准法维卡仪；试针和平截圆锥试模(试图 3-1)；量水器；天平。

（2）试验步骤

① 测定前准备工作：调整凝结时间测定仪的试针接触玻璃板时，刻度指针对准零点。

② 试件的制备：按标准稠度用水量试验相同的方法制成标准稠度净浆，并立即一次装满试模，振动数次后刮平，立即放入湿气养护箱内，记录水泥全部加入水中的时间为凝结时间的起始时间。

③ 初凝时间的测定：试件在湿气养护箱中养护至加水后 30 min 时进行第一次测定。测定时，从湿气养护箱中取出试模放到试针下，降低试针与水泥净浆面接触。拧紧螺丝 1~2 s 后，突然放松，试针垂直自由沉入净浆，观察试针停止下沉或释放试杆 30 s 时指针的读数。当试针沉至距底板(4±1) mm 时，为水泥达到初凝状态。由水泥全部加入水中至初凝状态的时间为水泥的初凝时间，用 min 表示。

④ 终凝时间的测定：为了准确观测试针沉入的状况，在终凝针上安装了一个环形附件(见试图 3-1)。在完成初凝时间测定后，立即将试模连同浆体以平移的方式从玻璃板取下，翻转 180°，直径大端向上，小端向下放在玻璃板上，再放入湿气养护箱中继续养护。临近终凝时间时每隔 15 min(或更短时间)测定一次，当试针沉入试体 0.5 mm 时，即环形附件开始不能在试件上留下痕迹时，为水泥达到终凝状态。由水泥全部加入水中至终凝状态的时间为水泥的终凝时间，用 min 表示。

⑤ 测定注意事项。

a. 在最初测定操作时应轻轻扶持金属棒，使其徐徐下降，以防试针撞弯，但测定结果以自由下落为准。

b. 在整个测试过程中试针沉入的位置至少要距试模内壁 10 mm。

c. 临近初凝时，每隔 5 min(或更短时间)测定一次；临近终凝时，每隔 15 min(或更短时间)测定一次，到达初凝或终凝状态时，应立即重复一次，当结论相同时才能定为初凝；到达终凝时，需要在试件另外两个不同点测试，结论相同时才能定为到达终凝状态。

d. 每次测定不得让试针落入原针孔，每次测试完毕须将试针擦净，并将试模放回湿气养护箱内，整个测定过程中要防止试模受振。

5. 安定性试验

安定性试验可以用标准法(雷氏法)和代用法(试饼法),有争议时以标准法为准。雷氏法是测定水泥净浆在雷氏夹中沸煮后的膨胀值。试饼法是观察水泥净浆试饼沸煮后的外形变化来检验水泥的体积安定性。

10.7*【试验
10.3-3】水
泥安定性试
验

(1) 主要仪器设备

水泥净浆搅拌机;沸煮箱;雷氏夹(试图3-2a);雷氏夹膨胀值测定仪(标尺最小刻度为1 mm,试图3-2b);量水器;天平。

(2) 标准法(雷氏法)试验步骤

① 测定前的准备工作:试验前按试图3-2d所示方法检查雷氏夹的质量是否符合要求。每个试样需成型两个试件,每个雷氏夹需配备两个边长或直径约为80 mm、厚度为4~5 mm的玻璃板两块,凡与水泥净浆接触的玻璃板和雷氏夹内表面都要稍稍涂一层油。

② 水泥标准稠度净浆的制备:与凝结时间试验相同。

③ 雷氏夹试件的成型:将预先准备好的雷氏夹放在已稍擦油的玻璃板上,并立刻将已制好的标准稠度净浆装满雷氏夹;装浆时一只手轻轻扶持雷氏夹,另一只手用宽约25 mm的直边刀在浆体表面轻轻插捣3次,然后抹平,盖上稍涂油的玻璃板,立即将试模移至养护箱内养护(24±2)h。

④ 沸煮:调整好沸煮箱内的水位,保证在整个沸煮过程中水都超过试件,不需中途添补试验用水,同时能保证在(30±5) min内加热至沸腾。脱去玻璃板取下试件,先测量雷氏夹指针尖端间的距离(a),精确到0.5 mm(试图3-2a)。接着将试件放入沸煮箱水中的试件架上,指针朝上,然后在(30±5) min内加热至沸,并恒温(180±5) min。

⑤ 结果判别:沸煮结束后,立即放掉沸煮箱中热水,打开箱盖,待箱体冷却至室温,取出试件进行判别(试图3-2c)。测量雷氏夹指针尖端距离(c),准确至0.5 mm(试图3-2c),当两个试件沸煮后增加距离($c-a$)的平均值不大于5.0 mm时,即认为该水泥安定性合格,当两个试件煮后增加距离($c-a$)的平均值大于5.0 mm时,应用同一样品立即重做一次检验。以复检结果为准。

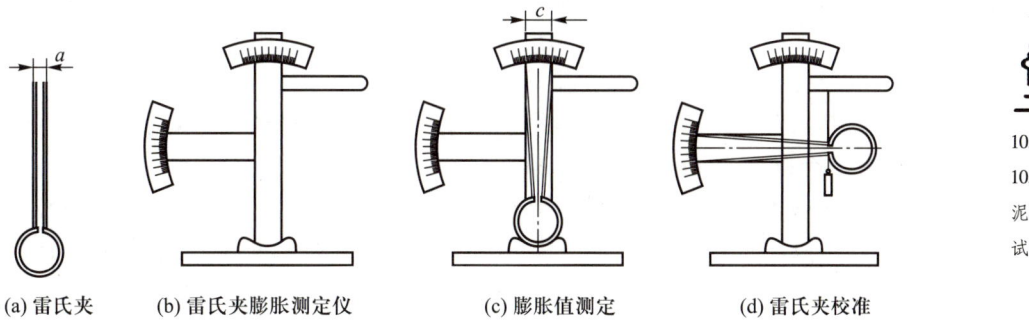

(a)雷氏夹　　　(b)雷氏夹膨胀测定仪　　　(c)膨胀值测定　　　(d)雷氏夹校准

试图3-2　雷氏夹膨胀值测定

10.8*【试验
10.3-4】水
泥胶砂强度
试验

6. 水泥胶砂强度试验

① 适用范围:试验标准适用于通用硅酸盐水泥、石灰石硅酸盐水泥胶砂抗折和抗压强度的检验。其他水泥和材料可参考使用。本试验方法可能对一些品种水泥胶砂强度检验不适用,例如初凝时间很短的水泥。

② 试验设备：水泥胶砂搅拌机；振实台为基准成型设备，代用成型设备为振动台；试模；抗折强度试验机；抗压试验机及夹具、养护箱、天平、计时器和加水器等。

（1）水泥胶砂的制备

① 配合比：水泥胶砂试验用材料的质量配合比为一份水泥、三份中国 ISO 标准砂和半份水（水胶比 W/B 为 0.5）。每锅材料需（450±2）g 水泥、（1 350±5）g 标准砂和（225 ±1）g 水。按用料量称好各材料。一锅胶砂成型三条试件。

② 搅拌：用搅拌机按以下程序进行搅拌。可以采用自动控制，也可以采用手动控制。

a. 将水加入搅拌锅里，再加入水泥，把锅放在固定架上，上升至固定位置。

b. 立即开动机器，低速搅拌（30±1）s 后，在第二个（30±1）s 开始的同时均匀地将砂子加入。把搅拌机调至高速再搅拌（30±1）s。

c. 停拌 90 s，在停拌开始的（15±1）s 内，将搅拌锅放下，用刮刀将叶片、锅壁和锅底上的胶砂刮入锅中。

d. 再在高速下继续搅拌（60±1）s。

（2）试件的制备

试件尺寸为 40 mm×40 mm×160 mm 的棱柱体。试件可用振实台成型或用振动台成型。

① 用振实台成型。胶砂制备后立即进行成型。将空试模和模套固定在振实台上，用料勺将锅壁上的胶砂清理到锅内并翻转搅拌胶砂使其更加均匀，成型时将胶砂分两层装入试模。装第一层时，每个槽里约放 300 g 胶砂，先用料勺沿试模长度方向划动胶砂以布满模槽，再用大布料器垂直架在模套顶部沿每个模槽来回一次将料层布平，接着振实 60 次。再装第二层胶砂，用料勺沿试模长度方向划动胶砂以布满模槽，但不能接触已振实胶砂，再用小布料器布平，振实 60 次。每次振实时可将一块用水湿过拧干、比模套尺寸稍大的棉纱布盖在模套上以防止胶砂飞溅。

移走模套，从振实台上取下试模，用一金属直边尺以近似 90°的角度（但向刮平方向稍斜）架在试模模顶的一端，然后沿试模长度方向以横向锯割动作慢慢向另一端移动，将超过试模部分的胶砂刮去。锯割动作的多少和直尺角度的大小取决于胶砂的稀稠程度。较稠的胶砂需要多次锯割、锯割动作要慢以防止拉动已振实的胶砂。用拧干的湿毛巾将试模端板顶部的胶砂擦拭干净，再用同一直边尺以近乎水平的角度将试体表面抹平。抹平的次数要尽量少，总次数不应超过 3 次。最后将试模周边的胶砂擦除干净。

用毛笔或其他方法再对试件进行编号。两个龄期以上的试件，在编号时应将同一试模中的 3 条试件分在两个以上龄期内。

② 用振动台成型。在搅拌胶砂的同时将试模和下料漏斗卡紧在振动台的中心。将搅拌好的全部胶砂均匀地装入下料漏斗中，开动振动台，胶砂通过漏斗流入试模。振动（120±5）s 停止振动。振动完毕，取下试模，以振实台成型同样的方法刮去高出试模的胶砂并抹平、编号。

（3）试件的养护

① 脱模前的处理和养护：在试模上盖上一块玻璃板，也可用相似尺寸的钢板或不渗水的、与水没有反应的材料制成板。盖板不应与水泥胶砂接触，盖板与水泥胶砂之间距离应控制 2～3mm 之间。立即将作好标记的试模放入养护室或湿箱的水平架子上养护，湿空气应能与试模各边接触。养护时不应将试模放在其他试模上。一直养护到规定的脱模时间时取出脱模。

② 脱模：脱模应非常小心。脱模时可用橡皮锤或脱模器。对于 24 h 龄期的，应在破型试验前 20 min 内脱模。对于 24 h 以上龄期的应在成型后 20~24 h 之间脱模。如经 24 h 养护，会因脱模对强度造成损害时，可以延迟至 24h 以后脱模，但在试验报告中应予以说明。已确定作为 24 h 龄期试验（或其他不下水直接做试验）的已脱模试件，应用湿布覆盖至做试验时为止。对于胶砂搅拌或振实台的对比，建议称量每个模型中试件的总量。

③ 水中养护：将做好标记的试件立即水平或竖向放在（20±1）℃水中养护，水平放置时刮平面应朝上。试件放在不易腐烂的算子上，并彼此间保持一定间距，让水与试件的六个面接触。养护期间试件之间间隔以及试件上表面的水深不应小于 5 mm。每个养护池只养护同类型的水泥试件。最初用自来水装满养护池（或容器），随后随时加水保持适当的水位。在养护期间，可以更换不超过 50% 的水。

④ 强度试验试件的龄期：除 24 h 龄期或延迟至 48 h 脱模的试件外，任何到龄期的试件均应在试验（破型）前从水中取出。擦去试件表面沉积物，并用湿布覆盖至试验为止。试体龄期是从水泥加水搅拌开始时算起。不同龄期强度试验在下列时间里进行：24 h±15 min；48 h±30 min；72 h±45 min；7 d±2 h；28 d±8 h。

（4）强度试验

① 抗折强度测定。

用抗折强度试验机测定抗折强度。

将试体一个侧面放在试验机支撑圆柱上，试件长轴垂直于支撑圆柱，通过加荷圆柱以（50±10）N/s 的速率均匀地将荷载垂直地加在棱柱体相对侧面上，直至折断。

保持两个半截棱柱体处于潮湿状态直至抗压试验。

抗折强度（R_f）按式（试 3-1）进行计算（精确至 0.1 MPa）：

$$R_f = \frac{1.5 F_f L}{b^3} \qquad\qquad （试 3-1）$$

式中：R_f——抗折强度，MPa；

　　　F_f——折断时施加于棱柱体中部的荷载，N；

　　　L——支撑圆柱之间的距离，mm；

　　　b——棱柱体正方形截面的边长，mm。

② 抗压强度测定。

抗折强度试验完成后，取出两个半截试件进行抗压强度试验，以规定的仪器在半截棱柱体的侧面上进行。半截棱柱体中心与压力机压板受压中心差应在 ±0.5 mm 内，棱柱体露在压板外的部分约有 10 mm。

在整个加荷过程中以（2 400±200）N/s 的速率均匀地加荷直至试件破坏。

抗压强度按式（试 3-2）计算，受压面积计为 1 600 mm²：

$$R_C = \frac{F_C}{A} \qquad\qquad （试 3-2）$$

式中：R_C——抗压强度，MPa；

　　　F_C——破坏荷载，N；

　　　A——受压部分面积，mm²（40 mm×40 mm = 1 600 mm²）。

（5）试验结果

① 抗折强度结果：以一组三个棱柱体抗折结果的平均值作为试验结果。当三个强度值中有超出平均值±10%的，应剔除后再取平均值作为抗折强度试验结果。当三个强度值有两个超出平均值±10%时，则以剩余一个作为抗折强度结果。单个抗折强度结果精确至 0.1 MPa，算术平均值精确至 0.1 MPa。报告所有单个抗折强度以及按规定剔除的抗折强度结果、计算的平均值。

② 抗压强度结果：以一组三个棱柱体上得到的六个抗压强度测定值的平均值作为试验结果。当六个强度值中有一个超出平均值±10%时，剔除这个结果，再以剩下五个的平均值为试验结果。当五个测定值中再有超过它们平均值的±10%时，则此组结果作废。当六个测定值中同时有两个或两个以上超过它们平均值的±10%时，则此组结果作废。单个抗压强度结果精确至 0.1 MPa，算术平均值精确至 0.1 MPa。报告所有单个抗压强度以及按规定剔除的抗压强度结果、计算的平均值。

问题讨论与提示

① 水泥技术指标中并没有标准稠度用水量，为什么在水泥性能试验中要求测其标准稠度用水量？

提示：请思考用水量对安定性和凝结时间的试验结果有何影响。

② 进行凝结时间测定时，若制备好的试件没有放入湿气养护箱中养护，而是暴露在相对湿度为50%的室内，试分析其对试验结果的影响。

提示：在相对湿度较低的环境中，试件易失水。

③ 某工程所用水泥经上述安定性检验（雷氏法）合格，但一年后构件出现开裂，是否可能是水泥安定性不良引起的？

提示：安定性试验（雷氏法）只可检验出因游离 CaO 过量引起的安定性不良，并请思考还有哪些可能的因素会导致其构件开裂。

④ 判定水泥强度等级时，为何用水泥胶砂强度，而不用水泥净浆强度？

提示：水泥为胶凝材料。

⑤ 测定水泥胶砂强度时，为何不用普通砂，而用标准砂？所用标准砂必须有一定的级配要求，为什么？

提示：使试验结果具有可比性；级配好坏会影响试验结果。

试验 4　骨料颗粒级配试验

1. 试验目的及依据

对建设用砂、石进行颗粒级配试验，为水泥混凝土配合比设计提供原材料参数。

建设用砂颗粒级配试验依据为国家标准《建设用砂》；建设用石颗粒级配试验依据为国家标准《建设用卵石、碎石》。

2. 取样与处理

（1）取样

在料堆上取样时，取样部位应均匀分布。取样前先将取样部位表层除去，然后从不同部位抽取大致等量的砂 8 份或石子 15 份，组成一组样品。在皮带运输机或车船上取样需按照标准的有关规定。

砂石单项试验的最少取样数量应按《建设用砂》和《建设用卵石、碎石》规定进行。

（2）处理

① 砂试样处理。

a. 分料器法：将样品放在潮湿状态下拌和均匀，然后通过分料器，取接料斗中的其中一份再次通过分料器。重复上述过程，直至把样品缩分到试验所需量为止。

b. 人工四分法：将所取样品放在平整洁净的平板上，在潮湿状态下拌和均匀，并堆成厚度约为 20 mm 的圆饼，然后沿相互垂直的两条直径把圆饼分成大致相等的 4 份，取其对角的两份重新搅匀，再堆成圆饼。重复上述过程，直至把样品缩分到试验所需量为止。

c. 堆积密度、人工砂坚固性检验所用试样可不经缩分，在搅匀后直接进行试验。

② 石试样处理。

将样品置于平板上，在自然状态下拌和均匀，并堆成堆体，然后沿相互垂直的两条直径把圆饼分成大致相等的 4 份，取其对角的两份重新搅匀，再堆成堆体。重复上述过程，直至把样品缩分到试验所需量为止。

堆积密度检验所用试样可不经缩分，在拌匀后直接进行试验。

3. 砂的颗粒级配试验

（1）试验环境及主要仪器设备

实验室的温度应保持(20±5)℃。

鼓风干燥箱：能使温度控制在(105±5)℃；

天平：称量不小于 1 000 g，分度值不大于 1 g；

试验筛：孔径为 0.15 mm、0.30 mm、0.60 mm、1.18 mm、2.36 mm、4.75 mm 及 9.50 mm 的筛，并附有筛底和筛盖，筛孔大于 4.00 mm 的试验筛应采用穿孔板试验筛；

10.9*【试验 10.4-1】砂的颗粒级配试验

摇筛机；

搪瓷盘，毛刷等。

（2）试样制备

按分料器法和人工四分法处理。

（3）试验步骤

① 按规定取样，筛除大于 9.50 mm 的颗粒，并计算出其筛余百分率，并将试样缩分至约 1 100 g，放在干燥箱中于(105±5)℃下烘干至恒重，待冷却至室温后，平均分为两份备用。

② 称取试样 500 g，精确到 1 g。将试样倒入按孔径大小从上到下组合的套筛(附筛底)上，然后进行筛分。

③ 将套筛置于摇筛机上，摇 10 min；取下套筛，按筛孔大小顺序再逐个用手筛，筛至每分钟通过量小于试样总量 0.1% 为止。通过的试样并入下一号筛中，并和下一号筛中的试样一起过筛，这样顺序进行，直至各号筛全部筛完为止。称出各号筛的筛余量，精确至 1 g。

④ 试样在各号筛上的筛余量不应超过按式(试 4-1)计算的量。

$$m_{\text{a}} = \frac{A}{200} d^{1/2} \qquad\qquad\qquad (\text{试}\,4\text{-}1)$$

式中：m_{a}——在一个筛上的筛余量，g；

A——筛面面积，mm^2；

d——筛孔尺寸，mm。

当超过按式(试 4-1)计算出的值时，应按下列方法之一处理：

a. 将该粒级试样分成少于按式(试 4-1)计算出的量，分别筛分，并以筛余量之和作为该号筛的筛余量；

b. 将该粒级及以下各粒级的筛余混和均匀，称出其质量，精确至 1 g，再用四分法缩分为大致相等的两份，取其中一份，称出其质量，精确至 1 g，继续筛分。计算该粒级及以下各粒级的分计筛余量时应根据缩分比例进行修正。

（4）试验结果评定

① 计算分计筛余百分率：各号筛上的筛余量与试样总质量之比，计算精确至 0.1%。

② 计算累计筛余百分率：该号筛的筛余百分率加上该号筛以上各筛余百分率之和，计算精确至 0.1%。筛分后，如每号筛的筛余量与筛底的剩余量之和同原试样质量之差超过 1%，应重新试验。

③ 砂的细度模数 M_X 可按式(试 4-2)计算，精确至 0.01：

$$M_X = \frac{(A_2+A_3+A_4+A_5+A_6)-5A_1}{100-A_1} \quad (试 4-2)$$

式中：　　　　　　　　　M_X——细度模数；

A_1、A_2、A_3、A_4、A_5、A_6——4.75 mm、2.36 mm、1.18 mm、0.60 mm、0.30 mm、0.15 mm 筛的累积筛余百分率，%。

④ 累计筛余百分率取两次试验结果的算术平均值，精确至 1%。细度模数取两次试验结果的算术平均值，精确至 0.1；当两次试验的细度模数之差大于 0.20 时，应重新试验。

10.10* 【试验 10.4-2】石的颗粒级配试验

根据累计筛余百分率对照第 4 章表 4-1，确定该砂所属的级配区。

4. 石的颗粒级配试验

（1）试验环境及主要仪器设备

实验室的温度应保持(20±5)℃。

鼓风干燥箱：能使温度控制在(105±5)℃；

天平：分度值不大于最小试样质量的 0.1%；

方孔筛：孔径为 2.36 mm、4.75 mm、9.50 mm、16.0 mm、19.0 mm、26.5 mm、31.5 mm、37.5 mm、53.0 mm、63.0 mm、75.0 mm 及 90.0 mm 的筛各一只，并附有筛底和筛盖(筛框内径为 300 mm)；

摇筛机，搪瓷盘，毛刷等。

（2）试验步骤

① 按规定取样，从取回试样中用四分法缩取不少于规定的试样数量，经烘干或风干后备用。

② 按试表 4-1 规定称取试样，精确到 1 g。将试样倒入按孔径大小从上到下组合的套筛(附筛底)上，然后进行筛分。

试表 4-1　颗粒级配试验所需最少试样质量

最大粒径/mm	9.5	16.0	19.0	26.5	31.5	37.5	63.0	75.0
最少试样质量/kg	1.9	3.2	3.8	5.0	6.3	7.5	12.6	16.0

③ 将套筛置于摇筛机上，摇 10 min；取下套筛，按筛孔大小顺序再逐个用手筛，筛至每分钟通过量小于试样总量 0.1% 为止。通过的试样并入下一号筛中，并和下一号筛中的试样一起过筛，这样顺序进行，直至各号筛全部筛完为止。当筛余颗粒的粒径大于 19.0 mm 时，在筛分过程中，允许用手指拨动颗粒。

④ 称取各号筛的筛余量。

（3）试验结果计算与评定

① 计算分计筛余百分率：各号筛的筛余量与试样总质量之比，计算精确至 0.1%。

② 计算累计筛余百分率：该号筛的筛余百分率加上一筛以上各分计筛余百分率之和，精确至 1%。筛分后，如每号筛的筛余量与筛底的筛余量之和同原试样质量之差超过 1% 时，应重新试验。

③ 根据各号筛的累计筛余百分率评定该试样的颗粒级配。

问题讨论与提示

① 试分析砂、石取样时进行缩分的意义。

提示：使试样具有代表性。

② 进行砂筛分时，试样准确称量 500 g，但各筛的分计筛余量之和大于或小于 500 g，试分析其可能的原因（称量错误不计）。

提示：试验前筛内有残余砂或筛分过程中砂丢失。

试验 5　普通混凝土试验

1. 试验依据

本试验依据《普通混凝土拌合物性能试验方法标准》和混凝土物理力学性能试验方法标准》相关规定进行。主要内容包括普通混凝土拌合物和易性试验、混凝土立方体抗压强度试验。

2. 一般规定

（1）试验环境相对湿度不宜小于 50%，温度应保持（20±5）℃。

（2）试验仪器制备应具有有效期内的计量检定或校准证书。

3. 混凝土拌合物取样与试样制备

（1）同一组混凝土拌合物的取样，应在同一盘混凝土或同一车混凝土中取样。取样量应多于试验所需量的 1.5 倍，且不宜小于 20 L。

（2）混凝土拌合物的取样应具有代表性，宜采用多次采样的方法。宜在同一盘混凝土或同一车混凝土中的 1/4 处、1/2 处和 3/4 处分别取样，并搅拌均匀；第一次取样和最后一次取样时间不宜超过 15 min。

（3）宜在取样后 5 min 内开始做各项性能试验。

（4）实验室制备混凝土拌合物的搅拌应符合下列规定。

① 混凝土拌合物应采用搅拌机搅拌，搅拌前应将搅拌机冲洗干净，并预拌少量同种混凝土拌合物或水胶比相同的砂浆，搅拌机内壁挂浆后将剩余料卸出。

② 称好的粗骨料、胶凝材料、细骨料和水应依次加入搅拌机，难溶和不溶的粉状外加剂宜与胶凝材料同时加入搅拌机。液体和可溶性外加剂与拌和水同时加入搅拌机。

③ 混凝土拌合物宜搅拌 2 min 以上，直至搅拌均匀。

④ 混凝土拌合物一次搅拌量不宜少于搅拌机公称容量的 1/4，不应大于搅拌机公称容量，

且不应少于 20 L。

（5）实验室搅拌混凝土时，材料用量应以质量计。骨料的称量精度应为±0.5%，水泥、掺合料、水、外加剂的称量精度应为±0.2%。

（6）取样应记录并写入试验或检测报告。

记录内容包括：取样日期、时间和取样人；工程名称、结构部位；混凝土加水时间和搅拌时间；混凝土标记；取样方法；试样编号；试样数量；环境温度及取样的天气情况；取样混凝土的温度。

在实验室制备混凝土拌合物时，除上述内容外，尚应记录如下内容并写入试验或检测报告：试验环境温度和湿度；各种原材料品种、规格、产地及性能指标；混凝土配合比和每盆混凝土的材料用量。

4. 坍落度试验

（1）试验目的

坍落度试验宜用于骨料最大粒径不大于 40 mm、坍落度值不小于 10 mm 的混凝土拌合物坍落度的测定。

（2）主要仪器设备

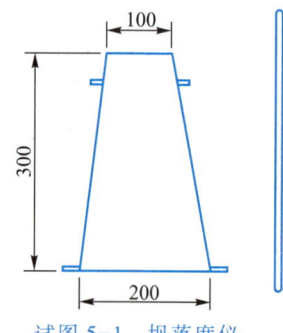

坍落度仪（试图 5-1）；2 把钢尺的量程不应小于 300 mm，分度值不应大于 1 mm；底板应采用平面尺寸不小于 1 500 mm×1 500 mm、厚度不小于 3 mm 的钢板，其最大挠度不应大于 3 mm；小铲等。

（3）试验步骤

① 坍落度筒和底板应湿润无明水；底板应放置在坚实水平面上，并把筒放在底板中心，然后用脚踩住两边的脚踏板，坍落度筒在装料时保持固定的位置。

② 把按要求取得的混凝土试样分三层均匀地装在坍落度筒内，每层装一层混凝土拌合物，应用捣棒由边缘到中心按螺旋形均匀插捣 25 次，使捣实后每层高度约为筒高的 1/3。

③ 插捣底层时，捣棒应贯穿整个深度，插捣第二层和顶层时，捣棒应插透本层至下一层的表面。

试图 5-1 坍落度仪

④ 顶层混凝土应高出筒口，插捣过程中，混凝土沉落到低于筒口时，应随时添加。

⑤ 顶层插捣完后，取下装料漏斗，应将多余的混凝土拌合物刮去，并沿筒口抹平。

⑥ 清除筒边底板上的混凝土后，应垂直平稳地提起坍落度筒，并轻放于试样旁边；当试样不再继续坍落或坍落时间达 30 s 时，用钢尺测量出筒高与坍落后混凝土试样最高点之间的高度差，作为该混凝土拌合物的坍落度值。

（4）坍落度筒的提离过程应在 3~7 s 内完成；从开始装料到提起坍落度筒的整个进程应不间断地进行，并应在 150 s 内完成。

（5）坍落度筒提离后混凝土发生一边崩坍或剪坏现象，则应重新取样另行测定。如第二次试验仍出现这种现象，应予记录说明。

（6）混凝土拌合物的坍落度值应精确至 1 mm，结果应修约至 5 mm。

5. 扩展度试验

（1）试验目的

扩展度试验宜用于骨料最大粒径不大于 40 mm、坍落度不小于 160 mm 的混凝土拌合物扩展度的测定。

（2）主要仪器设备

坍落度仪、钢尺的量程不应小于 1 000 mm，分度值不应大于 1 mm；底板应采用平面尺寸不小于 1 500 mm×1 500 mm、厚度不小于 3 mm 的钢板，其最大挠度不应大于 3 mm 等。

（3）试验步骤

① 试验设备准备、混凝土拌合物装料和插捣应符合坍落度试验的规定。

② 清除筒边底板上的混凝土后，应垂直平稳地提起坍落度筒，坍落度筒的提离过程宜控制在 3~7 s；当混凝土不再扩散或扩散时间已达 50 s 时，应使用钢尺测量混凝土拌合物展开扩展面的最大直径以及与最大直径垂直方向的直径。

③ 当两直径之差小于 50 mm 时，应取其算术平均值作为扩展度试验结果；当两直径之差不小于 50 mm 时，应重新取样另行测定。

④ 发现粗骨料在中央堆集或边缘有浆体析出时，应记录说明。

⑤ 扩展度试验从开始装料到测得混凝土扩展度值的整个过程应连续进行，并应在 4 min 内完成。

⑥ 混凝土拌合物的扩展度值测量应精确至 1 mm，结果应修约至 5 mm。

6. 抗压强度试验

（1）主要仪器设备

试模：边长 150 mm 的立方体试件是标准试件；边长 100 mm 和 200 mm 的立方体试件是非标准试件。

振动台，压力试验机，钢垫板，捣棒，小铁铲，钢板尺，卡尺，抹刀等。

10.12* 【试验 10.5－2】混凝土立方体抗压强度试验

（2）试件制作

① 成型前，应检查试模尺寸符合相关规定，将干净的试模内表面涂以一薄层矿物油脂或其他不与混凝土发生反应的脱模剂，试模内壁隔离剂应均匀分布，不应有明显沉积。

② 混凝土拌合物在入模前应保持其匀质性。

③ 宜根据混凝土拌合物的稠度或试验目的确定适宜的成型方法，混凝土应充分密实，避免分层离析。

④ 试件制作步骤。

a. 用振动台振实制作试件应按下述方法进行。

（a）将混凝土拌合物一次性装入试模，装料时应用抹刀沿试模内壁插捣，并使混凝土拌合物高出试模上口。

（b）试模应附着或固定在振动台上，振动时应防止试模在振动台上自由跳动，振动应持续到表面出浆且无明显大气泡溢出为止，不得过振。

b. 用人工插捣制作试件应按下述方法进行。

（a）混凝土拌合物应分两层装入试模内，每层的装料厚度应大致相等。

（b）插捣应按螺旋方向从边缘向中心均匀进行。在插捣底层混凝土时，捣棒应达到试模底部；插捣上层时，捣棒应贯穿上层后插入下层 20~30 mm。插捣时捣棒应保持垂直，不得倾斜。插捣后应用抹刀沿试模内壁插拔数次。

（c）每层插捣次数按在 10 000 mm² 面积内不得少于 12 次。

（d）插捣后应用橡皮锤或木槌轻轻敲击试模四周，直至插捣棒留下的空洞消失为止。

c. 用插入式振捣棒振实制作试件应按下述方法进行：

（a）将混凝土拌合物一次装入试模，装料时应用抹刀沿各试模壁插捣，并使混凝土拌合物高出试模上口。

（b）宜用直径为 25 mm 的插入式振捣棒；插入试模振捣时，振捣棒距试模底板宜为 10~20 mm 且不得触及试模底板，振动应持续到表面出浆且无明显大气泡溢出为止，不得过振；一般振捣时间为 20 s。振捣棒拔出时应缓慢，拔出后不得留有孔洞。

⑤ 试件成型后刮除试模上口多余的混凝土，待混凝土临近初凝时，用抹刀沿着试模口抹平。试件表面与试模边缘的高差不得超过 0.5 mm。

⑥ 制作的试件应有明显和持久的标记，且不破坏试件。

（3）试件的养护

① 试件成型后应立即用塑料薄膜覆盖表面，或采取其他保持试件表面湿度的方法。

② 试件成型后应在温度为(20±5)℃、相对湿度大于 50% 的室内静置 1~2 d，试件静置期间应避免受到振动和冲击，静置后编号标记、拆模，当试件有严重缺陷时，应按废弃处理。

③ 试件拆模后应立即放入温度为(20±2)℃，相对湿度为 95% 以上的标准养护室中养护，或在温度为(20±2)℃的不流动的 $Ca(OH)_2$ 饱和溶液中养护。标准养护室内的试件应放在支架上，彼此间隔为 10~20 mm，试件表面应保持潮湿，但不得用水直接冲淋试件。

④ 试件的养护龄期可分为 1 d、3 d、7 d、28 d、56 d 或 60 d、84 d 或 90 d、180 d 等，也可根据设计龄期或需要进行确定，龄期应从搅拌加水开始计时，养护龄期的允许偏差宜符合标准规定。

⑤ 结构实体混凝土同条件养护试件的拆模时间可与实际构件的拆模时间相同，结构实体混凝土试件同条件养护应符合现行标准规定。

（4）抗压强度试验

标准试件是边长为 150 mm 的立方体试件；边长为 100 mm 和 200 mm 的立方体试件是非标准试件；每组试件应为 3 块。立方体试件抗压强度试验应按下列步骤进行。

① 试件到达试验龄期时，从养护室取出后，应检查其尺寸及形状，尺寸公差应满足标准要求，试件取出后应尽快进行试验。各边长尺寸公差不得超过 1 mm（采用游标卡尺进行测量，精确至 0.1 mm）；试件承压面的平面度公差不得超过 0.000 5 试件边长（采用钢板尺和塞尺进行测量，精确至 0.01 mm）；试件相邻面间的夹角应为 90°，其公差不得超过 0.5°（采用游标量角器进行测量，精确至 0.1°）。

② 试件放置试验机前，应将试件表面与上、下承压板面擦拭干净。

③ 以试件成型时的侧面为承压面，应将试件安放在试验机的下承压板或垫板上，试件的中心应与试验机下压板中心对准。

④ 启动试验机，试件表面与上、下压板或钢垫板应均匀接触。

⑤ 试验过程中应连续而均匀加荷，加荷速度应取 0.3~1.0 MPa/s。当立方体抗压强度小于 30 MPa 时，取 0.3~0.5 MPa/s；立方体抗压强度为 30~60 MPa 时，取 0.5~0.8 MPa/s；立方体抗压强度不小于 60 MPa 时，取 0.8~1.0 MPa/s。

⑥ 手动控制压力机加荷速度时，当试件接近破坏而急剧变形时，应停止调整试验机油门，直至试件破坏，并记录破坏荷载。

（5）试验结果计算

① 混凝土立方体试件抗压强度按下式(试 5-1)计算：

$$f_{cc} = \frac{F}{A}$$

式中：f_{cc}——混凝土立方体试件抗压强度，MPa，计算结果应精确到 0.1 MPa；

　　　F——试件破坏荷载，N；

　　　A——试件破坏承压面积，mm^2。

② 强度值的确定应符合下列规定：

a. 取三个试件测定值的算术平均值作为该组试件的强度值，应精确至 0.1 MPa；

b. 当三个测定值的最小值或最大值中有一个与中间值的差值超过中间值的 15%，则把最大及最小值剔除，取中间值作为该组试件的抗压强度值；

c. 当最大值和最小值与中间值的差均超过中间值的 15%，该组试件的试验结果无效。

③ 混凝土强度等级<C60 时，用非标准试件测得强度值均应乘以尺寸换算系数，其值对于 200 mm×200 mm×200 mm 的试件可取为 1.05；对于 100 mm×100 mm×100 mm 的试件可取为 0.95。

④ 当混凝土强度等级≥C60 时，宜采用标准试件；使用非标准试件时，尺寸换算系数宜由试验确定。

问题讨论与提示

① 混凝土搅拌机在使用前，应用与所拌混凝土相同水胶比的砂浆在其中预拌一次，为什么？

提示：搅拌机内壁会黏附水。

② 为何混凝土试件养护用水的 pH 不应小于 7？

提示：请思考混凝土试件养护用水的 pH 值小于 7 对试件的影响。

③ 某学生在制作混凝土强度试件时，发现拌合物过于干硬，难以密实，便加入少量水搅拌后再成型，试分析对试验结果的影响。

提示：加水改变了水胶比。

④ 在进行混凝土强度试验时，要求试块的侧面(与试模壁相接触的四面)受压，为什么？

提示：试块侧面较光滑、平整。

试验 6　砂浆试验

1. 试验目的及依据

本试验用于建筑砂浆的基本性能试验。本试验按《建筑砂浆基本性能试验方法》进行。

2. 砂浆拌合物取样及试样制备

（1）主要仪器设备

砂浆搅拌机、磅秤、拌铲、量筒、盛器等。

（2）取样

① 建筑砂浆试验用料应从同一盘砂浆或同一车砂浆中取样，取样量不应少于试验所需量的 4 倍。

② 当施工过程中进行砂浆试验时，砂浆取样方法应按相应的施工规范执行，并宜在现场搅拌点或预拌砂浆卸料点的至少 3 个不同部位及时取样。对于现场取得的试样，试验前应人工搅拌均匀。

③ 从取样完毕到开始进行各项性能试验,不宜超过 15 min。

（3）试样的制备

① 在实验室制备砂浆试样时,所用材料应提前 24 h 运入室内。拌和时,实验室的温度应保持在(20±5) ℃。当需要模拟施工条件下所用的砂浆时,所用原材料的温度宜与施工现场保持一致。

② 试验所用材料应与施工现场使用材料一致。砂应通过 4.75 mm 筛孔筛。

③ 实验室拌制砂浆时,材料用量应以质量计,水泥、外加剂、掺合料等的称量精度应为±0.5%,细骨料的称量精度应为±1%。

④ 在实验室拌制砂浆时应采用机械搅拌,搅拌机应符合现行行业标准的规定,搅拌的用量宜为搅拌机容量的 30%~70%,搅拌时间不应少于 120 s。掺有掺合料和外加剂的砂浆,其搅拌时间不应少于 180 s。

3. 砂浆稠度测定

10.13*【试验 10.6-1】砂浆稠度试验

砂浆稠度试验主要是用于确定配合比或施工过程中控制砂浆稠度,从而达到控制用水量的目的。

（1）主要仪器设备

砂浆稠度仪、捣棒、秒表等。

（2）试验步骤

① 应先采用少量润滑油轻擦滑杆,再将滑杆上多余的油用吸油纸擦净,使滑杆能自由滑动。

② 应先采用湿布擦净盛浆容器和试锥表面,再将砂浆拌合物一次装入容器,砂浆表面宜低于容器口约 10 mm,用捣棒自容器中心向边缘均匀地插捣 25 次,然后轻轻地将容器摇动或敲击 5~6 下,使砂浆表面平整,随后将容器置于稠度测定仪的底座上。

③ 拧开制动螺丝,向下移动滑杆,当试锥尖端与砂浆表面刚接触时,应拧紧制动螺丝,使齿条侧杆下端刚接触滑杆上端,并将指针对准零点。

④ 拧开制动螺丝,同时计时间,10 s 时立即拧紧螺丝,将齿条测杆下端接触滑杆上端,从刻度盘上读出下沉深度(精确至 1 mm),即为砂浆的稠度值。

⑤ 盛浆容器内的砂浆,只允许测定一次稠度,重复测定时,应重新取样测定。

（3）试验结果确定

① 同盘砂浆应取两次试验结果的算术平均值作为测定值,精确至 1 mm。

② 当两次测定值之差大于 10 mm 时,应重新取样测定。

4. 砂浆保水性试验

10.14*【试验 10.6-2】砂浆保水性试验

（1）主要仪器和材料

金属或硬塑料圆环试模:内径应为 100 mm,内部高度应为 25 mm;

可密封的取样容器:应清洁、干燥;

2 kg 的重物;

金属滤网:网格尺寸 45 μm,圆形,直径为(110±1)mm;

2 片金属或玻璃的方形或圆形不透水片,边长或直径应大于 110 mm;

超白滤纸:应采用现行国家标准 GB/T 1914—2017《化学分析滤纸》规定的中速定性滤纸,直径应为 110 mm;

天平：称量不小于 200 g，分度值不大于 0.1 g；称量不小于 2 000 g，分度值不大于 1 g；烘箱。

（2）试验步骤

① 称量底部不透水片与干燥试模质量 m_1 和 15 片中速定性滤纸质量 m_2；

② 将砂浆拌合物一次性装入试模，并用抹刀插捣数次，当装入的砂浆略高于试模边缘时，用抹刀以 45°角一次性将试模表面多余的砂浆刮去，然后用抹刀以较平的角度在试模表面反方向将砂浆刮平；

③ 抹掉试模边的砂浆，称量试模，底部不透水片与砂浆总质量 m_3；

④ 用金属滤网覆盖在砂浆表面，再在滤网表面放上 15 片滤纸，用上部不透水片盖在滤纸表面，以 2 kg 的重物把上部不透水片压住；

⑤ 静置 2 min 后移走重物及上部不透水片，取出滤纸（不包括滤网），迅速称量滤纸质量 m_4；

⑥ 按照砂浆的配比及加水量计算砂浆的含水率，当无法计算时，可按照式（试 6-1）方法计算含水率。

（3）试验结果计算

① 砂浆的保水率应按下式计算：

$$W = \left[1 - \frac{m_4 - m_2}{\alpha \times (m_3 - m_1)} \right] \times 100\% \qquad （试 6-1）$$

式中：W——砂浆的保水率，%；

　　　m_1——底部不透水片与干燥试模质量，精确至 1 g；

　　　m_2——15 片吸水前的滤纸质量，g，精确至 0.1 g；

　　　m_3——称量试模，底部不透水片与砂浆总质量，精确至 1 g；

　　　m_4——15 片吸水后的滤纸质量，g，精确至 0.1 g；

　　　α——砂浆的含水率。

取两次试验结果的算术平均值作为砂浆的含水率，精确至 0.1%，且第二次试验应重新取样测定。当两个测定值之差超过 2% 时，此组试验结果应为无效。

② 测定砂浆含水率时，应称取（100±10）g 砂浆拌合物试样，置于一干燥并已称重的盘中，在（105±5）℃的烘箱中烘干至恒重。砂浆含水率应按下式计算：

$$\alpha = \frac{m_6 - m_5}{m_6} \times 100\% \qquad （试 6-2）$$

式中：α——砂浆的含水率，%；

　　　m_5——烘干后砂浆样本的质量，g，精确至 1 g；

　　　m_6——砂浆样本的总质量，g，精确至 1 g。

取两次试验结果的算术平均值作为砂浆的保水率，精确至 0.1%，且第二次试验应重新取样测定。当两个测定值之差超过 2% 时，此组试验结果应为无效。

5. 砂浆抗压强度试验

（1）主要仪器设备

试模（内壁边长 70.7 mm×70.7 mm×70.7 mm，带底试模）；捣棒（直径 10 mm，长 350 mm，端

10.15 * 【试验 10.6-3】砂浆抗压强度试验

部磨圆）；压力试验机；垫板；振动台等。

（2）试件制作及养护

① 应采用立方体试件，每组试件应为三个。

② 应采用黄油等密封材料涂抹试模的外接缝。试模内壁涂刷薄层机油或隔离剂。应将拌制好的砂浆一次性装满试模，成型方法应根据稠度而确定。当稠度>50 mm 时，宜采用人工插捣成型；当稠度≤50 mm 时，宜采用振动台振实成型。

a. 人工插捣：应采用捣棒均匀由边缘向中心按螺旋方向插捣 25 次，插捣过程中当砂浆沉落低于试模口时，应随时添加砂浆，可用油灰刀插捣数次，并用手将试模一边抬高 5～10 mm 各振动 5 次，砂浆应高出试模顶面 6～8 mm。

b. 机械振动：将砂浆一次性装满试模，放置振动台上，振动时试模不得跳动，振动 5～10 s 或持续到表面泛浆为止，不得过振。

③ 应待表面水分稍干后，再将高出试模部分的砂浆沿试模顶面刮去并抹平。

④ 试件制作后应在（20±5）℃温度环境下停置（24±2）h，对试件进行编号、拆模，当气温较低时，或者凝结时间大于 24 h 的砂浆，可适当延长时间，但不应超过 2 d。试件拆模后应立即放入温度（20±2）℃，相对湿度为 90%以上的标准养护室中养护。养护期间，试件彼此间隔不得小于 10 mm，混合砂浆、湿拌砂浆试件上面应覆盖，防止有水滴在试件上。

⑤ 从搅拌加水开始计时，标准养护龄期应为 28 d，也可根据相关标准要求增加 7 d 或 14 d。

（3）立方体试件抗压强度测定步骤

① 试件从养护地点取出后应及时进行试验。试验前应将试件表面擦拭干净，测量尺寸，检查其外观，并应计算试件的承压面积。当实测尺寸与公称尺寸之差不超过 1 mm 时，可按公称尺寸进行计算。

② 将试件安放在试验机的下压板或下垫板上，试件的承压面应与成型时的顶面垂直，试件中心应与试验机的下压板或下垫板中心对准。开动试验机，当上压板与试件或上垫板接近时，调整球座，使接触面均衡受压。承压试验应连续而均匀地加荷，加荷速度应为 0.25～1.5 kN/s；砂浆强度不大于 2.5 MPa 时，宜取下限，当试件接近破坏而开始迅速变形时，停止调整压力机进油阀，直至试件破坏，然后记录破坏荷载。

（4）试验结果计算

① 砂浆立方体试件的抗压强度按式（试 6-3）计算：

$$f_{\mathrm{m,cu}} = K \frac{N_{\mathrm{u}}}{A} \qquad (\text{试 6-3})$$

式中：$f_{\mathrm{m,cu}}$——砂浆立方体试件抗压强度，MPa，应精确至 0.1 MPa；

N_{u}——试件破坏荷载，N；

A——试件承压面积，mm^2；

K——换算系数，取 1.35。

② 立方体试件抗压强度试验结果应按下列要求确定：

a. 以三个试件测值的算术平均值作为该组试件的砂浆立方体抗压强度平均值，精确至 0.1 MPa。

b. 当三个测值的最大值或最小值中有一个与中间值之差超过中间值的 15%时，应把最大值和最小值一并舍去，取中间值作为该组试件的抗压强度值。

　　c. 当两个测值与中间值之差超过中间值的 15% 时，则该组试验结果无效。

试验 7　石油沥青试验

1. 试验目的及依据

　　测定石油沥青的针入度、延度、软化点等主要技术性质，作为评定石油沥青的牌号主要依据。针入度、延度试验按《公路工程沥青及沥青混合料试验规程》规定进行；沥青软化点测定按《沥青软化点测定法 环球法》规定进行。

2. 针入度测定

10.16*【试验 10.7 - 1】沥青针入度试验

　　试验目的与适用范围：本方法适用于测定道路石油沥青、聚合物改性沥青针入度以及石油沥青蒸发后残留物的针入度，以 0.1 mm 计。其标准试验条件为温度为 25 ℃，荷重 100 g，贯入时间 5 s。

　　针入度指数 PI 用以描述沥青的温度敏感性，宜在 15 ℃、25 ℃、30 ℃ 等 3 个或 3 个以上温度条件下测定针入度后按规定的方法计算得到，若 30 ℃ 时的针入度过大，可采用 5 ℃ 代替。当量软化点 T_{800} 是相当于沥青针入度为 800 时的温度，用以评价沥青的高温稳定性。当量脆点 $T_{1.2}$ 是相当于沥青针入度为 1.2 时的温度，用以评价沥青的低温抗裂性能。

　　（1）主要仪器设备

　　针入度计；标准针（应由硬化回火的不锈钢制成,其质量等应符合规定）；盛样皿；恒温水槽（容量不小于 10 L,控温的准确度为 0.1 ℃）；温度计或传感器（精度为 0.1 ℃）；计时器（精度为 0.1 s）；位移计或位移传感器（精度为 0.1 mm）；平底玻璃皿；盛样皿盖；溶剂（三氯乙烯等）；电炉或砂浴；石棉网；金属锅或瓷把坩埚等。

　　（2）准备工作

　　① 按规定准备沥青试样。

　　② 按试验要求将恒温水槽调节到要求的试验温度 25 ℃、15 ℃、30 ℃（或 5 ℃），保持稳定。

　　③ 将试样倒入预先选好的试样皿中，试样高度应超过预计针入度值 10 mm，并盖上盛样皿，以防落入灰尘。盛有试样的盛样皿在 15~30 ℃ 的室温中冷却 1.5 h（小盛样皿）、2 h（大盛样皿）或 3 h（特殊盛样皿）后，应移入保持规定试验温度 ±0.1 ℃ 的恒温水浴中，并应保温不小于 1.5 h（小盛样皿）、2 h（大盛样皿）或 2.5 h（特殊盛样皿）。

　　④ 调节针入度仪使之水平。检查针连杆和导轨，以确认无水和其他外来物，无明显摩擦。用三氯乙烯或其他溶剂清洗标准针，并拭干。把标准针插入针连杆，用螺丝固紧。按试验条件，加上附加砝码。

　　（3）试验步骤

　　① 取出达到恒温的盛样皿，并移入水温控制在试验温度 ±0.1 ℃（可用恒温水槽中的水）的平底玻璃皿中的三腿支架上，试样表面以上的水层深度不小于 10 mm。

　　② 将盛有试样的平底玻璃皿置于针入度计的平台上。慢慢放下针连杆，用适当位置的反光镜或灯光反射观察，使针尖刚好与试样表面接触，将位移计或刻度盘指针复位为零。

　　③ 开始试验，按下释放键，这时计时与标准针落下贯入试样同时开始，至 5 s 时自动

停止。

④ 读取刻度盘指针或位移指示器的读数，准确至 0.1 mm。

⑤ 同一试样平行试验至少 3 次，各测定点之间及与盛样皿边缘的距离不应少于 10 mm。每次试验后应将盛有盛样皿的平底玻璃皿放入恒温水槽，使平底玻璃皿中水温保持试验温度。每次试验应换一根干净标准针或将标准针用蘸有三氯乙烯溶剂的棉花或布擦干净，再用干棉花或布擦干。

⑥ 测定针入度大于 200 的沥青试样时，至少用 3 支标准针，每次试验后将针留在试样中，直至 3 次平行试验完成后，才能把标准针取出。

⑦ 测定针入度指数 PI 时，按同样的方法在 15 ℃、25 ℃、30 ℃（或 5 ℃）3 个或 3 个以上（必要时增加 10 ℃、20 ℃等）温度条件下分别测定沥青的针入度，但用于仲裁试验的温度条件应为 5 个。

（4）计算

根据测试结果可按《公路工程沥青及沥青混合料试验规程》规定的公式计算法计算针入度指数等。

① 将 3 个或 3 个以上不同温度条件下测试的针入度值取对数，令 $y = \lg P$，$x = T$，按式（试 7-1）的针入度对数与温度的直线关系，进行 $y = a + bx$ 一元一次方程的直线回归，求取针入度温度指数 A_{lgPen}。

$$\lg P = K + A_{\text{lgPen}} \times T \qquad\qquad （试 7-1）$$

式中：$\lg P$——不同温度条件下测得的针入度值的对数；

　　　　T——试验温度，℃；

　　　　K——回归方程的常数项 a；

　　A_{lgPen}——回归方程的系数 b。

按式（试 7-1）回归时必须进行相关性检验，直线回归相关系数 R 不得小于 0.997（置信度 95%），否则，试验无效。

② 按式（试 7-2）确定沥青的针入度指数，并记作 PI。

$$\text{PI} = (20 - 500 A_{\text{lgPen}}) \div (1 + 50 \times A_{\text{lgPen}}) \qquad\qquad （试 7-2）$$

还可按相关公式计算当量软化点及当量脆点。

（5）报告

① 应报告标准温度（25 ℃）时的针入度以及其他试验温度 T 所对应的针入度，及由此求取针入度指数、当量软化点及当量脆点的方法和结果。当采用公式计算法时，应报告回归的直线相关系数 R。

② 同一试样 3 次平行试验结果的最大值和最小值之差在试表 7-1 允许偏差范围内时，计算 3 次试验结果的平均值，取整数作为针入度试验结果，以 0.1 mm 为单位。当试验值不符要求时，应重新进行。

试表 7-1　针入度测定允许差值

针入度/0.1 mm	0~49	50~149	150~249	250~500
允许差值/0.1 mm	2	4	12	20

3.延度测定

目的与适用范围：本方法适用于测定道路石油沥青、聚合物改性沥青、液体石油沥青蒸馏残留物和乳化沥青蒸发残留物等材料的延度。沥青延度的试验温度与拉伸速率可根据要求采用，通常采用的试验温度为 25 ℃、15 ℃、10 ℃或 5 ℃，拉伸速度为（5±0.25）cm/min。当低温采用（1±0.5）cm/min 时，应在报告中注明。还需说明的是，GB/T 4508—2010《沥青延度测定法》规定，非经特殊说明，试验温度为（25±0.5）℃，拉伸速度为（5±0.25）cm/min。

10.17*【试验 10.7-2】沥青延度试验

（1）主要仪器设备与材料

延度仪：延度仪的测量长度不宜大于 150 cm，仪器应有自动控温、控速系统。应满足试件浸没于水中，能保持规定的试验温度及规定的拉伸速度拉伸试件，且试验时应无明显振动。

试模：黄铜制，由两个端模和两个侧模组成，试模内侧表面粗糙度 $Ra0.2$ μm。

试模底板：玻璃板或磨光的铜板、不锈钢板（表面粗糙度 $Ra0.2$ μm）。

恒温水槽：容量不小于 10 L，控制温度的准确度为 0.1 ℃。水槽中应设有带孔搁架，搁架距水槽底不得少于 50 mm。试件浸入水中深度不小于 100 mm。

温度计：量程 0~50 ℃，分度值 0.1 ℃。

砂浴或其他加热炉具。

甘油滑石粉隔离剂（甘油与滑石粉的质量比为 2∶1）。

其他：平刮刀、石棉网、酒精、食盐等。

（2）准备工作

① 将隔离剂拌和均匀，涂于清洁干燥的试模底板和两个侧模的内侧表面，并将试模在试模底板上装妥。

② 按规定准备试样，然后将试样仔细自模的一端至另一端往返数次缓缓注入模中，最后略高于试模。灌模时不得使气泡混入。

③ 试件在室温中冷却不少于 1.5 h，然后用热刮刀刮除高出模具的沥青，使沥青面与模面齐平。沥青的刮法应自试模的中间刮向两端，且表面应刮得平滑。将试件连同底板再放入规定试验温度的水槽中保温 1.5 h。

④ 检查延度仪拉伸速度是否符合要求，然后移动滑板使其指针正对准标尺的零点。将延度仪注水，并保温达到试验温度（25±0.1）℃。

（3）试验步骤

① 将保温后的试件连同底板移入延度仪的水槽中，然后将盛有试样的试模自玻璃板或不锈钢板上取下，将试模两端的孔分别套在滑板及槽端固定板的金属柱上，并取下侧模。水面距试件表面应不小于 25 mm。

② 开动延度仪，并注意观察沥青的延伸情况。此时应注意，在试验过程中水温应始终保持在试验温度规定范围内，且仪器不得有振动，水面不得有晃动，当水槽采用循环水时，应暂时中断循环，停止水流。在试验中，当发现沥青细丝浮于水面或沉入槽底时，应在水中加入酒精或食盐，调整水的密度至与试件相近后，重新试验。

③ 试件拉断时，读取指针所指标尺上的读数，以 cm 计。在正常情况下，试件延伸时应成锥尖状，拉断时实际断面接近于零。如不能得到这种结果，则应在报告中注明。

（4）报告

同一样品，每次平行试验不少于 3 个，如 3 个测定结果均大于 100 cm，试验结果记作

"＞100 cm"；特殊需要也可分别记录实测值。3 个测定结果中，当有一个以上的测定值小于 100 cm 时，若最大值或最小值与平均值之差满足重复性试验要求，则取 3 个测定结果的平均值的整数作为延度试验结果，若平均值大于 100 cm，记作"＞100 cm"；若最大值或最小值与平均值之差不符合重复性试验要求时，试验应重新进行。

（5）允许误差

当试验结果小于 100 cm 时，重复性试验的允许误差为平均值的 20%，再现性试验的允许误差为平均值的 30%。

4. 软化点测定

（1）方法概要

置于黄铜肩状或锥状环中两块水平沥青圆片，在加热介质中以一定速度加热，每块沥青片上置有一只钢球。所报告的软化点为当试样软化到使两个放在沥青上的钢球下落规定 25 mm 距离时温度平均值。

10.18* 【试验 10.7 - 3】沥青软化点测定

（2）适用范围

本试验测定的软化点范围为 30~157 ℃。标准范围适用的沥青材料包括：石油沥青、煤焦油沥青、乳化沥青或改性乳化沥青残留物、改性沥青、在加热及不改变性质的情况下可以熔化为液体的天然沥青、特种沥青及沥青混合料回收得到的沥青材料等。

（3）主要仪器设备与材料

环：两只黄铜肩状或锥状环。

支撑板：扁平光滑的黄铜板或瓷砖，其尺寸约为 50 mm×75 mm。

球：两只直径为 9.5 mm 的钢球，每只质量为(3.50±0.05)g。

钢球定位器：两只钢球定位器用于使钢球定位于试样中央。

浴槽：可以加热的玻璃容器，其内径不小于 85 mm，离加热底部的深度不小于 120 mm。

环支撑架和组装：一只铜支撑架用于支撑两个水平位置的环；支撑架上的肩环的底部距离下支撑板的上表面为 25 mm，下支撑板的下表面距离浴槽底部为(16±3)mm。

刀：切沥青用。

温度计：测量范围为 30~180 ℃，最小分度值为 0.5 ℃的全浸式温度计。该温度计不允许使用其他温度计代替，可使用满足相同精度、数据显示最小温度和误差要求的其他测温设备代替。合适的温度计或测温设备应悬于支架上，使得水银球底部或测温点与环底部水平，其距离在 13 mm 以内，但不要接触环或支撑架。

加热介质：新煮沸过的蒸馏水；甘油。

隔离剂：以质量计，2 份甘油和 1 份滑石粉调配而成，此隔离剂适合 30~157 ℃的沥青材料。

（4）准备工作

① 样品的加热时间在不影响样品性能和在保证样品充分流动的基础上尽量短。石油沥青、改性沥青、天然沥青及乳化沥青残留物加热温度不应超过预计沥青软化点 110 ℃。煤焦油沥青样品加热温度不应超过煤焦油沥青预计软化点 55 ℃。

② 如果样品为按照 SH/T 0099.4、SH/T 0099.16、NB/SH/T 0890 方法得到的乳化沥青残留物或高聚物改性沥青残留物时，可将其残留物搅拌均匀后直接注入试模中。如果重复试验，不能重新加热样品，应在干净的容器中用新鲜样品制备试样。

③ 若估计软化点在 120~157 ℃之间，应将铜环与支撑板预热至 80~100 ℃，然后将铜环

放到涂有隔离剂的支撑板上。否则会出现沥青试样从铜环中完全脱落的现象。

④ 向每个杯中倒入略过量的沥青试样，让试样在室温下至少冷却 30 min。对于在室温下较软的样品，应将试样在低于预计软化点 10 ℃ 以上的环境中冷却 30 min，从开始倒试样时起至完成试验的时间不得超过 240 min。

⑤ 当试样冷却后，用稍加热的小刀或刮刀干净地刮去多余的沥青，使得每一个圆片饱满且和环的顶部齐平。

（5）试验步骤

① 选择下列一种加热介质和适合预计软化点的温度计或测温设备。

a. 新煮沸过的蒸馏水适于软化点为 30~80 ℃ 的沥青，起始加热介质温度应为 (5 ± 1) ℃。

b. 甘油适于软化点为 80~157 ℃ 的沥青，起始加热介质温度应为 (30 ± 1) ℃。

c. 为了进行仲裁，所有软化点低于 80 ℃ 的沥青应在水浴中测定，而软化点为 (80~157) ℃ 的沥青材料在甘油浴中测定。仲裁时采用标准中规定的相应的温度计。或者上述内容由买卖双方共同决定。

② 把仪器放在通风橱柜内并配置两个样品环、钢球定位器，并将温度计插入合适的位置，浴槽装满加热介质，并使各仪器处于适当位置。用镊子将钢球置于浴槽底部使其同支架的其他部位达到相同的起始温度。

③ 如果有必要，将浴槽置于冰水中，或小心加热并维持适当的起始浴温达 15 min，并使仪器处于适当位置，注意不要沾污浴液。

④ 再次用镊子从浴槽底部将钢球夹住并置于定位器中。

⑤ 从浴槽底部加热使温度以恒定的速率 5 ℃/min 上升。为防止通风的影响有必要时可用保护装置，试验期间不能取加热速率的平均值，但在 3 min 后，升温速度应达到 (5 ± 0.5) ℃/min，若温度上升速率超过此限定范围，则此次试验失败。

⑥ 当包着沥青的钢球触及下支撑板时，分别记录温度计所显示的温度。无须对温度计的浸没部分进行校正。取两个温度的平均值作为沥青材料的软化点。当软化点在 30~157 ℃ 时，如果两个温度的差值超过 1 ℃，则重新试验。

（6）计算

① 因为软化点的测定是条件性的试验方法，对于给定的沥青试样，当软化点略高于 80 ℃ 时，水浴测定的软化点低于甘油浴中测定的软化点。

② 软化点高于 80 ℃ 时，从水浴变成甘油浴时的变化是不连续的。在甘油浴中所报告的沥青软化点最低可能为 84.5 ℃，而煤焦油沥青的软化点最低可能为 82 ℃，当甘油浴中软化点低于这些值时，应转变为水浴中的软化点为 80 ℃ 或更低，并在报告中注明。

a. 将甘油浴软化点转化为水浴软化点时，石油沥青的校正值为 -4.5 ℃，对煤焦油沥青的为 -2.0 ℃，采用此校正值只能粗略地表示出软化点的高低，欲得到准确的软化点应在水浴中重复试验。

b. 无论在任何情况下，如果甘油浴中所测得的石油沥青软化点的平均值为 80 ℃ 或更低，煤焦油沥青软化点的平均值为 77.5 ℃ 或更低，则应在水浴中重复试验。

③ 将水浴中略高于 80 ℃ 的软化点转化成甘油浴中的软化点时，石油沥青的校正值为 +4.5 ℃，对煤焦油沥青的为 +2.0 ℃。采用此校正值只能粗略地表示出软化点的高低，欲得到准确的软化点应在甘油浴中重复试验。

在任何情况下，如果水浴中两次测定温度的平均值为 85 ℃ 或更高，则应在甘油浴中重复试验。

（7）报告

① 取两个结果的平均值作为试验结果。

② 报告试验结果时同时报告浴槽中所使用加热介质种类。

问题讨论与提示

① 制备沥青试样时，为何"加热温度不得高于试样估计软化点 10 ℃，加热时间不超过 30 min"？

提示：请分析高温、长时间作用下对沥青性能的影响。

② 进行沥青软化点试验时，温度的上升速度对试验结果会产生什么影响？

提示：升温速度快则测试结果偏高，反之偏低。

③ 为何要规定"测定针入度大于 200 的沥青试样时，至少用 3 支标准针，每次试验后将针留在试样中，直至 3 次平行试验完成后，才能把标准针取出"？

提示：针入度大的沥青较软。

试验 8　沥青混合料试验

1. 沥青混合料试件制作（击实法）

（1）试验目的、适用范围和依据

10.19* 【试验 10.8 - 1】 沥青混合料的制作

标准击实法适用于马歇尔试验、间接抗拉试验（劈裂法）等所使用的 φ101.6 mm×63.5 mm 圆柱体试件的成型。大型击实法适用于 φ152.4 mm×95.3 mm 的大型圆柱体试件的成型。供实验室进行沥青混合料物理力学性质试验使用。

本试验按《公路工程沥青及沥青混合料试验规程》中的 T 0702—2011 沥青混合料试件制作方法（击实法）规定进行。当骨料公称粒径小于或等于 26.5 mm 时，采用标准击实法，一组试件数量不少于 4 个。当骨料公称粒径大于 26.5 mm 时，宜采用大型击实法，一组试件数量不少于 6 个。

（2）仪器设备

① 自动击实仪：击实仪应具有自动记录、控制仪表、按钮设置、复位及暂停等功能。按其用途分为标准击实仪和大型击实仪两种。

② 实验室用沥青混合料拌和机。

③ 脱模器。

④ 试模。

⑤ 烘箱：大、中型各一台，应有温度调节器。

⑥ 天平或电子秤：用于称量沥青的分度值不大于 0.1 g，用于称量矿料的分度值不大于 0.5 g。

⑦ 布洛克菲尔德黏度计。

⑧ 插刀或大螺丝刀。

⑨ 温度计：分度值 1 ℃。宜采用有金属插杆的插入式数显温度计，金属插杆的长度不小于 150 mm，量程 0~300 ℃。

⑩ 其他：电炉或煤气炉、沥青熔化锅、拌和铲、标准筛、滤纸（或普通纸）、胶布、卡尺、秒表、粉笔、棉纱等。

（3）准备工作

① 确定制作沥青混合料试件的拌和与压实温度。

a. 按规程测定沥青的黏度，绘制黏温曲线。按试表 8-1 的要求确定适宜于沥青混合料拌和及压实的等黏温度。

试表 8-1 适宜于沥青混合料拌和及压实的沥青等黏温度

沥青结合料种类	黏度与测定方法	适宜于拌和的沥青结合料黏度	适宜于压实的沥青结合料黏度
石油沥青	表观黏度，T 0625	（0.17±0.02）Pa·s	（0.28±0.03）Pa·s

注：液体沥青混合料的压实成型温度按石油沥青要求执行。

b. 当缺乏沥青黏度测定条件时，试件的拌和与压实温度可按试表 8-2 选用，并根据沥青品种和标号作适当调整。针入度小、稠度大的沥青取高限，针入度大、稠度小的沥青取低限，一般取中值。

试表 8-2 沥青混合料拌和及压实温度参考表

沥青结合料种类	拌和温度/℃	压实温度/℃
石油沥青	140~160	120~150
改性沥青	160~175	140~170

c. 对改性沥青，应根据改性剂的品种和用量，适当提高混合料的拌和及压实温度，对大部分聚合物改性沥青，通常在普通沥青的基础上提高 10~20 ℃左右，掺加纤维时，尚需再提高 10 ℃左右。

d. 常温沥青混合料的拌和及压实在常温下进行。

② 沥青混合料的试件制作条件。

a. 在拌和厂或施工现场采取沥青混合料制作试样时，按规定取样后，将试样置于烘箱中加热或保温，在混合料中插入温度计测量温度，待混合料温度符合要求后成型。需要拌和时可倒入已加热的室内沥青混合料拌和机中适当拌和，时间不超过 1 min。不得在电炉或明火上加热炒拌。

b. 在实验室人工配制沥青混合料时，试件的制作按下列步骤进行：

（a）将各种规格的矿料置于（105±5）℃的烘箱中烘干至恒重（一般不少于 4~6 h）。

（b）将烘干分级的粗细骨料，按每个试件设计级配要求称其质量，在一金属盘中混合均匀，矿粉单独放入小盘里，置烘箱中预热至沥青拌和温度以上约 15 ℃（采用石油沥青通常为 163 ℃，采用改性沥青时通常为 180 ℃）备用。一般按一组试件（每组 4~6 个）备料，但进行配合比设计时宜对每个试件分别备料。常温沥青混合料的矿料不应加热。

（c）用烘箱加热至规定的沥青混合料拌和温度，但不得超过 175 ℃。当不得已采用燃气炉或电炉直接加热进行脱水时，必须使用石棉垫隔开。

（4）拌制沥青混合料

① 黏稠石油沥青混合料。

a. 用蘸有少许黄油的棉纱擦净试模、套筒及击实座等，置于 100 ℃左右烘箱中加热 1 h 备用。常温沥青混合料用试模不加热。

b. 将沥青混合料拌和机预热至拌和温度以上 10 ℃左右。

c. 将加热的粗细骨料置于拌和机中，用小铲子适当混合，然后再加入需要数量的已加热至拌和温度的沥青，开动拌和机一边搅拌，一边将拌和叶片插入混合料中拌和 1~1.5 min，然后暂停拌和，加入加热的矿粉，继续拌和至均匀为止，并使沥青混合料保持在要求的拌和温度范围内。标准的总拌和时间为 3 min。

② 液体石油沥青混合料。将每组（或每个）试样的矿料置于已加热至 55~100 ℃的沥青混合料拌和机中，注入要求数量的液体沥青，并将混合料边加热边拌和，使液体沥青中的溶剂挥发至 50%以下。拌和时间应事先试拌决定。

③ 乳化沥青混合料。将每个试件预热的粗细骨料置于拌和机（不加热,也可用人工炒拌）中；注入计算的用水量（阴离子乳化沥青不加水）后，拌和均匀并使矿料表面完全润湿；再注入设计的沥青乳液用量，在 1 min 内使混合料拌匀；然后加入矿粉后迅速拌和，使混合料拌成褐色为止。

（5）成型方法

① 马歇尔标准击实法的成型步骤如下：

a. 将拌好的沥青混合料用小铲适当拌和均匀，称取一个试件所需的用量（标准马歇尔试件约 1 200 g,大型马歇尔试件约 4 050 g）。当已知沥青混合料的密度时，可根据试件的标准尺寸计算并乘以 1.03 得到要求的混合料数量。当一次拌和几个试件时，宜将其倒入经预热的金属盘中，用小铲适当拌和均匀分成几份，分别取用。在试件制作过程中，为防止混合料温度下降，应连盘放在烘箱中保温。

b. 从烘箱中取出预热的试模及套筒，用蘸有少许黄油的棉纱擦拭套筒、底座及击实锤底面，将试模装在底座上，放一张圆形的吸油性小的纸，用小铲将混合料铲入试模中，用插刀或大螺丝刀沿周边插捣 15 次，中间 10 次。插捣后将沥青混合料表面整平，对大型马歇尔试件，混合料分两次加入，每次插捣次数同上。

c. 插入温度计至混合料中心附近，检查混合料温度。

d. 待混合料温度符合要求的压实温度后，将试模连同底座一起放在击实台上固定，在装好的混合料上面垫一张吸油性小的圆纸，再将装有击实锤及导向棒的压实头放入试模中，然后开启电机使击实锤从 457 mm 的高度自由落下击实规定的次数（75 次或 50 次）。对大型马歇尔试件，击实次数为 75 次（相应于标准击实 50 次）或 112 次（相应于标准击实 75 次）。

e. 试件击实一面后，取下套筒，将试模翻面，装上套筒，然后以同样的方法和次数击实另一面。

乳化沥青混合料试件在两面压实后，将一组试件在室温下横向放置 24 h；另一组试件置温度为（105±5）℃的烘箱中养生 24 h，将养生试件取出后再立即两面各锤击 25 次。

f. 试件击实结束后，立即用镊子将上、下面垫有圆纸取掉，用卡尺量取试件离试模上口的高度并由此计算试件高度，如高度不符合要求时，试件应作废，并按下式调整试件的混合料质量，以保证高度符合（63.5±1.3）mm（标准试件）或（95.3±2.5）mm（大型试件）的要求。

$$调整后混合料质量 = \frac{要求试件高度 \times 原用混合料质量}{所得试件的高度}$$

② 卸去套筒和底座，将装有试件的试模横向放置冷却至室温后（不少于 12 h），置脱模机

上脱出试件。

③ 将试件仔细置于干燥洁净的平面上，供试验用。

2. 压实沥青混合料试件的密度试验（水中重法）

（1）试验目的、适用范围和依据

水中重法适用于测定吸水率小于 0.5% 的密实沥青混合料试件的表观相对密度或表观密度。标准温度为 (25±0.5)℃。

当试件很密实，几乎不存在与外界连通的开口孔隙时，可采用本方法测定的表观相对密度代替表干法测定的毛体积相对密度，并据此计算沥青混合料试件的空隙率、矿料间隙率等各项体积指标。

10.20*【试
验 10.8-2】
压实沥青混
合料试件的
密度试验

本试验按《公路工程沥青及沥青混合料试验规程》中 T 0706—2011 压实沥青混合料密度试验（水中重法）规定进行。

（2）仪器设备与材料

① 浸水天平或电子秤：当最大称量为 3 kg 以下时，分度值不大于 0.1 g，最大称量为 3 kg 以上时，分度值不大于 0.5 g。应有测量水中重的挂钩。

② 网篮。

③ 溢流水箱：使用洁净水，有水位溢流装置，保持试件和网篮浸入水中后的水位一定。试验时的水温应在 (25±0.5)℃ 范围内，并与测定骨料密度时的水温相同。

④ 试件悬吊装置：天平下方悬吊网篮及试件的装置，吊线应采用不吸水的细尼龙线绳，并有足够的长度。对轮碾成型机成型的板块状试件可用铁丝悬挂。

⑤ 秒表。

⑥ 电风扇或烘箱。

（3）方法与步骤

① 选择适宜的浸水天平或电子秤，最大称量应满足试件质量的要求。

② 除去试件表面的浮粒，称取干燥试件的空中质量（m_a），根据选择的天平的分度值，准确至 0.1 g 或 0.5 g。

③ 挂上网篮，浸入溢流水箱的水中，调节水位，将天平调平并复零，把试件置于网篮中（注意不要使水晃动），待天平稳定后立即读数，称取水中质量（m_w）。若天平读数持续变化，不能在数秒钟内达到稳定，则说明试件有吸水情况，不适用于此法测定，应改用按《公路工程沥青及沥青混合料试验规程》中的 T 0705 压实沥青混合料密度试验（表干法）或 T 0707 压实沥青混合料密度试验（蜡封法）进行测定。

④ 对从施工现场钻取的非干燥试件，可先称取水中质量（m_w），然后用电风扇将试件吹干至恒重〔一般不少于 12 h，当不需进行其他试验时，也可用 (60±5)℃ 烘箱烘干至恒重〕，在称取空中质量（m_a）。

（4）计算

① 按式（试 8-1）及式（试 8-2）计算用水中重法测定的沥青混合料试件的表观相对密度及表观密度，取 3 位小数。

$$\gamma_a = \frac{m_a}{m_a - m_w} \qquad\qquad （试 8-1）$$

$$\rho_a = \frac{m_a}{m_a - m_w} \times \rho_w \qquad (\text{试 } 8\text{-}2)$$

式中：γ_a——试件的表观相对密度；

ρ_a——试件的表观密度，g/cm^3；

m_a——干燥试件的空中质量，g；

m_w——试件的水中质量，g；

ρ_w——常温水的密度，取 0.997 1 g/cm^3。

② 当试件吸水率小于 0.5% 时，以表观相对密度代替毛体积相对密度，按《公路工程沥青及沥青混合料试验规程》中 T 0705 的方法计算试件的理论最大相对密度及空隙率、沥青的体积百分率、矿料间隙率、粗骨料骨架间隙率、沥青饱和度等各项体积指标。

（5）报告

应在试验报告中注明沥青混合料的类型及测定密度的方法。

3. 沥青混合料马歇尔稳定度试验

（1）试验目的、适用范围与依据

10.21*【试验 10.8-3】
马歇尔稳定度试验

马歇尔稳定度试验是对标准击实的试件在规定的条件下受压，测定沥青混合料所能承受的最大荷载，以 kN 计。

本方法适用于标准马歇尔稳定度试验和浸水马歇尔稳定度试验。标准马歇尔稳定度试验主要用于沥青混合料的配合比设计及沥青路面施工质量检验。浸水马歇尔稳定度试验（根据需要，也可进行真空饱水马歇尔试验）供检验沥青混合料受水损害时抵抗剥落的能力时使用，通过测试其水稳定性检验配合比设计的可行性。

本试验按《公路工程沥青及沥青混合料试验规程》中 T 0709—2011 沥青混合料马歇尔稳定度试验的规定进行。

（2）仪器设备与材料

① 沥青混合料马歇尔试验仪：分为自动式和手动式。对用于高速公路和一级公路的沥青混合料宜采用自动马歇尔试验仪。

② 恒温水槽：控温准确至 1 ℃，深度不少于 150 mm。

③ 真空饱水容器：包括真空泵及真空干燥器。

④ 烘箱。

⑤ 天平：分度值不大于 0.1 g。

⑥ 温度计：分度值 1 ℃。

⑦ 马歇尔试件高度测定器。

⑧ 其他：卡尺，棉纱，黄油。

（3）标准马歇尔试验方法

① 准备工作。

a. 按标准击实法成型马歇尔试件，标准马歇尔试件尺寸应符合直径（101.6±0.2）mm，高（63.5±1.3）mm 的要求。对于大型马歇尔试件，尺寸应符合直径（152.4±0.2）mm，高（93.5±2.5）mm 的要求。一组试件的数量不得少于 4 个，并符合标准规定。

b. 量测试件的直径及高度：用卡尺测量试件中部的直径，用马歇尔试件高度测定器或用卡尺在十字对称的 4 个方向量测离试件边缘 10 mm 处的高度，准确至 0.1 mm，并以其平均值作为试件的高度。如试件高度不符合(63.5±1.3)mm 或(93.5±2.5)mm 的要求或两侧高度差大于 2 mm 时，此试件应作废。

c. 按规定的方法测定试件的密度，并计算空隙率、沥青体积百分率、沥青饱和度、矿料间隙率等指标。

d. 将恒温水槽调节至要求的试验温度，对黏稠石油沥青或烘箱养生过的乳化沥青混合料为(60±1)℃，对煤沥青混合料为(33.8±1)℃，对空气养生的乳化沥青或液体沥青混合料为(25±1)℃。

② 试验步骤。

a. 将试件置于已达规定温度的恒温水槽中保温，保温时间对于标准马歇尔试件需 30~40 min，对于大型马歇尔试件需 45~60 min。试件之间应有间隔，底下应垫起，离容器底部不小于 5 cm。

b. 将马歇尔试验仪的上下压头放入水槽或烘箱中达到同样温度。将上下压头从水槽或烘箱中取出拭干净内面。为使上下压头滑动自如，可在下压头的导棒上涂少量黄油。再将试件取出置下压头上，盖上上压头，然后装在加载设备上。

c. 在上压头的球座上放妥钢球，并对准荷载测定装置的压头。

d. 当采用自动马歇尔试验仪时，将自动马歇尔试验仪的压力传感器、位移传感器与计算机或 X-Y 记录仪正确连接，调整好适宜的放大比例，压力和位移传感器调零。

e. 当采用压力环和流值计时，将流值计安装在导棒上，使导向套管轻轻地压住上压头，同时将流值计读数调零。调整压力环中百分表，对零。

f. 启动加载设备，使试件承受荷载，加载速率为(50±5)mm/min。计算机或 X-Y 记录仪自动记录传感器压力和试件变形曲线并将数据自动存入计算机。

g. 当试验荷载达到最大值的瞬间，取下流值计，同时读取压力环中百分表读数及流值计的流值读数。

h. 从恒温水槽中取出试件至测出最大荷载值的时间，不得超过 30 s。

（4）浸水马歇尔试验方法

浸水马歇尔试验方法与标准马歇尔试验方法的不同之处在于，试件在已达规定温度恒温水槽中的保温时间为 48 h，其余均与标准马歇尔试验方法相同。

（5）真空饱水马歇尔试验的方法

试件先放入真空干燥器中，关闭进水胶管，开动真空泵，使干燥器的真空度达到 97.3 kPa(730 mmHg)以上，维持 15 min，然后打开进水胶管，靠负压进入冷水流使试件全部浸入水中，浸水 15 min 后恢复常压，取出试件再放入已达规定温度的恒温水槽中保温 48 h，进行马歇尔试验，其余与标准马歇尔试验方法相同。

（6）结果计算与处理

① 试件的稳定度及流值。

a. 当采用自动马歇尔试验仪时，根据计算机采集的数据绘制成压力和试件变形曲线，或由 X-Y 记录仪自动记录的荷载-变形曲线，按试图 8-1 所示的方法在切线方向延长曲线与横坐标相交于 O_1，将 O_1 作为修正原点，从 O_1 起量取相应于荷载最大值时的变形作为流值(FL)，以 mm 计，准确至

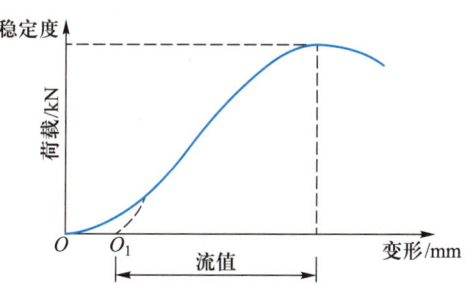

试图 8-1　马歇尔试验结果的修正方法

0.1 mm。最大荷载即为稳定度（MS），以 kN 计，准确至 0.01 kN。

b. 采用压力环和流值计测量时，根据压力环标定曲线，将压力环中百分表的读数换算为荷载值，或者由荷载测定装置读取最大值即为试样的稳定度（MS），以 kN 计，准确至 0.01 kN。由流值计及位移传感器测定装置读取的试件垂直变形，即为试件的流值（FL），以 mm 计，准确至 0.1 mm。

② 试件的马歇尔模数。

试件的马歇尔模数按式（试 8-3）计算：

$$T = \frac{MS}{FL} \qquad\qquad (\text{试 8-3})$$

式中：T——试件的马歇尔模数，kN/mm；

　　　MS——试件的稳定度，kN；

　　　FL——试件的流值，mm。

③ 试件的浸水残留稳定度。

试件的浸水残留稳定度依式（试 8-4）计算：

$$MS_0 = \frac{MS_1}{MS} \times 100\% \qquad\qquad (\text{试 8-4})$$

式中：MS_0——试件的浸水残留稳定度，%；

　　　MS_1——试件浸水 48 h 后的稳定度，kN。

④ 试件的真空饱水残留稳定度。

试件的真空饱水残留稳定度依式（试 8-5）计算：

$$MS_0' = \frac{MS_2}{MS} \times 100\% \qquad\qquad (\text{试 8-5})$$

式中：MS_0'——试件的真空饱水残留稳定度，%；

　　　MS_2——试件真空饱水后浸水 48 h 后的稳定度，kN。

（7）报告

① 当一组测定值中某个数据与平均值之差大于标准差的 k 倍时，该测定值应予舍弃，并以其余测定值的平均值作为试验结果。当试验数目 n 为 3、4、5、6 时，k 值分别为 1.15、1.46、1.67、1.82。

② 报告中需列出马歇尔稳定度、流值、马歇尔模数，以及试件尺寸、密度、空隙率、沥青用量、沥青体积百分率、沥青饱和度、矿料间隙率等各项物理指标。当采用自动马歇尔试验时，试验结果应附上荷载-变形曲线原件或自动打印结果。

问题讨论与提示

① 为何马歇尔试件成型时，试模及套筒需要预热？

提示：冷的试模及套筒会导致试样快速冷却。

10.22*【第
1 章参与式
试验】水泥净
浆孔隙率测
定

② 除了进行标准马歇尔稳定度试验外，常常还进行浸水马歇尔稳定度试验和真空饱水马歇尔试验，其目的是什么？

提示：见马歇尔稳定度试验和本书的第 6 章。

综合型试验 1 泵送混凝土配合比设计试验

1. 试验目的与要求

本综合设计试验目的：在理解普通混凝土配合比设计的基础上，进一步了解泵送混凝土配合比设计的过程，培养综合设计试验能力；研究粉煤灰在混凝土中作用；熟悉相关试验方法。

试验时根据提供的工程和材料条件，依据《普通混凝土配合比设计规程》中泵送混凝土的规定，设计出符合要求的泵送混凝土配合比。

10.23*【第 3 章参与式试验】石灰的消解

本试验难度相对偏大，可根据实际情况胶凝材料仅使用普通水泥，化简为普通混凝土配合比设计。

2. 工程和原材料条件

某商住楼的大型基础，属于大体积混凝土。

混凝土设计强度等级为 C30，要求强度保证率为 95%，工期紧。

施工要求坍落度为 110~130 mm 的泵送混凝土，泵送高度为 60 m。

该施工单位无历史统计资料。

原材料：① 普通水泥强度等级为 42.5，表观密度 $\rho_c = 3.1\ g/m^3$；② 中砂；③ 碎石（碎石最大粒径与输送管径比小于 1：4.0）；④ 粉煤灰，Ⅱ级灰，质量符合《用于水泥和混凝土中的粉煤灰》的规定；⑤ 自来水；⑥ 泵送剂或减水剂。

3. 问题讨论与提示

（1）如何根据已知的工程和材料条件，设计出符合要求的泵送混凝土配合比？

提示：① 原材料性能试验，包括水泥性能试验、砂性能试验、石性能试验；② 基准配合比的确定；③ 选用合适的粉煤灰掺入方式；④ 配合比的调整和确定。

（2）粉煤灰的掺入方法有哪些？各有何特点？常用哪种方法？

提示：粉煤灰的掺入方法有超量取代法、等量取代法和外加法。

超量取代法是在粉煤灰总掺量中，一部分取代等质量的水泥，超量部分取代等体积的砂。大量粉煤灰的增强效应补偿了取代水泥后所降低的早期强度，使掺入前后的混凝土强度等效。粉煤灰可改善拌合物的流动性，可抵消由于水泥减少而对拌合物流动性的影响，使掺入前后的拌合物流动性等效。超量取代法是最常用的一种方法。

等量取代法是用粉煤灰取代部分水泥并相应调整其他材料的用量。当混凝土强度偏高或配制大体积混凝土时采用此方法。

外加法是在不改变水泥用量的情况下加入适量粉煤灰，并相应调整砂的用量。当混凝土和易性不佳时可采用此法。

（3）试分析泵送混凝土与普通混凝土相比，在材料要求上有何不同？

（4）试验步骤提示

① 泵送混凝土宜选用硅酸盐水泥、普通硅酸盐水泥、矿渣硅酸盐水泥和粉煤灰硅酸盐水泥。

② 粗骨料宜采用连续级配，其针片状颗粒含量不宜大于 10%；粗骨料最大粒径与输送管径之比应符合规定。如泵送高度为 50~100 m 时，碎石最大粒径与输送管径比宜小于或等于 1：4.0。

③ 泵送混凝土宜采用中砂，其通过 0.315 mm 筛孔的颗粒含量不应少于 15%。

④ 泵送混凝土应掺用泵送剂或减水剂，并宜掺用粉煤灰或其他活性矿物掺合料。

⑤ 基准配合比既可按照《普通混凝土配合比设计规程》视情况进行计算配合比的试配，也可由指导教师提供。

综合型试验 2　热拌沥青混合料配合比设计试验

1. 试验目的与要求

本综合设计试验目的：了解热拌沥青混合料的配合比设计的过程，培养综合设计试验能力；熟悉沥青与沥青混合料的基本性能试验方法。

设计沥青路面面层用细粒式沥青混凝土混合料配合组成。热拌沥青混合料配合比的设计依据《公路沥青路面施工技术规范》规定的热拌沥青混合料配合比设计方法。

2. 工程和原材料条件

道路等级：一级公路；路面类型：两层沥青混凝土路面上面层；气候条件：最低月平均气温为-10 ℃。

原材料：① 石油沥青，AH-90；② 粗骨料，碎石黏附性 4 级，表观密度 2 720 kg/m³，符合标准规定的沥青面层用粗骨料质量要求；③ 河砂，中砂，表观密度为 2 560 kg/m³，符合规范对沥青面层用细骨料的质量要求；④ 矿粉，石灰石粉，表观密度 2 590 kg/m³，符合规范对沥青面层用矿粉的质量要求。

3. 问题讨论与提示

（1）热拌沥青混合料配合比设计的目的是什么？分哪几个阶段？

热拌沥青混合料广泛应用于各种等级道路的沥青面层。其配合比设计的任务就是通过确定粗骨料、细骨料、矿粉和沥青之间的比例关系，使沥青混合料的强度、稳定性、耐久性、平整度等各项指标均达到工程要求，并考虑合理的性价比，在实际工程设计中还需考虑原路面基层的实际情况。

热拌沥青混合料配合比设计应包括三个阶段：目标配合比设计阶段、生产配合比设计阶段、生产配合比验证阶段。本试验只要求完成目标配合比设计。

（2）简述目标配合比设计的步骤。

提示：参阅本书 6.2.3。

（3）沥青最佳用量是如何确定的？

提示：参阅本书 6.2.3。

（4）如何检验最佳沥青用量（OAC）？

提示：参阅本书 6.2.3，经过计算得出的最佳用量应进行水稳定性检验和高温稳定性检验。

（5）试验步骤提示

① 沥青基本性能试验。

沥青基本性能试验包括针入度试验、延度试验、软化点试验。试验方法参照试验 7 进行。

② 矿料配合比设计。

参照 6.2.3 中矿料配合比设计进行。

③ 沥青混合料组成设计。

　　根据规范推荐的相应沥青混凝土类型的沥青用量范围，通过马歇尔试验的物理力学指标，确定沥青最佳用量。马歇尔试验参照试验 8 进行。

研究型试验 1　减水剂对混凝土和易性的影响

1. 研究试验目的

通过对比几种减水剂对混凝土和易性的作用，既对减水剂的作用有更深刻的理解，又培养研究试验能力。

2. 原材料

① 木质素磺酸盐减水剂、萘系减水剂和聚羧酸系减水剂。

② 强度等级为 42.5 普通硅酸盐水泥；中砂；符合国家标准的连续级配碎石；自来水。

3. 研究课题要求与建议

研究课题既可参考有关建议，亦可自行选定，并写出研究报告。

建议 1：自行设计泵送混凝土的强度、坍落度等指标，经试验研究选定某减水剂及其合适掺量。

建议 2：研究对比几种减水剂及其掺量对混凝土和易性的影响。

建议 3：研究掺入其中某种减水剂在不同情况下对混凝土和易性的影响。

a. 用水量不变情况下对混凝土和易性的影响；

b. 减水而水泥用量不变情况下，对混凝土和易性的影响；

c. 减水同时减少水泥用量情况下，对混凝土和易性的影响。

研究型试验 2　矿物外加剂对混凝土性能的影响

1. 研究试验目的

通过对比几种不同的高强高性能混凝土用矿物外加剂对混凝土性能的影响，培养研究和设计试验能力。

2. 原材料

五种高强高性能混凝土用矿物外加剂：磨细矿渣、粉煤灰、磨细天然沸石、硅灰和偏高岭土。强度等级为 42.5 普通硅酸盐水泥；中砂；符合国家标准的连续级配碎石；高效减水剂；自来水。

3. 研究课题要求与建议

研究课题既可参考有关建议，亦可自行选定，并写出研究报告。

建议 1：对比研究几种高强高性能混凝土用矿物外加剂对混凝土和易性等某项性能的影响。

建议 2：根据混凝土某项或某些性能要求，研究某种高强高性能混凝土用矿物外加剂的合适掺量。

部分练习思考与调研参考答案

练习思考与调研 1 答案

1-1 选择题

（1）B （2）A

1-2 是非判断题

（1）错 （2）对 （3）错 （4）错 （5）对

1-3 问答题

（1）答：主要有以下两个措施：① 降低材料内部的孔隙率，特别是开口孔隙率。降低材料内部裂纹的数量和长度，使材料的内部结构均质化。② 对多相复合材料应增加相界面间的黏结力。如对混凝土材料，应增加砂、石与水泥之间的黏结力。

（2）答：决定材料耐腐蚀性的内在因素主要有：① 材料的化学组成和矿物组成。如果材料的组成成分容易与酸、碱、盐、氧或某些化学物质起反应，或材料的组成易溶于水或某些溶剂，则材料的耐腐蚀性较差。② 非晶体材料较同组成的晶体材料的耐腐蚀性差。因前者较后者有较高的化学能，即化学稳定性差。③ 材料内部的孔隙率，特别是开口孔隙率。孔隙率越大，腐蚀物质越易进入材料内部，使材料内外部同时受腐蚀，因而腐蚀加剧。④ 材料本身的强度。材料的强度越差，则抵抗腐蚀的能力越差。

1-4 计算题

解：（1）岩石的软化系数为

$$K_R = \frac{f_b}{f_g} = \frac{168}{178} = 0.94$$

其软化系数大于 0.85，所以该岩石可用于水下工程。

（2）该砖的密度 = 2.69 g/cm³；表观密度 = 1.74 g/cm³；吸水率 = 13.73%；孔隙率 = 35.3%。

练习思考与调研 2 答案

2-1 填空题

（1）弹性阶段；屈服阶段；强化阶段；颈缩阶段 （2）屈服强度；A；沸腾钢

2-2 选择题

（1）B （2）A

2-3 是非判断题

（1）对 （2）对 （3）错 （4）错

2-4 问答题

（1）答：① 钢材选用不当。中碳钢塑性、韧性差于低碳钢，且焊接时温度高，热影响区的塑性及韧性下降较多，从而易于形成裂纹。② 焊条选用及焊接方式亦有不妥。中碳钢由于含碳较高，焊接易产生裂缝，最好采用铆接或螺栓连接。若只能焊接，应选用低氢型焊条，且构件宜预热。

（2）提示：请复习 2.2.1 抗拉性能。

2-5 计算题

钢筋的屈服强度分别为 375 MPa 和 367 MPa；钢筋的抗拉强度分别为 548 MPa 和 545 MPa；钢筋的断后伸长率分别为：$A_{100\,mm} = 28.0\%$ 和 $A_{100\,mm} = 26.0\%$。（请思考为何钢筋的断后伸长率不应写为：$A = 28.0\%$ 和 $A = 26.0\%$。）

练习思考与调研 3 答案

3-1 填空题

(1) 好；缓慢；收缩大；差   (2) 快；高；小；低；略膨胀；好

3-2 选择题

(1) C   (2) A

3-3 是非判断题

(1) 错   (2) 对   (3) 错   (4) 对   (5) 对

3-4 问答题

(1) 答：相同强度等级的硅酸盐水泥与矿渣水泥 28 d 强度指标是相同的，但 3 天的强度指标是不同的。矿渣水泥的 3 天抗压强度、抗折强度低于同强度等级的硅酸盐水泥，硅酸盐水泥早期强度高，若其他性能均可满足需要，从缩短工程工期来看选用硅酸盐水泥更为有利。

(2) 答：铝酸盐水泥的水化在环境温度<20 ℃时主要生成 CAH_{10}；在温度 20~30 ℃会转变为 C_2AH_8 及 $A(OH)_3$ 凝胶；温度>30 ℃使再转变为 C_3AH_6 及 $Al(OH)_3$ 凝胶。CAH_{10}、C_2AH_8 等为介稳态水化产物，C_3AH_6 是稳定态的，但强度低，当蒸养时就直接生成 C_3AH_6 这类强度低的水化产物，故铝酸盐水泥制品不宜蒸养。

练习思考与调研 4 答案

4-1 选择题(多项选择)

(1) ABCD   (2) ABD

4-2 是非判断题

(1) 错   (2) 错   (3) 对   (4) 错(请注意标准中"或者"与"而且"的差异)

4-3 问答题

(1) 答：因木质素磺酸盐有缓凝作用，7、8 月份气温较高，水泥水化速度快，适当的缓凝作用是有益的。但到冬季，气温明显下降，故凝结时间就大为延长，解决办法可考虑改换早强型减水剂或适当减少减水剂用量。

(2) 答：因砂粒径变细后，砂的总表面积增大，当水泥浆量不变，包裹砂表面的水泥浆层变薄，流动性就变差，即坍落度变小。

4-4 计算题

(1) 解：设水泥用量为 C，则有：$S=2.1C$，$G=4.0C$，$W=0.6C$。

因四种材料的质量之和等于混凝土拌合物的体积密度，有：

$C+S+G+W=\rho$

$C+2.1C+4.0C+0.6C=2\ 410\ kg$

$C=313\ kg$

$W=0.6C=188\ kg$

$S=2.1C=657\ kg$

$G=4.0C=1\ 252\ kg$

(2) 解：① 计算混凝土试配强度($f_{cu,0}$)；② 水胶比计算(W/B)；③ 确定用水量(m_{w0})；④ 计算水泥用量(m_{c0})；⑤ 确定含砂率(β_s)；⑥ 计算砂石用量(m_{s0} 和 m_{g0})。

1 m^3 混凝土的材料用量为：$m_{c0}=284\ kg$，$m_{w0}=190\ kg$，$m_{s0}=614\ kg$，$m_{g0}=1\ 254\ kg$。

4-5 思考讨论题

(1) 提示：请复习第 3 章关于建筑生石灰粉和消石灰粉的内容，讨论对砂浆的强度和稠度的影响。

4-6 综合讨论题：斜拉桥断索事故分析

讨论提示：拉索内上部水泥浆体出现长时间不凝结需同时具备的三个条件：① 水泥浆体具有较大的水胶比；② 水泥浆体含一定浓度的 FDN 减水剂；③ 密闭条件。若条件许可，请作类同试验。

练习思考与调研 5 答案

5-1　选择题（多项选择）

（1）D　　（2）ABC

5-2　是非判断题

（1）对　　（2）错

5-3　思考讨论题

（1）提示：请从加气混凝土砌块的气孔结构特点分析其吸水特点，也可参阅数字资源 5.5【观察与讨论5-2】烧结普通砖与加气混凝土砌块的吸水。

（2）提示：请从二者的孔洞率与空洞率大小、孔尺寸大小和数量、强度等级及其应用等几方面进行对比。

练习思考与调研 6 答案

6-1　填空题

（1）沥青质；饱和分；芳香分；胶质　　（2）矿料

6-2　选择题（多项选择）

（1）ABCD　　（2）A

6-3　是非判断题

（1）错　　（2）对　　（3）对

6-4　问答题

（1）答：土木工程选用石油沥青的原则包括工程特点、使用部位及环境条件要求，对照石油沥青的技术性能指标在满足主要性能要求的前提下，尽量选用较大牌号的石油沥青，以保证有较长的使用年限。地下防潮防水工程要求沥青黏性较大、塑性较大，使用时沥青既能与基层牢固黏结，又能适应建筑物的变形，以保证防水层完整。

（2）答：与石油沥青相比，煤沥青的塑性、大气稳定性均较差，温度敏感性较大，但其黏性较大；煤沥青对人体有害成分较多，臭味较重。为此，煤沥青一般用于防腐工程及地下防水工程，以及次要的道路。

6-5　计算题

（1）解：掺入不大于 11.0 t 的软化点为 49 ℃的石油沥青；软化点为 98 ℃的石油沥青掺入不少于 19 t。

（2）解：确定矿质混合料中各种骨料的用量：

① 将规定的矿质混合料级配范围中值换算为分计筛余中值；

② 计算碎石在矿质混合料中的用量；

③ 计算矿粉在矿质混合料中的用量；

④ 计算石屑在混合料中的用量；

⑤ 校核。

根据以上计算得到矿质混合料中各种骨料的配合比为：

碎石∶石屑∶矿粉 $= X \colon Y \colon Z = 42.1 \colon 50.9 \colon 7.0$

练习思考与调研 7 答案

7-1　填空题

（1）线型；体型　　（2）添加剂

7-2　选择题（多项选择）

（1）BD　　（2）AB

7-3　思考题

（1）答：Ⅰ型硬质聚氯乙烯塑料管是用途较广的一种塑料管，但其热变形温度为 70 ℃，故不适宜较高温的热水输送。可选用Ⅲ型氯化聚氯乙烯管，此类管称为高温聚氯乙烯管，使用温度可达100 ℃。需说明的是，若使用此类管输送饮水，则必须进行卫生检验，因若加入铝化合物稳定剂，在使用过程中能析出，影响身体健康。

练习思考与调研 8 答案

8-1 填空题

（1）持久强度 （2）降低

8-2 选择题（多项选择）

（1）AC （2）ABC

8-4 思考题

（1）提示：木地板干燥收缩，木材吸水后膨胀。

练习思考与调研 9 答案

9-1 填空题

（1）空气；固体 （2）防水卷材；防水涂料；密封材料；刚性防水材料

9-2 选择题

（1）C （2）B

9-3 是非判断题

（1）错 （2）错 （3）错 （4）对

参 考 文 献

[1] 李克亮，霍洪媛．土木工程材料[M]．2版．北京：中国水利水电出版社，2022．

[2] 施惠生，郭晓潞．土木工程材料[M]．4版．重庆：重庆大学出版社，2023．

[3] 彭小芹．土木工程材料[M]．4版．重庆：重庆大学出版社，2021．

[4] 苏达根，李萃斌，张慧珍．土木工程材料疑难释义[M]．北京：中国建筑工业出版社，2010．

[5] 颜国君．金属材料学[M]．北京：冶金工业出版社，2019．

[6] 李振国．土木工程材料[M]．北京：机械工业出版社，2017．

[7] 姜志青．道路建筑材料[M]．6版．北京：人民交通出版社，2021．

[8] 万小梅，全洪珠．建筑功能材料[M]．北京：化学工业出版社，2017．

[9] 袁志钟，熊起勋．金属材料学[M]．3版．北京：化学工业出版社，2019．

[10] 刘向东．高分子化学[M]．北京：化学工业出版社，2021．

[11] 隋良志，纪明．建筑材料[M]．天津：天津大学出版社，2021．

[12] 俞家欢，杨千萼．土木工程材料[M]．北京：清华大学出版社，2021．

[13] 刘晓燕．金属学[M]．北京：冶金工业出版社，2022．

[14] 何镜堂，何小欣．启于世博 行之中国：2010年上海世博会对中国建筑创作的启示[J]．建筑学报，2011，58（1）：102-104．

[15] 白宪臣．土木工程材料实验[M]．3版．北京：中国建筑工业出版社，2022．

[16] 熊建波．荷载与冻融共同作用下氯离子在海工混凝土中扩散行为研究[D]．广州：华南理工大学，2016．

[17] 范志宏，黎鹏平，苏达根，等．胶凝材料组成对钢筋混凝土耐久性的影响[J]．华南理工大学学报（自然科学版），2012，40（4）：85-89．

[18] Fan Zhihong，Su Dagen，Wang Shengnian. Study on chloride diffusion parameters of concrete based on the field investigation of harbor engineering in South China[J]. Advances in Civil Engineering and Transportation，2014.12（part 2）．

[19] 朱定，李书亮．港珠澳大桥钢桥面铺装方案比选及浇注式沥青混合料（GMA）标准化施工工艺控制[J]．中外公路，2019，39（2）：161-164．

[20] 陈越，陈伟乐，宋神友，等．深中通道沉管隧道主要建造技术[J]．隧道建设（中英文），2020，40（4）：603-610．

[21] 鲁华英，王民，徐伟．港珠澳大桥浇注式沥青混合料性能优化试验研究[J]．科学技术与工程，2020，20（6）：2434-2437．

[22] 王立久．建筑材料学[M]．4版．北京：中国水利水电出版社，2020．

[23] 丁勇杰．土木工程材料[M]．成都：西南交通大学出版社，2021．

[24] 余丽武，朱平华，张志军．土木工程材料[M]．北京：中国建筑工业出版社，2017．

[25] 王彭生，黄文慧，稽廷，等．深中通道钢壳管节自密实混凝土制备及浇筑技术[J]．隧道

建设(中英文),2021,41(6):1039-1046.

[26] 宋神友,陈伟乐,金文良.深中通道工程关键技术及挑战[J].隧道建设(中英文),2020,40(1):143-152.

[27] 许兆斌,张海良,张勇.虎门二桥坭洲水道桥主缆1960 MPa锌铝合金镀层钢丝锚固试验研究[J].世界桥梁,2017,45(5):65-70.

郑重声明

高等教育出版社依法对本书享有专有出版权。任何未经许可的复制、销售行为均违反《中华人民共和国著作权法》，其行为人将承担相应的民事责任和行政责任；构成犯罪的，将被依法追究刑事责任。为了维护市场秩序，保护读者的合法权益，避免读者误用盗版书造成不良后果，我社将配合行政执法部门和司法机关对违法犯罪的单位和个人进行严厉打击。社会各界人士如发现上述侵权行为，希望及时举报，我社将奖励举报有功人员。

反盗版举报电话　（010）58581999　58582371

反盗版举报邮箱　dd@hep.com.cn

通信地址　北京市西城区德外大街4号
　　　　　高等教育出版社知识产权与法律事务部

邮政编码　100120

读者意见反馈

为收集对教材的意见建议，进一步完善教材编写并做好服务工作，读者可将对本教材的意见建议通过如下渠道反馈至我社。

咨询电话　400-810-0598

反馈邮箱　gjdzfwb@pub.hep.cn

通信地址　北京市朝阳区惠新东街4号富盛大厦1座
　　　　　高等教育出版社总编辑办公室

邮政编码　100029

防伪查询说明

用户购书后刮开封底防伪涂层，使用手机微信等软件扫描二维码，会跳转至防伪查询网页，获得所购图书详细信息。

防伪客服电话　（010）58582300